KB176947

정크 DNA

JUNK DNA
by Nessa Carey

정크 DNA

네사 캐리 지음 | 이충호 옮김

해나무

차례

용어에 관해

정크 DNA에 관한 책을 쓸 때에는 용어 사용에 다소 어려움이 따르는데, 정크 DNA라는 용어는 그 의미가 계속 변하기 때문이다. 새로운 데이터가 늘 우리의 인식을 변화시키는 상황도 한 가지 이유이다. 따라서 어떤 정크 DNA 조각이 어떤 기능을 한다는 사실이 밝혀지자마자, 일부 과학자들은 (논리적으로 당연히) 그것은 정크가 아니라고 말할 것이다. 하지만 유전체(게놈)에 대한 우리의 이해에 최근 아주 큰 변화가 일어났다는 사실을 감안할 때, 이런 태도는 이 모든 것을 전체적으로 바라보는 시각에 혼선을 초래할 위험이 있다.

그래서 나는 이렇게 안개 같은 실뭉치로 스웨터를 짜려고 애쓰는 대신에 가장 강경한 접근 방법을 택하기로 했다. 즉, 초기(20세기 후반)에 그랬듯이, 단백질을 암호화하지 않는 것은 무엇이건 정크junk라고 부르기로 했다. 이에 순수주의자들은 비명을 지를지 모르지만, 그래도 상관없다. 세 과학자에게 '정크'가 무엇을 뜻하느냐고 물어보면, 필시 제각각 다른 네 가지 답이 나올 것이다. 그러니 간단한 정의로 시작하는 것이 여러 측면에서 상당한 이점이 있다.

또한 '유전자'는 단백질을 암호화하는 DNA 부분을 의미하는 것으로 정의하려고 한다. 이 정의는 이 책에서 뒤로 갈수록 점점 더 진화할 것이다.

나의 첫 번째 책 『유전자는 네가 한 일을 알고 있다*The Epigenetics Revolution*』가 출간된 뒤, 나는 유전자 이름에 대해 독자들의 의견이 갈린다는 사실을 알게 되었다. 어떤 사람들은 논의되는 유전자 이름을 아는 것을 좋아하는 반면, 어떤 사람들은 복잡한 유전자 이름이 독서의 흐름을 심각하게 방해한다고 느끼는 것 같다. 그래서 이번에는 특정 유전자 이름은 본문에서는 꼭 필요한 경우에만 소개하기로 했다. 대신에 정확한 이름을 알고 싶어 하는 독자를 위해 각주에 따로 밝혀 두었으니, 참고하기 바란다.

머리말

유전체의 암흑 물질

연극이나 영화 또는 텔레비전 프로그램을 위한 대본이 있다고 상상해보라. 이 대본은 누구든지 책 읽듯이 읽을 수 있다. 하지만 이 대본이 뭔가를 만들어내는 데 쓰인다면, 그것은 훨씬 강한 힘을 지니게 된다. 그것을 큰 소리로 읽거나 혹은 거기서 더 나아가 행동을 통해 연기로 옮긴다면, 대본은 단지 종이 위에 나열된 단어들에 불과한 것이 아니라 그 이상의 의미를 지니게 된다.

DNA도 이와 비슷하다. DNA는 아주 특별한 대본이다. DNA에는 단 4개의 알파벳만으로 세균에서 코끼리까지, 그리고 효모에서 대왕고래까지 온갖 생물을 만들어내는 암호가 들어 있다. 하지만 시험관에 들어 있는 DNA는 아주 따분한 존재이다. 그것은 아무 일도 하지 않는다. DNA는 세포나 생물이 그것을 사용해 생식을 할 때 아주 흥미로운 존재가 된다. DNA는 단백질을 만드는 암호로 사용되며, 이렇게 만들어진 온갖 단백질은 호흡과 섭식, 노폐물 제거, 생식을 비롯해 살아 있는 생물을 정의하는 모든 활동에 꼭 필요하다.

20세기의 과학자들이 단백질을 사용해 유전자를 정의했을 정도로 단백질은 생명 현상에 아주 중요하다. 과학자들은 유전자를 단백질을 암호화하는 DNA 서열이라고 정의했다.

역사상 가장 유명한 대본 작가인 윌리엄 셰익스피어William Shakespeare를 예로 들어 생각해보자. 우리가 셰익스피어의 작품을 읽는 데 익숙해지려면 시간이 좀 걸리는데, 그것은 그가 죽은 뒤 수백 년이 흐르는 동안 영어에 많은 변화가 일어났기 때문이다. 그렇다 하더라도 우리는 셰익스피어가 자신의 배우들이 무대에서 대사를 하는 데 필요한 단어들만 썼을 것이라고 확신한다.

예를 들어 셰익스피어는 다음과 같은 문장을 쓰지는 않았다.

vjeqriugfrhbvruewhqoerahcxnqowhvgbutyunyhewqicxhjafvurytnpemxoqp
[etjhnuvrwwwebcxewmoipzowqmroseuiednrcvtycuxmqpzjmoimxdcnibyrwv
ytebanyhcuxqimokzqoxkmdcifwrvjhentbubygdecftywerftxunihzxqwemiuqw
jiqpodqeotherpowhdymrxnamehnfeicvbrgytrchguthhhhhhhgcwouldupaizmj
dpqsmellmjzufernnvgbyunasechuxhrtgcnionytuiongdjsioniodefnionihyhonio
sdreniokikiniourvjcxoiqweopapqsweetwxmocviknoitrbiobeierrrrrrruorytnihg
fiwoswakxdcjdrfuhrqplwjkdhvmogmrfbvhncdjiwemxsklowe

대신에 그중에서 밑줄 친 단어들만 썼다.

vjeqriugfrhbvruewhqoerahcxnqowhvgbutyunyhewqicxhjafvurytnpemxoqp
[etjhnuvrwwwebcxewmoipzowqmroseuiednrcvtycuxmqpzjmoimxdcnibyrwv
ytebanyhcuxqimokzqoxkmdcifwrvjhentbubygdecftywerftxunihzxqwemiuqw
jiqpodqeotherpowhdymrxnamehnfeicvbrgytrchguthhhhhhhgcwouldupaizmj
dpqsmellmjzufernnvgbyunasechuxhrtgcnionytuiongdjsioniodefnionihyhonio

sdreniokikiniourvjcxoiqweopapqsweetwxmocviknoitrbiobeierrrrrruorytnihg fiwoswakxdcjdrfuhrqplwjkdhvmogmrfbvhncdjiwemxsklowe

즉, "A rose by any other name would smell as sweet.(장미는 다른 이름으로 불리더라도 똑같이 향기로울 것이다.)"라고 썼다.

하지만 우리의 DNA 대본을 들여다보면, 그것은 셰익스피어의 대사처럼 합리적이고 간결하지 않다. 대신에 단백질을 암호화하는 각 지역은 이해할 수 없는 말들이 수많이 널려 있는 바다 위에 띄엄띄엄 떠 있는 하나의 단어처럼 보인다.

오랫동안 과학자들은 왜 우리 DNA 중 대부분이 단백질을 암호화하는 데 쓰이지 않는지 설명하지 못했다. 그리고 이러한 비암호화 부분들을 '정크 DNA'라고 부르면서 무시했다. 하지만 이러한 견해는 많은 이유 때문에 점점 설 자리를 잃어가고 있다.

이러한 변화가 일어나게 된 가장 근본적인 이유는 우리 세포에 들어 있는 정크 DNA의 양이 엄청나게 많기 때문이다. 2001년에 인간 유전체(게놈) 서열 분석이 완료되었을 때, 과학자들은 인간 세포 속에 있는 DNA 중 98%가 정크라는 사실에 큰 충격을 받았다. 이들 DNA는 어떤 단백질도 암호화하지 않는다. 사실, 위에서 예로 든 셰익스피어의 대본은 설명을 위해 크게 단순화시킨 것이다. 우리 유전체에서 이해할 수 없는 말과 의미가 통하는 텍스트의 비율은 위의 예보다 약 4배나 많다. 의미 있는 문자가 1개 있다면, 쓰레기 문자는 50개 이상이나 된다.

조금 다른 비유로 설명해보자. 자동차 공장을 방문한다고 상상해보라. 여러분은 페라리처럼 고급 승용차가 어떻게 만들어지는지 보고 싶어서 공장을 방문했다. 그런데 멋진 빨간색 스포츠카를 실제로 만드는 일을 하는 사람은 2명뿐인 반면, 아무 일도 하지 않고 빈둥거리는 사람이 98명이라는 걸 본다면, 깜짝 놀랄 것이다. 이것은 그야말로 말도 안 되는 상황인데, 그렇다면 우리 유전체에서는 이와 같은 일이 일어나도 괜찮단 말인가? 생물의 구조에서 불완전한 부분(예컨대 우리에게는 막창자꼬리가 필요 없다.)은 우리가 공통 조상으로부터 유래했음을 뒷받침하는 강한 증거라는 주장은 상당히 일리가 있다. 그러나 아무리 그래도 정크 DNA는 불완전한 부분 치고는 지나치게 많다.

자동차 공장 비유에서 더 그럴듯한 시나리오는 실제로 자동차를 조립하는 일을 하는 사람은 2명이고, 나머지 98명은 전체 작업이 원활하게 돌아가도록 나머지 온갖 일을 처리하는 상황이다. 즉, 자금을 조달하거나 회계를 처리하거나 제품을 홍보하거나 지불 수당을 처리하거나 화장실을 청소하거나 자동차를 판매하는 등 온갖 일들을 처리한다. 아마도 이것이 우리 유전체에서 정크 DNA가 담당하는 역할을 더 그럴듯하게 나타낸 모형일 것이다. 단백질을 생명에 필요한 최종 목적지라고 생각할 수 있지만, 정크 DNA가 없다면 단백질이 제대로 만들어지지 못하거나 서로 조화를 이루지 못할 것이다. 두 사람이 자동차를 만들 수는 있지만, 두 사람만으로는 자동차를 판매하는 회사를 제대로 유지할 수 없으며, 상업적으로 성공할 수 있는 강력한 브랜드로 키우는 건 꿈도 꿀 수 없다. 마찬가지로 팔 게 아무것도 없다면, 98명이 바닥을 걸레질하고 전시실에 가서 일해봤자 아무 소용이 없다. 전체 조직은 모든 구성 요소가 제자리에서 제 역할을 할 때에만 제대로 돌아간다. 우리 유전체도 마찬가지이다.

인간 유전체 서열 분석 결과에서 과학자들이 충격적으로 받아들인 또 하나의 사실은 인간의 해부학적 구조, 생리, 지능, 행동이 너무나도 복잡해서 전형적인 유전자 모형으로는 제대로 설명할 수 없다는 것이었다. 단백질을 암호화하는 유전자 수(약 2만 개)로만 본다면, 인간은 현미경으로 봐야 하는 작고 단순한 벌레와 별 차이가 없다. 더욱 놀라운 사실은, 이들 벌레가 가진 유전자 대부분이 인간의 유전자와 직접적 상관관계가 있다는 점이다.

연구자들이 인간과 다른 생물의 차이를 DNA 차원에서 더 자세히 파고들자, 유전자로는 그 차이를 설명할 수 없다는 사실이 분명해졌다. 사실 복잡성이 커짐에 따라 함께 증가하는 유전 인자는 딱 하나뿐이었다. 동물이 더 복잡해짐에 따라 유일하게 그 수가 증가하는 유전체의 특징은 바로 정크 DNA 지역이었다. 동물이 더 복잡해질수록 전체 DNA에서 정크 DNA가 차지하는 비율이 증가한다. 진화의 복잡성이라는 수수께끼의 열쇠가 정크 DNA에 있을지도 모른다는, 논란이 많은 개념을 과학자들이 진지하게 탐구하기 시작한 것은 최근의 일이다.

이런 데이터를 바탕으로 나오는 질문들은 어떤 면에서는 너무나도 당연한 것이라고 할 수 있다. 만약 정크 DNA가 그토록 중요하다면, 실제로 정크 DNA가 하는 일은 무엇인가? 만약 단백질을 암호화하는 일을 하지 않는다면, 정크 DNA가 세포에서 담당하는 역할은 무엇인가? 정크 DNA가 실제로 아주 다양한 기능을 한다는 사실이 분명해지고 있는데, 전체 유전체에서 차지하는 비율을 고려하면 당연한 일이다.

일부 정크 DNA는 우리 DNA가 들어 있는 거대 분자인 염색체 안에서 특정 구조들을 만든다. 이 정크 DNA는 우리 DNA가 해체되거나 손상되지 않도록 막아준다. 나이를 먹으면 이 정크 DNA 지역의 크기가 줄어들고 마침내 임계점 아래로 내려간다. 그러면 우리의 유전 물질은 파괴적 재배열에 취약해져서 세포가 죽거나 암이 생길 수 있다. 어떤 정크 DNA의 구조적 지역들은 세포 분열 때 염색체들이 딸세포들 사이에 균등하게 나누어지도록 보장하는 부착 지점 역할을 한다.('딸세포'는 모세포가 분열하여 생긴 세포를 가리키는 것으로, 그 세포의 성별이 암컷이란 뜻은 아니다.) 또 어떤 정크 DNA들은 염색체 중 특정 지역에서 유전자 발현을 제한하는 절연체 역할을 한다.

하지만 정크 DNA 중 많은 것은 단순히 구조적 기능만 하는 것이 아니다. 이것들은 단백질을 암호화하지 않지만, RNA라는 다른 종류의 분자를 암호화한다. 한 종류의 큰 정크 DNA 집단은 세포 내에서 공장을 만들어 단백질 생산을 돕는다. 다른 종류의 RNA 분자들은 단백질 생산에 필요한 원재료를 공장으로 운반한다.

또 어떤 정크 DNA 지역들은 인간 염색체에 통합된 바이러스와 그 밖의 미생물 유전체에서 유래한 유전적 침입자로, 슬리퍼 에이전트 sleeper agent(긴급 사태 발생에 대기하고 있는 정보 요원이란 뜻으로, 적국에 위장 신분으로 잠입해 장기간 아무런 적대 활동도 하지 않다가 지령을 받으면 돌변해서 테러나 간첩 행위를 하는 사람을 말함. ―옮긴이)와 비슷하다. 오래전에 죽은 생물의 잔재인 이 지역들은 세포와 개체, 그리고 때로는 더 광범위한 개체군 전체에 위험을 초래할 잠재성이 있다. 포유류 세포는 이러한 바이러스성 요소들을 침묵시키는 메커니즘을 다양하게 발전시켰지만, 이런 시스템이 고장날 수도 있다. 고장이 일어나면, 그 효과는 비교적 경미한 것(특정 혈통의 생쥐들 사이에서 털빛이 변한다든가)에서부터 훨씬 심각한 것(암 발생 위험 증가처럼)까지 다양하게 나타날 수 있다.

(불과 몇 년 전에 밝혀진) 정크 DNA의 주요 기능 한 가지는 유전자 발현 조절이다. 이것은 가끔 특정 개체에 두드러지게 큰 효과를 나타

낼 수 있다. 암컷 동물의 경우, 건강한 유전자가 발현하는 데 특정 정크 DNA 부분이 꼭 필요하다. 그 효과는 여러 상황에서 나타난다. 일상적인 사례로는 얼룩고양이의 털색 패턴을 들 수 있다. 극단적인 사례로는 여성 일란성 쌍둥이에게 같은 유전 질환의 증상이 서로 다르게 나타나는 경우가 있다. 쌍둥이 중 한 명은 치명적인 장애를 갖게 되는 반면, 다른 한 명은 아무 이상 없이 건강하게 살아갈 수도 있다.

유전자 발현 네트워크를 조절하는 데 관여한다고 의심되는 정크 DNA 지역은 수천, 수만 개나 된다. 이것들은 유전자 대본의 지문과 같은 역할을 하지만, 그 복잡성은 우리가 연극에서는 결코 상상할 수 없는 수준이다. "곰에 쫓기며 퇴장한다."처럼 단순한 지문은 꿈도 꾸지 마라. 그것은 "만약 밴쿠버에서 〈햄릿〉을 공연하고, 퍼스에서 〈템페스트〉를 공연한다면, 〈맥베스〉의 이 대사는 네 번째 음절에 강세를 주어 발음하라. 단, 케냐의 몸바사에서 아마추어들이 〈리처드 3세〉를 공연하는 동시에 에콰도르의 키토에 비가 내리는 것이 아니라면."과 같은 지문에 더 가깝다.

과학자들은 광대한 정크 DNA 네트워크에서 미묘한 특징들과 상호 연결들을 이제 막 발견하기 시작했다. 한쪽 끝에는 획기적이지만 실험적 증거가 부족하다고 주장하는 사람들이 있다. 그리고 반대쪽 끝에는 한 세대 전체에 해당하는(더 많이는 아니더라도) 과학자들이 낡은 모형에 사로잡힌 나머지 새로운 세계 질서를 보지도 이해하지도 못한다고 생각하는 사람들이 있다.

문제의 일부는 정크 DNA의 기능을 탐구하는 데 사용하는 체계가 아직 충분히 발전한 것이 아니라는 데 있다. 이 때문에 연구자가 자신의 가설을 검증하는 데 실험적 방법을 사용하기 어려울 수 있다. 우리가 이 분야를 연구한 시간은 비교적 짧다. 하지만 우리는 가끔 작업대와 실험 장비에서 뒤로 물러날 필요가 있다는 사실을 기억해야 한다. 우리는 매일 수많은 실험에 맞닥뜨리고 있는데, 자연과 진화는 수십억 년 동안 온갖 종류의 변화를 시험해왔기 때문이다. 심지어 우리 종이 출현한 뒤 널리 퍼져나간 시간에 해당하는 비교적 짧은 지질학적 시간조차도 실험복을 입은 사람들이 꿈꿀 수 있는 그 어떤 실험보다 훨씬 광범위한 실험을 하기에 충분한 시간이었다. 그래서 이 책 전반에 걸쳐 어둠 속을 탐험하는 과정에서 우리는 인간 유전학이라는 횃불을 많이 사용할 것이다.

우리 유전체의 암흑 물질을 조명하는 방법은 아주 많지만, 탄탄한 기반 위에서 출발하기 위해 기묘하지만 논쟁의 여지가 없는 사실을 살펴보는 것에서부터 여행을 시작하기로 하자. 일부 유전 질환은 정크 DNA에 일어난 돌연변이 때문에 생기는데, 숨겨진 유전체 우주를 탐구하는 여행에서 이보다 더 나은 출발점은 없으리라고 생각한다.

1장
암흑 물질은 왜 중요한가

가끔 인간의 삶이 이토록 가혹할 수 있을까 하는 생각이 들 때가 있는데, 특히 고통이 연이어 몰아닥치는 가족을 볼 때 그런 생각이 든다. 다음 사례를 한번 보자. 한 남자아이가 태어났다. 이름이 대니얼이라고 하자. 대니얼은 태어날 때부터 이상할 정도로 근육 긴장도가 낮았고, 호흡 보조 장치의 도움을 받지 않으면 호흡을 하는 데 어려움을 겪었다. 집중 치료 덕분에 대니얼은 살아남았고, 근육 긴장도도 개선되어 마침내 호흡 보조 장치 없이 숨을 쉬고 활동할 수 있게 되었다. 하지만 나이가 들수록 학습 장애가 두드러지게 나타났고, 이 때문에 평생 동안 발달이 정상적으로 일어나지 않았다.

어머니 세라는 대니얼을 몹시 사랑하여 매일 지극정성으로 돌보았다. 하지만 30대 중반이 되자 이 일을 제대로 하기가 점점 더 어려워졌는데, 자신에게도 이상한 증상들이 나타났기 때문이다. 근육이 매우 뻣뻣해져 물건을 붙잡았다가 놓기가 어려웠다. 숙련된 도자기 복원 전문가로 일하던 파트타임 일자리도 그만두어야 했다. 또 눈에 띄게 근육이 쇠약해지기 시작했다. 그래도 대처 방법을 찾아내 근근이 버텨나갔는데, 불과 42세의 나이에 갑자기 부정맥으로 죽고 말았다. 부정맥은 심장을 규칙적으로 뛰게 하는 전기 신호에 큰 혼란이 일어나는 증상이다.

이제 대니얼을 돌보는 일은 세라의 어머니 재닛이 맡게 되었다. 재닛에게는 무척 힘든 일이었는데, 단지 손자의 어려운 상황과 딸의 때 이른 죽음이 안겨준 슬픔 때문만은 아니었다. 재닛은 50대 초에 백내장이 생겼고, 그 때문에 시력이 좋지 않았다.

이 가족에게는 서로 아무 연관은 없지만 아주 불행한 의학적 문제가 각자에게 차례로 닥친 것처럼 보였다. 하지만 전문가들은 다소 특이한 점에 주목했다. 한 사람에게 백내장이 나타나고, 딸에게 근육 경직과 심장 장애가 나타나고, 손자에게 근육 긴장도 저하와 학습 장애가 나타나는 이 패턴이 많은 가족에게서 관찰되었기 때문이다. 이러한 패턴이 나타나는 가족들은 전 세계 각지에 흩어져 분포했고, 서로 친족 관계도 전혀 아니었다.

과학자들은 이것이 유전 질환이라는 사실을 깨달았다. 그들은 이 병을 '근육긴장디스트로피myotonic dystrophy'(근육긴장퇴행위축이라고도 함.)라고 불렀다. 이 병의 증상은 이 유전 질환이 전달되는 가족에서는 모든 세대에 나타났다. 부모에게 증상이 나타났을 경우, 자녀에게 증상이 나타날 확률은 평균적으로 2분의 1이다. 남녀 모두 발병 위험이 동일하며, 부모 양쪽 다 자녀에게 그 질환을 물려줄 수 있다.[1]

이러한 유전적 특징은 단 하나의 유전자에 생긴 돌연변이 때문에 일어나는 질환의 전형적인 특징이다. 각각의 세포에는 모든 유전자가 두 벌 들어 있는데, 그중 하나는 어머니로부터 또 하나는 아버지에게서 각각 물려받는다. 근육긴장디스트로피는 매 세대마다 반드시 증상이 나타나는데, 이런 유전 패턴을 우성 유전이라 부른다. 우성 유전 질환의 경우, 두 벌의 유전자 중 하나에만 돌연변이가 있는데, 그 돌연변이 유전자는 그 유전 질환이 있는 부모에게서 물려받은 것이다. 이 돌연변이 유전자를 물려받으면, 세포 안에 있는 나머지 한 벌의 유전자가 정상이더라도 증상이 나타난다. 돌연변이 유전자가 짝을 이룬 정상 유전자를 '압도'하는 것이다. 그래서 우성이라고 부른다.

하지만 근육긴장디스트로피는 전형적인 우성 유전 질환과 아주 다른 특징들도 있다. 먼저 우성 유전 질환은 부모에게서 자녀에게 전달될 때 대개 더 악화되는 일이 드물다. 사실 더 악화되어야 할 이유가 없는데, 자녀는 그 질환이 있는 부모가 가진 것과 똑같은 돌연변이 유전자를 물려받기 때문이다. 그런데 근육긴장디스트로피는 그 질환을 물려받는 세대가 아래로 내려갈수록 더 어린 나이에 증상이 나타난다. 이것 역시 특이한 점이다.

근육긴장디스트로피는 보통의 유전 패턴과 다른 점이 하나 더 있다. 대니얼에게 나타난 것처럼 심각한 형태의 이 선천성 유전 질환은 어머니에게 그 유전 질환이 있는 경우에만 그 자녀에게 나타났다. 아주 심각한 형태의 이 유전 질환을 아버지에게서 물려받는 경우는 결코 없었다.

1990년대 초에 여러 연구팀이 근육긴장디스트로피를 일으키는 유전자 변화를 확인했다. 특이한 질병에 걸맞게 그 원인은 아주 특이한 돌연변이였다. 근육긴장디스트로피 유전자는 여러 번 반복되는 짧은 DNA 서열을 포함하고 있다.[2] 이 짧은 서열은 DNA가 사용하는 유전자 알파벳 '문자' 4개 중 3개만으로 이루어져 있다. 즉 근육긴장디스트로피 유전자의 이 반복 서열은 C, T, G만으로 이루어져 있다.(유전자 알파벳에서 나머지 한 문자는 A이다.)

근육긴장디스트로피 돌연변이 유전자가 없는 사람의 경우, 이 CTG 모티프motif(단백질이나 DNA 서열에서 반복적으로 나타나는 짧은 패턴을 모티프라 함. ―옮긴이)는 5~30개가 차례로 반복될 수 있다. 자녀는 부모와 똑같은 수의 반복 서열(즉, 모티프)을 물려받는다. 하지만 반복 서열의 수가 35개 혹은 그 이상으로 커지면, 반복 서열은 다소 불안정해져 부모에게서 자식에게 전달될 때 그 수가 변할 수 있다. 모티프 수가 50개 이상에 이르면, 그 서열은 아주 불안정해진다. 이런 일이 일어나면, 부모는 자신이 가진 것보다 훨씬 큰 반복 서열을 자식에게 전해줄 수 있다. 반복 서열의 길이가 커질수록 증상은 더 심각해지고 더 어린 나이에 나타난다. 이 장 첫머리에서 소개한 가족처럼 세대가 지날수록 증상이 더 악화되는 이유는 이 때문이다. 심각한 선천성 표현형을 낳는 아주 큰 반복 서열을 물려주는 쪽이 대개 어머니라는 사실도 분명하게 밝혀졌다.

이렇게 DNA 반복 서열이 계속 증가하는 현상은 아주 특이한 돌연변이 메커니즘이다. 하지만 근육긴장디스트로피의 원인인 반복 서열의 확인은 더 특이한 사실을 밝혀내는 데 큰 도움을 주었다.

DNA로 뜨개질하기

얼마 전까지만 해도 유전자 서열에 일어나는 돌연변이는 DNA 자체의 변화 때문이 아니라 그것이 그 다음에 미치는 결과 때문에 중요한 것으로 간주되었다. 이것은 뜨개질을 할 때 일어나는 실수와 다소 비슷하다. 실수가 종이 위에 적힌 기호에 불과하다면, 그 자체는 큰 문제가 되지 않는다. 뜨개질로 뭔가를 만들 때 뜨개질 부호의 오류 때문에 구멍이 뚫린 스웨터나 소매가 3개 달린 카디건이 만들어지고 나서야 비로소 그 실수가 문제가 된다.

유전자(뜨개질 패턴)는 궁극적으로 단백질(스웨터)을 암호화한다. 세포 내에서 필요한 온갖 일을 처리하는 분자가 바로 단백질이다. 단백질은 엄청나게 많은 기능을 수행한다. 적혈구의 주요 성분이면서 온몸에 산소를 실어나르는 헤모글로빈도 그런 단백질 중 하나이다. 또 다른 단백질로는 췌장(이자)에서 분비되어 근육세포가 포도당을 섭취하도록 촉진하는 인슐린이 있다. 그 밖에도 수천, 수만 가지 단백질이 생명을 유지하는 데 필요한 수많은 기능을 수행한다.

단백질을 이루는 기본 구성 요소는 아미노산이다. 여러 종류의 아미노산이 결합하여 다양한 단백질을 만든다. 돌연변이는 일반적으로 이 아미노산들의 서열을 변화시킨다. 이것은 돌연변이의 종류와 유전자 내에서 돌연변이가 위치한 장소에 따라 다양한 결과를 초래한다. 비정상 단백질은 세포 내에서 엉뚱한 기능을 할 수도 있고, 해야 할 기능을 하지 않을 수도 있다.

하지만 근육긴장디스트로피 돌연변이는 아미노산 서열에 아무 변화도 초래하지 않는다. 돌연변이가 일어난 유전자는 여전히 이전과 동일한 단백질을 암호화한다. 단백질 자체에 아무 문제가 전혀 없는데도 이 돌연변이가 질병을 일으키는 원인을 이해하기란 결코 쉬운 일이 아니었다.

이런 상황에서는 근육긴장디스트로피 돌연변이를 대부분의 생물학적 상황에 아무 영향도 미치지 않는 아주 기이한 별종으로 취급하면서 무시하고 싶은 유혹을 받게 된다. 그렇게 예외적인 존재로 한쪽 구석으로 치워놓고는 그냥 잊어버리면 되니까. 하지만 이런 특징은 근육긴장디스트로피 돌연변이에서만 나타나는 게 아니다.

'취약 X 증후군Fragile X syndrome'은 가장 흔하게 나타나는 유전성 학습장애이다. 어머니에서는 대개 아무 증상이 나타나지 않지만, 아들에게 이 질환을 전달한다. 어머니는 그 돌연변이 유전자를 가지고 있지만, 증상이 나타나지 않는다. 근육긴장디스트로피와 마찬가지로 이 장애는 세 문자 반복 서열 지역의 길이 증가가 원인이 되어 나타난다. 이 경우, 문제의 반복 서열은 CCG이다. 그리고 근육긴장디스트로피와 마찬가지로 이 반복 서열 지역의 길이 증가는 취약 X 증후군 유전자가 암호화하는 단백질 서열에 아무 변화도 초래하지 않는다.

'프리드라이히 운동실조Friedreich's ataxia'는 진행성 근육 소모의 한 형태로, 보통 아동기 후반이나 청소년기 초반에 증상이 나타난다. 근육긴장디스트로피와는 대조적으로 부모에게는 증상이 나타나지 않는 게 보통이다. 아버지와 어머니 모두 보인자保因者이다. 부모 모두 한 쌍의 관련 유전자 중 하나는 정상이고 하나는 비정상이다. 하지만 아이가 양쪽 부모로부터 돌연변이 유전자를 하나씩 물려받을 경우, 이 질환의 증상이 나타난다. 프리드라이히 운동실조 역시 세 문자 반복 서열 지역의 길이 증가가 원인인데, 여기서 그 서열은 GAA이다. 그리고 여기서도 관련 유전자가 암호화하는 단백질 서열에는 아무 변화가 없다.[3]

이 세 가지 유전 질환은 가족력과 증상, 유전 패턴이 제각각 다르지만, 과학자들에게 상당히 일관된 사실을 알려주었다. 즉, 단백질의 아미노산 서열을 변화시키지 않고도 질환을 일으키는 돌연변이가 있다는 사실 말이다.

있을 수 없는 질환

몇 년 뒤에 더 놀라운 발견이 일어났다. 소모성 유전 질환이 또 하나 있는데, 이 병에 걸리면 얼굴과 어깨, 위팔 근육이 점점 약해지고 퇴행하는 증상이 나타난다. 이 병은 이러한 증상을 반영하여 '얼굴어깨위팔근육디스트로피facioscapulohumeral muscular dystrophy'라고 부르게 되었다. 보통은 줄여서 간단히 FSHD라고 부른다. 증상은 대개 환자가 20대 초에 이르렀을 때 눈에 띄게 나타난다. 근육긴장디스트로피와 마찬가지로 이 병은 우성 유전 질환이고, 그 유전자를 가진 부모로부터 자식에게 전달된다.[4]

과학자들은 FSHD의 원인을 찾느라 많은 세월을 보냈다. 그러다가 결국 DNA 서열의 반복이 그 원인이라는 사실을 알아냈다. 하지만 FSHD의 돌연변이는 근육긴장디스트로피와 취약 X 증후군, 프리드라이히 운동실조에서 발견된 세 문자 반복 서열과 아주 다르다. 그 서열은 3000자가 넘는 문자로 이루어져 있다. 그러니 이것을 블록block이라고 부를 수 있다. FSHD 환자가 아닌 사람들은 블록이 11개에서 약 100개까지 차례로 늘어서 있다. 하지만 FSHD 환자는 블록 수가 적은데, 최고로 많아야 10개에 불과하다. 이것은 예상치 못한 일이었다. 하지만 연구자들에게 정말로 충격적이었던 사실은 그 돌연변이 근처에서 유전자를 찾기가 매우 힘들다는 점이었다.

유전 질환은 지난 100여 년 동안 생물학에 새로운 통찰을 많이 제공했다. 하지만 우리는 과학자들이 그중 일부 지식을 얻기 위해 얼마나 힘든 노력을 기울였는지 과소평가하기 쉽다. 여기서 소개한 돌연변이들은 대개 상당히 많은 과학자들이 달려들어 10년 이상 노력한 끝에 확인되었다. 그것은 열쇠를 쥔 개인들을 찾아내 분석하는 일을 돕기 위해 기꺼이 혈액 시료를 제공하고 가족력 추적을 허용한 가족들의 도움이 있었기 때문에 가능했다.

이런 종류의 분석이 그토록 어려운 이유는 대개는 숲 속에서 특정 도토리 하나를 찾는 것처럼 아주 넓은 풍경에서 아주 작은 변화를 찾아야 하기 때문이다. 이 작업은 인간 유전체 서열이 발표된 2001년부터는 훨씬 쉬워졌다. 유전체는 우리 세포에 들어 있는 전체 DNA의 완전한 염기 서열이다.

인간 게놈 프로젝트 덕분에 우리는 모든 유전자의 상대적 위치와 그 염기 서열을 알게 되었다. 그래서 DNA 서열 분석 기술의 획기적인 발전과 함께 아주 희귀한 유전 질환의 원인이 되는 돌연변이를 훨씬 빠르고 값싼 비용으로 찾아낼 수 있게 되었다.

하지만 인간 유전체 서열 분석이 완성되자, 이것은 질병의 원인이 되는 돌연변이를 확인하는 것에 그치지 않고 그보다 훨씬 큰 영향을 미쳤다. 이것은 DNA가 유전 물질이라는 사실을 처음 알아낸 이래 생물학을 지배해온 가장 기본적인 개념들 중 일부에 변화를 가져오고 있다.

지난 60년 동안 거의 모든 과학자는 우리 세포의 작용 방식을 생각할 때 단백질의 영향에 초점을 맞춰 연구했다. 하지만 인간 유전체 서열 분석이 완성된 순간부터 과학자들은 다소 수수께끼 같은 딜레마에 직면하게 되었다. 만약 단백질이 그토록 중요하다면, 왜 우리 DNA 중 단 2%만 단백질의 기본 구성 요소인 아미노산을 암호화하는 일을 할까? 나머지 98%는 도대체 무슨 일을 할까?

2장
암흑 물질이 정말로 아주 어두워질 때

유전체 중 단백질을 암호화하지 않는 부분의 비율이 놀랍도록 높다는 사실은 큰 충격이었다. 하지만 놀라운 것은 이 현상 자체가 아니라 현상의 규모였다. DNA 중에서 단백질을 암호화하지 않는 부분이 있다는 사실은 오래전부터 알려져 있었다. 사실 이것은 DNA 구조가 발견된 이후에 나온 아주 놀라운 소식들 중 하나였다. 하지만 이 지역들이 아주 중요한 것으로 밝혀지리라고는, 그리고 특정 유전 질환에 설명을 제공하리라고는 아무도 예상하지 못했다.

여기서 우리 유전체의 기본 구성 요소를 좀 더 자세히 살펴볼 필요가 있다. DNA는 일종의 알파벳이며, 그것도 아주 간단한 알파벳이다. 이 알파벳을 이루는 문자는 A, C, G, T, 이렇게 4개밖에 없다. 이것들은 염기라고도 부른다. 하지만 우리 세포에는 DNA가 아주 많이 들어 있기 때문에, 이 간단한 알파벳으로도 상상하기 어려울 만큼 많은 정보를 전달할 수 있다. 사람은 유전 암호를 이루는 염기 30억 개를 어머니에게서 물려받고, 아버지에게서도 같은 수의 염기를 물려받는다. DNA를 사다리로, 그리고 각각의 염기가 사다리의 각 단이라고 상상해보라. 만약 한 단과 바로 그 위의 단 사이의 간격이 25cm라면, 이 사다리의 높이는 7500만 km, 대략 지구와 화성 사이의 거리에 해당한다.(물론 사다리를 놓는 날에 지구와 화성이 궤도상에서 어떤 위치에 있느냐에 따라 차이가 나기는 하지만.)

또 이렇게 한번 생각해보자. 셰익스피어의 전체 작품에 포함된 문자 수는 369만 5990자라고 한다.[1] 그렇다면 우리는 셰익스피어의 전체 작품이 실린 책 811권을 조금 넘는 분량의 문자를 어머니에게서 물려받고, 또 그와 같은 분량의 문자를 아버지에게서도 물려받는다는 이야기가 된다. 이것은 실로 엄청난 양의 정보이다.

알파벳 비유를 조금 더 이어가보자. DNA 알파벳은 각각 단 세 문자만으로 이루어진 단어들을 암호화한다. 각각의 세 문자 단어는 특정 아미노산에서 플레이스홀더placeholder(빠져 있는 자리를 대체할 수 있는 기호—옮긴이) 역할을 한다. 유전자는 세 문자 단어들로 이루어진 문장이고, 이것이 단백질을 이루는 아미노산들의 서열을 나타내는 암호 역할을 한다고 생각할 수 있다. [그림 2-1]이 이것을 잘 요약해 보여준다.

각각의 세포에는 대개 특정 유전자가 한 쌍씩 들어 있다. 하나는 어머니에게서, 또 하나는 아버지에게서 물려받은 것이다. 하지만 한 세포 안에 각각의 유전자는 2개밖에 없지만, 그 세포는 특정 유전자가 암호화하는 단백질 분자를 수천, 수만 개 만들 수 있다.

이것이 가능한 이유는 유전자 발현에 두 가지 증폭 메커니즘이 관

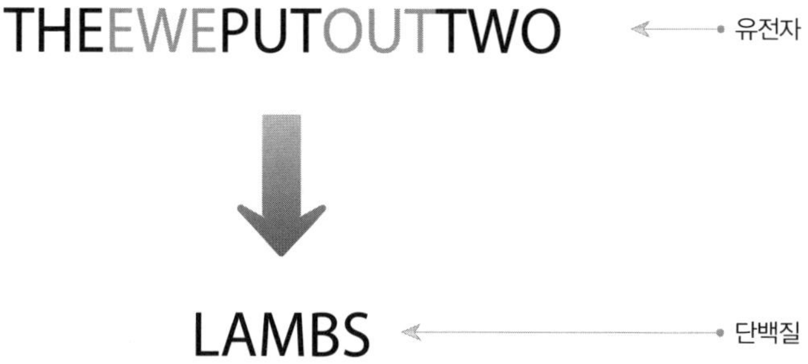

THEEWEPUTOUTTWO

유전자

LAMBS

단백질

[그림 2-1] 유전자와 단백질의 관계. 유전자에서 각각의 세 문자 서열은 단백질을 이루는 한 구성 요소를 암호화한다.

여하기 때문이다. DNA의 염기 서열은 직접적인 단백질 주형으로 쓰이지 않는다. 대신에 세포는 그 유전자를 복제한다. 이렇게 복제된 것들은 DNA 유전자 자체와 아주 비슷하지만, 완전히 똑같은 것은 아니다. 복제된 것은 화학적 조성이 약간 다른데, 이를 RNA(리보핵산)라 부른다. RNA와 DNA의 차이점이 또 하나 있는데, DNA의 염기 T가 RNA에서는 모두 염기 U로 대체되어 있다. DNA는 두 가닥의 기둥으로 이루어져 있는데, 이 두 가닥은 그 사이에 있는 염기쌍들을 통해 서로 들러붙어 있다. 이것은 철도 선로와 비슷한 것으로 시각화할 수 있다. 한쪽 레일의 염기 하나와 다른 쪽 레일의 염기 하나가 마치 서로 손을 맞잡듯이 결합함으로써 두 레일의 구조를 지탱한다. 염기들의 결합 방식은 정해진 패턴이 있다. A는 T하고만, C는 G하고만 손을 맞잡는다. 이런 배열 구조 때문에 우리는 DNA를 흔히 염기쌍으로 표현한다. 반면에 RNA는 한 가닥으로 이루어져 있다. 즉, 레일이 하나만 있는 철도 선로라고 생각하면 된다. [그림 2-2]는 DNA와 RNA의 주요 차이점을 잘 보여준다. 세포는 한 DNA 유전자의 RNA 복제본 수천 개를 아주 빨리 만들 수 있는데, 이것이 유전자 발현에서 첫 번째 증폭 단계이다.

한 유전자에서 복제된 RNA들은 세포 내의 다른 장소, 곧 세포질로 운반된다. 세포 내의 이 독특한 지역에서 RNA 분자들은 아미노산의 플레이스홀더 역할을 한다. 각각의 RNA 분자는 여러 번 주형 역할을 할 수 있는데, 그럼으로써 유전자 발현의 두 번째 증폭 단계가 시작된다. [그림 2-3]이 이 과정을 잘 요약해 보여준다.

1장에 나온 뜨개질 패턴 비유를 사용해 이것을 시각화해보자. DNA 유전자는 원본 뜨개질 패턴이다. 이 패턴은 수많이 복사할 수 있는데, 이것은 RNA가 복제되는 과정과 비슷하다. 이렇게 복사한 것

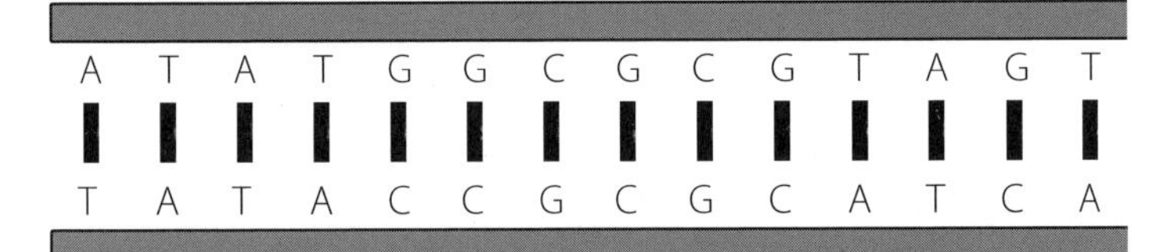

[그림 2-2] 위쪽 그림은 두 가닥으로 이루어진 DNA를 나타낸다. 염기들 — A, C, G, T — 이 서로 짝지어 결합함으로써 두 가닥의 구조를 지탱한다. A는 T하고만, C는 G하고만 짝을 짓는다. 아래쪽 그림은 한 가닥으로 이루어진 RNA의 모습이다. 음영의 차이로 나타냈듯이, 단일 가닥 뼈대는 DNA와 구성 성분이 약간 다르다. RNA에서는 염기 T가 염기 U로 대체되어 있다.

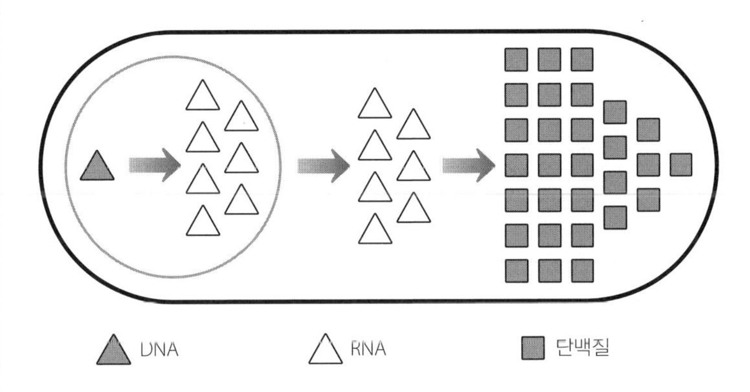

[그림 2-3] 세포핵에 있는 DNA 유전자 하나가 주형이 되어 많은 mRNA 분자 복제본을 만든다. 이렇게 많이 생긴 RNA 분자들은 세포핵 밖으로 이동한다. 그러고 나서 각각의 RNA 분자는 특정 단백질을 생산하라는 지시를 내린다. 각각의 mRNA 분자로부터 동일한 단백질이 많이 만들어질 수 있다. 따라서 하나의 DNA 암호로부터 단백질이 만들어지기까지 두 번의 증폭 단계를 거친다. 설명을 단순하게 하기 위해 그림에서 유전자를 1개만 나타냈지만, 실제로는 대개 2개가 있다(아버지와 어머니로부터 각각 하나씩 물려받음).

을 많은 사람들에게 보내면, 각자 똑같은 패턴을 수많이 뜨개질해 만들 수 있는데, 이것은 바로 단백질을 만드는 과정에 해당한다. 이것은 단순하지만 효율적인 작업 모델로, 실제로 효과적이다 — 제2차 세계대전 때 원본 패턴 하나로 수많은 병사의 발을 따뜻하게 해준 것처럼.

여기서 RNA 분자는 DNA의 유전자 서열을 단백질 조립 공장으로 전달하는 전령 분자 역할을 한다. 따라서 이것을 전령 RNA(mRNA)라 부르는 것은 논리적으로 적절하다.

의미 없는 것 제거하기

지금까지는 모든 것이 아주 간단명료했지만, 과학자들은 오래전에 여기에 아주 기묘한 문제가 있다는 사실을 발견했다. 대부분의 유전자는 단백질의 아미노산을 암호화하는 부분과 그렇지 않은 부분으로 나누어져 있다. 아미노산을 암호화하지 않는 부분은 의미 있는 단어들 가운데 의미 없는 단어들이 섞여 있는 것과 같다. 이렇게 중간에 끼여 있는 의미 없는 부분을 인트론intron이라고 한다.

세포가 RNA를 만들 때, 처음에는 아미노산을 암호화하지 않는 부분들을 포함해 한 유전자 안에 있는 DNA 문자 전체를 복제한다. 하지만 그러고 나서 세포는 단백질을 암호화하지 않는 부분들을 모두 제거한다. 그래서 최종 mRNA는 최종 단백질 생산을 위한 훌륭한 지시만 모아놓은 것이 된다. 이 과정을 스플라이싱splicing(잘라 이음)이라 부르는데, [그림 2-4]는 이 과정이 어떻게 일어나는지 보여준다.

[그림 2-4]가 보여주듯이, 단백질은 모듈 형태의 정보 블록들로부터 암호화된다. 이러한 모듈 방식 덕분에 세포는 RNA를 처리하는 방

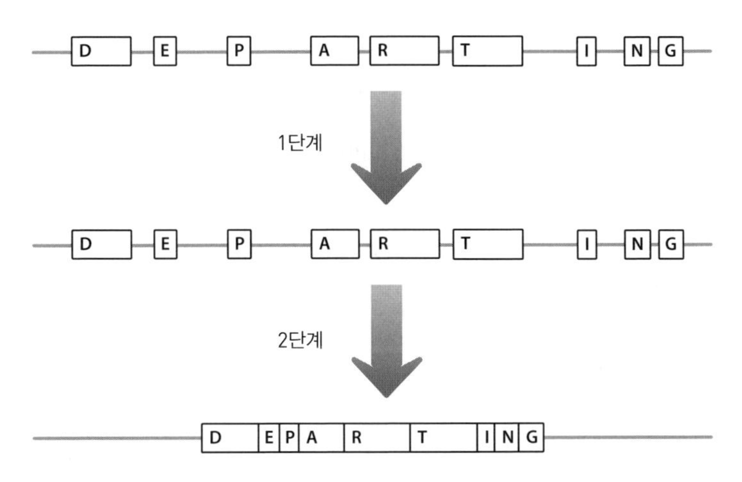

[그림 2-4] 1단계에서는 DNA가 복제되어 RNA가 만들어진다. 2단계에서는 RNA가 처리 과정을 거쳐 아미노산을 암호화하는 지역들(문자를 포함한 박스로 나타낸)만 서로 연결되어 남게 된다. 이 지역들 사이에 끼여 있는 정크 지역들은 완성된 mRNA 분자에서 제거된다.

식에 뛰어난 융통성을 발휘할 수 있다. mRNA 분자로부터 모듈들을 이리저리 바꾸어 결합해 최종 전령을 다양하게 만듦으로써 서로 관련은 있지만 동일하지는 않은 단백질들을 암호화할 수 있다. [그림 2-5]가 이 과정을 보여준다.

유전자에서 아미노산을 암호화하는 부분들 사이에 끼여 있는 의미 없는 부분들은 처음에는 쓸모없는 것 또는 쓰레기로 간주되었다. 그래서 정크 DNA 또는 쓰레기 DNA라고 불렀고, 아무 가치가 없는 것이라고 무시했다. 앞에서도 이야기했듯이, 여기서부터 '정크'라는 용어는 단백질을 암호화하지 않는 DNA를 가리키는 뜻으로 사용할 것이다.

하지만 지금은 정크 DNA가 아주 큰 영향력을 지닌 일을 할 수 있다는 사실이 밝혀졌다. 1장에서 소개했던 프리드라이히 운동실조의 경우, 아미노산을 암호화하는 두 부분 사이에 끼여 있는 정크 지역에서 GAA 반복 서열이 비정상적으로 확장된 것이 원인이 되어 증상이 나타난다. 여기서 지극히 당연한 질문이 떠오른다. 만약 돌연변이가 아미노산 서열에 아무 영향을 미치지 않는다면, 왜 이 돌연변이가 있는 사람들에게 그러한 증상이 나타날까?

프리드라이히 운동실조 유전자의 돌연변이는 맨 처음의 두 아미노산 암호화 지역들 사이에 있는 정크 지역에서 일어난다. [그림 2-5]에서 이것은 'D'와 'E' 사이의 지역에 해당한다. 정상 유전자는 GAA 반복 서열을 5~30개 포함하지만, 돌연변이 유전자는 반복 GAA 모티프를 70~1000개나 포함한다.[2] 연구자들은 이 확장된 반복 서열을 포함한 세포에서는 그 유전자가 암호화하는 mRNA의 생산이 중단된다는 사실을 보여주었다. mRNA를 만들지 못하면, 단백질 역시 만들 수 없다. 복사한 뜨개질 패턴을 보내지 못하면, 병사들은 양말을 공급

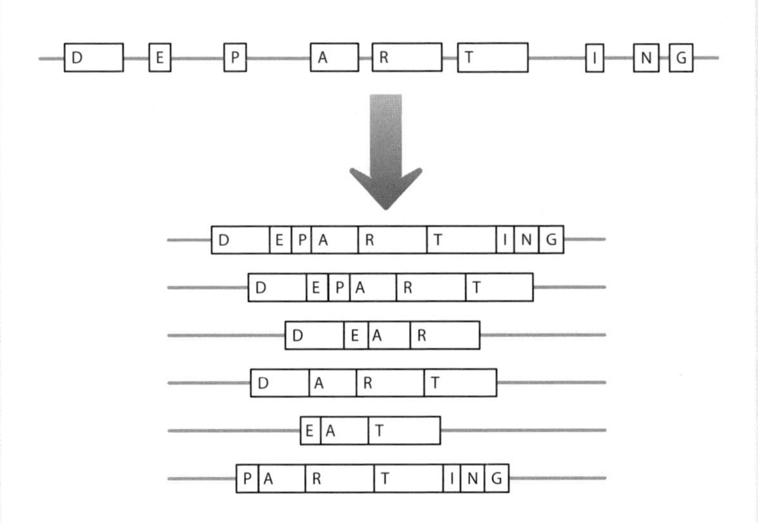

[그림 2-5] RNA 분자는 여러 가지 방식으로 처리될 수 있다. 그 결과, 아미노산을 암호화하는 지역들은 서로 다른 방식으로 결합할 수 있다. 그래서 하나의 DNA 유전자로부터 다양한 버전의 단백질 분자가 만들어질 수 있다.

받을 수 없다.

돌연변이가 일어난 세포는 심지어 그 유전자의 기다란 RNA 복제본(스플라이싱 과정이 일어나지 않은)도 만들지 않았다.[3] 비대해진 GAA 확장 지역은 '문제' 지역이 되어 DNA가 제대로 복제되지 못하게 한다. 이것은 50쪽짜리 문서를 복사하려고 하는데, 4쪽부터 12쪽까지가 풀로 들러붙어 있는 상황과 비슷하다. 그래서 종이가 복사기에 제대로 물려 들어가지 못하고 문서의 복사 과정이 멈춰서게 된다. 프리드라이히 운동실조의 경우, 복제 중단은 RNA 생산 중단을 의미하며, 이것은 곧 단백질 생산 중단을 의미한다.

프리드라이히 운동실조 유전자가 암호화하는 단백질이 없으면 왜 이 질환의 증상이 나타나는지는 명확하게 밝혀지지 않았다. 이 단백질은 에너지를 생산하는 세포 내 지역들에서 철 과잉을 방지하는 데 관여하는 것으로 보인다.[4] 세포가 이 단백질을 생산하지 못하면, 철 함량이 독성 수준으로 증가한다. 일부 세포들은 다른 종류의 세포들보다 철 함량에 더 민감한데, 이 질환에 영향을 받는 세포들도 그렇다.

1장에서 소개한 학습 장애의 한 형태인 취약 X 증후군은 이것과 관련은 있지만 성격이 다른 메커니즘이 작용한다. 취약 X 증후군에서 돌연변이는 CCG 세 염기 반복 서열의 확장으로 나타난다. 프리드라이히 운동실조 돌연변이와 비슷하게 정상 염색체에는 이 반복 서열이 대개 15~65개 있다. 반면에 취약 X 증후군 돌연변이가 있는 염색체에는 200여 개에서 수천 개나 있다.[5,6] 하지만 취약 X 증후군의 유전자 확장 지역은 프리드라이히 운동실조의 경우와 다르다. 돌연변이는 첫 번째 아미노산 암호화 지역 앞, 그러니까 [그림 2-5]에서 'D' 블록 왼쪽의 정크 부분에 있다. 정크 반복 부분이 아주 커지면 mRNA가

전혀 만들어지지 않고, 그 결과로 이 유전자는 단백질을 하나도 만들지 못한다.[7]

취약 X 단백질의 기능은 많은 종류의 RNA 분자들을 세포 내에서 이리저리 운반하는 것이다. 그럼으로써 RNA 분자들을 제자리에 자리잡게 하고, 이 RNA들이 처리되는 방식과 RNA들이 단백질을 만드는 방식에 영향을 미친다. 만약 취약 X 단백질이 하나도 없다면, 다른 RNA 분자들을 제대로 조절할 수 없고, 그렇게 되면 세포가 정상적으로 기능할 수 없다.[8] 분명하게 밝혀지지 않은 이유로 뇌의 신경세포(뉴런)들은 특히 이 효과에 민감한 것으로 보이며, 그 때문에 취약 X 증후군 환자에게 학습 장애가 나타난다.

이것을 시각화하기 위해 일상적인 비유를 사용해보자. 영국에서는 눈이 조금만 내려도 교통망이 마비될 수 있다. 눈은 도로와 철도를 덮어 자동차와 기차가 제대로 달리지 못하게 한다. 이런 상황이 발생하면, 사람들은 일터로 출근할 수 없고, 이로 인해 온갖 종류의 문제가 생긴다. 학교는 문을 열 수 없고, 상품 배송도 할 수 없으며, 은행이 돈을 지불하지 못하는 사태 등이 벌어진다. 한 가지 시초 사건(눈)이 이러한 온갖 종류의 결과를 빚어내는데, 이 사건이 사회의 운송 체계를 마비시키기 때문이다. 취약 X 증후군에서도 이와 비슷한 일이 일어난다. 도로와 철도에 쌓인 눈처럼 돌연변이는 세포 내의 운송 체계를 마비시키는 효과를 가져오고, 그에 따라 여러 가지 효과가 연쇄적으로 일어난다.

프리드라이히 운동실조와 취약 X 증후군의 증상을 초래하는 핵심 단계는 특정 유전자의 발현 차단이다. 이 두 질환의 아주 희귀한 사례들이 이 가설을 뒷받침하는 단서를 제공했다. 환자들 중에서 정크 지역의 반복 서열 길이가 정상인과 마찬가지로 작은 사람들이 드물게 나타난다. 이 환자들의 경우에는 아미노산 암호화 지역의 서열을 변화시키는 돌연변이가 있다. 이 특별한 아미노산 서열 변화 때문에 세포의 단백질 생산은 사실상 불가능하다. 다시 말해서 단백질이 왜 발현되지 않느냐 하는 것은 문제가 되지 않는다. 어쨌든 단백질이 발현되지 않으면, 환자에게 증상이 나타난다.

막 근사한 이론을 만들었을 때

지금까지 단순하면서도 근사한 이론이 막 떠오르는 것처럼 보였을 수 있다. 정크 지역의 확장이 중요한 이유는 단지 이것이 비정상 DNA를 만들기 때문이라고 추측할 수 있다. 세포는 이 DNA를 적절히 처리할 수 없고, 그 결과로 특정 단백질이 부족해지는 사태가 발생한다. 정상적인 반복 서열을 가진 정크 지역들은 평상시에는 세포 내에서 중요한 역할을 전혀 담당하지 않으므로 중요하지 않다고 주장할 수 있다.

하지만 이 주장을 반박하는 사실이 있다. 프리드라이히 운동실조 유전자와 취약 X 증후군 유전자 모두에서 정상적인 범위의 반복 서열들이 모든 인류 집단에서 발견되며, 인류의 진화를 통해 계속 유지되어 왔다. 만약 이 지역들이 정말로 아무 의미도 없는 것이라면, 시간이 지나면서 무작위적으로 변해야 당연하지만, 그런 변화는 전혀 일어나지 않았다. 이 사실은 정상적인 반복 서열들에 어떤 기능이 있음을 시사한다.

하지만 정말로 골치아픈 문제는 1장에서 소개했던 근육긴장디스트로피 사례에서 나온다. 근육긴장디스트로피 유전자에서 반복 서열의 확장은 세대가 지날수록 점점 커진다. 예컨대 부모의 염색체에 100번 연속 반복된 CTG 서열이 포함되어 있었다면, 그것을 물려받은 자식의 염색체에서는 500번 반복될 정도로 확장될 수 있다. CTG 반복이 많아질수록 질환의 증상은 더 심각해진다. 이것은 확장이 단지 유전자 부근의 스위치를 차단할 때 나타날 것으로 예상되는 결과가 아니다. 근육긴장디스트로피 환자의 모든 세포에는 이 유전자가 2개씩 들어 있다. 하나에는 반복 서열의 수가 정상이고, 다른 하나에는 확장이 일어나 있다. 따라서 이 유전자 중 하나는 항상 정상적인 수의 단백질을 만들 것이다. 그렇다면 감소하는 전체 단백질 양은 많아야 50%라는 이야기가 된다.

반복 단위의 길이가 더 길어질수록 그 유전자의 돌연변이 버전에서 유전자가 발현되는 비율이 점점 낮아질 것이라고 가정할 수 있다. 이것은 생산되는 전체 단백질의 양이 점차 감소하는 결과를 낳을 수 있다. 감소하는 전체 단백질의 양은 확장이 아주 적게 일어난 경우에는 1%이지만, 확장이 아주 많이 일어난 경우에는 최대 50%에 이른다. 이에 따라 증상도 제각각 다르게 나타날 수 있다. 그런데 문제는 실제로는 이와 같은 유전 질환이 존재하지 않는다는 것이다. 발현의 미소한 차이가 아주 큰 효과를 일으키지만(확장이 일어난 환자에게는 모두 증상이 나타난다.), 환자들 사이에 아주 다양한 차이가 나타나는(확장 부분이 길어질수록 증상이 더 심각해지는) 질환은 알려진 것이 없다.

근육긴장디스트로피 유전자에서 확장이 일어나는 지점을 눈여겨볼 필요가 있다. 그곳은 맨 뒤쪽, 그러니까 마지막 아미노산 암호화 지역 뒤에 있다. [그림 2-5]에서 'G' 박스 오른쪽의 선에 해당하는 곳이다. 이것은 복제 기구가 이 확장 지역과 마주치기 전에 전체 아미노산 암호화 지역을 복제해 RNA를 만들 수 있다는 뜻이다.

지금은 확장 자체가 RNA에 복제된다는 사실이 분명해졌다. 심지어 기다란 RNA가 처리 과정을 거쳐 mRNA가 될 때에도 확장이 그대로 유지된다. 근육긴장디스트로피 mRNA는 아주 특이한 일을 한다. 이 mRNA에는 세포 내에 존재하는 많은 단백질 분자가 들러붙을 수 있다. 확장 지역이 클수록 들러붙는 단백질 분자가 더 많다. 돌연변이가 일어난 근육긴장디스트로피 유전자 mRNA는 일종의 스펀지처럼 행동하면서 점점 더 많은 단백질을 빨아들인다. 근육긴장디스트로피 mRNA에 들러붙는 단백질들은 정상적으로는 다른 mRNA 분자들을 조절하는 일에 관여한다. 이 단백질들은 mRNA 분자들이 세포 내에서 얼마나 잘 운반되고, 세포 내에서 얼마나 오래 살아남고, 단백질을 얼마나 효율적으로 암호화하는지에 영향을 미친다. 하지만 이러한 조절을 담당하는 단백질들이 모두 근육긴장디스트로피 유전자의 mRNA 확장 지역에 들러붙는다면, 평소에 하던 기능을 수행할 수 없게 된다.[9] [그림 2-6]이 이 상황을 잘 보여준다.

또다시 비유를 들어 설명해보자. 어느 도시에서 모든 경찰 인력이 한 장소에서 일어난 폭동을 진압하는 데 투입되었다고 상상해보자. 그러면 정상적인 치안 유지 활동에 투입할 경찰이 한 명도 없어, 도시 전체에서 빈집털이범과 자동차 절도범이 날뛸 것이다. 근육긴장디스트로피 돌연변이가 있는 사람들의 세포에서도 바로 이런 일이 일어난다. 한 유전자—근육긴장디스트로피 유전자—에서 일어난 CTG 반복 서열 확장은 결국 세포 내의 많은 유전자들이 제대로 조절되지 못하는 상황을 빚어낸다.

이런 일이 일어나는 이유는 CTG 반복 서열 확장이 커질수록 들러붙는 단백질이 많아지기 때문이다. 이것은 다른 mRNA들의 양을 크게 감소시키는 결과를 초래하여 많은 세포 기능의 정상 작동에 문제

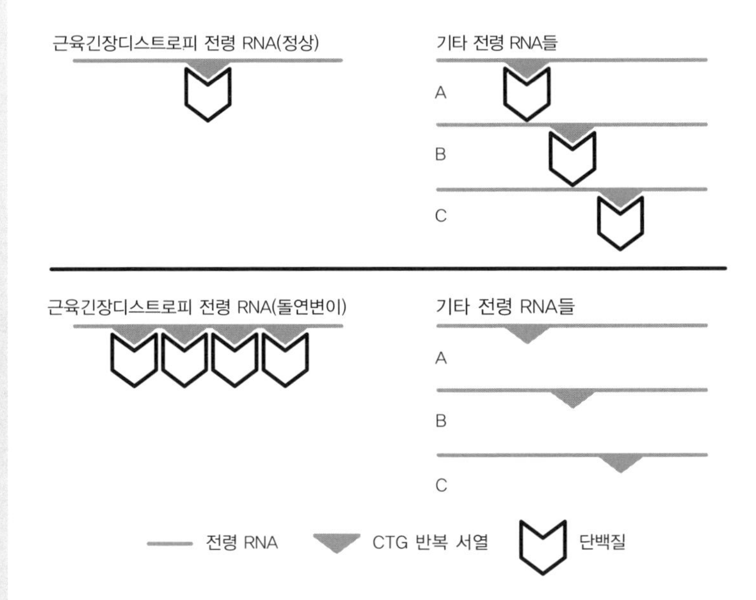

[그림 2-6] 위쪽 그림은 정상적인 상황을 보여준다. 갈매기 모양으로 표시한 특정 단백질은 근육긴장디스트로피 mRNA의 CTG 반복 지역에 들러붙는다. 이 단백질 분자들은 세포 내에 많이 있는데, 다른 mRNA들에도 들러붙음으로써 각각의 mRNA들을 조절할 수 있다. 아래쪽 그림에서는 돌연변이가 일어난 근육긴장디스트로피 mRNA에 CTG 단위가 많이 반복되어 있는 것을 볼 수 있다. 따라서 이 단백질이 많이 들러붙게 되고, 그러면 세포 내에서 이 단백질 분자들이 충분하지 않아 다른 mRNA들을 제대로 조절할 수 없게 된다. 설명의 편의를 위해 CTG 반복 서열은 몇 개만 나타냈다. 증상이 심각한 환자의 경우, CTG 반복 단위가 수천 개나 존재할 수 있다.

를 일으킨다. 이것은 결국 근육긴장디스트로피 mRNA 돌연변이를 가진 환자들에게서 발견되는 광범위한 증상을 낳으며, 또한 반복 서열 확장이 크게 일어난 환자일수록 임상적 문제가 더 심각하게 나타나는 이유를 설명해준다.

프리드라이히 운동실조와 취약 X 증후군 사례와 마찬가지로, 근육긴장디스트로피 유전자의 정상 CTG 반복 서열도 인류의 진화를 통해 거의 동일한 형태로 보전되었다. 이 사실은 정상 CTG 반복 서열이 건전하고 중요한 기능적 역할을 한다는 사실과도 일치한다. mRNA의 반복 서열에 들러붙는 단백질은 근육긴장디스트로피 유전자에서 실제로 정상 반복 서열이 중요한 기능적 역할을 한다는 사실을 더욱 확신하게 해준다. 이 단백질은 정상 유전자에 존재하는, 길이가 더 짧은 반복 서열에도 들러붙는다. 다만 반복 서열이 확장되었을 때처럼 많이 들러붙지 않는다.

근육긴장디스트로피의 예로부터 mRNA 분자에 단백질을 암호화하지 않는 지역들이 왜 있는지 그 이유를 분명히 알 수 있다. 이 지역들은 세포가 mRNA를 사용하는 방식을 조절하는 데 중요하며, DNA 유전자 주형으로부터 생산되는 단백질의 양을 미세 조정함으로써 또 하나의 조절 수단 역할을 한다. 하지만 인간 유전체 서열이 발표되기 10여 년 전에 근육긴장디스트로피 돌연변이가 확인되었을 때, 그러한 미세 조정이 얼마나 복잡하고 다양하게 일어나는지 제대로 짐작한 사람은 아무도 없었다.

3장
유전자들은 모두 어디로 사라졌는가?

2000년 6월 26일, 인간 유전체 서열의 첫 번째 초안이 완성되었다. 2001년 2월, 이 초안의 서열을 처음으로 자세히 기술한 논문들이 나왔다. 그것은 다년간의 연구와 기술적 개가와 치열한 경쟁이 낳은 결정체였다. 미국의 국립보건원과 영국의 웰컴트러스트Wellcome Trust가 약 27억 달러에 이르는 연구비 중 대부분을 부담했다.[1] 이 작업은 국제 컨소시엄이 주도해 진행했는데, 발견한 것을 자세히 기술한 첫 번째 논문 집단 작성에는 세계 각지에 있는 20개 이상의 연구실에서 2500명이 넘는 저자들이 참여했다. 염기 서열 분석 작업 중 대부분은 다섯 연구실에서 진행되었는데, 네 곳은 미국, 한 곳은 영국에 있었다. 그와 동시에 민간 회사인 셀레라 지노믹스Celera Genomics도 인간 유전체의 염기 서열을 분석해 상업화하려고 시도했다. 하지만 공적 자금이 투입된 국제 컨소시엄은 데이터를 얻는 대로 매일 공개함으로써 인간 유전체 서열을 공공 영역public domain의 정보로 만들었다.[2]

인간 유전체 초안이 완성되었다는 발표가 나오자 일대 소동이 벌어졌다. 아마도 가장 화려한 수사는 당시 미국 대통령 빌 클린턴Bill Clinton이 발표한 성명이 아닐까 싶다. 그는 "오늘 우리는 신이 생명을 창조한 그 언어를 배우고 있습니다."라고 말했다.[3] 기술적 위업을 달성한 순간에 유명 정치인이 신을 들먹인 이 발언에 대해 이 프로젝트에서 중요한 역할을 담당했던 과학자들이 속으로 무슨 생각을 했는지는 추측만 할 수 있을 뿐이다. 다행히도 연구자들은 수줍어하는 경향이 있으며, 유명 인사와 텔레비전 카메라 앞에서는 특히 그렇기 때문에, 공개적으로 염려를 표출한 사람은 거의 없었다.

마이클 덱스터Michael Dexter는 인간 게놈 프로젝트에 막대한 자금을 지원한 웰컴트러스트의 이사장이었다. 덱스터는 클린턴보다 덜했지만, 과장된 표현은 그에 못지않았는데, 인간 유전체 서열 분석의 완성을 "우리 생애뿐만 아니라, 인류 역사 전체를 통틀어서도 아주 걸출한 업적"이라고 말했다.[4]

혹시 영향력이라는 측면에서 인간 게놈 프로젝트와 맞먹을 만한 발견은 그 밖에도 많이 있지 않은가라고 생각하는가? 여러분만 그리 생각하는 건 아니다. 당장 불, 바퀴, 숫자 0, 문자 등이 떠오르고, 아마 여러분은 그 밖에도 여러 가지를 떠올릴 수 있을 것이다. 또 인간 유전체 서열이 밝혀지기는 했지만, 그것이 아주 빠른 시일 안에 인간의 질병 정복에 획기적인 성과를 가져올 것이라는 일부 주장은 아직 실현되지 않았다고 지적할 수도 있다. 예를 들면, 영국 과학부 장관 데이비드 세인스베리David Sainsbury는 "이제 우리는 의학에서 기대했던 것을 모두 다 이룰 가능성을 손에 쥐게 되었습니다."라고 말했다.[5]

하지만 대부분의 과학자들은 이런 주장들을 에누리해서 들어야 한다는 사실을 잘 알고 있었는데, 우리는 유전학의 역사를 통해 바로 그런 교훈을 얻었기 때문이다. '뒤셴근육디스트로피Duchenne muscular dystrophy'는 절망적일 정도로 슬픈 병인데, 이 병에 걸린 소년은 근육량이 점점 줄어들고 신체적 퇴행이 일어나고 이동 능력을 상실하며, 대개 청소년기에 사망한다. '낭성섬유증'은 폐가 점액을 제거하지 못하는 증상이 나타나는 유전 질환으로, 환자는 치명적인 감염에 노출될 위험이 크다. 낭성섬유증 환자는 지금은 약 40세까지 살 수 있지만, 이것도 매일 폐를 깨끗이 하기 위해 집중 물리 치료를 받고 항생제를 많이 사용해야만 가능하다.

뒤셴근육디스트로피 돌연변이 유전자는 1987년에 확인되었고, 낭성섬유증 돌연변이 유전자는 1989년에 확인되었다. 이 돌연변이 유전자들이 질환의 원인이라는 사실은 인간 유전체 서열이 완성되기 10년도 더 전에 밝혀졌지만, 그 후 20년 이상의 노력에도 불구하고 아직도 이 질환들에 대한 효과적인 치료법은 나오지 않았다. 인간 유전체 서열을 아는 것과 일상적인 질환으로부터 생명을 구하는 치료법을 개발하는 것 사이에는 큰 괴리가 있는 게 분명하다. 질환의 원인이 되는 유전자가 둘 이상이거나 하나 또는 그 이상의 유전자와 환경의 상호 작용으로 질환이 발병할 경우에는 특히 그런데, 대부분의 질환이 그런 경우이다.

하지만 앞에서 인용한 정치인들을 너무 비난할 필요는 없다. 과학자들 자신도 과장된 표현을 남발했다. 30억 달러의 연구비를 대줄 사람들에게는 야심만만한 장밋빛 청사진을 제시할 필요가 있다. 인간 유전체 서열 자체가 최종 목표가 아니라는 사실을 안다고 해서 그것이 덜 중요한 과학적 노력이 되는 것은 아니다. 그 노력은 본질적으로 일종의 인프라 구축에 해당하는 것으로, 그것 없이는 엄청나게 많은 질문들에 대한 답을 구할 길이 전혀 없는 데이터 집단을 구축하는 것이었다.

물론 인간 유전체 서열은 단 하나만 있는 게 아니다. 그 서열은 개인마다 제각각 다르다. 2001년에 DNA 염기쌍 100만 개의 서열을 분석하는 데 드는 비용은 5300달러가 조금 못 되었다. 2013년 4월에는 그 비용이 6센트로 떨어졌다. 만약 2001년에 여러분이 자신의 유전체 서열을 분석하려고 했다면, 그 비용은 9500만 달러를 상회했을 테지만, 지금은 동일한 서열을 6000달러 미만의 가격으로 얻을 수 있으며,[6] 적어도 한 회사는 1000달러 유전체 시대가 도래했다고 주장한다.[7] 서열 분석 비용이 이토록 극적으로 싸졌기 때문에, 이제는 과학자들이 개인들 사이의 변이를 연구하기가 훨씬 쉬워졌고, 이런 상황은 많은 이점을 가져다주었다. 연구자들은 이제 심각한 질환의 원인이 되지만 환자들 중 소수만 지닌 희귀한 돌연변이를 확인할 수 있다. 이 돌연변이는 미국의 아미시파(기독교에서 재세례파 계통의 개신교 종파. 주로 미국 펜실베이니아 주와 캐나다 온타리오 주에 거주한다. 자동차나 전기 · 전자 제품, 전화, 컴퓨터 등의 현대 문명을 거부하는 것으로 유명하며, 종교적 이유로 외부 세계와 격리된 채 살아간다. —옮긴이) 공동체처럼 유전적으로 격리된 집단에서 자주 발견된다.[8] 암의 진행을 촉진하는 돌연변이를 확인하기 위해 환자에게서 종양세포를 채취해 그 서열을 분석하는 것도 가능하다. 특별한 경우에 이것은 그 암에 맞춘 특정 치료법을 환자에게 사용하는 결과를 낳기도 한다.[9] DNA 서열 분석은 인류의 진화와 인류의 이동을 연구하는 데에도 큰 도움을 주었다.[10]

그 많은 유전자들은 어디에 있는가

하지만 이 모든 것은 장래에 일어날 일이었다. 열광적인 분위기에 들뜬 2001년 당시 인간 유전체 서열에서 얻은 데이터를 자세히 조사하던 과학자들은 간단한 한 가지 질문에 고개를 갸웃거렸다. 그것은 그 모든 유전자들은 어디에 있는가라는 질문이었다. 세포와 개인의 모든 기능을 수행하는 단백질을 암호화하는 염기 서열들은 모두 어디에 있단 말인가? 사실, 사람만큼 복잡한 종도 없다. 도시를 건설하고, 예술을 창조하고, 작물을 재배하고, 탁구를 치는 종은 사람 말고는 없다. 물론 이런 것들이 인간이 정말로 다른 종보다 더 '낫다는' 증거인지에 대해서는 철학적 논쟁이 벌어질 수도 있다. 하지만 이런 논쟁을 벌일 수 있다는 사실 자체는 인간이 지구상의 어떤 종보다도 더 복잡하다는 사실을 의심의 여지없이 보여준다.

생명체로서 인간이 지닌 복잡성과 정교성을 분자적으로 어떻게 설명할 수 있을까? 많은 사람들은 유전자에서 그 설명을 찾을 수 있다는 주장에 대체로 동의한다. 대부분의 사람들이 벌레나 파리, 토끼처럼 더 단순한 생물보다 인간의 단백질 암호화 유전자가 훨씬 많으리라고 생각했다.

인간 유전체 서열 초안이 발표될 무렵, 일부 생물들의 유전체 서열 분석은 이미 완료된 상태였다. 과학자들은 사람보다 작고 단순한 생물의 유전체에 초점을 맞췄는데, 2001년까지 바이러스 수백 종, 세균 수십 종, 단순한 동물 두 종, 균류 한 종, 식물 한 종의 유전체 서열 분석이 완료되었다. 연구자들은 그 밖의 다양한 실험적 방법으로 얻은 데이터와 함께 이 종들의 유전체 분석 데이터를 사용해 인간 유전체에서 얼마나 많은 유전자가 발견될지 추정했다. 추정치는

3만~12만 개였는데, 추정치의 범위가 비교적 넓은 것은 이 추정치에 상당한 수준의 불확실성이 포함되어 있음을 말해준다. 대중 매체에서는 약 10만이라는 수치를 자주 언급했지만, 이 수치가 확실한 추정치로 받아들여졌던 것은 아니다. 대부분의 연구자들은 합리적인 추정치로 4만 개 정도를 생각했다.

하지만 2001년 2월에 인간 유전체 서열 초안이 막상 발표되었을 때, 연구자들이 확인한 단백질 암호화 유전자는 10만 개는 고사하고 4만 개도 되지 않았다. 셀레라 지노믹스의 과학자들은 단백질 암호화 유전자 2만 6000개를 확인했으며, 잠정적으로 확인된 것이 1만 2000개 더 있다고 발표했다. 국제 컨소시엄의 과학자들은 2만 2000개를 확인했으며, 분명히 확인되지 않은 것까지 다 합치면 3만 1000개에 이를 것이라고 예측했다. 초안이 발표되고 나서 몇 년이 지나는 동안 그 수는 계속 줄어들었고, 지금은 인간 유전체에서 단백질 암호화 유전자 수는 약 2만 개로 인정되고 있다.[11]

초안이 발표되고 나서 과학자들이 유전자 수에 대해 일치된 의견을 즉각 내놓지 않은 것이 이상해 보일 수 있다. 하지만 그것은 서열 데이터 분석에 의존해야 하는 유전자 확인 작업이 말처럼 쉽지 않기 때문이다. 유전자는 색으로 구별할 수 있게 암호화되어 있는 것도 아니고, 유전체의 다른 부분들과 차이가 나는 유전자만의 문자를 사용하는 것도 아니다. 단백질 암호화 유전자를 확인하려면, 특정 아미노산을 암호화할 수 있는 서열처럼 구체적인 특징들을 분석해야 한다.

2장에서 보았듯이 단백질 암호화 유전자는 하나의 연속적인 DNA 서열로부터 만들어지지 않는다. 그것은 모듈 방식으로 만들어지며, 단백질 암호화 지역들 사이에 정크들이 군데군데 끼여 있다. 일반적으로 사람 유전자는 유전 연구에서 흔하게 쓰이는 모형계인 초파리나 예쁜꼬마선충*C. elegans*의 유전자보다 훨씬 길다. 하지만 사람 단백질은 대개 초파리나 예쁜꼬마선충의 단백질과 크기가 거의 같다. 사람 유전자에서 아주 큰 것은 단백질을 암호화하는 부분이 아니라, 사이사이에 끼여 있는 정크 부분이다. 사람의 경우, 사이사이에 끼여 있는 서열들은 단순한 생물보다 10배나 길 때가 많으며, 어떤 것은 그 길이가 염기쌍 수만 개에 이르기도 한다.

이것은 인간 유전체 서열에서 유전자를 분석할 때 신호와 잡음을 분리해야 하는 심각한 문제를 일으킨다. 심지어 한 유전자 안에서도 단백질을 암호화하는 지역은 비교적 작고, 그것이 아주 거대한 정크 사이에 끼여 있다.

자, 그럼 다시 원래 문제로 돌아가보자. 사람의 단백질을 암호화하는 유전자가 초파리나 예쁜꼬마선충과 별 차이가 없다면, 사람은 왜 그토록 복잡한 생물일까? 2장에서 나왔던 스플라이싱이 일부 설명을 제공한다. 사람 세포는 단순한 동물보다 훨씬 다양한 종류의 단백질을 만들 수 있다. 사람 유전자 중에서 60% 이상은 여러 가지 스플라이싱 변이를 만들어낸다. [그림 2-5](33쪽)를 다시 보라. 사람 세포 하나는 DEPARTING, DEPART, DEAR, DART, EAT, PARTING 단백질을 만들 수 있다. 이 단백질들은 각기 다른 조직에서 각기 다른 비율로 만들어질 수 있다. 예를 들어 DEPARTING과 DEAR와 EAT는 뇌에서 많이 만들어지는 반면, 콩팥에서는 DEPARTING과 DART만 발현될 수 있다. 반면에 하등 생물은 세포들이 DEPARTING과 PARTING만 만들고, 그것도 모든 세포에서 거의 일정한 비율로 만들어질 수 있다. 이러한 스플라이싱의 유연성 덕분에 사람 세포는 하등 생물보다 훨씬 다양한 단백질 분자를 만들 수 있다.

인간 유전체를 분석하는 과학자들은 인간의 복잡성을 설명할 수 있는 인간 특유의 단백질 암호화 유전자가 있을 것이라고 추측했다. 하지만 그런 것은 없는 것으로 보인다. 인간 유전체에는 유전자군이 약 1300개 있다. 이 유전자군들은 거의 다 가장 단순한 생물부터 시작해 동물계의 모든 갈래에서 나타난다. 등뼈가 있는 동물에 특유한 유전자군 부분집합이 100여 개 있지만, 이것들조차 척추동물이 진화한 아주 초기부터 나타났다. 척추동물에만 있는 이들 유전자군은 면역계에서 감염을 기억하는 부분, 뇌의 정교한 연결, 혈액 응고, 세포 사이의 신호 전달처럼 복잡한 과정에 관여하는 경향이 있다.

인간의 단백질 암호화 유전체는 마치 거대한 레고 키트로 만든 것처럼 보인다. 대부분의 레고 키트, 특히 큰 스타터 박스에는 소수의 테마를 여러 가지로 변형시킨 브릭brick들이 들어 있다. 직사각형과 정사각형, 비스듬한 모양, 그리고 어쩌면 아치도 몇 개 들어 있다. 색과 비율과 두께는 다양하지만, 기본적으로는 모두 비슷하다. 그리고 이것들을 이용하면, 브릭 2개로 만든 계단에서부터 전체 주택 단지에 이르기까지 온갖 종류의 기본 구조를 거의 다 만들 수 있다. 기본 레고 틀에 들어맞지 않는 아주 특이한 조각이 필요한 경우는 데스 스타Death Star처럼 일류 전문가 수준의 구조를 만들려고 할 때뿐이다.

진화의 역사를 통해 유전체들은 표준적인 기본 레고 틀을 가지고 구조를 만들어나감으로써 발전했는데, 완전히 새로운 것을 만드는 일은 아주 드물게 일어났다. 따라서 인간 특유의 특이한 단백질 암호화 유전자를 많이 가지고 있다는 주장으로는 인간의 복잡성을 제대로 설명할 수 없다. 우리에게는 그런 유전자가 없다.

하지만 인간 유전체의 크기를 다른 생물과 비교해보면 이상한 점이 드러난다. [그림 3-1]을 보면, 인간 유전체가 예쁜꼬마선충보다 훨씬 더 크고, 효모보다는 엄청나게 더 크다는 사실을 알 수 있다. 하지만

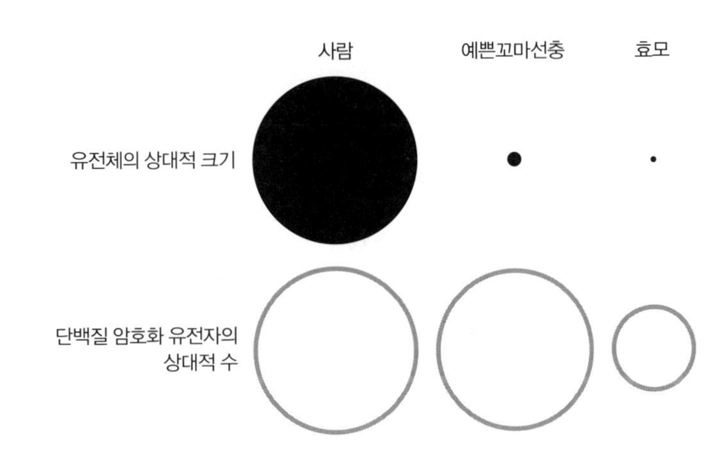

[그림 3-1] 위쪽 그림에서 원의 넓이는 사람과 예쁜꼬마선충과 단세포 생물인 효모의 유전체를 상대적 크기로 나타낸 것이다. 인간 유전체는 더 단순한 이들 생물의 유전체보다 훨씬 크다. 아래쪽 그림은 이 세 종의 유전체에 포함된 단백질 암호화 유전자의 상대적 수를 보여준다. 사람과 나머지 두 종 사이의 차이는, 유전체의 상대적 크기를 나타낸 위쪽 그림보다 훨씬 작다. 상대적으로 큰 인간 유전체의 크기는 단백질 암호화 유전자의 수만으로는 설명이 되지 않는다.

단백질 암호화 유전자의 수만 놓고 본다면, 큰 차이가 없다.

이 데이터는 인간 유전체에는 단백질을 암호화하지 않는 DNA가 아주 많이 포함되어 있다는 사실을 분명하게 보여준다. 인간의 유전물질 중 98%는 세포나 생물의 주요 기능들을 수행한다고 알려진 아주 중요한 분자들의 주형 역할을 하지 않는다. 그렇다면 인간에게는 정크 DNA가 왜 그토록 많은 것일까?

독이 있는 물고기와 유전적 격리

한 가지 생각해볼 수 있는 답은 이 질문이 쓸데없거나 부적절할 가능성이다. 어쩌면 정크 DNA는 아무 기능도 하지 않거나 생물학적 의미가 없을지도 모른다. 어떤 것이 존재한다고 해서 반드시 존재 이유가 있을 것이라는 생각이 틀렸을지 모른다. 사람의 막창자꼬리(충수 또는 맹장이라고도 함.)는 유익한 목적이 전혀 없으며, 먼 조상 계통에서 물려받은 과거의 잔재에 지나지 않는다. 2001년에 일부 과학자는 인간 유전체에 존재하는 정크 DNA 중 대부분도 이런 것일지 모른다고 생각했다.

이 주장을 뒷받침하는 일부 근거는 복어라는 흥미로운 동물에게서 발견할 수 있다. 복어는 놀라운 동물이다. 복어는 느리고 헤엄도 서툴기 때문에 포식동물을 피해 달아날 수가 없다. 위험한 상황을 만나면, 복어는 재빨리 물을 다량 흡입하여 몸을 공 모양으로 크게 부풀리는데, 일부 종은 거기에 가시까지 돋아 있다. 이것만으로 굶주린 포식동물을 뿌리치기에 충분하지 않은 경우에 대비해 복어는 청산보다 1000배 이상 독성이 강한 독소를 가지고 있다. 이 때문에 복어는 특이한 악명을 얻게 되었다. 일본에서는 복어가 별미로 통하지만, 전에는 비전문가가 함부로 손질한 복어 요리를 먹었다가 죽은 사람들이 아주 많았다.

유전학 연구자들은 복어를, 혹은 적어도 그 DNA를 아주 좋아했다. 그중에서도 자주복*Fugu rubripes*이라는 종의 유전체는 모든 척추동물 중에서 가장 조밀하다. 그 길이는 인간 유전체의 13%에 불과하지만, 보통 척추동물의 유전자를 거의 다 가지고 있다.[12] 자주복의 유전체가 이토록 작은 이유는 정크 DNA가 많지 않기 때문이다. DNA 서열을 분석하는 비용이 비싸던 시절에 복어는 서로 다른 생물들의 유전체를 비교할 때 아주 유용한 종이었다. 그리고 그 유전체에 정크 DNA가 아주 적어서 개개 유전자를 확인하기가 상대적으로 쉬웠는데, 인간 유전체를 분석할 때 골칫거리를 안겨주는 신호와 잡음 분리 문제가 없었기 때문이다. 과학자들은 자주복의 유전자들을 아주 쉽게 찾아낼 수 있었는데, 그 서열 데이터는 인간처럼 잡음이 많은 유전체에서 비슷한 유전자를 찾는 데 큰 도움을 주었다.

복어는 정크 DNA가 아주 적지만 기능에 아무 문제가 없는 성공적인 생물이기 때문에, 인간 유전체에서 비암호화 지역은 "단순히 유전체를 편리한 숙주로 이용하는 기생적이고 이기적인 DNA 요소"일지 모른다는 주장이 제기되었다.[13] 하지만 이것은 논리적인 추정이 아니다. 특정 생물에서 어떤 것이 명시적인 기능을 하지 않는다고 해서 나머지 종들에서도 그것이 쓸모없을 것이라는 결론을 내려서는 안 된다. 진화는 대개 상대적으로 제한된 요소들(레고 세트를 떠올려보라.)을 가지고 필요한 것들을 만들어나가기 때문에, 기존의 특징을 새로운 용도로 갖다 쓰는 경향이 있다. 따라서 정크 DNA는 다른 생물, 특히 복잡한 생물에서는 어떤 역할을 할 가능성이 충분히 있다.

세포가 그토록 많은 정크 DNA를 보유하려면 기능적 비용이 든다는 사실도 염두에 둘 필요가 있다. 사람은 난자와 정자가 결합하면서 생긴 하나의 세포에서 생명을 시작한다. 그 하나의 세포가 분열하여 2개가 된다. 그리고 2개가 분열하여 4개가 되고, 그런 과정이 계속 이어진다. 어른의 몸은 50~70조 개의 세포로 이루어져 있다. 이것은 엄청나게 많은 수여서 그 규모를 시각화하기가 쉽지 않은데, 이렇게 한번 생각해보라. 각각의 세포가 1달러짜리 지폐라고 생각하고, 이 지폐 50조 장을 차곡차곡 쌓는다면 그 높이가 얼마나 될까? 그 높이는 지구에서 달까지 갔다가 다시 지구로 반쯤 돌아오는 거리에 해당한다.

그토록 많은 세포를 만들려면 적어도 46번의 세포 분열이 필요하다. 세포가 분열할 때마다 우선 그 DNA를 모두 복제해야 한다. 만약 전체 DNA 중 중요한 것이 2% 미만이라면, 그리고 나머지 98%가 아무 기능도 하지 않는 쓰레기에 불과하다면, 진화는 왜 그것들을 계속 남겨두었을까? 앞에서 이미 말했듯이, 종의 진화를 뒷받침하는 가장 큰 증거는 우리 조상 때문에 우리에게 남아 있는 그 모든 것(예컨대 막창자꼬리)에 있다. 하지만 어떤 기능을 하는 염기쌍 하나를 만들면서 그와 함께 '쓸모없는' 염기쌍 49개를 만드느라 엄청난 양의 자원을 사용하는 것은 아무리 생각해도 지나친 낭비처럼 보인다.

인간 유전체에 그토록 많은 DNA가 들어 있는 이유를 설명하려고 시도한 최초의 이론 중 하나는 인간 유전체 서열 초안이 나오기 전에 이미 나왔다. 그때에도 연구자들은 이미 인간 유전체 중 상당 부분은 단백질을 암호화하지 않는다는 사실을 알아냈다. 그 이론은 바로 '단열재 이론insulation theory'이다.

여러분에게 시계가 하나 있다고 상상해보라. 낡은 시계가 아니라,

가격이 200만 달러나 하는 빈티지 파텍 필리프처럼 아주 값비싼 시계이다. 그리고 이번에는 근처에 몸집이 크고 성질이 아주 사나운 개코원숭이가 무거운 막대를 들고서 서성거리고 있다고 상상해보라. 여러분은 시계를 어느 방에 놓아두어야 하는데, 여기서 선택의 기로에 서게 된다. 개코원숭이가 어떤 방에 들어가는 것을 막을 수는 없지만, 시계를 어느 방에 놓아둘지는 여러분이 결정할 수 있다. 여러분이 선택할 수 있는 길에는 다음 두 가지가 있다.

A. 시계를 놓아둘 탁자 외에는 아무것도 없는 작은 방.

B. 단열재 롤 50개가 있는 큰 방. 각각의 롤은 길이가 5m, 높이가 20cm이며, 여러분은 50개의 단열재 롤 중 어느 하나에 시계를 숨길 수 있다.

시계의 손상을 피할 확률을 최대한 높이려면 어느 쪽이 유리한지 판단하는 것은 그리 어렵지 않다. 그렇지 않은가? 정크 DNA의 단열재 이론도 바로 이와 똑같은 전제를 바탕으로 한다. 단백질을 암호화하는 유전자는 아주 중요하다. 그런 유전자는 큰 진화 압력에 노출되어왔기 때문에, 어떤 생물에서건 개개의 단백질 서열은 대개는 그보다 더 좋을 수 없는 최적의 상태에 있다. 단백질 서열에 변화를 가져오는 DNA의 돌연변이—염기쌍에 일어난 변화—는 단백질을 더 효율적으로 만들 가능성이 적다. 그보다는 부정적 결과를 낳는 방향으로 단백질의 기능이나 활동을 방해할 가능성이 더 높다.

문제는 우리 유전체가 손상을 입힐 잠재력을 지닌 자극에 늘 폭격을 받는다는 점이다. 우리는 가끔 이것을 현대적 현상이라고 생각하는 경향이 있는데, 체르노빌이나 후쿠시마 원자력 발전소와 같은 재난에서 방출된 방사능을 고려할 때면 더욱 그렇다. 하지만 실제로는 이것은 인류가 지구상에 나타난 이후부터 죽 문제가 되어왔다. 햇빛의 자외선 복사에서부터 음식물에 포함된 발암 물질, 화강암에서 방출되는 라돈 가스에 이르기까지 우리는 늘 유전체의 온전성을 위협하는 잠재적 위험 요소들로부터 공격을 받아왔다. 때로는 이런 것들이 큰 문제가 되지 않는다. 자외선이 피부세포에 돌연변이를 일으키더라도, 그 돌연변이가 그 세포를 죽게 한다면 큰 문제가 되지 않는다. 피부세포는 아주 많다. 피부세포는 항상 죽어가고 새로운 것으로 교체되기 때문에, 하나쯤 더 죽는다고 해서 문제가 되지는 않는다.

하지만 만약 돌연변이가 그 세포를 이웃 세포들보다 더 잘 살아남게 한다면, 그것은 잠재적 암의 발달을 향해 한 걸음 내디디는 셈인데, 그 결과로 심각한 문제가 발생할 수 있다. 예를 들면, 미국에서는 매년 새로 흑색종 진단을 받는 사람이 7만 5000명 이상이고, 흑색종으로 사망하는 사람은 연간 1만여 명에 이른다.[14] 한 가지 주요 위험 요인은 자외선에 지나치게 노출되는 것이다. 진화의 관점에서 볼 때, 돌연변이는 난자나 정자에 일어날 때 피해가 더욱 큰데, 자손에게 그 돌연변이가 전달되기 때문이다.

만약 우리 유전체가 이처럼 항상 공격을 받는다고 생각한다면, 정크 DNA의 단열재 이론은 분명히 매력적이다. 나머지 49개의 염기쌍이 정크 DNA이기 때문에 염기쌍 50개 중 1개만 단백질 서열에 중요하다면, DNA 분자를 공격한 손상 자극이 정말로 중요한 지역을 손상시킬 확률은 50분의 1에 불과할 것이다.

[그림 3-1]에서 보았듯이, 단열재 이론은 예쁜꼬마선충과 효모처럼 덜 복잡한 종과 비교할 때 인간 유전체에 정크 DNA가 그토록 많이 들어 있는 이유도 설명할 수 있다. 예쁜꼬마선충과 효모는 생활 주

기가 짧으며, 자손을 많이 만들 수 있다. 이들의 비용–편익 방정식은 생식에 오랜 시간이 걸리고 자손을 조금만 남기는 인간 같은 종과 다르다. 예쁜꼬마선충과 효모는 단백질 암호화 유전자를 보호하려고 그토록 많은 노력을 기울일 이유가 없다. 설사 자손 중 일부에 돌연변이가 있어 환경에서 살아남는 데 적합하지 않다 하더라도, 나머지 다수는 살아남는 데 문제가 없기 때문이다. 하지만 다음 세대에 자신의 유전 물질을 전달할 기회가 아주 적다면, 중요한 단백질 암호화 유전자를 보호하는 것이 진화의 관점에서 볼 때 현명한 행동이다.

앞에서 보았듯이, 자연은 매우 적응적이다. 따라서 설사 단열재 이론이 상당히 타당해 보이더라도, 두 가지 질문을 제기할 수 있다. 과연 단열재는 정크 DNA의 유일한 역할일까? 그리고 이 모든 단열재는 애초에 어디서 왔을까?

4장
초대받은 곳에 눌러앉다

영국 어린이라면 1066년이 무슨 해인지 누구나 다 안다. 그 해는 정복왕 윌리엄William the Conqueror이 노르망디에서 군대를 이끌고 영국을 침공한 해이다. 그것은 일시적인 침공에 그치지 않았다. 침략자들은 영국에 눌러앉았고, 가족들까지 데려와 그 수와 영향력을 키워갔다. 이들은 결국 동화되어 영국의 정치적, 문화적, 사회적, 언어적 풍경의 일부가 되었다.

반면에 미국 어린이는 1620년이 무슨 해인지 누구나 다 안다. 그 해는 메이플라워호가 케이프코드에 도착한 해로, 유럽인의 북아메리카 대규모 이민과 정착의 시발점이 된 해이다. 그보다 500년도 더 전에 영국으로 건너온 노르만족과 마찬가지로 초기의 이 이주민은 그 수가 급격하게 불어나면서 북아메리카의 풍경을 크게 변화시켰다.

오래전에 인간 유전체에도 이와 비슷한 사건이 일어났다. 외래

DNA 요소가 침범하여 그 수가 크게 불어났고, 결국에는 인간의 유전적 유산에서 안정적인 일부로 자리 잡았다. 이 외래 요소들은 인간 유전체에 일종의 화석 기록처럼 남아 있어서 다른 종들의 기록과 비교할 수 있다. 하지만 이것들은 또한 단백질 암호화 유전자들의 기능에 영향을 미침으로써 우리의 건강과 질병에 영향을 미칠 수 있다.

외래 요소들은 단백질 암호화 유전자의 발현에 영향을 미칠 수는 있지만, 스스로 단백질을 암호화하지는 않는다.

인간 유전체 서열 초안이 발표되었을 때, 이 유전적 침입자들이 우리 DNA에 얼마나 광범위하게 퍼져 있는지를 발견하고서 과학자들은 크게 놀랐다.[1] 인간 유전체 중 40% 이상이 이러한 기생적 요소로 이루어져 있다. 이것을 '산재 반복 요소interspersed repetitive element'라 부르는데, 크게 네 가지 집단이 있다.* 이름이 시사하듯이, 산재 반복 요소는 특정 서열이 반복되는 DNA 부분이다. 그 수는 놀라울 정도로 많다. 인간 유전체에는 이러한 산재 반복 요소가 400만 개 이상이나 있다. 그중 한 집단은 유전체 전체에 85만 번 포함되어 있고, 우리 DNA에서 20% 이상을 차지한다.

이 서열들은 대부분 과거에 유전체 내에서 그 수를 늘리는 방법을 찾아냈다. 에이즈 바이러스와 비슷한 특정 종류의 바이러스가 보이는 행동을 모방한 경우가 많았다. [그림 4-1]은 그 기본적인 방법을 보여준다. 이것은 세포의 한 서열을 계속 반복적으로 복제하여 유전체에 도로 집어넣을 수 있는 메커니즘을 제공한다. 이것은 증폭 사이클

* 네 집단은 SINEsshort interspersed repetitive elements(짧은 산재 반복 요소), LINEslong interspersed repetitive elements(긴 산재 반복 요소), LTRs(긴 말단 반복 서열을 가진 요소), DNA 트랜스포존이다.

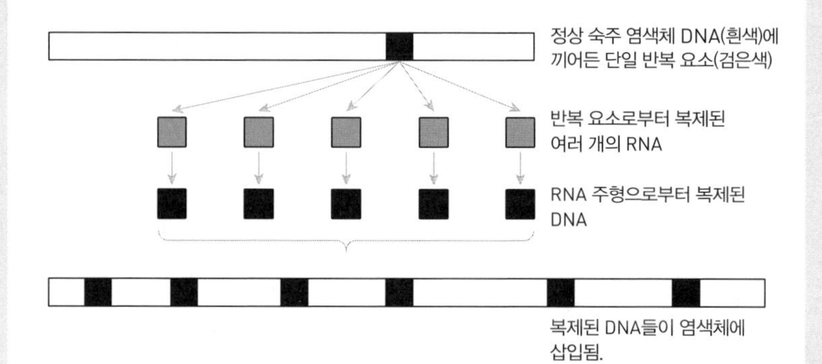

[그림 4-1] 하나의 DNA 요소가 복제되어 여러 개의 RNA가 만들어진다. 비교적 특이한 과정을 통해 이 여러 RNA 분자는 다시 DNA로 복제되어 유전체로 들어갈 수 있다. 이러한 과정을 통해 이 요소들의 수가 증폭된다. 이 과정은 조기의 진화에서 여러 번 반복적으로 일어났을 수 있지만, 여기서는 설명을 단순하게 하기 위해 1회 과정만 소개했다.

을 만들어내 반복 서열의 수를 유전체의 나머지 요소들보다 더 빠르게 증가하게 한다.

많은 점에서 반복 요소들은 유전체에서 복사하여 붙이기에 해당하는 과정을 겪었다. 이 덕분에 반복 요소들은 우리 염색체 전체로 퍼져나갈 수 있었다.

이러한 증폭 과정들의 결과로 인간의 유전체에는 엄청나게 많은 수의 반복 요소들이 생겼다. 문제는 이것이 정말로 중요한가 하는 것이다. 이 서열들은 어떤 효과를 나타내는가, 아니면 긍정적이건 부정적이건 아무 영향도 미치지 않으면서 그저 유전체에 편승한 승객에 불과한가?

이 질문을 검토하는 방식은 여러 가지가 있다. 진화의 관점에서 볼 때 대부분의 반복 요소들은 아주 오래 되었다. 다른 동물들과 비교한 결과에 따르면 대다수 반복 요소들은 유태반류 포유류가 1억 2500만 년도 더 전에 다른 동물 계통들과 갈라지기 이전에 나타났다. 약 2500만 년 전에 인간이 구세계 원숭이와 갈라진 이후로 적어도 한 반복 요소 집단에 속한 것들 중에서는 인간 유전체에 새로 들어간 것이 하나도 없다. 따라서 아주 먼 과거에 인간 유전체에서 반복 요소들이 크게 확장하는 일이 일어난 것으로 보인다. 그 후로는 그 수가 크게 늘어나지 않았는데, 이것은 우리가 받아들일 수 있는 이 반복 요소들의 수에 상한선이 있음을 시사한다. 하지만 인간 유전체에서 반복 요소가 제거되는 일은 아주 느리게 일어나는 것처럼 보이는데, 이것은 반복 요소의 수가 상한선을 넘지만 않는다면 우리가 그것을 감당할 수 있음을 시사한다.

하지만 인간 유전체가 그러한 반복 요소에 대처하는 방식은 다른 종과 약간 다른 것처럼 보인다. 일반적으로 포유류는 다른 종들보다 특정 반복 요소들의 범위가 더 다양한 것처럼 보인다. 하지만 포유류의 경우, 이 반복 요소들은 오랫동안 지속되어온 아주 오래된 서열들을 기반으로 한다. 다른 종들의 경우, 오래된 반복 요소들은 어느 정도 제거되고, 대신에 새로운 반복 요소들이 그 자리를 차지했다. 인간 유전체 서열 초안을 발표한 저자들은 초파리에서 비기능적 DNA 요소의 반감기는 약 1200만 년이라고 계산했다. 포유류는 반감기가 약 8억 년이다.

하지만 포유류 사이에서도 인간은 특이한 존재처럼 보인다. 포유류 종의 수가 팽창하기 시작한 이후 호미니드 계통에서 반복 요소들은 그 수가 계속 감소했다. 설치류에서는 이런 일이 일어나지 않았다. 또한 인간 유전체의 반복 서열들 중 대다수는 복사하여 붙이기가 더 이상 일어나지 않는다. 근본적으로 반복 요소들은 영장류보다 설치류에서 더 활동적이다.

아마도 그 결과로 반복 요소는 인간보다 설치류에서 더 큰 문제의 원인이 되는 것으로 보인다. 만약 반복 요소가 유전체에서 복제된다면, 그것은 단백질 암호화 유전자에 혹은 그 가까이에 들어가 유전자의 정상적인 역할을 방해할 수 있다. 어떤 경우에는 특정 단백질이 발현되지 못하게 할 수도 있다. 또 어떤 경우에는 단백질의 발현을 증가시킬 수도 있다. 생쥐의 경우, 반복 요소가 유전체의 새로운 지역에 삽입되었을 때, 새로운 유전적 상태의 원인이 될 확률이 사람 세포보다 60배나 높다. 생쥐에서는 새로운 유전적 돌연변이 중 10%가 이 이유 때문에 일어나는 반면, 사람에서는 600분의 1에 지나지 않는다. 우리는 설치류 사촌보다 유전체를 더 엄격하게 통제하는 것으로 보인다.

위험한 반복

설치류에게 이런 종류의 돌연변이 메커니즘이 초래하는 일부 결과를 살펴보면, 이것은 어쩌면 우리에게 좋은 일일 수도 있다. 이러한 돌연변이가 꼬리가 없는 결과를 낳는 생쥐 계통이 있다. 꼬리가 없는 것뿐이라면 큰 문제가 되지 않을 수도 있지만, 콩팥이 제대로 발달하지 않는 현상까지 함께 나타나기 때문에, 정말로 큰 문제가 된다.[2] 이런 일이 일어나는 이유는 반복 요소 삽입이 그 근처에 있는 유전자를 과잉 발현하도록 만들기 때문이다. 다른 계통에서는 이 삽입은 중추신경계에서 중요한 유전자를 발현하지 못하게 한다. 이 때문에 이런 상태로 태어난 생쥐는 만지면 경련을 일으키며, 수명은 겨우 2주일에 불과하다.[3]

정반대 현상(예를 들어 반복 서열이 전혀 나타나지 않는 유전체 지역이 초래하는 결과)을 살펴보아도 그러한 반복이 초래하는 잠재적 영향에 대해 비슷한 결론을 얻을 수 있다.

HOX라는 유전자군이 있는데, 이 유전자군은 복잡한 다세포 생물이 제대로 발달하는 데 아주 중요하다. 생물이 발달하는 동안 이 유전자들은 정해진 순서에 따라 스위치가 켜지며, 엄격하게 조절된 수준으로 발현된다. 만약 이 순서가 조금이라도 잘못되면, 아주 심각한 결과가 나타날 수 있다. HOX 유전자군의 중요성은 초파리에서 처음 관찰되었다. 이 유전자들에 돌연변이가 일어난 초파리는 기이한 특징이 나타났다. 가장 유명한 예는 머리에 더듬이가 없는 초파리였다. 대신에 한 쌍의 다리가 머리에 붙어 있었다.[4]

초파리와 마찬가지로 포유류도 신체 패턴이 제대로 발달하려면 HOX 유전자들이 적절하게 발현되어야 한다. 사람은 HOX 유전자군에 돌연변이가 생기는 경우가 드문데, 아마도 이 유전자들이 그만큼 중요하기 때문일 것이다. 하지만 단 하나의 HOX 유전자에 돌연변이가 일어나도 사지 말단에 결함이 생긴다는 사실이 밝혀졌다.[5]

HOX 유전자군은 인간 유전체에서 산재 반복 요소가 거의 존재하지 않는 극소수 장소 중 하나이다. 이것은 유전체 중에는 비교적 유순한 유전적 침입자조차 유전자 발현에 영향을 미칠 잠재력이 있는 지역이 있고, 진화가 그런 곳에는 침입자들이 아예 접근하지 못하게 차단했음을 시사한다. HOX 유전자군에 반복 서열이 존재하지 않는 이 특징은 다른 영장류와 설치류에서도 발견된다.

유전체에 존재하는 산재 반복 요소는 예상치 못한 결과를 낳을 수 있다. ERV라는 특이한 반복 서열 집단이 있다. ERV는 endogenous retrovirus, 즉 내인성 레트로바이러스를 가리킨다. HIV(에이즈의 원인 바이러스)는 레트로바이러스의 한 예이다. 레트로바이러스는 유전 물질이 DNA가 아니라 RNA로 이루어진 특징을 지니고 있다. 바이러스의 RNA가 복제되어 DNA가 만들어지는데, 이 DNA가 숙주 유전체에 들어가 그 일부로 자리 잡는다. 숙주는 이 DNA를 자신의 DNA와 같은 것으로 취급하여 새로운 바이러스 구성 요소를 만들어내 결국에는 새로운 바이러스를 만들게 된다.

인간의 진화사에서 먼 옛날에 일부 레트로바이러스가 우리 유전체에 들어왔다. 그중 많은 것은 지금은 유전체의 화석으로 남아 있다. 이것들은 레트로바이러스의 서열 중 특정 부분이 상실되어 바이러스 입자를 다시 만들 수 없다. 하지만 일부는 아직도 새로운 바이러스를 만드는 데 필요한 구성 요소들을 모두 가지고 있다. 정상 상태에서는 세포가 이것들이 활동하지 못하도록 엄격하게 통제한다.[6] 과학자들은 또한 외부에서 침입해 우리를 감염시킨 바이러스를 면역계가 무조건 싸워서 물리치기만 하는 것이 아니라는 사실을 발견했다. 외부의 바이러스도 내인성 바이러스를 통제하는 데 어떤 역할을 한다. 유전공학을 사용해 정상 면역계의 특정 요소를 상실하도록 만든 생쥐는 자신의 유전체에 잠복해 있던 이들 바이러스가 활동을 재개하면서 문제가 생긴다.[7]

인간 건강을 위협하는 한 부문의 문제점을 해결하기 위한 접근법에서는 이러한 내인성 레트로바이러스를 통제하는 문제가 쟁점이 되고 있다. 매년 수천 명이 장기 이식 대기자 명단에 올라 있다가 죽어가는데, 장기 기증자가 충분히 많지 않기 때문이다. 예를 들면, 심장을 이식받으면 목숨을 구할 수 있는 사람 세 명 중 한 명은 대기자 명단에 오른 채 기다리다가 죽어간다.[8]

이 문제를 해결할 수 있는 한 가지 방법은 동물의 심장을 대체 이식 장기로 사용하는 것이다. 이것을 '이종 이식xenotransplantation'이라 부른다. 심장 이식에 적합한 동물은 돼지이다. 돼지 심장은 크기와 힘이 사람 심장과 비슷하다.

여기에는 (특정 종교 집단에서 금기시하는 돼지 사용에 관한 윤리적 문제 외에) 극복해야 할 기술적 장애가 여러 가지 있다.[9] 유전자 변형 돼지를 만들어 사용함으로써, 인간의 심장혈관계에 돼지 세포가 들어갈 때 면역계가 매우 공격적인 면역 반응을 나타내지 않게 하면 일부 문제를 해결할 수 있다. 하지만 또 다른 문제가 있다. 인간 유전체와 마찬가지로 돼지 유전체에도 내인성 레트로바이러스가 있다. 그런데 돼지 유전체에 있는 내인성 레트로바이러스는 인간 유전체에 있는 것과 종류가 다르다. 20세기 말에 이루어진 연구에서 이러한 돼지 레트로바이러스 중 일부는 조건만 맞으면 인간 세포를 감염시킬 수 있다는 사실이 밝혀졌다.[10]

일부 과학자가 우려하는 시나리오가 있다. 돼지 심장을 이식받는 사람은 외래 기관에 대한 거부 반응을 막기 위해 면역 억제제를 사용해야만 한다. 면역 억제제로 면역 반응을 억제하면, 내인성 레트로바이러스의 재활성화가 일어날 가능성이 높아진다. 인류가 진화를 시작한 이래 사람의 면역계는 우리 유전체에 침입해 자리를 잡은 내인성 레트로바이러스를 어느 정도 억제하는 쪽으로 진화했다. 하지만 돼지 유전체에 숨어 있는 내인성 레트로바이러스를 억제하는 데에는 충분히 효율적이지 못할 수도 있다. 그렇다면 이론적으로는 내인성 레트로바이러스가 돼지 심장에서 빠져나와 인간 수용자의 다른 세포들을 공격해 그 안으로 들어갈 가능성이 있다.

더 최근에 나온 데이터는 이전 과학자들이 이런 일이 일어날 위험을 과장했을지 모른다고 시사하지만,[11] 이종 이식이 현실이 되려면 정크 DNA 중 이 부분을 더 자세히 살펴볼 필요가 있다.

유전체 중 다른 반복 서열들은 더 직접적으로 건강에 문제를 일으킬 수 있다. 사람의 진화사에서 비교적 최근에 해당하는 시기에, 유전체 중에서 아주 큰 부분—때로는 그 길이가 염기쌍 수십만 개에 이르는—이 복제된 곳들이 일부 있다. '원본'과 '복제본'은 유전체에서 서로 아주 다른 부분에 위치할 수도 있는데, 심지어는 서로 다른 염색체에 자리 잡을 수도 있다.

이 지역들은 난자나 정자가 만들어질 때 문제를 일으킬 수 있다. 이 시기에 염색체는 '교차'라고 부르는 아주 중요한 단계를 거친다. 어머니에게서 물려받은 한 염색체가 아버지에게서 물려받은 한 상동 염색체와 짝을 짓는데, 이때 두 염색체 사이에서 일부 DNA의 교환이 일어난다. 이것은 유전자들의 조합을 섞음으로써 유전자 풀의 변이를 늘리는 한 가지 방법이다. 교차가 일어나는 유전체 중의 두 부분이 반복 서열들 때문에 서로 아주 비슷해 보이지만 실제로는 서로 짝을 이루는 염색체들이 아니라면, 유전 물질을 교환해서는 안 되는 지역에서 교차가 일어날 수 있다. 그러면 여분의 DNA 부분이 더 있거나 중요한 지역이 결실된 난자나 정자가 생길 수 있다.[12]

그러면 이러한 유전체 결함을 물려받은 사람에게 질환이 나타날 수 있다. 한 예로 '샤르코-마리-투스병Charcot-Marie-Tooth disease'이 있는데, 감각을 전달하고 운동 기능을 제어하는 신경에 결함이 생기는 병이다.[13] 또 다른 예는 '윌리엄스-보이렌 증후군Williams-Beuren syndrome'인데, 발달 지체, 상대적 단신, 다양한 특이 행동 성향 등이 약간의 학습 장애, 원시와 함께 나타난다.[14]

교차가 일어나는 동안 유전체에서 복제되어 나중에 문제를 일으키는 지역들은 단백질 암호화 동의 유전자同義遺傳子(동의 유전자는 하나의 형질을 발현하는 데 협력하여 작용하는 두 쌍 이상의 유전자를 말한다. —옮긴이)를 여러 개 가지고 있을 때가 많다. 따라서 비정상 교차가 일어난 환자의 증상이 아주 복잡하게 나타나는 것은 놀라운 일이 아니다. 동의 유전자의 수에 일어난 변화를 통해 두 가지 이상의 경로가 영향을 받을 가능성이 높다.

복제 지역들이 이런 문제를 일으킬 수 있는데도, 인류의 진화사를 통해 이것들이 유지되었다는 사실이 이상하게 보일 수 있다. 하지만 실제로는 난자와 정자를 만드는 세포에서는 대개 별 문제 없이 교차가 제대로 일어나며, 염색체에서 엉뚱한 부분들이 서로 바뀌는 일은 드물다. 복제는 또한 인간 유전체가 특정 유전자의 수를 아주 빨리(진화의 관점에서) 늘리는 한 가지 방법을 제공했다. 이것은 유익할 수 있다. '여분의' 복제본은 진화적 적응을 위한 원재료로 작용할 수 있다. 단백질 암호화 유전자 서열에 약간의 변화가 일어나면, 원본과 밀접한 관련이 있지만 다른 기능을 하는 단백질이 만들어질 수 있다. 포유류에게 광범위한 냄새를 감지하는 대규모 유전자 가족이 진화할 수 있었던 것은 이 때문일지 모른다.[15] 이것은 인간 유전체의 진화 과정에 절약의 원리가 작용한 또 하나의 예인데, 아무것도 없는 상태에서 무엇을 만들어내는 대신에 기존의 유전자와 단백질을 상황에 맞게 적응시킨 것이다. 비유하자면, 한 개 값에 두 개를 얻는 거래 방식을 채택한 셈이다.

무죄를 입증해주는 정크 DNA

지금까지 이 장에서 우리가 살펴본 정크 반복 DNA는 대부분 상당히 큰 단위들로 이루어진 것이었다. 이것들은 길이가 최소한 염기쌍 100개에 이르며, 그보다 훨씬 긴 경우도 많다. 이것은 정크 DNA가 유전체 중 대부분을 차지하는 한 가지 이유이기도 하다. 하지만 이보다 훨씬 작은 정크 반복 단위들이 있는데, 염기쌍 몇 개에 그칠 정도로 작은 것도 있다. 이런 것들을 '단순 서열 반복simple sequence repeat'이라 부른다. 우리는 취약 X 증후군과 프리드라이히 운동실조, 근육긴장디스트로피를 다룰 때 이미 몇몇 사례를 만나보았다. 각 경우에 세 염기쌍 서열이 많이 반복되었는데, 반복 횟수는 장애가 나타나는 환자에게서 최대치에 이르렀다.

짧은 모티프 반복은 인간 유전체 중에서 약 3%를 차지한다. 이것은 개인에 따라 큰 차이가 있다.

6번 염색체의 특정 위치에 GT처럼 2개의 염기쌍으로 이루어진 임의의 반복 서열이 있다고 생각해보자. 그러면 나는 어머니에게서 이 반복 서열이 8개(GTGTGTGTGTGTGTGT) 있는 6번 염색체를 물려받고, 아버지에게서 이 반복 서열이 7개 있는 6번 염색체를 물려받았을 수 있다. 한편, 당신은 어머니에게서 이 반복 서열을 10개 물려받고, 아버지에게서 4개를 물려받았을 수 있다.

이러한 단순 서열 반복은 연구자들에게 아주 유용한데, 유전체 전체에서 발견되고, 유전체에서 나타나는 각 위치가 개인에 따라 큰 차이가 날 뿐만 아니라, 값싸면서도 감도가 높은 방법을 사용해 탐지하기가 쉽기 때문이다.

이러한 특징들 때문에 이 반복 서열들은 현재 DNA 지문 분석에 사용되고 있다. DNA 지문 분석은 혈액이나 조직 시료를 분석함으로써, 혈액이나 조직 시료가 누구의 것인지 확실하게 알아낼 수 있는 방법이다. DNA 지문 분석은 친자 확인 검사를 용이하게 했고, 법의학에 혁명을 가져왔다. DNA 지문 분석이 법의학에서 사용되는 예로는 대량 학살 피해자 신원 확인, 범죄자 기소와 결백한 사람(억울하게 범인으로 몰려 수십 년 동안 교도소에서 복역해온 사람을 포함해)의 무죄 입증 등이 있다. 미국에서는 DNA 지문 분석으로 무죄가 입증돼 풀려난 사람이 300명이 넘는데, 그중 약 20%는 한동안 사형수로 복역했다.[16] 게다가 전체 사례 중 약 절반은 DNA 증거가 진범을 찾아내는 데 결정적 도움을 주었다.

쓰레기 취급을 받던 정크 DNA로서는 예상 밖의 반전인 셈이다.

5장
나이가 들면 모든 것이 줄어들게 마련

댄 애크로이드Dan Aykroyd, 에디 머피Eddie Murphy, 제이미 리 커티스Jamie Lee Curtis가 주연을 맡은 영화 〈대역전Trading Places〉은 1983년에 미국 시장에서만 9000만 달러 이상의 수입을 올리며 큰 성공을 거두었다.[1] 〈대역전〉은 상당히 복잡한 코미디 영화이지만, 유전자 대 환경의 탐구가 배경 전제로 깔려 있다. 어떤 사람이 성공하는 것은 선천적인 장점 때문일까, 아니면 환경 때문일까? 영화는 후자를 강력하게 지지한다.

우리 유전체에서도 비슷한 현상이 일어날 수 있다. 개개 유전자는 세포가 제 기능을 하도록 도우면서 비교적 무해한 역할을 수행할 수 있다. 유전자는 이를 위해 적당한 속도로 단백질을 만든다. 단백질 생산량을 조절하는 한 가지 주요 요인은 염색체에서 그 유전자가 위치한 장소이다.

이번에는 이 유전자가 다른 이웃 장소로 옮겨갔다고 상상해보자 — 영화에서 댄 애크로이드가 연기한 인물이 결국 빈민가에서 살게 되거나, 에디 머피가 연기한 인물이 대저택으로 옮겨가 살게 되는 것처럼. 이 새로운 환경에 놓인 유전자는 새로운 유전체 정보에 둘러싸이게 되는데, 그 정보는 단백질을 훨씬 많이 만들라고 지시한다. 많이 생긴 단백질은 세포에게 앞으로 질주하라고 채찍질하므로, 세포는 정상보다 훨씬 빨리 성장하고 분열한다. 이것은 암이 발생하는 단계 중 하나이다. 이 유전자 자체는 문제가 전혀 없다. 다만, 이 유전자가 엉뚱한 시간에 엉뚱한 장소에 있는 게 문제가 된다.

이 과정은 세포 안에서 두 염색체가 동시에 끊어질 때 일어난다. 염색체가 끊어지면, 복구 기구가 즉각 절단 부위를 표적으로 삼아 끊어진 두 부분을 다시 연결시킨다. 이 과정은 대개 아주 매끄럽게 일어난다. 하지만 만약 두(혹은 그 이상의) 염색체가 동시에 끊어지면 문제가 생길 수 있다. [그림 5-1]에서 보듯이, 염색체 끝 부분들이 서로 엉뚱하게 연결될 수 있다. 이렇게 해서 '좋은' 유전자가 '나쁜' 이웃들에 둘러싸인 상황에 놓이게 되어 문제를 일으키기 시작한다. 이것이 특히 문제가 되는 이유는 세포 분열이 일어날 때마다 재배열된 염색체들이 모든 딸세포들에 전달되기 때문이다. 이 메커니즘의 가장 유명한 예는 '버킷 림프종Burkitt's lymphoma'이라는 혈액암으로, 8번 염색체와 14번 염색체 사이의 재배열 때문에 일어난다. 이것은 한 유전자*를 아주 크게 과잉 발현하게 만들어 세포들이 공격적으로 증식하게 된다.[2]

다행히도 두 염색체가 정확하게 동시에 끊어지는 일은 아주 드물

* 그 유전자는 *Myc*이다.

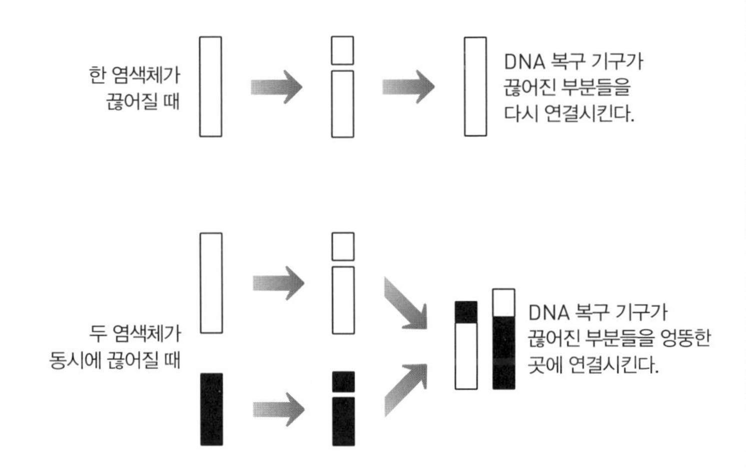

[그림 5-1] 위쪽 그림은 한 염색체가 끊어졌을 때 세포가 그것을 복구하는 상황을 보여준다. 아래쪽 그림은 두 염색체가 동시에 끊어진 상황을 보여준다. 세포 기구는 어느 부분이 어느 염색체에서 절단된 것인지 제대로 파악하지 못할 수 있다. 그래서 염색체들이 엉뚱하게 연결되어 잡종 구조가 만들어질 수 있다.

다. 어느 정도 시간 차이를 두고 일어나는 경우가 훨씬 많다. 따라서 DNA를 복구하는 기구는 아주 빨리 행동하는 방향으로 진화했다. 절단 부위를 복구하는 속도가 빠를수록 한 세포 안에서 여러 절단 부위가 동시에 존재할 가능성은 더 낮아진다. DNA 복구 기구는 세포가 끊어진 DNA 조각을 감지하자마자 작동하기 시작한다. 이를 위해 절단 부위 말단을 감지하는 메커니즘이 있다.

하지만 이것은 완전히 새로운 종류의 문제들을 만들어낸다. 우리 세포 안에는 염색체가 46개 들어 있는데, 모두 직선 모양이다. 따라서 1개의 염색체에는 양 끝부분에 하나씩 2개의 염색체 말단이 있고, 결국 우리 세포 안에는 모두 92개의 염색체 말단이 항상 존재한다. DNA 손상 복구 기구는 염색체의 정상 말단과 절단 때문에 생긴 비정상 말단을 구별하는 방법을 알아야 한다.

DNA 구두끈

세포가 이 문제를 해결하는 방법은 염색체의 정상 말단에 특별한 구조를 만드는 것이다. 만약 끈을 묶는 구두를 신는다면, 구두끈을 자세히 살펴보라. 양 끝에는 금속이나 플라스틱으로 만든 작은 캡이 붙어 있을 것이다. 이것을 애글릿aglet이라 부르는데, 끈이 풀어지거나 닳는 것을 방지하는 역할을 한다. 염색체에도 애글릿에 해당하는 것이 있는데, 이것은 염색체의 온전성을 유지하는 데 아주 중요하다.

이 염색체 애글릿을 텔로미어telomere(끝분절, 종말체, 말단소체라고도 함.)라 부르는데, 오래전부터 알려진 한 정크 DNA와 다양한 단백질 복합체로 만들어진다. 텔로미어 DNA는 6개의 염기로 이루어진 반복 서열 TTAGGG가 많이 반복되어 만들어진다.[3] 신생아 제대혈臍帶血(분만 후 산모와 태아를 연결하는 탯줄에서 얻은 혈액—옮긴이)에 들어 있는 모든 염색체의 양 끝에 있는 텔로미어 DNA는 평균 약 1만 개의 염기로 이루어져 있다.[4]

텔로미어 DNA는 단백질 복합체에 붙들려 있는데, 단백질 복합체는 텔로미어 DNA의 구조적 온전성을 유지하는 데 도움을 준다.* 텔로미어라는 용어는 실제로는 정크 DNA와 연관 단백질들의 결합을 가리킨다. 2007년에 일부 연구자들이 생쥐를 대상으로 한 연구에서 이 단백질들의 중요성을 생생하게 보여주었다. 그들은 해당 유전자를 완전히 비활성화함으로써 한 단백질의 발현을 차단했는데, 그 결과로 생쥐 배아가 발달 초기에 죽는다는 사실을 발견했다.**

이 유전자 변형 생쥐의 염색체를 조사한 연구자들은 많은 염색체가 서로 들러붙었다는 사실을 발견했다. 말단 부위들이 서로 연결되어 있었던 것이다. 이것은 DNA 복구 기구가 더 이상 텔로미어를 텔로미어로 인식하지 않았기 때문이다. 대신에 많은 절단 염색체를 마주친 것처럼 반응하면서 그 상황에서 보일 수 있는 최선의 행동을 보였다. 즉, 염색체들을 서로 연결시킨 것이다. 불행하게도 그렇게 하자 유전자 발현이 완전히 뒤죽박죽이 되고 말았다. 결국 염색체들과 세포들이 기능을 제대로 발휘하지 못하면서 일종의 세포 자살*** 상황에 이르렀고, 발달이 완전히 중단되고 말았다.

* 그렇다, 나는〈스타 트렉〉을 좋아한다. 가끔은.(〈스타 트렉〉에서 구조적 온전성 장structural intergrity field을 사용해 우주선에 방어용 역장을 추가하는데, '구조적 온전성' 용어 때문에 이런 농담을 한 것임. —옮긴이).

** 그 유전자는 *Gcn5*이다. 이 유전자는 여러 가지 기능을 하는 단백질을 암호화하는데, 그 기능 중 한 가지는 단백질 중 라이신이라는 아미노산에 아세틸기라는 작은 분자 집단을 첨가하는 것이다.

*** 이러한 세포 자살을 가리키는 전문 용어는 프로그래밍된 세포 죽음programmed cell death 또는 세포 자멸사apoptosis이다.

생물학과 인간의 건강에 아주 중요한 텔로미어의 특징이 또 하나 있다. 1960년대에 연구자들은 실험실에서 세포가 어떻게 분열하는지 연구하고 있었다. 그들은 암세포주를 연구 대상으로 삼지는 않았는데, 암세포는 비정상적 변화를 통해 죽음을 잊은 세포들에서 유래하기 때문이었다. 대신에 인간의 다양한 조직에서 발견되는 섬유모세포를 연구했다. 섬유모세포는 세포 외 기질이라는 물질을 분비하는데, 이것은 세포들을 제자리에 붙들어두는 일종의 걸쭉한 벽지용 풀이다. 그래서 예컨대 피부 같은 조직에서 생검(조직을 약간 잘라내 현미경으로 검사하는 일. 생체 검사라고도 함. ―옮긴이)을 통해 섬유모세포를 분리하는 것은 비교적 쉽다. 섬유모세포들은 배양액에서 자라고 분열한다. 그 당시 연구자들은 이 세포들이 영원히 분열을 계속하지 않는다는 사실을 발견했다. 필요한 영양분과 산소를 충분히 공급하더라도, 더 이상 분열을 하지 않는 순간이 찾아왔다. 세포들은 죽지는 않았고, 단지 증식을 중단했을 뿐이었다. 이것을 '노화senescence'라고 부른다.[5]

나중에 과학자들은 세포 분열이 일어날 때마다 세포 속의 텔로미어가 짧아진다는 사실을 알아냈다. 세포가 분열할 때마다 그 세포에 있는 모든 DNA가 복제된다. 그래서 두 딸세포는 모세포와 똑같이 46개의 염색체를 물려받게 된다. 하지만 염색체에서 DNA를 복제하는 시스템의 힘은 말단 부위까지 온전히 미치지 못한다. 그래서 세포 분열 주기가 거듭됨에 따라 텔로미어는 점점 짧아진다.[6]

하지만 그렇다고 해서 텔로미어의 길이 단축이 실제로 세포 노화의 원인이라는 사실이 증명된 것은 아니었다. 텔로미어의 길이에 미치는 그 효과는 세포 증식을 위한 일종의 표지 역할을 하더라도, 세포의 행동을 변화시키는 데에는 실질적인 역할을 전혀 하지 않을 가능성도 충분히 있었다.

이것은 과학적 탐구에서 아주 중요한 개념이다. 두 사건 사이에 상관관계가 성립하더라도, 그 사실로부터 자동적으로 인과 관계가 성립한다고 추정해서는 안 되는 상황은 아주 많다. 다음 관계를 한번 생각해보라. 폐암과 기침을 가라앉히는 사탕 사이에는 강한 상관관계가 있다. 물론 그렇다고 해서 기침을 가라앉히는 사탕을 먹으면 폐암에 걸리는 것은 아니다. 많은 사람들에게 나타나는 폐암의 초기 증상 중 하나는 기침이 지속되는 것인데, 기침이 자꾸 나는 사람은 그 불편함을 가라앉히려고 사탕을 먹을 가능성이 높다.

텔로미어의 길이 단축이 실제로 세포의 노화를 촉진한다는 사실은 1990년대에 확인되었다. 과학자들은 섬유모세포의 텔로미어 길이를 늘리면 세포가 노화를 건너뛰어 끝없이 성장한다는 사실을 보여주었다.[7]

지금은 텔로미어가 우리가 나이를 먹어가는 것을 알려주는 분자 시계 역할을 한다는 사실이 밝혀졌다. 그렇다고 세부 사실이 전부 다 밝혀진 것은 아닌데, 이것은 여러 가지 이유에서 조사하기가 상당히 어려운 생물학 영역이기 때문이다. 한 가지 이유는 세포 안에 있는 92개의 텔로미어 지역(각 염색체의 양 끝에 하나씩 있는)의 길이가 다 똑같지 않다는 데 있다. 이 때문에 한 사람 전체는 말할 것도 없고, 한 세포 내에서 두루 적용할 수 있는 텔로미어 길이조차 유의미하게 측정하기가 어렵다.[8] 또한, 텔로미어 생물학과 노화 사이의 관계를 조사하는 데에는 과학자들이 선호하는 실험 동물—생쥐—을 사용하기도 매우 어렵다. 그 이유는 설치류의 텔로미어가 아주 길기 때문인데, 사람에 비해 훨씬 길다. 물론 설치류는 사람보다 수명이 훨씬 짧아 텔로미어 길이가 노화의 유일한 결정 요인이 아님을 시사하지만, 축적된 증거는 사람의 경우에는 텔로미어 길이가 아주 중요하다고 시사한다.

구두끈 보살피기

하지만 우리는 우리 세포가 아무 저항 없이 노화 과정에 순순히 굴복하지 않는다는 사실을 알고 있다. 세포가 텔로미어를 가능하면 길고 온전하게 유지하려고 하는 메커니즘들이 있다. 우리 세포의 경우, 이런 메커니즘들은 텔로머레이스telomerase(텔로미어 효소)의 활동을 통해 일어난다. 텔로머레이스 시스템은 염색체 양 끝에 새로운 TTAGGG 모티프를 추가함으로써 세포가 분열할 때 상실되는 이 중요한 정크 DNA 부분을 복구한다. 텔로머레이스의 활동에는 두 가지 요소가 필요하다. 하나는 염색체 말단에 반복 서열을 추가하여 복구시키는 효소이다. 또 하나는 정해진 서열로 이루어진 RNA 조각으로, 효소가 정확한 염기를 추가할 수 있도록 주형 역할을 한다.

따라서 염색체 끝 부분은 단백질을 암호화하지 않는 유전체 물질인 정크 DNA에 크게 의존한다. 텔로미어 자체도 정크인데, 세포는 텔로미어를 유지하기 위해 RNA를 생산하는 유전자의 산물을 사용하지만, 이 RNA는 단백질의 주형으로는 절대로 사용되지 않는다. 이 RNA 자체는 중요한 역할을 담당하는 기능성 분자이다.*[,9]

우리 세포에 텔로머레이스 시스템의 활동을 통해 텔로미어 길이를

* 그 핵심 효소는 TERT 유전자가 암호화하고, RNA 주형은 TERC라고도 부르는 TR 유전자가 암호화한다.

유지하는 메커니즘이 포함되어 있다면, 그런데도 텔로미어는 왜 계속 짧아지는 것일까? 이 시스템에 무슨 문제가 있을까? 왜 이 시스템은 제대로 작동하지 않을까?

그 이유는 아마도 생물학에서 아무런 억제 없이 작동하도록 방치했을 때 제대로 작동하는 시스템이 별로 없다는 사실에 있을 것이다. 그리고 우리 세포 내에서 텔로머레이스 활동은 아주 심한 억제를 받고 있다. 이것의 병리학적 예외는 암세포이다. 암세포는 텔로머레이스 활동을 높은 수준으로 발현하고, 긴 텔로미어를 갖는 방식으로 적응했다. 이것은 많은 종양의 공격적 성장과 증식을 촉진한다. 우리의 세포 시스템은 아마도 진화적 타협에 이르렀을 것이다. 텔로미어는 우리가 오래 살아 생식을 하도록(그 후에 일어나는 일은 무엇이건 진화의 관점에서는 쓸데없는 것이다.) 보장할 만큼 충분한 길이로 유지된다. 하지만 우리가 너무 일찍 암에 걸리지 않도록 하기 위해 아주 길지는 않다.

한 개인에게서 텔로미어의 기본적인 길이는 발달 과정에서 상당히 일찍 결정되는데, 텔로머레이스의 활동이 평상시와 달리 급증하는 시기에 일어난다.[10] 텔로머레이스의 활동은 난자와 정자를 만드는 생식세포에서도 높다.[11] 이것은 우리 자손이 충분한 길이의 텔로미어를 물려받도록 보장하기 위한 것이다.

사람의 많은 조직에는 줄기세포가 포함돼 있다. 줄기세포는 필요할 때 대체할 세포를 만든다. 새로운 세포가 필요하면, 줄기세포는 자신의 DNA를 복제한 뒤, 두 딸세포에게 절반씩 나눠준다. 대개는 이 딸세포 중 하나가 완전한 대체 세포로 발달한다. 나머지 딸세포는 새로운 줄기세포가 되어 마찬가지 방식으로 대체 세포들을 계속 만들 수 있다.

사람의 몸에서 '가장 바쁜' 종류의 세포 중 하나는 적혈구를 비롯해 감염에 대항하는 그 밖의 세포들을 포함하는 온갖 혈액세포를 만들어내는 줄기세포이다.* 이 줄기세포들은 놀랍도록 빨리 증식한다. 그 이유는 우리가 매일 맞닥뜨리는 외래 병원체와 맞서싸우는 면역세포들을 항상 보충해야 할 필요가 있기 때문이다. 적혈구도 교체할 필요가 있는데, 그 수명이 약 4개월밖에 되지 않기 때문이다. 믿기 어렵겠지만, 우리 몸은 적혈구를 1초에 약 200만 개나 만들어낸다.[12] 그러려면 늘 세포 분열 상태에서 아주 활발하게 활동하는 줄기세포 집단이 있어야 한다. 이 줄기세포들에서는 텔로머레이스 활동이 아주 풍부하게 일어나지만, 결국에는 이들 역시 너무 짧아져서 그 기능을 제대로 못 하는 텔로미어 때문에 어려운 상황에 처하게 된다.[13,14] 나이 많은 사람이 젊은 성인보다 감염 위험이 더 큰 이유 중 하나는 이 때문이다. 이들은 본질적으로 면역세포가 부족하다. 이것은 나이를 먹을수록 암 발생률이 높아지는 이유이기도 하다. 면역계는 평소에 비정상 세포를 파괴하는 일을 하지만, 줄기세포들이 죽어감에 따라 이 감시 활동의 효율성이 떨어진다.

텔로미어 길이가 왜 그토록 중요할까? 텔로미어는 그저 정크 DNA에 불과한데, 비암호화 TTAGGG가 수천 개 대신에 수백 개만 있으면 왜 문제가 될까? 텔로미어에 있는 DNA와 이 DNA에 모여 있는 단백질 복합체들 사이의 관계가 이 문제에서 큰 비중을 차지하는 것처럼 보인다. 만약 반복 DNA가 임계 수준 아래로 줄어들면, 염색체 말단에 보호 단백질이 충분히 많이 들러붙지 못하게 된다. 우리는 태어나기 전에 죽은 생쥐에게서 관련 단백질 부족이 초래하는 한 가지

* 이 집단을 가리키는 전문 용어는 조혈줄기세포 haematopoietic stem cell, HSC 이다.

결과를 이미 보았다.

이것은 아주 극단적인 예였지만, 텔로미어가 충분히 길어 보호 단백질 복합체가 많이 들러붙는 것이 아주 중요하다는 사실을 의심의 여지 없이 보여주는 사례이다. 우리는 이것이 생쥐뿐만 아니라 사람에서도 성립한다는 사실을 알고 있는데, 텔로미어를 유지하는 시스템의 특정 핵심 요소에 일어난 돌연변이를 유전으로 물려받은 사람들이 있기 때문이다. 그 효과는 유전자 변형 생쥐만큼 극적으로 나타나지는 않는데, 그토록 심한 영향을 받은 태아는 임신 동안에 유산되는 경향이 있기 때문이다. 하지만 우리가 아는 돌연변이들은 보통은 나이와 밀접한 관계가 있는 특정 장애와 관련된 증상을 초래한다.

텔로미어와 질환

이런 장애들은 주로 텔로머레이스 유전자나 RNA 주형을 암호화하는 유전자, 또는 텔로미어를 보호하거나 텔로머레이스 시스템이 효율적으로 작동하도록 돕는 단백질을 암호화하는 유전자*의 돌연변이 때문에 생긴다.

기본적으로 이들 유전자 중 어떤 것에 돌연변이가 생기더라도 그 효과는 서로 비슷하게 나타날 수 있다. 이런 돌연변이는 세포가 텔로미어를 유지하기 어렵게 만든다. 그 결과, 이런 돌연변이가 있는 환자의 텔로미어는 건강한 사람보다 더 빨리 짧아진다. 이들에게 조로 증

* 이 유전자는 Dyskeratosis congenita 1(DKC1) 또는 dyskerin이라 부른다.(dyskeratosis congenita는 선천성 이상각화증을 뜻함. — 옮긴이)

상이 나타나는 이유는 이 때문이다. 이 질환들을 '인간 텔로미어 증후군'이라 부른다.[15]

'선천성 이상각화증Dyskeratosis congenita'은 100만 명당 한 명꼴로 발병하는 희귀 유전 질환이다. 환자에게는 다양한 문제가 나타난다. 피부에는 검은 반점이 여기저기 생긴다. 입 속에는 하얀 반점들이 생기는데, 이것이 구강암으로 발전하기도 하며, 손톱과 발톱이 얇고 약하다. 기관의 기능 상실이 돌이킬 수 없게 진행되는데, 처음에 일어난 골수 기능 상실과 폐에 생긴 문제에서 이 모든 것이 촉발된다. 환자는 암에 걸릴 위험도 높아진다.

과학자들은 이 질환은 가족에 따라 서로 다른 유전자의 돌연변이가 원인이 되어 일어날 수 있다는 사실을 발견했다. 현재까지 적어도 8개의 돌연변이 유전자가 알려졌는데, 더 많이 존재할 가능성이 높다.[16] 이들 유전자가 지닌 공통적인 특징은 텔로미어를 유지하는 일과 관련이 있다는 점이다. 이것은 이 정크 DNA 지역이 어떻게 변했는가와 상관없이 최종 증상은 비슷하게 나타나는 경향이 있음을 보여준다.

폐와 관련된 문제는 '폐섬유증'으로 나타난다. 이 질환을 앓는 환자에게는 쇠약 증상이 나타난다. 호흡 곤란 증상도 나타나며 기침을 많이 하는데, 이산화탄소를 폐에서 효율적으로 배출하지 못하거나 산소를 폐로 쉽게 흡입하지 못하기 때문이다. 현미경으로 폐를 살펴보면, 많은 지역에서 정상 조직이 염증과 섬유 조직으로 대체되어 흉터 자국처럼 변한 것을 발견할 수 있다.[17]

폐에서 발견된 이러한 임상학적 및 병리학적 특징은 호흡기 질환에서 상당히 보편적으로 볼 수 있는 것이어서 과학자들은 '특발성 폐섬유증idiopathic pulmonary fibrosis' 환자들에게서 채취한 시료를 자세히 조사했다. 특발성이라는 용어는 이 질병에 분명한 원인이 없음을 의미한다. 연구자들은 텔로미어를 보호하는 산물을 만드는 유전자에 결함이 있는 환자가 한 명이라도 있는지 알아보기 위해 이 환자들을 검사했다. 전체적으로 가족력에 이 질환이 나타나지만 이전에 확인된 돌연변이가 하나도 없는 환자 6명당 1명꼴로 관련 유전자들에 결함이 있는 것으로 드러났다.[18,19] 심지어 가족력에 폐섬유증 발병 사례가 명백하게 없는 환자들 중에서도 텔로미어 관련 유전자에 돌연변이가 있는 비율이 1~3%로 나타났다.[20,21] 미국의 특발성 폐섬유증 환자는 약 10만 명이기 때문에, 보수적으로 추정하더라도 그중에서 1만 5000명은 자신의 텔로미어를 제대로 유지하지 못해 이 질병이 생긴 것으로 보인다.

텔로미어 보호 메커니즘에 생긴 결함은 다른 질병의 원인이 될 수도 있다. 골수가 혈액세포를 충분히 만들지 못해 생기는 '재생불량빈혈'이라는 병이 있다.[22] 이것은 50만 명당 1명만 걸릴 정도로 희귀한 질환이다. 이 병에 걸린 환자 20명 중 1명은 텔로머레이스 효소나 보조 RNA 주형에 돌연변이가 있다.

일부 환자는 골수 결함과 폐 결함이 모두 다 나타나지만, 한 가지 문제가 다른 문제보다 임상적으로 더 먼저 분명하게 나타날 수 있다. 이것은 치료를 할 때 예상치 못한 결과를 낳을 수 있다. 재생불량빈혈의 치료법 중 하나는 골수 이식이다. 이때 환자의 면역계가 새로운 골수를 거부하는 걸 막기 위해 면역 억제제를 투여한다. 이 약 중 일부는 폐에 독성을 끼치는 부작용이 있다. 대부분의 재생불량빈혈 환자에게 이것은 큰 문제가 되지 않는다. 하지만 텔로머레이스 시스템에 결함이 있는 환자에게는 이 약이 폐섬유증을 유발할 수 있으며, 그 결과는 치명적인 것이 될 수 있다.[23] 치료약이 죽음의 원인이 되는 것이다.

임상의가 자신이 관찰한 환자의 증상이 텔로미어 유전에서 비롯된 문제의 일부라는 사실을 알아채지 못할 수도 있는데, 여기에는 기묘한 유전학적 이유가 있다. 텔로머레이스 복합체는 부모가 자식에게 긴 텔로미어를 물려줄 수 있도록 대개 생식세포에서 활성화된다. 하지만 텔로머레이스 효소나 보조 RNA 인자를 암호화하는 유전자에 돌연변이가 있는 가족들 중 일부에서는 그렇지가 않다. 그 결과로 각 세대는 후손에게 더 짧은 텔로미어를 물려준다. 텔로미어가 특정 길이 미만으로 짧아질 때 증상이 나타나기 때문에, 세대가 지날수록 태어나는 후손은 텔로미어 길이가 벼랑 끝 너머로 추락하는 지점으로 점점 가까이 다가가게 된다.[24]

이것은 아주 극적인 효과를 초래한다. 조부모는 텔로미어가 비교적 길어 60대가 되어서야 폐섬유증이 나타난다. 그 자식들은 중간 길이의 텔로미어를 갖고 태어나 40대에 폐에 관련 증상이 나타난다. 하지만 세 번째 세대는 아주 짧은 텔로미어를 물려받고 태어날 수 있다. 그래서 어린 시절에 재생불량빈혈이 나타날 수 있다.

조부모와 부모에게서는 세월이 많이 흐른 다음에야 증상이 나타나기 때문에, 손자가 부모나 조부모보다 먼저 증상이 나타날 수 있다. 이 때문에 임상의가 그 가족에게 유전 질환이 있다는 사실을 알아채기가 어렵고, 거기다가 증상이 가장 심하게 나타나는 개인과 가장 약하게 나타나는 개인 사이의 증상 차이 때문에 질병의 정체를 파악하기가 더 어렵다.

나이 많은 세대와 어린 세대의 증상에 차이가 있고, 나이 많은 세대의 증상이 더 가볍고 더 나중에 나타나는 이 기묘한 유전 패턴은 1장의 근육긴장디스트로피 사례의 패턴과 다소 비슷하다. 이것은 아주 특이한 유전 현상인데, 이런 현상 중 가장 명백한 두 가지 사례에서 궁극적으로는 정크 DNA 부분의 길이 변화 때문에 그 효과가 나타난다는 점이 주목할 만하다.

여기서 명백한 질문이 한 가지 떠오르는데, 왜 일부 조직은 다른 조직보다 짧은 텔로미어에 더 취약한가 하는 것이다. 그 답은 분명하게 밝혀지지 않았지만, 흥미로운 모형들이 나오고 있다. 증식이 많이 일어나는 조직은 텔로미어를 짧게 만드는 결함에 취약할 가능성이 있다. 대표적인 예는 이 장 앞 부분에서 언급했던 혈액줄기세포 집단이다. 만약 이 세포들이 텔로미어 길이를 유지하는 데 어려움이 있다면, 결국 줄기세포 집단이 바닥나고 말 것이다.

이 모형은 재생불량빈혈은 설명할 수 있지만 폐섬유증은 설명할 수 없다. 폐 조직은 아주 느리게 복제되지만, 폐섬유증은 텔로미어 결함이 있는 사람들에게 보편적으로 나타난다. 폐세포에서는 짧아진 텔로미어의 효과가 유전체와 세포 기능에 영향을 미치는 다른 요인들과 함께 손을 잡고 작용할 가능성이 있다. 이 효과가 제대로 나타나기까지는 시간이 걸리며, 따라서 폐에 나타나는 증상은 혈액줄기세포에 생긴 문제 때문에 일어나는 증상보다 더 나중에 발달하게 된다.

우리가 숨을 쉴 때마다 폐는 손상을 끼칠 잠재력이 있는 화학 물질에 노출되므로, 폐가 결함이 있는 텔로미어의 부담을 줄이려고 애쓰는 것은 놀라운 일이 아니다. 위험한 화학 물질의 보편적인 원천 중 하나는 담배이다. 전 세계적으로 흡연이 인간의 건강에 미치는 영향은 엄청나다. 세계보건기구는 매년 약 600만 명이 흡연 때문에 사망하며, 그중 50만 명 이상은 간접 흡연 효과 때문에 사망한다고 추산한다.[25]

연구자들은 담배 연기의 효과를 실험적으로 조사했다. 생쥐를 유전

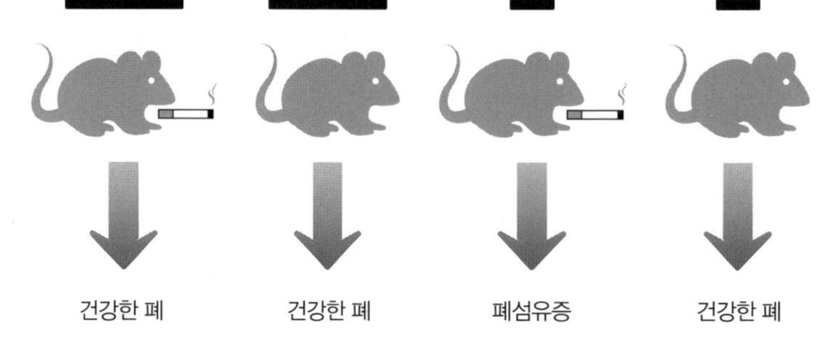

[그림 5-2] 생쥐에게 폐섬유증이 발병하려면 유전적 결함과 환경적 요인이 결합되어야 한다. 텔로미어가 짧은 것만으로는 폐섬유증이 생기지 않았으며, 담배 연기에 노출된 것만으로도 폐섬유증이 생기지 않았다. 하지만 텔로미어가 짧은 데다가 담배 연기에까지 노출되면 폐섬유증이 생겼다.

적으로 조작해 일부 생쥐에게 짧은 텔로미어를 갖도록 한 뒤에 다양한 생쥐를 담배 연기에 노출시켰다.[26] [그림 5-2]는 그 결과를 보여준다. 유일하게 폐섬유증이 생긴 생쥐들은 짧은 텔로미어를 가지고 있으면서 담배 연기에 노출된 생쥐들이었다.

흡연을 하지 않는 것이 자신을 위해 가장 현명한 일이긴 하지만, 인간의 건강에 영향을 미치는 요인은 흡연뿐만이 아니다. 하지만 선진국에서 인간의 건강에 영향을 미치는 주요 요인은 바로 나이이다. 이전부터 항상 그랬던 것은 아니다. 하지만 예전에 감염병, 유아 사망률, 영양실조처럼 우리를 일찍 죽게 만들던 요인들에 맞서는 싸움에서 의학적, 약리학적, 사회적, 기술적으로 큰 발전이 일어난 이후로는 그렇다.

늙어가는 텔로미어

오늘날 만성 질환의 발달에 가장 중요한 위험 인자는 나이이다. 2025년경에는 60세 이상의 인구가 12억 명을 넘을 것으로 예상되기 때문에 이것은 아주 큰 문제이다.[27] 암 발생률은 40세 이상부터 크게 증가한다. 만약 여러분이 80세까지 산다면, 어떤 종류가 되었건 암에 걸릴 확률이 반반이다. 만약 여러분이 65세가 넘은 미국인이라면, 심장혈관 질환이 발생할 확률 역시 반반이다.[28] 암울한 초상화를 그리게 하는 통계 자료는 이것 말고도 넘쳐나지만, 굳이 그걸 들먹이면서 여러분을 우울증에 빠지게 할 필요가 있을까? 그래도 이왕 말이 나온 김에 하나만 더 이야기하기로 하자. 영국의 왕립정신의학회는 65세 이상인 사람들 중 약 3%는 임상적 우울증이 있으며, 6명 중 1명은 다

른 사람들이 알아챌 수 있는 수준의 더 가벼운 우울증 증상이 있다고 발표했다.[29]

하지만 우리는 나이가 똑같은 두 사람 사이에서도 건강에 차이가 나타난다는 사실을 잘 알고 있다. 애플의 공동 창립자인 스티브 잡스Steve Jobs는 56세에 암으로 사망했다. 파우자 싱Fauja Singh은 89세에 처음으로 마라톤을 완주했고, 101세에 마지막 완주를 했다. 수명을 좌우하는 것이 무엇인지에 대해 우리는 아직도 모르는 것이 많다—거의 항상 유전학과 환경 그리고 운의 복합적 작용으로 일어나는 것으로 보이긴 하지만. 하지만 단순히 그동안 살아온 햇수를 세는 것만으로는 전체 그림 중 극히 일부밖에 알 수 없다는 사실만큼은 확실하다.

텔로미어가 아주 정교한 분자 시계일지도 모른다는 사실이 밝혀지고 있다. 텔로미어가 짧아지는 속도는 환경 요인에 영향을 받을 수 있다. 이것은 텔로미어를 단순히 시간 경과의 표지가 아니라 건강하게 살아가는 기간의 표지로 사용할 수 있음을 의미한다. 지금까지 나온 데이터는 아직 예비적 수준이며, 항상 일관된 것도 아니다. 일부 이유는 앞에서 말했듯이 텔로미어를 일관성 있는 방법으로 측정하기가 어렵고, 대개 우리가 쉽게 접근할 수 있는 세포들에서 그것을 측정하기 때문이다. 선택되는 세포는 대개 백혈구이지만, 조사하기에 가장 적절한 종류의 세포가 늘 백혈구일 리는 없다. 하지만 이러한 유보 조건에도 불구하고, 흥미로운 데이터가 나오고 있다.

우리의 숙적인 담배 이야기로 다시 돌아가보자. 1000명 이상의 여성을 대상으로 백혈구의 텔로미어 길이를 분석한 연구가 있다. 분석 결과, 흡연자의 텔로미어가 더 짧은 것으로 드러났는데, 담배를 1년 피울 때마다 짧아지는 속도가 약 18%씩 증가했다. 매일 한 갑씩 40년을 피운다고 하면, 텔로미어 수명이 약 7년 반 짧아진다는 계산이 나

왔다.[30]

2003년에 60세 이상의 인구 집단을 대상으로 사망률을 조사한 연구에 따르면, 텔로미어 길이가 가장 짧은 사람들의 사망률이 가장 높았다.[31] 주요 사망 원인은 심장혈관 관련 질환이었는데, 나중에 다른 노인 집단을 대상으로 더 큰 규모로 실시한 조사 결과도 이 결과를 뒷받침한다.[32] 아슈케나지 유대인(중세 시대에 독일을 중심으로 유럽에 거주하던 유대인들의 후손 — 옮긴이) 공동체에서 100세 이상의 노인을 대상으로 조사한 결과에서는 텔로미어 길이가 긴 사람들은 짧은 사람들보다 노화 관련 질병의 증상이 더 적고 인지 기능은 더 나은 것으로 드러났다.[33]

가끔 우리는 건강과 수명에 영향을 미치는 요인은 물리적 요인만이 아니라는 사실을 망각한다. 심리적 스트레스도 건강에 매우 해로울 수 있는데, 스트레스는 심장혈관계 건강과 면역 반응을 포함해 다양한 계에 부정적 영향을 미친다.[34] 심리적 스트레스를 만성적으로 받는 사람은 스트레스를 덜 받는 사람보다 일찍 죽는다. 20~50세 여성을 대상으로 조사한 한 연구 결과에서는 만성적으로 스트레스를 받는 여성 집단이 스트레스를 받지 않는 여성 집단보다 텔로미어 길이가 더 짧은 것으로 드러났다. 그 효과는 약 10년의 수명에 해당하는 것으로 계산되었다.[35]

쉽게 피할 수 있지만 무서운 결과를 초래하는 전 세계의 건강 문제들을 모아놓은 만신전에서 비만은 흡연과 건곤일척의 한 판 승부를 겨루려고 벼르는 것처럼 보인다. 세계보건기구의 자료에 따르면, 비만이나 과체중 때문에 매년 약 300만 명의 성인이 사망한다. 전체 심장병 발생 건수 중 약 4분의 1은 과체중이나 비만이 원인이 되어 일어난다. 2형 당뇨에서 비만이 차지하는 비중은 훨씬 더 심각하며(전체 발생 건수 중 약 절반이 비만이 원인), 암에서도 상당 비율(7~41%)을 차지한다.[36] 이 세계적 유행병 때문에 치르는 경제적, 사회적 비용은 실로 무서울 정도이다.

최근의 데이터에 따르면, 우리 세포 내에서 에너지와 대사 요동을 조절하고 거기에 반응하는 계들과 텔로미어의 안정성을 포함해 유전체의 온전성을 유지하는 계들 사이에 상당한 수준의 상호 작용이 일어난다.[37] 따라서 과학자들이 비만인 사람들의 세포에서 텔로미어 길이를 분석한 것은 전혀 놀라운 일이 아니다. 흡연이 텔로미어 길이에 미치는 효과를 조사한 그 논문은 비만의 효과도 살펴보았다. 그 결과, 비만이 텔로미어 길이를 단축시키는 효과가 흡연의 효과보다 더 크다는 사실을 발견했는데, 수명으로 환산하면 거의 9년에 이르렀다.[38]

만약 이 모든 사실을 알고 나서 체중을 조절해야겠다는 생각이 들었다면, 그 방법을 다소 신중하게 선택할 필요가 있다. 국제연합에 따르면, 전체 인구 중에서 100세 이상인 사람들의 비율이 가장 높은 나라는 일본이다.[39] 전통적인 일본 음식이 여기에 어떤 역할을 한 게 분명한데, 서양식으로 식습관을 바꾼 일본인에게서는 서양의 만성 질환이 많이 나타나기 때문이다. 전통적인 일본 음식은 단백질 섭취는 적은 반면 탄수화물 섭취는 비교적 높은 식단으로 구성되어 있다. 쥐를 대상으로 한 연구 결과에서도 어린 시절의 저단백질 다이어트는 수명 연장과 연관이 있으며, 이것은 다시 긴 텔로미어와 연관이 있는 것으로 드러났다.[40]

따라서 만약 고단백질, 저탄수화물 위주의 앳킨스 다이어트(일명 황제 다이어트)나 뒤캉 다이어트를 생각하고 있다면, 먼저 자신의 정크 DNA와 잠깐 대화해보라. 필시 여러분의 텔로미어는 그러지 말라고 할 것이다.

6장 2는 완벽한 수

세포 하나가 둘이 되고, 둘이 넷이 되고, 넷이 여덟이 되고, 그리고 〈왕과 나The King and I〉에 나오는 대사를 인용하자면 "기타 등등, 기타 등등, 기타 등등.et cetera, et cetera, and so forth."으로 이어지는데,[1] 이 과정은 인체의 세포 수가 50조 개 이상이 될 때까지 계속된다. 세포는 분열할 때마다 자신이 가진 것과 정확하게 똑같은 유전 물질을 두 딸세포에게 물려주어야 한다. 그러기 위해 세포는 자신의 DNA를 완벽하게 복제한다. 그 결과로 각 염색체가 정확하게 똑같이 복제되어 또 하나의 염색체가 생긴다. 처음에는 두 염색체가 함께 들러붙어 있지만, 곧 분리되어 각자 세포 안에서 서로 정반대쪽 끝으로 이동한다. [그림 6-1]은 이 과정을 간략하게 보여준다.

유일한 예외는 난소나 정소의 생식세포가 난자나 정자를 만들 때이

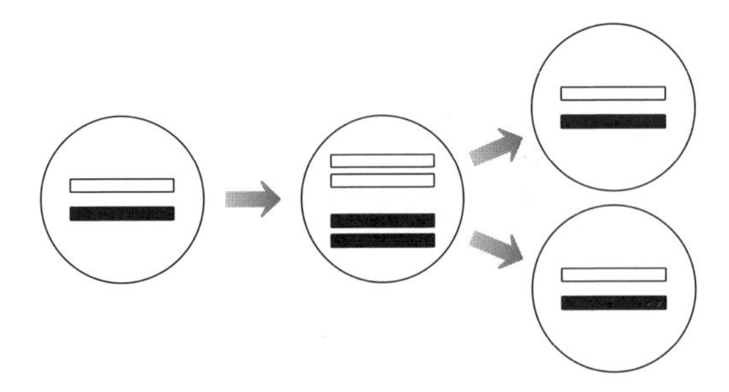

[그림 6-1] 정상 세포에는 각 염색체가 2개씩 쌍을 이루고 있다. 하나는 아버지에게서, 또 하나는 어머니에게서 물려받은 것이다. 세포가 분열하기 전에 각 염색체는 복제되어 완벽하게 똑같은 복제 염색체가 생긴다. 그리고 세포가 분열할 때 이 두 염색체는 서로 분리되면서 멀어진다. 세포가 분열하면 딸세포 2개가 생기는데, 각각의 딸세포에는 원래 세포와 정확하게 똑같은 염색체들이 들어 있다. 인간의 세포에는 염색체가 23쌍 들어 있지만, 설명을 간단하게 하기 위해 이 그림에서는 염색체를 한 쌍만 나타냈다. 색의 차이는 두 염색체의 기원이 서로 다름을 나타낸다. 하나는 아버지에게서, 또 하나는 어머니에게서 온 것이다. 이 그림은 세포핵의 분열만 보여주지만, 그 뒤를 이어 세포의 나머지 부분도 분열한다.

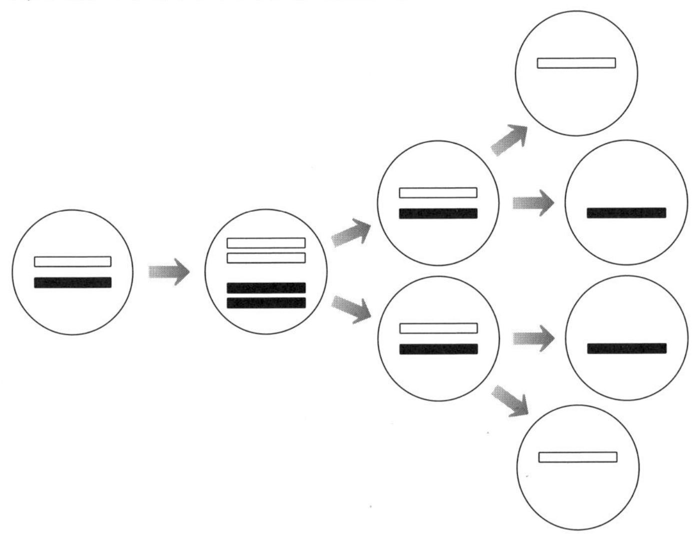

[그림 6-2] 이 그림은 배우자配偶子(성숙한 반수체半數體 생식세포. 난자 또는 정자를 가리킨다.)를 만드는 세포 분열 과정을 보여준다. 배우자에는 각각의 염색체 쌍에서 분리된 염색체가 하나만 들어 있다. 이 과정의 첫 단계는 [그림 6-1]에서 본 표준적인 세포 분열처럼 보인다. 하지만 그 다음에 염색체 쌍의 두 번째 분리가 일어나 정상 염색체 수의 절반만 가진 배우자가 만들어진다. 이 과정 초기에 염색체 쌍 사이에 유전 물질이 교환되면서 자손의 유전적 다양성이 확대되는 사건도 일어나지만, 이 그림에서는 나타내지 않았다.

다. 난자나 정자에 들어 있는 염색체 수는 우리 몸의 다른 세포들에 들어 있는 염색체 수의 절반에 불과하다. 그 결과로 난자와 정자가 합쳐져 하나의 세포(접합자)가 될 때 염색체 수가 다시 정상으로 회복되며, 그 세포가 둘로 분열하고, 기타 등등으로 계속 분열해간다.

염색체 수가 절반으로 줄어들 수 있는 이유는 모든 염색체가 쌍으로 존재하기 때문이다. 우리는 각 쌍 중 하나는 어머니에게서, 다른 하나는 아버지에게서 물려받는다. [그림 6-2]는 난자나 정자가 만들어질 때 염색체 수가 어떻게 절반으로 줄어드는지 보여준다.

새로운 체세포를 만들거나 생식세포가 난자나 정자를 만들 때 만약 세포 분열 과정에서 잘못된 일이 일어난다면, 나중에 보게 되겠지만 아주 심각한 결과를 초래할 수 있다. 세포 분열은 엄청나게 복잡한 과정으로, 여기에는 수백 가지 단백질의 정교한 협력도 필요하다. 그 복잡성과 함께 세포 분열이 매끄럽고 성공적으로 일어나는 것이 아주 중요하다는 사실을 감안할 때, 이 과정 중 상당히 많은 부분이 아주 기다란 한 정크 DNA 부분에 크게 의존한다는 사실이 놀랍게 보일 수 있다.

이 특별한 정크 DNA 부분을 동원체라 부르는데, 동원체는 앞장에서 소개했던 텔로미어와 달리 염색체 내부에 있다. 염색체에 따라 동원체는 가운데에 위치할 수도 있고, 끝부분에 위치할 수도 있다. 그 위치는 예를 들면 인간의 1번 염색체에서는 항상 가운데 근처에, 14번 염색체에서는 항상 끝부분 가까이에 있다는 점에서 일관성이 있다.

동원체는 본질적으로 분리된 염색체들을 세포 내에서 서로 반대편 끝으로 끌고 가는 단백질 집단이 들러붙는 지점이다. 뭔가를 가져오려고 하면서 준비 자세로 서 있는 스파이더맨을 상상해보라. 스파이더맨은 자신이 원하는 것을 향해 거미줄을 던진 뒤, 그것을 끌어당긴다. 이번에는 아주 작은 스파이더맨이 세포의 한쪽 끝에 서 있다고 상상해보라. 그는 자신이 원하는 염색체를 향해 거미줄을 던지고, 그 염색체를 자신이 서 있는 세포 끝부분으로 끌어당긴다. 그 세포의 반대쪽 끝부분에서는 작은 스파이더맨 클론이 그 염색체와 쌍을 이룬 염색체를 대상으로 똑같은 일을 한다.

스파이더맨에게는 한 가지 애로점이 있다. 염색체 표면은 대부분 거미줄을 튕겨내는 물질로 뒤덮여 있다. 거미줄이 들러붙을 수 있는 지점은 딱 한 군데뿐인데, 그것이 바로 동원체이다. 기다란 단백질 끈이 바로 이 동원체에 와서 들러붙는데, 이렇게 해서 단백질 끈은 세포 중심부에 있던 염색체를 가장자리 쪽으로 끌고 간다. 이 단백질 끈을 방추체라 부른다.

동원체는 모든 종에서 아주 중요하고 일관성 있는 역할을 담당한다. 동원체는 방추체가 들러붙는 부착점 역할을 한다. 이 시스템이 제대로 작동하는 것이 필수적인데, 제대로 작동하지 않으면 세포 분열이 잘못된 방향으로 흘러간다. 이것이 그토록 중요한 과정이란 사실을 감안한다면, 동원체의 DNA 서열이 진화의 나무 전체에서 아주 잘 보존될 것이라고 예상할 수 있다. 하지만 기묘하게도 실제로는 그렇지 않다. 일단 효모*와 현미경적인 선형동물**의 단계를 지나면, 동원체의 DNA 서열은 종에 따라 아주 다양하게 나타난다.[2] 사실, 동원체의 DNA 서열은 같은 세포 안의 두 염색체 사이에서도 차이가 날 수 있다. 기능적 일관성을 감안할 때 DNA 서열의 이러한 다양성은

* 구체적으로는 *Saccharomyces cerevisiae* 같은 출아 효모.
** 예쁜꼬마선충 *Caenorhabditis elegans*.

우리의 직관에 반하는 것이다. 다행히도 우리는 이 중요한 정크 DNA 지역이 이 기묘한 진화의 묘기를 어떻게 부리는지 막 이해하기 시작했다.

인간 염색체에서 동원체는 길이가 염기쌍 171개*인 DNA 서열의 반복으로 만들어진다. 이 171개 염기쌍이 계속 반복되면서 최대 길이가 염기 500만 개에 이를 수도 있다.[3] 동원체의 핵심 특징은 CENP-A(*Cen*tromeric *P*rotein-*A*, '동원체 단백질-A'라는 뜻임.)라는 단백질이 들러붙는 장소를 제공하는 것이다.[4] CENP-A 유전자는 동원체 DNA와는 대조적으로 종들 사이에서 매우 잘 보존된다.

여기서 앞에서 제기한 진화의 수수께끼를 이해하는 데 스파이더맨 비유가 또다시 도움을 준다. 스파이더맨의 거미줄은 CENP-A 단백질에 들러붙을 수 있다. CENP-A 단백질이 고기나 벽돌, 감자, 전구 중에서 어떤 것에 들러붙는가 하는 것은 중요하지 않다. CENP-A 단백질이 어떤 것에 들러붙기만 한다면, 스파이더맨의 거미줄도 그것에 들러붙을 수 있고, CENP-A와 기타 등등을 스파이더맨 쪽으로 끌어당길 수 있다.

따라서 동원체의 DNA 서열은 종에 따라 아주 다양할 수 있다(예컨대 고기나 벽돌, 감자, 전구 따위로). 중요한 것은 CENP-A 단백질이 동일한 상태로 유지된다는 사실인데, 그래서 분열하는 세포에서 방추체가 여기에 들러붙어 염색체를 서로 반대쪽 극을 향해 끌고 갈 수 있다.

동원체에서 CENP-A 단백질만 발견되는 것은 아니며, 그 밖에도

* 이 염기쌍 171개 단위를 알파(α) 위성 반복 서열alpha satellite repeat이라 부른다.

많은 단백질이 있다. 실험실에서 CENP–A가 세포 내에서 발현하지 못하도록 억제할 수 있다. CENP–A가 발현하지 못하면, 동원체에 들러붙어야 하는 다른 단백질들이 들러붙지 않게 된다.[5,6] 하지만 실험을 반대로 진행하면(다른 단백질 중 하나의 발현을 억제하면), CENP–A는 계속 동원체에 들러붙는다.[7] 이것은 CENP–A가 주춧돌 역할을 한다는 사실을 보여준다.

연구자들은 초파리 세포에서 CENP–A를 과잉 발현시키면 염색체들의 특이한 위치에 동원체가 생긴다는 사실을 발견했다.[8] 하지만 사람 세포에서는 좀 더 복잡한 상황이 벌어지는 것처럼 보이는데, CENP–A를 과잉 발현시키더라도 동원체가 비정상적 위치에 생기는 결과가 나타나지 않기 때문이다.[9] 사람의 경우, CENP–A는 동원체 생성을 위한 필요조건이지만, 충분조건은 아니다.

CENP–A는 방추체가 일을 제대로 하는 데 필요한 나머지 단백질들을 모두 끌어모으는 데 필수적인 주춧돌 역할을 한다. 세포가 활발하게 분열할 때에는 CENP–A가 바탕이 되어 40가지 이상의 단백질이 차곡차곡 쌓인다. 이 일은 레고 브릭을 특정 순서대로 쌓는 것처럼 단계별로 일어난다. 복제된 염색체들이 세포 내에서 서로 반대쪽 끝으로 끌려가자마자 이 커다란 복합체는 다시 해체되기 시작한다. 전체 과정은 채 한 시간도 안 되는 사이에 일어난다. 무엇이 이 모든 것을 제어하는지 우리는 모르지만, 그중 일부는 단순한 물리적 특징에 그 원인이 있다. 보통 세포핵은 핵막으로 둘러싸여 있어 큰 단백질 분자는 그 막을 통과하기가 어렵다. 세포가 복제된 염색체들을 분리할 준비가 되면, 이 장벽이 일시적으로 무너지면서 단백질이 동원체의 복합체에 합류할 수 있다.[10] 이것은 이삿짐 센터 직원들이 여러분 집 앞에 온 것과 비슷하다. 그들은 가구를 옮길 준비가 되어 있지만, 여러분이 문을 열어 안으로 들어오게 하기 전에는 아무 일도 할 수 없다.

무엇보다 중요한 것은 위치!

아직도 어려운 개념적 문제가 남아 있다. 만약 동원체의 DNA 서열이 아주 잘 보존되지 않고, CENP-A 단백질의 위치가 중요한 요인이라면, 세포는 각 염색체에서 동원체가 어디에 있어야 하는지 어떻게 '알' 수 있을까? 왜 동원체는 항상 1번 염색체에서는 가운데 부분에 있고, 14번 염색체에서는 끝부분에 있을까?

이것을 이해하려면 우리 세포 속의 DNA 모습을 더 자세히 살펴볼 필요가 있다. DNA 이중 나선은 상징적인 이미지로, 생물학을 정의하는 대표적인 이미지로 통한다. 하지만 그것은 DNA의 모습을 있는 그대로 보여주는 것이 아니다. DNA는 아주 길고 가느다란 분자이다. 우리 몸의 한 세포에 들어 있는 DNA를 모두 꺼내 한 줄로 죽 이어 붙이면(모든 염색체에 포함된 물질을 서로 연결시키면), 그 길이는 약 2m나 된다. 이 모든 DNA가 한 세포의 핵 속에 들어가야 하는데, 세포핵의 크기는 지름이 0.01mm에 불과할 정도로 아주 작다.

이것은 에베레스트 산만 한 높이의 기다란 물체를 골프공 크기의 캡슐에 집어넣으려고 하는 것과 비슷하다. 만약 에베레스트 산만 한 높이의 밧줄을 골프공에 집어넣으려고 한다면, 절대로 성공할 수 없을 것이다. 하지만 밧줄 대신에 머리카락보다 가느다란 실을 사용한다면, 성공할 수 있다.

마찬가지로 사람의 DNA는 길긴 하지만 아주 가늘어서 세포핵에 충분히 집어넣을 수 있다. 하지만 늘 그렇듯이 여기에는 어려운 문제가 있다. DNA를 단지 작은 공간에 무조건 우겨넣기만 하면 되는 것이 아니다. 왜 그런지 그 이유를 알고 싶다면, 크리스마스트리에 감긴 전구와 전선을 상상해보라. 크리스마스 시즌이 끝나면, 이제 크리스마스트리의 불을 끄고 그 전선을 상자에 집어넣어야 한다. 전선은 상당한 공간을 차지할 것이다. 그런데 내년에 다시 끄집어내 사용할 것을 생각하면, 아무렇게나 전선을 헝클어지게 집어넣어서는 안 된다. 그랬다간 나중에 그것을 푸는 데 애를 먹을 것이고, 일부가 망가질 위험도 있다. 그렇게 뒤엉킨 상태에서는 그중 특정 전구를 찾기도 어려울 것이다.

하지만 만약 여러분이 특이하게 아주 체계적인 사고를 하는 사람이라면, 전선을 마분지 조각 주위에 둘둘 감은 뒤에 상자 속에 넣을 것이다. 이러한 체계적 사고는 다음 크리스마스에 작은 상자에서 전구와 전선을 꺼낼 때 큰 보상을 받는다. 이렇게 하면 고미다락의 공간을 절약할 수 있을 뿐만 아니라, 전선을 풀기도 아주 쉬우며, 전선 가닥들이 서로 얽히거나 끊어지는 일도 없고, 여러분이 가장 좋아하는 전구도 쉽게 찾아낼 수 있을 것이다.

우리 세포에서도 이것과 똑같은 과정이 일어난다. DNA는 아무렇게나 돌돌 뭉친 유전 물질 덩어리 상태로 저장되지 않는다. 대신에 특정 단백질들 주위에 질서 있게 감긴다. 이 때문에 DNA는 얽히거나 끊기는 일 없이 질서정연하게 작은 공간에 들어갈 수 있고, 조직적인 형태로 배열되어 세포는 필요할 때 해당 지역에 쉽게 접근해 개개 유전자를 켜거나 끌 수 있다.

우리 세포 안에서 DNA는 히스톤histone이라는 특정 단백질들 주위에 감겨 있다. [그림 6-3]이 그 기본 구조를 보여준다. 히스톤 단백질

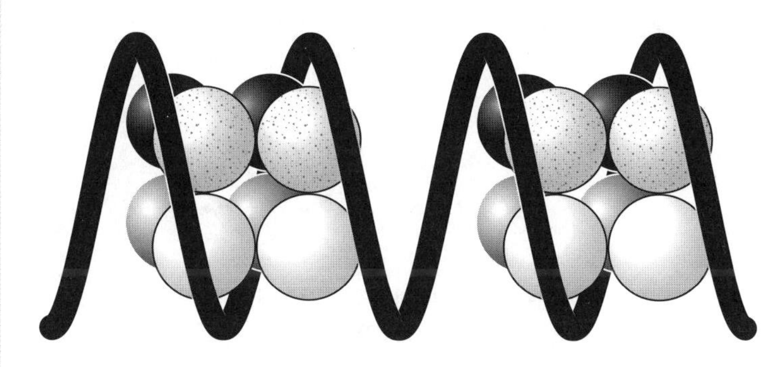

[그림 6-3] 히스톤 단백질 8개(네 종류의 단백질이 각각 2개씩)의 꾸러미 주위에 감겨 있는 DNA(굵은 검은색 띠로 나타낸 부분).

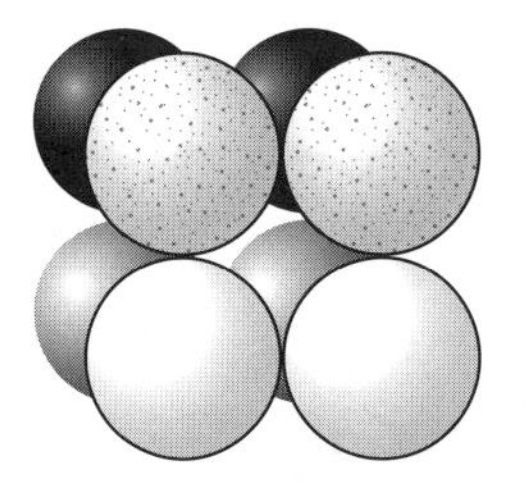

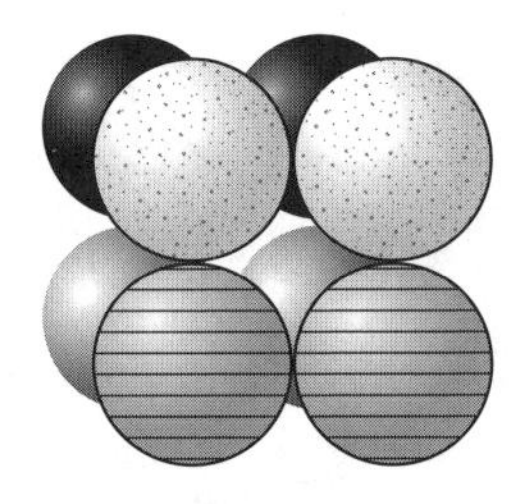

[그림 6-4] 왼쪽의 히스톤 단백질 팔합체는 전체 유전체 중 대부분에서 발견되는 표준적인 배열이다. 오른쪽 팔합체는 동원체에서 발견되는 특별한 팔합체를 나타낸 것이다. 표준적인 팔합체에 포함되어 있던 한 히스톤 단백질 쌍이 CENP-A라는 특별한 동원체 히스톤 단백질 쌍으로 대체돼 있다. 그림에서 줄무늬가 쳐진 공들이 그것이다.

8개(네 종류의 단백질이 각각 2개씩)가 모여 팔합체八合體, octamer를 이룬다. DNA는 마치 줄넘기 줄이 테니스공 8개 주위를 휘감듯이 이 팔합체 주위를 휘감으며 지나간다. 우리 유전체에는 이러한 팔합체가 아주 많다.

CENP-A는 이러한 히스톤 단백질 중 하나와 가까운 사촌으로, 동일한 아미노산 서열을 많이 공유하고 있지만, 중요한 차이점도 몇 가지 있다. [그림 6-4]가 보여주듯이, 동원체에서는 표준 히스톤 단백질 가운데 한 종류의 복제본 2개가 다 누락된 반면,* 그 대신에 팔합체에 CENP-A가 들어가 있다.[11] 각 염색체의 동원체에는 CENP-A를 포함한 팔합체가 수천 개나 있다.

수천 개의 팔합체에 있는 CENP-A는 염색체들을 분리시키려는 방추체에게 붙잡을 수 있는 장소를 제공한다. CENP-A가 팔합체에 포함됨으로써 나타나는 한 가지 효과는 그 동원체 지역이 더 단단하게 변하는 것이다.[12] 젤리 덩어리를 끌어당기는 상황과 딱딱한 사탕을 끌어당기는 상황을 비교해보면, 동원체 지역이 단단할수록 방추체가 제 역할을 수행하는 데 더 유리하다는 것을 쉽게 알 수 있다.

하지만 우리는 여전히 똑같은 문제로 돌아오게 된다. CENP-A는 왜 다른 지역이 아닌 동원체의 팔합체에 들어가 있을까? 이것은 DNA 서열 때문에 일어나는 일이 아니다. 우리 유전체의 다른 지역들에도 동원체에서 발견되는 것과 비슷한 서열을 가진 정크 DNA가 있지만, 여기에는 CENP-A가 축적되지 않는다.[13] CENP-A는 오직 동원체에서만 발견되는데, 어떤 의미에서 동원체를 정의하는 것은 바

* 이 히스톤 단백질은 히스톤 H3이라 부른다.

로 CENP-A의 존재라고 할 수 있다. 사람의 세포들은 세포 분열과 관련해 본질적으로 불안정한 상황에서 완전한 유전적 안정성을 확보하는 쪽으로 어떻게 진화할 수 있었을까?

그 답은 '자가 파종self-seeding 패러다임'에 있는데, 이를 통해 CENP-A는 일단 자리를 잡으면, 자신의 위치를 유지하도록 계속 지시하고, 모든 딸세포에게 이 지시가 확실하게 전달되도록 한다.[14] 이것은 DNA 서열과는 무관하다. 대신에 이것은 히스톤 팔합체의 사소한 화학적 변형에 좌우되는 것처럼 보인다.

팔합체의 히스톤 단백질은 아주 다양한 방식으로 변형될 수 있다. 단백질은 20가지 아미노산의 조합으로 이루어져 있는데, 그중 많은 것이 변형될 수 있다. 그리고 한 단백질에 일어날 수 있는 변형의 종류도 아주 많다. 이것은 어느 단백질의 히스톤 역시 마찬가지이다.

사람의 동원체에서 CENP-A를 포함한 팔합체들이 완전히 독점적인 지위를 누리는 것은 아니다. 대신에 [그림 6-5]에서 보는 것처럼 이 팔합체들은 표준 히스톤 단백질을 포함한 팔합체들과 교대로 늘어서 있다. 표준 팔합체들은 특유한 화학적 변형들의 조합을 포함하고 있다. 이것들은 다시 다른 단백질들을 끌어당겨 이 변형 부위들에 들러붙게 하는데, 변형 부위들의 기능 중 일부는 이 변형 부위들을 확실히 유지하는 것이다.[15] 이것은 CENP-A를 포함한 팔합체들을 유전체에서 똑같은 지역에 국한시키는 작용을 하며, 이 팔합체들이 염색체 중의 한 장소에서만 생긴다는 것을 의미한다. 동원체의 정크 DNA 서열이 모든 세포에서 가장 기본적인 한 가지 과정에 지리적 뼈대를 제공하는데도 불구하고, 그것이 종에 따라 아주 다양하게 나타나는 이유는 아마도 이 때문일 것이다.

동원체에 일어난 화학적 변형은 유전체에서 그 지역을 침묵하게 만

● 표준 팔합체　　　○ CENP-A를 포함한 팔합체

[그림 6-5] 동원체에서 표준 히스톤 팔합체와 CENP-A 히스톤 팔합체가 교대로 늘어선 패턴. 세포에는 팔합체가 수천 개나 존재하지만, 설명을 간단하게 하기 위해 팔합체 중 일부만 나타냈다. 각각의 원은 팔합체를 나타낸다.

드는 효과도 있다. 최근에 일부 동원체 지역에서 RNA가 낮은 수준으로 발현되는 일이 일어날 수 있음을 시사하는 연구 데이터가 나오긴 했지만, 이것이 어떤 기능적 의미가 있는지는 매우 불확실하다. 본질적으로 동원체의 DNA는 정크가 되는 것 외에는 실질적인 기능이 전혀 없다. 동원체는 그저 CENP-A와 관련 단백질들이 들러붙는 장소 역할만 할 뿐이다. 세포가 동원체에게 원하는 것도 그것뿐이다. 다른 기능이 없다는 점이 오히려 더 좋은데, 그런 기능은 CENP-A를 포함한 팔합체가 들러붙을 때 방해를 받을 수 있기 때문이다. DNA의 이 지역이 진화를 통해 그토록 많이 변할 수 있었던 이유는 바로 이것인데, 서열 자체는 별로 중요하지 않기 때문이다.

아무 이유 없이 생기는 것은 없다

그런데 여전히 여기에 뭔가 빠진 단계가 있는 것 같지 않은가? 우선 CENP-A는 정크 DNA의 정확한 지역에 들러붙는 법을 어떻게 '알까'? 이런 생각이 드는 이유는 우리는 어떤 일이 시작된 원인이 무엇인지 알아내려고 하는 경향이 있기 때문이다. 하지만 이 추정을 자세히 생각해보면, 이것이 우리를 막다른 골목으로 이끈다는 사실을 깨닫게 된다. 이 장에서 또 한 번 작사가 오스카 해머스타인Oscar Hammerstein이 쓴 가사를 인용해보자. 다만, 이번에는 무대가 샴(태국)이 아니라 오스트리아이다.

〈사운드 오브 뮤직The Sound of Music〉에서 폰 트랍 대위와 마리아는 "Nothing comes from nothing. Nothing ever could.(아무 이유 없이 생기는 것은 없잖아요. 그 어떤 것도요.)"라고 노래 부른다.[16]

이 얼마나 타당한 말인가!

벌거벗겨 놓은 상태의 사람 DNA는 완전히 비기능적인 분자이다. 그것은 아무것도 하지 않으며, 새로운 사람의 생산을 이끌 수 없다. 제 역할을 하려면, 히스톤과 그 변형 같은 온갖 부속 정보가 필요하며, 또 기능하는 세포에 들어 있어야 한다. 복제된 염색체들이 분리되어 세포 내에서 서로 반대편 끝 쪽으로 끌려갈 때, 각 염색체는 제 위치에 자리 잡은 일부 히스톤 팔합체와 적절한 변형을 함께 가져간다. 이것들은 그 수가 충분히 많아 딸세포들에서 히스톤과 변형의 완전한 그림을 다시 만들어내는 '씨앗 지역seed region'의 역할을 할 수 있다. 이것은 표준 히스톤 팔합체에서만 일어나는 게 아니라, CENP-A를 포함한 히스톤 팔합체에서도 일어나며, 그럼으로써 동원체가 어디에 생겼는지 보여준다. 비표준 팔합체의 경우, 적절한 단백질을 끌어당기기 위해 표준 히스톤과는 다른 아미노산들을 포함한 CENP-A 단백질 지역들이 중요하다.[17]

이 정보—화학적 변형—는 난자와 정자가 만들어질 때에도 그대로 유지된다.[18] CENP-A를 포함한 팔합체는 난자와 정자가 융합하여 하나의 세포(결국에는 인체를 이루는 수십조 개의 세포로 불어날)를 만들 때 제자리에 그대로 머물러 있다. 우리의 동원체는 단백질들이 들러붙는 DNA 서열이 아니라 단백질들의 위치를 바탕으로 인류의 진화 역사 전체를 통해 계속 전달되었고, 그보다 더 이전에 우리의 먼 조상들 사이에서도 그랬다.

방추체가 복제된 염색체들을 세포 내에서 서로 반대편으로 끌고 가는 과정에 간섭하는 약이 있다. 방추체는 많은 단백질이 합쳐져 만들어지는데, 이 단백질들은 세포가 염색체들을 분리할 준비가 되었을 때에만 결합한다. 파클리탁셀paclitaxel이라는 약은 방추체를 지나치게

안정화시키는 방법을 통해 작용하는데, 그럼으로써 단백질 복합체가 해체되지 않게 한다.[19]

단백질 복합체가 해체되지 않는 것이 왜 세포에 나쁜 일인지 시각화하기 위해 이 시나리오를 고가 사다리를 운반하는 소방차에 비유해 보자. 길게 펼칠 수 있는 사다리는 불이 난 고층 건물 상층에 갇힌 사람들을 구조할 수 있으므로 아주 훌륭한 발명품이다. 하지만 긴급 상황이 끝난 뒤, 소방대원이 사다리를 도로 접을 수 없다면, 그래서 사다리를 펼친 채 돌아다녀야 한다면, 얼마 뒤 큰 사고가 날 게 뻔하다. 파클리탁셀로 처리한 세포에서도 바로 그런 일이 일어난다. 세포 속의 계들은 방추체가 적절하게 비활성화되지 않았다는 사실을 알아채며, 이것은 세포의 파괴를 촉발한다. 영국에서 파클리탁셀은 비소세포폐암non-small cell lung cancer과 유방암, 난소암을 포함해 여러 가지 암 치료를 위해 사용이 허가되었다.[20]

파클리탁셀이 효과가 있는 이유는 아마도 암세포가 빨리 분열하기 때문일 것이다. 세포 분열을 표적으로 삼은 약을 사용하면, 그렇게 빨리 증식하지 않는 정상 체세포보다 빨리 분열하는 암세포를 죽이는 것이 가능하다. 하지만 우리는 염색체가 비정상적으로 분리되는 것 자체가 많은 암의 특징이라는 사실도 알고 있다.

수가 중요한 변수

염색체 분리가 잘못 일어나면, 한 딸세포가 '원본' 염색체와 그 복제본을 둘 다 물려받을 수도 있다. 그러면 다른 딸세포는 당연히 아무것도 물려받지 못한다. 첫 번째 딸세포는 한 염색체가 과잉인 반면, 두 번째 딸세포는 한 염색체가 부족한 상황에 놓이게 된다. 염색체 수가 정상과 다른 이 상황을 '이수성異數性, aneuploidy'이라 부른다. 영어 단어 aneuploidy는 그리스어에서 유래했는데, an은 부정의 의미이고, eu는 '좋은 것', ploos는 '배'(두 배, 세 배 할 때처럼)를 뜻한다. 즉, 이수성은 유전체의 균형이 깨진 상태를 가리킨다.

놀랍게도 고형 종양 중 약 90%는 이수성 세포, 즉 염색체 수가 비정상인 세포를 포함하고 있다.[21] 이수성 패턴은 아주 복잡하게 나타날 수 있는데, 그 과정이 잘못되었을 때 염색체들이 잘못 분리되는 방식의 무작위성이 아주 높기 때문이다. 암세포 하나에 한 염색체의 복제가 4개, 다른 염색체의 복제가 2개, 그리고 세 번째 염색체의 복제가 1개 들어 있을 수도 있고, 그 밖의 다른 조합도 얼마든지 가능하다. 이러한 가변성 때문에 이수성 자체가 암 과정을 촉진하는지, 아니면 이수성은 그저 세포의 암 상태를 나타내는 지표에 불과한지 판단하기가 매우 어렵다. 비정상적인 염색체 수 패턴이 기본적으로 무작위적이라는 사실 때문에 넓은 스펙트럼이 존재할 가능성이 높다. 일부 암세포에서는 세포 증식을 더 빠르게 하는 염색체 조합이 발달할 수 있다. 반면에 어떤 세포에서는 반대 효과를 나타내는 염색체 조합이 발달할 수 있고, 이것은 심지어 암세포의 자살 시스템을 촉발할 수도 있다. 그리고 또 어떤 세포들에서는 그 조합이 중립적인 결과를 낳을 수도 있다.[22]

놀랍게도 이수성은 특정 정상 세포에서도 나타나는 것으로 보인다. 생쥐와 사람의 뇌에 있는 세포들 중 많게는 10%가 이수성이라고 보고되었다.[23] 발달 과정에서 그 비율은 30% 정도로 더 높아지지만, 그 중 많은 것이 제거된다.[24] 우리가 아는 한, 뇌에 남은 나머지 이수성 세포들은 기능적으로 활발하다.[25] 염색체 수가 비정상인 뇌세포들이 왜 있는지, 혹은 간에서도 이와 비슷하게 이수성 세포들이 발견되는 것이 무슨 의미가 있는지는 아직 분명하게 밝혀지지 않았다.[26]

위에서 간략하게 소개한 상황들에서 이수성은 몸의 세포들이 대부분 만들어진 뒤에 발달했다. 그 과정은 새로운 체세포를 만드는(비록 일부 경우에는 암세포를 만들긴 했지만) 세포 분열이 일어나는 동안에 일어났다. 염색체 분리 실패가 초래하는 효과는 설사 나타난다 하더라도 비교적 경미한 것으로 보인다. 그 이유는 아마도 그것을 보충할 정상 세포가 충분히 많기 때문일 것이다.

하지만 난자나 정자(배우자)가 만들어지는 동안에 이수성이 발생한다면 이야기가 달라진다. 만약 염색체 한 쌍이 제대로 분리되지 않는다면, 그 결과로 생겨난 배우자 중 하나는 여분의 염색체가 하나 더 있는 반면, 다른 배우자는 그 염색체가 없을 것이다. 난자 생성 과정에서 그런 일이 일어나 난자가 만들어질 때 21번 염색체가 비정상적으로 분리되었다고 가정해보자. 한 난자는 21번 염색체가 2개 있는 반면, 다른 난자는 21번 염색체가 아예 없을 것이다.

21번 염색체가 없는 난자가 수정되면, 그 결과로 생겨난 배아는 21번 염색체가 하나만 있어 금방 죽을 것이다. 하지만 21번 염색체가 2개 있는 난자가 수정되면, 그 배아는 이 염색체가 3개 있을 것이다. 그런 배아는 자연 유산될 가능성이 정상보다 높지만, 많은 배아는 완전히 발달하여 아기로 태어난다.

많은 사람들은 21번 염색체가 3개인 사람(어떤 염색체가 3개 있는 상태를 '세염색체증trisomy'이라 부르므로, 이 상태는 21번 세염색체증이라 부른다.)을 만나거나 본 적이 있을 것이다. 이 염색체 분리 실패는 '다운 증후군Down's syndrome'의 원인이 된다.[27] 다운 증후군은 21번 염색체를 2개 가진 정자 때문에, 혹은 수정 후 처음 몇 번의 분열 때 염색체 분리가 제대로 일어나지 않아서 생길 수도 있지만, 비정상 난자를 통해 생기는 경우가 가장 많다.

다운 증후군은 살아서 태어나는 아기 700명당 한 명꼴로 발생하며, 흔히 심장 장애, 특징적인 신체 및 얼굴 모습, 크고 작은 학습 장애 등이 나타나는 복잡하고 가변적인 장애이다. 다운 증후군 환자는 의학과 외과 수술의 도움으로 과거보다 어른이 될 때까지 살아남을 가능성이 훨씬 높아졌지만, 알츠하이머병이 일찍 찾아올 위험이 높다.[28]

다운 증후군 증상들의 복잡한 성격은 우리 세포가 정상적인 염색체 수를 갖는 것이 아주 중요하다는 사실을 여실히 보여준다. 다운 증후군 환자는 21번 염색체가 2개가 아니라 3개이다. 이렇게 염색체 수가 50% 증가하고, 따라서 염색체에 있는 유전자 수가 50% 증가한 상황은 세포와 개인에게 극적인 효과를 빚어낸다. 우리 세포는 이러한 염색체 과잉 상태에 제대로 대처하지 못하는데, 이 결과는 유전자 발현 조절이 정상적으로는 엄격하게 통제되어야 한다는 것과, 또 그 과정이 아주 미묘하게 균형잡혀 있어서 우리가 비교적 좁은 매개변수 내에서 일어나는 변화에만 대응할 수 있다는 것을 보여준다.

사람에게서 발견된 세염색체증은 이것 말고도 두 가지가 더 있는데, 둘 다 다운 증후군보다 훨씬 심각한 상태를 초래한다. '에드워드 증후군'은 18번 염색체의 세염색체증 때문에 일어나는데, 살아서 태어나는 아기 3000명당 한 명꼴로 발생한다. 18번 염색체의 세염색체증이 있는 태아 중 약 4분의 3은 자궁 내에서 죽는다. 출산 때까지 살아남는 아기 중에서 약 90%는 심장혈관 장애 때문에 1년을 넘기지 못하고 죽는다. 아기는 자궁에서 아주 느리게 성장하여 출생 체중이 아주 작고, 머리와 턱, 입도 작으며, 그 밖에 심한 학습 장애를 포함

해 여러 문제들이 다양하게 나타난다.[29]

이 중에서 가장 희귀한 '파타우 증후군Pataus syndrome'은 13번 염색체의 세염색체증으로, 살아서 태어나는 아기 7000명당 한 명꼴로 발생한다. 출산 때까지 살아남은 아기는 심한 발달 이상이 나타나며, 1년을 넘겨 살아남는 경우가 드물다. 심장과 콩팥을 포함해 다양한 기관계가 영향을 받는다. 심한 머리뼈 기형이 흔히 나타나며, 학습 장애가 아주 심각한 수준으로 나타난다.[30]

여분의 염색체가 있으면 수태 순간부터 명백하게 발달 문제가 발생한다는 사실이 시선을 끈다. 이 모든 세염색체증에서 아기가 태어나는 순간부터 큰 문제가 있다는 사실을 분명하게 알 수 있다. 사실, 출생 전 검사를 통해 이런 문제가 있는 태아들은 대부분 임신 중에 파악할 수 있다. 이것은 정확한 수의 염색체를 갖는 것이 고도의 통합 조정이 필요한 발달 과정에 아주 중요하다는 것을 말해준다.

13번과 18번, 21번 염색체에 특이한 점은 없을까 하는 의문이 들 수 있다. 어쩌면 이 염색체들의 동원체에 뭔가 다른 점이 있어서, 난자와 정자가 만들어질 때 염색체의 불균등한 분리를 부채질하는 것은 아닐까? 아니면, 다른 염색체들에도 세염색체증이 일어나지만, 임상적 효과가 나타나지 않기 때문에 우리가 그것들을 살펴볼 생각을 하지 않는 게 아닐까?

이렇게 생각한다면, 보이는 것에만 주의를 집중하고 보이지 않는 것은 등한시하는, 매우 보편적인 덫에 빠진 것이다. 우리 눈에 13번, 18번, 21번 염색체의 세염색체증에 걸린 아기들만 보이는 이유는, 이상하게 들릴지 모르지만, 그 결과가 상대적으로 경미한 것이기 때문이다. 이 세 염색체는 가장 작은 염색체 부류에 속해 상대적으로 적은 유전자를 포함하고 있다. 일반적으로 염색체가 클수록 거기에 포함된 유전자 수가 더 많다. 따라서 예컨대 1번 염색체의 세염색체증을 우리가 보지 못하는 이유는 바로 1번 염색체의 크기 때문이다. 1번 염색체는 아주 커서 많은 유전자를 포함하고 있다. 만약 난자와 정자가 융합하여 1번 염색체를 3개 포함한 접합자를 만든다면, 아주 많은 유전자가 과잉 발현되어 세포 기능이 수습할 수 없을 정도로 엉망이 될 테고, 결국 배아는 매우 일찍 죽고 말 것이다. 이것은 아마도 여성이 자신이 임신했다는 사실을 알아채기도 전에 일어날 것이다.

25세에서 40세 사이의 여성의 경우, 기증받은 난자를 사용한 인공 수정 성공률은 나이에 아무런 영향을 받지 않는다.[31] 하지만 여성이 자연 임신을 할 확률은 20대 중반부터 감소한다. 이 두 상황의 차이는 여성의 나이가 자궁보다는 난자에 결정적 영향을 미친다는 것을 시사한다. 우리는 다운 증후군 사례에서 염색체가 분리되어 난자로 들어가는 과정의 성공률이 어머니의 나이에 영향을 받는다는 사실을 이미 알고 있다. 따라서 20대 중반 이후에 임신 성공률이 감소하는 이유 중 일부는 동원체 활동의 오작동과 큰 염색체들이 잘못 배정된 상태에서 난자가 생성된 결과로 배아 발달이 조기에 실패하기 때문이 아닐까 하는 가정을 할 수 있는데, 이는 지나친 억측이 아니다.

7장 정크로 색칠하기

2011년부터 2012년까지 12개월 동안에 영국에서는 81만 3200명의 아기가 태어났다.[1] 앞장에서 인용한 비율을 적용하면, 이 아기들 중 약 1200명은 다운 증후군, 약 270명은 에드워드 증후군, 120명이 조금 못 되는 아기들은 파타우 증후군이 나타날 것이라고 추정할 수 있다. 80만 명이 넘는 전체 아기에 비하면 아주 적은 수라고 말할 수도 있다. 이것은 한 염색체가 너무 많이 복제되면 아주 위험하다는 개념과 일치한다. 일반적으로 그런 일이 일어난다면 높은 생존율을 기대하기 어렵다.

이를 감안할 때, 같은 기간에 태어난 아기들 중 약 절반(즉, 40만 명 이상)이 한 염색체가 과다한 상태로 태어났다는 이야기를 들으면 여러분은 깜짝 놀랄 것이다. 그렇다, 우리는 둘 중 한 명이 그런 상태로 태어난다. 우리를 더욱 어리둥절하게 만드는 사실은 여분의 염색체가 아주 작은 유전자 조각이 아니라는 점이다. 그것은 여느 염색체에 못지않을 만큼 큰 염색체이다. 아주 작은 염색체가 여분으로 하나 더 생기기만 해도 에드워드 증후군이나 파타우 증후군처럼 파멸적인 상태를 초래할 수 있는데, 어떻게 이런 일이 일어날 수 있을까?

문제의 범인은 바로 X 염색체인데, 이 여분의 X 염색체가 아무 해를 끼치지 않는 이유는 순전히 정크 DNA에 의존해 일어나는 어떤 과정 때문이다. 이 보호 장치가 어떻게 작동하는지 알아보기 전에 X 염색체 자체를 좀 더 자세히 알아볼 필요가 있다.

세포에 들어 있는 염색체들은 대부분의 시간 동안 아주 길고 가느다란 끈의 상태로 존재하며, 서로 구별하기가 어렵다. 일반적인 광학 현미경으로 보면 뒤얽힌 솜뭉치처럼 보인다. 하지만 세포가 분열할 준비가 되면, 염색체들은 매우 조직적이고 촘촘해지면서 서로 구별이 가능한 별개의 물체들로 보이기 시작한다. 적절한 기술을 사용하면, 세포핵에서 촘촘해진 염색체들을 모두 분리해 특정 화학 물질로 염색한 다음, 현미경으로 개개의 염색체를 관찰할 수 있다. 이 단계에서 염색체들은 별개의 털실 타래들처럼 보이며, 동원체는 털실 타래를 제자리에 붙들고 있는 작은 종이 원통 역할을 한다.

과학자들은 사람 세포에 들어 있는 모든 염색체를 촬영한 사진을 분석하여 개개의 염색체를 확인했다. 그들은 문자 그대로 개개 염색체 사진을 잘라내 붙이는 방식으로 전체 염색체를 순서대로 배열했다. 이런 방법으로 다운 증후군과 에드워드 증후군, 파타우 증후군의 원인을 발견할 수 있었는데, 해당 질환에 걸린 어린이에게서 채취한 세포의 염색체들을 분석함으로써 그 원인을 찾아냈다.

하지만 이 심각한 질환들의 원인이 되는 문제를 확인하기 전에 초기 연구자들은 우리 유전 물질의 기본 구조를 발견했다. 그들은 사람

세포의 정상적인 염색체 수가 46개라는 사실을 알아냈다. 난자와 정자는 예외인데, 각자 23개의 염색체만 갖고 있다. 염색체는 2개씩 쌍으로 존재하는데, 어머니와 아버지로부터 하나씩 물려받은 것이다. 다시 말해서, 1번 염색체의 두 가닥 중 하나는 어머니에게서, 또 하나는 아버지에게서 온 것이다. 이것은 2번 염색체도 마찬가지이고, 나머지 모든 염색체 역시 마찬가지이다.

모든 염색체라고 했지만, 사실은 1번 염색체부터 22번 염색체까지만 그렇다. 이 염색체들을 상염색체常染色體라고 부른다. 세포에서 상염색체들만 본다면, 그 세포가 여성의 세포인지 남성의 세포인지 구별할 길이 없다. 하지만 성염색체라 부르는 마지막 한 쌍의 염색체를 살펴보면, 그 정보가 즉각 드러난다. 여성의 세포에는 X 염색체라는 큰 염색체 2개가 들어 있다. 남성의 세포에는 X 염색체와 함께 Y 염색체라는 아주 작은 염색체가 하나씩 들어 있다. [그림 7-1]은 이 두 가지 상황을 일목요연하게 보여준다.

Y 염색체는 크기는 작지만 놀라운 영향력을 발휘한다. 발달하는 배아의 성은 바로 Y 염색체가 있느냐 없느냐에 따라 결정된다. Y 염색체에 있는 유전자 수는 적지만, 이 유전자들은 성의 결정에 확실한 영향력을 행사한다. 사실, 이 과정은 고환 생성을 촉진하는 단 하나의 유전자[*,2]가 거의 좌지우지한다. 고환 생성은 배아의 남성화를 촉진하는 테스토스테론 호르몬 생산으로 이어진다. 놀랍게도 최근의 연구에서 수컷 생쥐를 만드는 것뿐만 아니라, 그 생쥐가 제 기능을 하는 정자를 만들고 새끼의 아비가 되는 데에는 이것과 함께 또 하나의 유

* 그 유전자는 *SRY*이다.

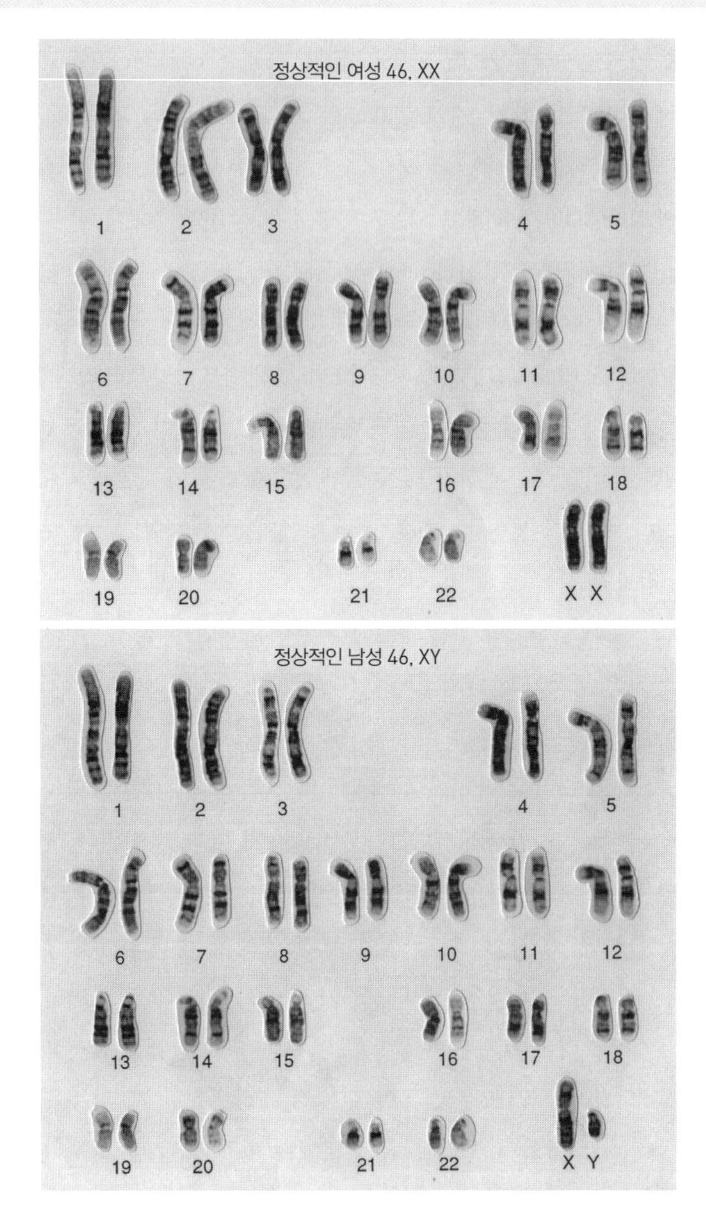

[그림 7-1] 표준적인 여성과 남성의 핵형核型. 핵형은 세포 속에 들어 있는 모든 염색체의 수와 모양을 보여준다. 위쪽 그림은 여성의 핵형이고, 아래쪽 그림은 남성의 핵형이다. 유일한 차이점은 맨 마지막 염색체 쌍에 있다. 여성은 큰 X 염색체 2개가 있는 반면, 남성은 큰 X 염색체 하나와 작은 Y 염색체 하나가 있다. (사진 제공: Wessex Regional Genetics Centre, Wellcome Images)

전자만으로 충분하다는 사실이 밝혀졌다.[3]

반면에 X 염색체는 아주 큰 편으로, 유전자가 1000개 이상 있다.[4] 이것은 잠재적 문제의 원천이 된다. 남성은 X 염색체를 하나만 갖고 있고, 따라서 X 염색체에 있는 유전자도 하나씩만 갖고 있다. 하지만 여성은 그 유전자를 2개씩 갖고 있다. 따라서 이론상 X 염색체가 암호화하는 물질을 남성보다 2배나 많이 만들 수 있다. 6장에서 설명한 세염색체증은 작은 염색체에 있는 유전자들의 발현이 50%만 증가해도 발달 과정에 큰 손상을 입힌다는 것을 보여주었다. 그렇다면 여성은 1000개가 넘는 유전자의 발현이 남성에 비해 100%나 증가한 이 상황에서 어떻게 무사히 벗어날 수 있을까?

여성에게는 끔 스위치가 있다

사실은 벗어나려고 굳이 애쓸 필요가 없다. 여성 세포들에서는 X 염색체가 암호화하는 단백질이 남성과 똑같은 양만큼 만들어진다. 여기에는 놀랍도록 기발한 방법이 사용되는데, 모든 세포에서 X 염색체 중 하나의 스위치가 꺼진다. 이것을 'X 비활성화X-inactivation'라 부른다. X 비활성화는 인간이 삶에 꼭 필요할 뿐만 아니라, 그것이 일어나는 과정은 전혀 예상치 못했던 새로운 생물학 분야를 열었다.

아주 기묘한 사실이 한 가지 있는데, 세포는 X 염색체 수를 셀 줄 안다. 남성 세포에는 X 염색체와 Y 염색체가 하나씩 들어 있으므로, 하나뿐인 X 염색체를 비활성화할 이유가 전혀 없다. 하지만 가끔 X 염색체 2개와 Y 염색체 1개를 가진 남성이 태어난다. 이런 사람은 여전히 남성인데, 남성화를 주도하는 것은 Y 염색체이기 때문이다. 하지만 이 사람의 세포들에서는 여성과 마찬가지로 여분의 X 염색체를 비활성화하는 일이 일어난다.

여성에게도 비슷한 일이 일어난다. 각 세포에 X 염색체가 3개씩 있는 여성이 가끔 태어난다. 이런 일이 일어나면, 세포들은 하나가 아니라 2개의 X염색체를 비활성화한다. 이것과 반대되는 상황은 X 염색체를 하나만 갖고 태어나는 여성이다. 이 경우에 세포는 X 염색체를 전혀 비활성화하지 않는다.

세포는 X 염색체 수를 셀 뿐만 아니라 기억까지 한다. 여성이 난자를 만들 때, 각각의 난자에는 X 염색체를 포함해 모든 염색체 쌍 중 하나씩만 들어간다. 남성이 만드는 정자에는 X 염색체나 Y 염색체 중 하나만 들어 있다. X 염색체를 포함한 정자가 난자와 융합하면, 그 결과로 생기는 단세포 접합자에는 X 염색체가 2개 들어 있으며, 둘 다 활성 상태에 있다. 하지만 세포 분열이 불과 몇 회만 일어난 발달 초기에 배아의 모든 세포에서 한 X 염색체가 비활성화된다. 때로는 아버지에게서 온 X 염색체가 비활성화되고, 때로는 어머니에게서 온 X 염색체가 비활성화된다. 그 후에 발달하는 딸세포는 모두 다 그 모세포와 마찬가지로 동일한 X 염색체를 비활성화시킨다. 따라서 성인 여성의 몸을 이루는 약 50조 개의 세포들 중 평균적으로 약 절반은 난자에서 온 X 염색체가 발현되고, 나머지 절반은 정자에서 온 X 염색체가 발현된다.

비활성화가 일어날 때 X 염색체는 아주 특이한 물리적 형태로 재편된다. DNA는 믿기 어려울 정도로 크게 압축된다. 여러분이 친구와 함께 각자 수건의 정반대편 끝을 붙잡고 있다고 상상해보라. 여러분은 수건을 시계 방향으로 돌리고, 친구도 반대쪽에서 똑같이 한다고 하자. 얼마 지나지 않아 수건은 가운데 부분이 꼬이기 시작할 것이고,

두 사람은 서로를 향해 가까이 다가가게 될 것이다. 이번에는 수건의 길이가 약 5m라고 상상해보라. 그리고 두 사람이 그것을 계속 돌리면서 꼬아 길이가 겨우 1mm의 수건으로 압축시켰다고 하자. 이 단계에 이르면, 수건은 아주 촘촘하게 돌돌 말려 있을 것이다. 기본적으로 X 염색체는 이 수건만큼 촘촘하게 압축된다. 그 결과로 치밀한 구조가 만들어지는데, 현미경으로 여성의 세포핵을 들여다볼 때 나머지 염색체들은 기다란 끈 모양으로 남아 있어서 볼 수 없는 반면, 이렇게 치밀해진 X 염색체는 볼 수 있다. 이렇게 압축된 X 염색체를 '바 소체 Barr body'라 부른다.

X 염색체 비활성화가 어떻게 일어나는지 이해하기 위해 과학자들은 특이한 세포주와 생쥐 계통을 조사했다. 특히 X 염색체 일부가 없거나 일부가 다른 염색체로 옮겨간 사례들에 초점을 맞춰 연구했다. X 염색체 일부가 상실된 세포들 중 일부는 여전히 X 염색체 중 하나를 비활성화했는데, 바 소체의 존재로 그것을 확인할 수 있었다. 하지만 X 염색체 중 다른 부분을 상실한 세포들은 바 소체를 만들지 못했는데, 이것은 염색체 비활성화가 일어나지 않았다는 것을 말해준다.

X 염색체 일부가 다른 염색체로 옮겨갔을 때, 이 비정상 염색체는 가끔 비활성화될 때도 있었고, 그렇지 않을 때도 있었다. 그것은 X 염색체에서 어느 부분이 옮겨갔느냐에 따라 결정되었다.

이러한 데이터를 바탕으로 연구자들은 X 염색체에서 비활성화의 열쇠를 쥐고 있는 지역의 범위를 좁힐 수 있었다. 그들은 이 지역을 'X 비활성화 센터X inactivation center'라 불렀다. 1991년에 한 연구팀은 이 지역에 자신들이 Xist('엑시스트'라고 읽음)*라 이름 붙인 유전자가 있다

* Xist란 이름은 X-inactive(Xi)-specific transcript(X 비활성 특이 전사)의 머리글자를 따서 만들었다.

고 보고했다. 오직 비활성 염색체에 있는 Xist 유전자만이 Xist RNA를 발현시켰다.[5,6] 이것은 이치에 딱 맞는데, X 비활성화는 비대칭적으로 일어나는 과정이기 때문이다. 동일한 X 염색체 쌍에서 하나는 비활성화되고 하나는 비활성화되지 않는다. 따라서 이 과정은 둘 중 한 염색체만 어떤 유전자를 발현하고 다른 염색체는 그 유전자를 발현하지 않는 시나리오에 따라 일어나는 것으로 보였다.

아주 큰 정크 조각

그 다음에 제기된 질문은 당연히 Xist가 어떻게 작용하는가 하는 것이었는데, 연구자들이 맨 먼저 한 일은 Xist가 만드는 단백질의 염기 서열을 예측하려는 시도였다. 이것은 비교적 간단했다. 일단 Xist RNA 분자의 서열을 알아낸 이상 그것을 암호화된 아미노산 서열을 예측하는 간단한 컴퓨터 프로그램에 넣고 돌리기만 하면 되었다. Xist RNA는 약 1만 7000개의 염기로 이루어져 상당히 길다. 각각의 아미노산은 염기 3개의 집단으로 암호화되므로, 염기 1만 7000개의 RNA는 이론적으로 5700개 이상의 아미노산으로 이루어진 단백질을 암호화할 수 있다. 하지만 막상 Xist RNA 서열을 조사하자, 가장 긴 아미노산 사슬도 300개가 조금 못 되는 아미노산으로 이루어져 있었다. Xist RNA가 2장에서 설명한 것처럼 이미 스플라이싱이 일어나 사이사이에 끼여 있던 정크 서열들이 모두 사라진 상태인데도 불구하고 그랬다.

'문제'는 아미노산을 암호화하지 않지만 단백질 사슬이 축적될 때 중단 신호로 작용하는 서열들이 Xist RNA 곳곳에 흩어져 있다는 데 있었다. 이것은 레고를 가지고 높은 탑을 쌓으려고 하는 상황과 약간 비슷하다. 이것은 아무 문제 없이 순조롭게 진행된다. 누가 여러분에게 다음 브릭과 연결하는 데 필요한 돌출부가 없이 매끈한 지붕 브릭을 건네주기 전까지는 그렇다.

만약 Xist가 어떤 단백질을 암호화한다면, 세포가 그 5%만으로도 충분한데 굳이 염기 1만 7000개 길이의 RNA를 만들려고 한다는 것은 아주 이상해 보인다.* 현장에서 일하는 연구자들은 실제로 일어나는 일이 이렇지 않다는 사실을 비교적 빨리 알아챘다. 현실은 훨씬 기묘한 것이었다.

DNA는 세포핵에 들어 있다. DNA가 복제되어 RNA가 만들어지고, 전령 RNA(mRNA)는 세포핵 밖의 구조들로 운반되어 그곳에서 단백질 조립 생산을 위한 주형 역할을 한다. 하지만 분석 결과, Xist RNA는 절대로 세포핵을 떠나는 법이 없다. Xist RNA는 아무리 짧은 것이라도 단백질을 일절 암호화하지 않는다.[7,8]

Xist는 사실 단백질에 관한 정보 전달 기능을 담당하지 않고 그 자체로 나름의 기능을 지닌 RNA 분자가 존재한다는 것을 보여준 최초의 사례 중 하나이다. 이것은 정크 DNA—단백질 생산에 기여하지 않는 DNA—가 사실은 정크가 아님을 보여주는 아주 좋은 예이다. Xist는 그 자체로 아주 중요한데, Xist가 없으면 비활성화가 일어날 수 없기 때문이다.

Xist의 기묘한 특징은 단지 세포핵을 떠나지 않는다는 것뿐만이 아니다. 심지어 자신을 만들어내는 X 염색체도 떠나지 않는다. 대신에

* 여기서 염기쌍이라 하지 않고 염기라고 하는 이유는 RNA가 한 가닥으로 이루어져 있기 때문이다.

Xist는 본질적으로 비활성 X 염색체에 들러붙은 뒤, 염색체 내에서 퍼져나간다. Xist RNA가 점점 더 많이 만들어질수록 그것은 점점 퍼져나가 비활성 X 염색체를 뒤덮는데, 이 과정을 기묘하게도 '색칠하기painting'라 부른다. 이렇게 다소 기술적記述的인 용어를 사용했다는 사실은 우리가 이 과정을 제대로 이해하지 못했음을 시사한다. 덩굴이 분당 1km의 속도로 벽을 뒤덮어나가는 것처럼 Xist RNA가 염색체를 따라 이동하는 물리적 기초를 제대로 아는 사람은 아무도 없다. 20년 이상이 지났지만 우리는 여전히 이것이 어떻게 일어나는지 전혀 감을 잡지 못하고 있다. 우리는 이것이 X 염색체의 서열을 바탕으로 일어나는 게 아님을 안다. 만약 X 비활성화 센터가 세포 내의 한 상염색체로 옮겨가면, 그 상염색체도 마치 X 염색체인 것처럼 비활성화될 수 있다.[9]

X 비활성화 과정을 시작하게 하는 것은 Xist이지만, 그 과정을 강화하고 유지하는 것을 돕는 조력자들이 있다. Xist는 X 염색체를 색칠하면서 세포핵 내에서 단백질의 부착점 역할을 한다. 단백질은 비활성화되는 X 염색체에 들러붙어 더 많은 단백질을 끌어들이고, 그러면서 발현을 더욱 강하게 억제한다. Xist RNA와 이 단백질들로 뒤덮이지 않는 유전자는 오직 Xist 유전자 자신뿐이다. 이것은 비활성 X 염색체의 캄캄한 어둠 속에서 유일한 발현을 알리는 작은 횃불로 남아 있다.[10]

왼쪽에서 오른쪽으로, 오른쪽에서 왼쪽으로

이제 우리는 전체 인류 중 절반이 제대로 기능하면서 살아가는 데

한 '정크'(단백질을 암호화하지 않는) DNA 조각이 절대적으로 필요한 상황에 맞닥뜨렸다. 얼마 전에 과학자들은 이 X 비활성화 과정에 적어도 또 하나의 정크 DNA 조각이 필요하다는 사실을 발견했다. 혼란스럽게도 이것은 X 염색체에서 Xist와 정확하게 똑같은 장소에서 암호화된다. 알다시피 DNA는 두 가닥(상징적인 이중 나선)으로 이루어져 있다. DNA를 복제해 RNA를 만드는 기구는 항상 DNA를 한쪽 방향으로 '읽는데', 이것을 바탕으로 우리는 특정 서열의 시작과 끝이 어디인지 알 수 있다. 하지만 두 가닥의 DNA는 오래된 해변이나 산악 휴양지에서 볼 수 있는 케이블카와 비슷하게 서로 반대 방향으로 달린다. 이것은 DNA의 특정 지역에서는 한 물리적 장소에 두 종류의 정보가 서로 반대 방향으로 달리면서 존재할 수 있음을 의미한다.

영어 단어로 간단한 예를 들어 설명해보자. DEER는 왼쪽에서 오른쪽으로 읽으면 '사슴'이란 뜻의 단어가 된다. 그런데 같은 단어를 오른쪽에서 왼쪽으로 읽을 수도 있는데, 그러면 이것은 '갈대'라는 뜻의 REED가 된다. 이 둘은 똑같은 문자로 이루어졌지만, 서로 다른 단어이며, 뜻도 다르다.

정크 DNA에서 X 비활성화에 관여하는 또 하나의 중요한 조각은 Tsix라 부른다. 이것은 물론 Xist를 거꾸로 쓴 것이다. Tsix는 Xist와 똑같은 지역에 위치하지만, 반대편 가닥에 있다. Tsix는 염기 4만 개 길이의 RNA를 암호화하는데, 이것은 Xist가 암호화하는 RNA보다 2배 이상 크다. Xist와 마찬가지로 Tsix도 절대로 세포핵을 떠나지 않는다.

Tsix와 Xist는 X 염색체의 똑같은 장소에서 암호화되지만, 함께 발현되지는 않는다. 만약 한 X 염색체가 Tsix를 발현하면, 이것은 동일한 염색체가 Xist를 발현하지 못하도록 막는다. 이런 상황은 항상 비활성 X 염색체에서 발현되는 Xist와 달리, Tsix가 항상 활성 X 염색체에서 발현된다는 것을 의미한다.

Tsix와 Xist의 이러한 상호 배타적 발현은 발달 초기의 어느 시점에서는 아주 중요하다. 난자의 X 염색체는 비활성화되었음을 보여주는 단백질 표지를 모두 잃었고(만약 그것이 비활성화된 것이라면), 정자의 X 염색체는 비활성화된 적이 전혀 없다. 융합하고 나서 세포 분열이 6~7회 일어난 뒤에 배아에는 100여 개의 세포가 있다. 이 단계에서 여성 배아의 모든 세포는 두 X 염색체 중 하나의 스위치를 무작위로 끈다. 그러려면 세포 내 두 X 염색체 사이에 잠깐이지만 아주 강한 물리적 연관이 있어야 한다. 겨우 두 시간 동안 두 X 염색체는 잠깐 동안의 만남을 통해 연관을 맺게 되는데, 여기서 한쪽이 비활성화되는 결과가 나온다. 이 연관은 X 염색체의 좁은 지역에서만 일어나는데, 그곳이 바로 Xist와 Tsix RNA를 모두 암호화하는 X 비활성화 센터이다.[11]

순간의 만남에서 결정된 것이 영원히 지속되다

이것은 모든 원나이트 스탠드의 어머니이다. 그 두 시간 동안에 염색체에 어떤 결정이 일어나고, 그것이 평생 동안 유지된다. 태아가 발달하는 동안뿐만 아니라, 설사 100년 이상이 지나더라도 그 여성이 죽기 직전까지 유지된다. 그리고 이것은 단지 100여 개의 세포에만 영향을 미치는 것이 아니라, 그 뒤에 생겨나는 수십조 개의 세포에도 영향을 미치는데, 모든 딸세포에서 동일한 X 염색체가 비활성화되기 때문이다.

발달 초기에 X 염색체들이 밀접한 관계를 맺는 시간 동안 어떤 일이 일어나는지는 아직 완전히 밝혀지지 않았다. 현재의 이론에 따르면, 두 염색체 사이에 정크 RNA의 재분배가 일어나면서 한 염색체가 모든 Xist를 할당받아 비활성 X 염색체가 된다고 한다. 어떻게 그런 일이 일어나는지는 아직 알 수 없지만, 한 염색체가 Xist나 다른 핵심 인자를 약간 더 많이 또는 적게 발현할 가능성이 있다. Tsix 수준이 감소하기 시작할 때 이 과정이 시작된다는 사실은 잘 알려져 있다. 그 수준이 특정 임계 문턱 아래로 내려가면, Xist가 두 염색체 중 한쪽에서 발현되기 시작하는지도 모른다.

유전자 발현은 확률적 성분을 포함하는 경향이 있는데, 확률적 성분이란 그 수준에 약간의 무작위적 변동성이 있음을 의미한다. 만약 한 염색체가 하나 또는 그 이상의 핵심 인자를 조금 더 많이 발현한다면, 이것만으로 단백질과 RNA 분자의 자기 증폭 네트워크를 만들기에 충분할지 모른다. 발현의 불평등은 본질적으로 확률적(무작위적 '잡음'으로 인해)이기 때문에, 100여 개의 세포에서 비활성화 역시 본질적으로 무작위적으로 일어날 것이다.

이것을 시각화할 수 있는 방법이 있다. 저녁 늦게 집에 돌아온 어느 날, 녹은 치즈를 얹은 토스트 두 조각이 몹시 먹고 싶어졌다고 하자. 이 군침 도는 저녁을 막 만들려고 하는 순간, 냉장고 안에 치즈가 얼마 없다는 사실을 발견한다. 그러면 어떻게 해야 할까? 충분히 만족스럽지는 않지만, 그래도 토스트 두 조각에 치즈를 나누는 게 나을까? 아니면, 한 조각에 치즈를 몽땅 다 집어넣어 한 조각만이라도 원하던 맛을 만끽하는 게 나을까? 대부분의 사람들은 아마도 후자를 선택할 것이다. 배아에서 무작위적 비활성화가 일어나는 단계에서 한 쌍의 X 염색체도 바로 그런 선택을 한다. 진화는 핵심 인자를 각자

임계치 이하의 양만큼 갖는 대신에, 처음부터 그것을 좀 더 많이 가진 염색체로 그 인자가 이동하는 과정을 선호했다. 더 많이 가지고 있을수록 더 많이 얻게 된다.

X 비활성화는 '정크' DNA에 완전히 의존해 일어나며, 정크라는 용어가 정말로 잘못임을 보여준다. 이 과정은 암컷 포유류의 정상적인 세포 기능과 건강한 삶을 위해 절대적으로 필요하다. 또 다양한 질환의 상태에도 중요한 영향을 미친다. 1장에서 소개했듯이, 정신 지체 증상을 수반하는 취약 X 증후군은 남성에게만 나타난다. 그 이유는 그 유전자가 X 염색체에 있기 때문이다. 여성은 X 염색체가 2개 있다. 그래서 설사 한 염색체에 그 돌연변이가 있다 하더라도, 다른 (정상) 염색체가 단백질을 충분히 생산하여 최악의 증상이 나타나는 상황을 피할 수 있다. 하지만 남성은 X 염색체와 Y 염색체를 하나씩 갖고 있는데, Y 염색체는 아주 작으며, 성별을 결정하는 유전자 외에는 다른 유전자가 별로 많지 않다. 그래서 X 염색체에 돌연변이가 있는 남성은 그것을 보완할 정상 취약 X 유전자가 없다. 만약 유일한 X 염색체에 취약 X 유전자 확장 지역이 포함되어 있다면, 단백질을 제대로 만들 수 없고, 그래서 취약 X 증후군 증상이 나타난다.

X 염색체에 돌연변이 유전자가 있어서 발생하는 광범위한 유전 질환도 마찬가지이다. 남성은 여성보다 X 연관 유전 질환이 나타날 확률이 더 높은데, 남성은 하나뿐인 X 염색체에 위치한 결함 유전자를 보완할 방법이 없기 때문이다. 이와 관련해 나타나는 의학적 상태는 적록 색맹처럼 비교적 경미한 문제에서부터 훨씬 심각한 질환에 이르기까지 광범위하다. 그중에는 혈액 응고 질환인 'B형 혈우병'도 있다. 빅토리아 여왕은 이 질환의 보인자였는데, 한 아들(레오폴드Leopold)은 혈우병 환자였고 31세에 뇌출혈로 사망했다. 빅토리아 여왕의 딸들

중 적어도 두 명은 보인자였고, 유럽의 왕족들은 근친혼을 하는 경향이 있어 이 돌연변이는 여러 왕가로 전해졌는데, 그중에서도 가장 유명한 것이 러시아의 로마노프 왕가이다.[12]

혈우병의 원인이 되는 돌연변이를 가진 여성은 응고 인자가 정상적인 양의 50%만 만들어지지만, 이것만으로도 혈우병 증상을 막기에 충분하다. 일부 이유는 이 응고 인자가 세포들에서 분비되어 혈액에 실려 순환하기 때문이다. 그래서 출혈이 일어난 곳이 어디건 그곳으로 흘러가 혈액을 충분히 응고시킬 수 있다.

하지만 여성이 X 염색체를 2개 가졌다고 해서 반드시 모든 X 연관 질환에서 안전한 것은 아니다. '레트 증후군Rett syndrome'은 아주 무서운 신경 질환으로, 어떤 경우에는 아주 극단적인 형태의 자폐증으로 나타난다. 여자아이는 생후 6~18개월까지는 완전히 건강한 것처럼 보인다. 하지만 그 후부터 퇴행이 일어나기 시작해 그동안 발달한 언어 기술을 잃는다. 또 반복적인 손동작을 보이는가 하면, 방향을 가리키는 것과 같은 의도적인 손동작 기술을 잃는다. 그리고 나머지 생애 동안 심각한 학습 장애가 나타난다.[13]

레트 증후군은 X 염색체의 단백질 암호화 유전자*에 일어난 돌연변이 때문에 생긴다.[14] 여성 환자는 이 유전자의 복제본 하나는 정상이고, 다른 하나는 돌연변이가 일어나 기능성 단백질을 만들지 못한다. 무작위적 X 비활성화를 가정하면, 평균적으로 뇌에 있는 세포들 중 절반은 그 단백질을 정상적인 양만큼 발현할 것이고, 나머지 절반

* 그 유전자는 MeCP2로, 이것이 만드는 단백질의 역할은 후성유전적 변형이 일어난(메틸화된) DNA에 들러붙는 것이다. 그리고 거기서 다른 단백질들과 상호작용하면서 들러붙은 장소에 있는 유전자의 발현을 억제한다.

은 전혀 발현하지 못할 것이라고 예상할 수 있다. 임상 보고서들은 뇌세포 중 절반이 이 단백질을 발현하지 못할 경우 심각한 문제가 생긴다는 것을 명백하게 보여준다.

레트 증후군은 대부분 여성에게만 나타난다. 이 점은 X 연관 질환치고는 아주 특이한데, X 연관 질환은 여성은 대개 보인자에 머물고 남성에게만 증상이 나타나는 게 보편적이기 때문이다. 이것은 왜 남성은 레트 증후군에 걸리지 않는지 고개를 갸우뚱하게 만들 수 있다. 하지만 사실은 그렇지 않다. 레트 증후군에 걸린 남성을 보지 못하는 이유는 레트 증후군에 걸린 남성 태아는 제대로 발달하지 못해 출산 때까지 살아남지 못하기 때문이다.

행운이건 불운이건 운을 과소평가하지 말라

과학자들은 교육을 받을 때는 물론이고 현업에 뛰어들어 일할 때에도 많은 것을 고려하도록 훈련받는다. 하지만 운의 역할을 진지하게 고려해보라는 이야기를 듣는 일은 드물다. 그것을 고려할 때조차도 대개 '무작위적 요동'이나 '확률적 변이' 같은 용어로 그것을 포장한다. 이것은 유감스러운 일인데, 때로는 '운'이 더 적절한 표현이기 때문이다.

3장에서 소개한 뒤셴근육디스트로피는 심각한 근육 소모 질환이다. 이 질환에 걸린 남성은 처음에는 아무 문제가 없지만, 어린 시절에 근육이 특징적인 패턴으로 퇴행하기 시작한다. 예를 들면, 다리에서는 넓적다리 근육이 먼저 위축되기 시작한다. 몸은 근육 상실을 보완하려고 장딴지가 아주 크게 발달하지만, 얼마 후 이 근육들 역시 위축된다. 환자는 대개 십대에 이르면 휠체어에 의지해야 하며, 평균 수명은 27세에 불과하다. 이른 죽음은 대개 호흡 관련 근육의 최종적인 파괴가 원인이 되어 일어난다.[15]

뒤센근육디스트로피는 X 염색체에 있는 한 유전자의 돌연변이 때문에 일어나는데, 이 유전자는 디스트로핀dystrophin이라는 큰 단백질을 암호화한다.[16] 이 단백질은 근육세포들에서 일종의 완충 장치 역할을 한다. 돌연변이가 있으면 남성은 기능성 단백질을 만들 수 없고, 이 때문에 결국 근육이 파괴된다. 보인자 여성의 몸에서는 기능성 디스트로핀 단백질이 대개 정상 수치의 50%만 만들어진다. 하지만 기묘한 해부학적 특징 때문에 일반적으로 이 정도 양으로도 충분하다. 우리가 발달함에 따라 개개 근육세포는 서로 융합하여 모든 세포핵이 그 안에 들어 있는 커다란 슈퍼세포를 만든다. 따라서 각각의 슈퍼세포는 서로 다른 세포핵들에서 필요한 유전자의 많은 복제본에 접근할 수 있다. 따라서 전반적으로 보인자 여성의 근육에는 정상적인 활동을 하기에 충분한 양의 디스트로핀 단백질이 들어 있다. 즉, 어느 세포에는 디스트로핀 단백질이 충분히 있는 반면, 다른 세포에는 전혀 없는 것이 아니다.

아주 특이하게 여성 환자에게 뒤센근육디스트로피의 대표적인 증상이 모두 다 나타나는 사례가 있었다. 이런 일은 아주 드물게 일어나지만, 그것이 일어나리라고 예측되는 경우가 여러 가지 있다. 한 가지 가능성은 어머니가 보인자이고 아버지가 뒤센근육디스트로피 환자이면서 충분히 오래 살아 자식을 남기는 경우이다. 이 경우에 두 사람 사이에서 태어난 딸은 아버지로부터 돌연변이 유전자를 물려받을 수밖에 없다.(왜냐하면 아버지는 X 염색체를 하나만, 그것도 돌연변이가 일어난 X 염색체를 갖고 있기 때문이다.) 보인자 어머니의 난자에 돌연변이가 일어난 디스트로핀 유전자가 있을 확률은 50%이다. 만약 이런 시나리오가 현실화된다면, 딸의 두 X 염색체 모두 정상 유전자를 갖지 못해 딸의 몸은 필요한 단백질을 만들 수 없게 된다.

하지만 이 환자를 치료한 의사들은 가족력을 파악하고 나서 그 아버지가 뒤센근육디스트로피를 앓지 않았다는 사실을 알아냈기 때문에, 이 사례에는 다른 설명이 필요했다. 난자나 정자가 만들어질 때 가끔 자연발생적으로 돌연변이가 일어난다. 디스트로핀을 암호화하는 유전자는 아주 크기 때문에, 대부분의 다른 유전자들에 비해 우연히 돌연변이가 일어날 위험이 상대적으로 높다. 그 이유는 돌연변이가 본질적으로 숫자 게임이기 때문이다. 유전자가 클수록 돌연변이가 일어날 가능성이 더 높다. 따라서 여성이 뒤센근육디스트로피를 물려받을 수 있는 한 가지 메커니즘은 돌연변이가 일어난 한 염색체를 보인자 어머니에게서 물려받는 동시에 그 난자를 수정시킨 정자에 새로 일어난 돌연변이를 물려받는 것이다.

이것은 이 여성 환자에게 왜 이 질환이 나타났는지를 설명하기에 상당히 그럴듯한 시나리오로 보인다. 그런데 한 가지 문제가 있었다. 그 환자에게는 여자 형제가 있었다. 쌍둥이 여자 형제, 그것도 동일한 난자와 정자에서 유래한 일란성 쌍둥이 여자 형제였다. 그런데 쌍둥이 여자 형제는 몸이 건강했다. 뒤센근육디스트로피 증상 같은 건 전혀 나타나지 않았다. 유전적으로 완전히 동일한 두 여성이 왜 이 유전질환에서는 이토록 큰 차이가 나타나는 것일까?

배아 발달 초기에 X 비활성화가 일어나는 100여 개의 세포들을 다시 생각해보자. 순전히 운에 따라 그중 약 50%는 한 X 염색체의 스위치를 끄고, 나머지 절반은 다른 X 염색체의 스위치를 끈다. 그리고 동일한 X 비활성화 패턴이 나머지 생애 동안 모든 딸세포들에게 전달

된다.

뒤셴근육디스트로피 증상이 나타난 여자 형제는 이 단계에서 믿기 힘들 정도로 운이 없었을 뿐이다. 순전히 우연에 의해 근육을 만들 모든 세포에서 정상적인 X 염색체의 스위치가 꺼지고 말았다. 이 X 염색체는 바로 아버지로부터 물려받은 것이었다. 그리고 그녀의 근육세포들에서 유일하게 스위치가 켜진 X 염색체는 보인자 어머니로부터 물려받아 결함이 있는 X 염색체였다. 따라서 근육세포들은 디스트로핀을 발현할 수 없었고, 보통은 남성에게만 나타나는 증상들이 그녀에게 나타난 것이다.

하지만 유전적으로 동일한 쌍둥이 여자 형제는 발달 과정에서 근육을 만들 세포들 중 일부는 정상적인 X 염색체의 스위치가 꺼졌고, 일부는 돌연변이가 일어난 X 염색체의 스위치가 꺼졌다. 그 결과 근육에서 충분히 많은 디스트로핀이 발현되어 건강한 상태를 유지할 수 있었고, 그녀는 어머니와 마찬가지로 무증상 보인자가 되었다.[17]

이 모든 일이 Xist(정크 DNA에서 유래한 기다란 RNA 조각) 분포의 단순한 요동 때문에 일어났다는 이야기는 정말로 기묘하게 들린다. 그 요동은 겨우 두 시간 정도밖에 지속되지 않았고, 머리카락 지름의 100만분의 1보다 훨씬 짧은 거리에 걸쳐 일어났다. 그런데도 그것은 건강 로또에서 당첨과 꽝을 가르는 차이를 빚어냈다.

운은 무리를 지어 나타날 수 있다

더욱 기묘한 이야기가 있는데, 고양이를 사랑하는 사람들 중 일부는 X 비활성화의 결과를 매일 보고 만지고 있다. 얼룩고양이(흰색 외에 두 가지 색의 털이 나 삼색털 고양이라고도 부르는데, 두 가지 색은 주황색과 검은 색인 경우가 많다. —옮긴이)는 주황색과 검은색 털이 독특한 패턴을 이루고 있다. 이 털색은 군데군데 무리를 지어 나타난다. 털색을 지배하는 유전자는 두 가지 형태가 있다. 개개 X 염색체에는 주황색 버전이나 검은색 버전의 유전자가 있다.

만약 검은색 버전 유전자가 있는 X 염색체가 비활성화되면, 다른 염색체에 있는 주황색 버전 유전자가 발현되며, 그 반대 경우도 마찬가지이다. 고양이 배아가 세포 100여 개 크기에 이르렀을 때, 각각의 세포에서는 두 X 염색체 중 하나가 비활성화된다. 그리고 모든 딸세포에서는 동일한 X 염색체의 스위치가 꺼진다. 결국 이들 딸세포 중 일부는 털의 색소를 만드는 세포들이 된다. 이들 세포는 점점 더 많이 분열하고 발달하는 동안 서로 가까이 붙어 있게 된다. 그 결과로 딸세포들이 서로 군데군데 무리를 지어 나타나게 된다. 이렇게 해서 딸세포들의 X 비활성화 패턴 때문에 주황색 털 무리와 검은색 털 무리가 군데군데 나타나게 된다. [그림 7-2]는 이 과정을 일목요연하게 보여준다.

2002년, 과학자들은 얼룩고양이를 복제함으로써 X 비활성화 과정이 실제로 얼마나 무작위적인지 아름답게 보여주었다. 어른 암컷 고양이에게서 세포를 채취한 뒤, 표준적인(하지만 그래도 엄청나게 어려운) 복제 과정을 수행했다. 이를 위해 어른 고양이 세포에서 핵을 끄집어내 그것을 염색체를 제거한 고양이 난자에 집어넣었다. 그리고 이 난자를 대리모 고양이의 자궁에 착상시켰고, 여기서 아름답고 활기찬 암컷 새끼 고양이가 태어났다. 이 고양이는 자신과 유전적으로 동일한 고양이(즉, 처음에 세포핵을 채취한 고양이)와 전혀 비슷해 보이지 않았다.[18]

동물 복제에 이 절차를 사용할 때, 난자는 새로운 세포핵을 실제로

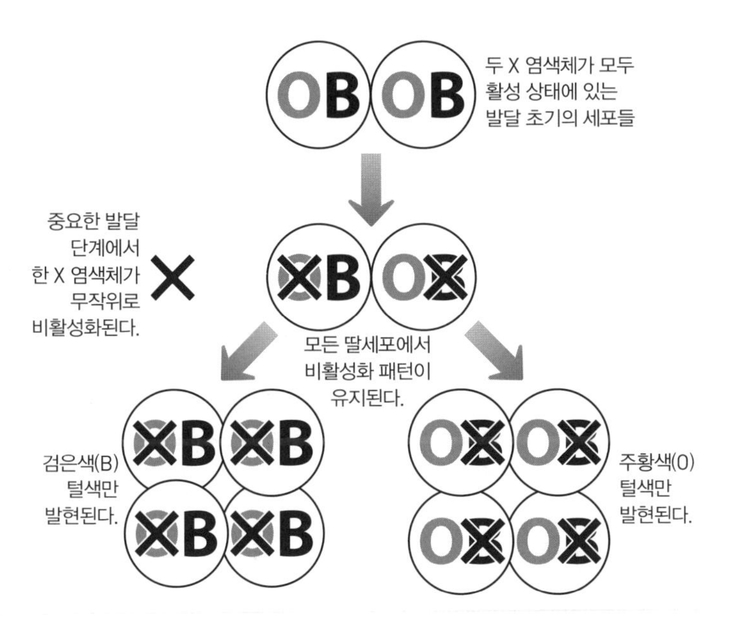

[그림 7-2] 이 그림은 무작위적으로 일어나는 X 염색체 비활성화에 따라 암컷 얼룩 고양이에게 주황색이나 검은색 털이 어떻게 발달하는지 보여준다. 털색 유전자는 X 염색체에 있다. 만약 발달 초기에 세포 내에서 비활성화되는 염색체에 검은색 버전 유전자가 있다면, 그 세포의 모든 후손들에서는 오로지 주황색 유전자만 발현될 것이다. 비활성화되는 염색체에 주황색 버전 유전자가 있다면, 그 반대 상황이 나타난다.

난자와 정자가 융합하여 생긴 산물인 것처럼 취급한다. 그래서 DNA에서 최대한 많은 정보를 제거하고 기본적인 유전 서열 상태로 만든다. 이것은 실제 난자와 정자에서처럼 효율적으로 일어나지 않는데, 이런 형태의 복제 성공률이 아직도 아주 낮은 이유 중 하나는 이 때문이다. 하지만 여기에 소개한 사례처럼 때로는 성공할 때가 있어 복제 동물이 태어난다.

어미 고양이에게서 채취한 세포핵을 고양이 난자에 집어넣었을 때, 난자는 염색체에 여러 가지 변화를 일으켰다. 그러한 변화 중 하나는 한 염색체에서 비활성화 단백질들을 제거하고, Xist의 발현 스위치를 끄는 것이었다. 그래서 발달 초기의 아주 짧은 시간 동안 두 X 염색체는 모두 활성 상태에 있었다. 배아가 발달하면서 세포 수가 100여 개에 이르렀을 때, 각 세포에서 X 염색체가 무작위적으로 비활성화되는 정상적인 과정이 일어났다. X 비활성화 패턴은 표준적인 방식으로 딸세포들에게 전달되었고, 그래서 새끼 고양이는 주황색 털과 검은색 털의 분포가 자신의 클론 '부모'와 다르게 발달하게 되었다.

이 이야기가 주는 교훈은 무엇일까? 만약 여러분이 예외적으로 아름답다고 생각하는 얼룩고양이를 키우고 있다면, 비디오를 많이 촬영하고, 사진을 많이 찍어놓도록 하라. 그리고 만약 고양이를 정말로 애지중지하는 괴짜라는 소리를 듣고 싶거든, 고양이가 죽었을 때 박제 전문가에게 전화를 하라. 하지만 만약 동물 복제를 권하는 사람이 찾아오거든, 다른 데 가서 알아보라고 돌려보내라.

8장 긴 비암호화 RNA

상당히 오랫동안 Xist는 비정상 분자로, 즉 유전자 발현에 아주 특이한 영향을 미치는 별종 분자로 간주되었다. Tsix가 확인되었을 때에도 정크 RNA는 중요하지만 독특한 X 비활성화 과정에 국한돼 작용한다고 생각되었을 뿐이다. 인간 유전체에서 이런 종류의 분자가 수천 가지나 발현되며, 이것이 정상적인 세포 기능에 놀랍도록 중요한 역할을 한다는 사실이 알려지기 시작한 것은 최근 몇 년 사이에 일어난 일이다.

이제 Xist와 Tsix는 긴 비암호화 RNA long non-coding RNA, lncRNA라 부르는 집단의 일원으로 분류된다. 긴 비암호화 RNA라는 용어는 오해를 불러일으킬 소지가 있는데, 여기서 비암호화란 용어는 단백질을 암호화하지 않는다는 걸 의미하기 때문이다. 나중에 보게 되겠지만, 긴 비암호화 RNA는 기능성 분자를 암호화한다. 여기서 기능성 분자란 긴 비암호화 RNA 자신을 말한다.

다소 자의적이긴 하지만, 긴 비암호화 RNA는 길이가 염기 200개 이상이면서 단백질을 암호화하지 않는 분자로 정의되는데, 이 점에서 전령 RNA(mRNA)와 분명히 다르다. 염기 200개는 최소한의 크기이며, 아주 큰 것은 10만 개에 이르기도 한다. 긴 비암호화 RNA는 그 수가 아주 많은데, 정확하게 몇 개인지에 대해서는 아직 일치된 의견이 없다. 추정치에 따르면, 인간 유전체에 있는 긴 비암호화 RNA는 1만~3만 2000개라고 한다.[1,2,3,4] 하지만 긴 비암호화 RNA는 그 수가 많긴 하지만, 발현 수준은 단백질을 암호화하는 mRNA만큼 높지 않은 경향이 있다. 긴 비암호화 RNA의 발현 수준은 보통 평균적인 mRNA에 비하면 10% 미만이다.[5]

그래서 한 종류의 긴 비암호화 RNA는 그 수가 상대적으로 적은데, 이것은 얼마 전까지만 해도 우리가 이 종류의 분자를 무시하는 경향을 보인 한 가지 이유였다. 세포에서 RNA 분자가 발현되는 양상을 분석했을 때, 긴 비암호화 RNA가 신뢰도가 높은 수준으로 감지되지 않았는데, 필요한 기술의 감도가 충분히 높지 않았던 것이 그 이유였다. 하지만 이제 우리는 이것이 존재한다는 것을 알기 때문에, 사람을 포함해 어떤 생물의 유전체를 분석함으로써 그 DNA 서열로부터 긴 비암호화 RNA의 존재를 예측할 수 있을 것이라고 생각하기 쉽다. 사실 우리는 단백질 암호화 유전자의 서열을 분석하고 예측하는 데 아주 뛰어나다.

하지만 이 일을 어렵게 하는 요소가 여러 가지 있다. 우리가 단백질 암호화 유전자로 추정되는 것을 확인할 수 있는 이유는 그 유전자에 여러 가지 특징이 있기 때문이다. 유전자의 시작 부분과 끝 부분에 특정 서열이 있어서 그 유전자를 찾는 데 도움을 준다. 또한 단백질 암호화 유전자는 예측할 수 있는 일련의 아미노산을 암호화하는데, 이것 역시 단백질 암호화 유전자가 존재한다는 확신을 준다. 마지막으로, 서로 다른 종들 사이에서 특정 유전자를 살펴보면, 대부분의 단백질 암호화 유전자들이 상당히 비슷하다. 즉, 복어 같은 동물에서 대표적인 유전자를 확인하면, 인간 유전체를 분석할 때 그 서열을 기준으로 사용해 인간 유전체에도 그와 비슷한 유전자가 존재하는지 알아볼 수 있다.

하지만 긴 비암호화 RNA는 단백질 암호화 유전자처럼 뚜렷한 서열 표지가 없으며, 종들 사이에서 잘 보존되지도 않는다. 그 결과, 다른 종의 한 긴 비암호화 RNA 서열을 알아낸다고 하더라도, 그것이 인간 유전체에서 기능적으로 연관이 있는 서열을 확인하는 데 도움이 된다는 보장은 없다. 보편적인 모형계인 제브라피시zebrafish(얼룩말 줄무늬를 지닌 관상 열대어—옮긴이)가 지닌 특정 긴 비암호화 RNA 집단 중에서 생쥐와 사람에게서도 분명히 그것과 상응하는 서열이 발견되는 비율은 6% 미만이다.[6] 사람과 생쥐에게서 발견되는 동일한 긴 비암호화 RNA 집단 중 동물계의 다른 곳에서도 그에 상응하는 서열이 발견되는 비율은 겨우 12%에 지나지 않는다.[7,8] 종들 사이에서 긴 비암호화 RNA가 상대적으로 잘 보존되지 않는 이러한 경향은 네발동물 종들의 다양한 조직에서 발현된 긴 비암호화 RNA를 비교한 최근의 연구에서 확인되었다. 여기서 네발동물은 고래와 돌고래처럼 '바다로 되돌아간' 척추동물을 포함해 모든 육상 척추동물을 가리킨다. 이 논문은 영장류에서만 발견되는 긴 비암호화 RNA는 1만 1000개가 있다고 보고했다. 그중 2500개만이 네발동물들 사이에서 보존되었고, 그중에서 겨우 400개만 아주 오래된 것으로 분류되었는데, 저자들은 여기서 아주 오래된 것이란 양서류와 나머지 네발동물이 서로 갈라져나가던 무렵인 3억 년 이전에 유래한 것을 의미한다고 밝혔다. 저자들은 모든 종들에서 가장 활발하게 조절되는 것은 아주 오래된 긴 비암호화 RNA들이고, 이것들은 대부분 발달 초기에 관여할 것이라고 추정했다.[9] 대부분의 척추동물은 배아 발생 초기 단계에서는 아주 비슷해 보이므로, 우리와 우리의 먼 친척들은 모두 발생을 시작할 때 비슷한 경로를 사용한다는 주장은 일리가 있어 보인다.

긴 비암호화 RNA가 일반적으로 종들 사이에 잘 보존되지 않았다는 이유 때문에 일부 저자들은 긴 비암호화 RNA가 아주 중요한 것이 아닐지 모른다고 추측한다. 만약 중요한 것이라면 진화와 발달이 일어나는 동안 비슷한 상태를 유지하도록 더 많은 압력을 받았을 것이라는 이유에서였다. 대신에 이들 '정크' RNA를 암호화하는 서열들은 단백질을 암호화하는 서열들보다 훨씬 더 빨리 진화하고 있다.

이것은 상당히 일리있는 생각이지만, 지나치게 단순화시켜 생각하는 것일 수도 있다. 긴 비암호화 RNA 분자는 염기 수만 고려할 때에는 길지 몰라도, 그렇다고 해서 반드시 세포 내에서 길고 가느다란 분자란 뜻은 아니다. 그 이유는 긴 RNA 분자는 안쪽으로 접히면서 3차원 구조를 이룰 수 있기 때문이다. RNA의 염기들은 DNA 두 가닥이 결합하는 방식과 비슷한 규칙을 따르며 짝을 짓는다. RNA는 한 가닥으로 이루어진 분자이기 때문에, 그 염기들은 비교적 짧은 거리에서만 짝을 지으면서 분자를 구부러뜨려 복잡한 안정적 형태로 만든다. 이러한 3차원 구조는 긴 비암호화 RNA의 기능에 아주 중요할 수 있으며, 비록 그 염기 서열은 종들 사이에 보존되지 않더라도, 3차원 구조는 종들 사이에 보존될 수 있다.[10] [그림 8-1]이 이것을 보여준다. 불행하게도 서열 데이터를 사용해 비슷한 구조들을 예측하기는 어려운데, 이 때문에 기능적으로 보존된 긴 비암호화 RNA를 찾기 위해

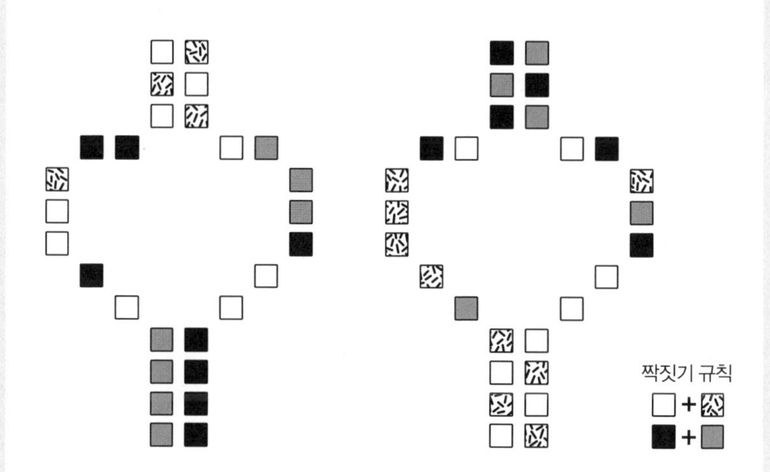

[그림 8-1] 서로 다른 염기 서열을 가진 단일 가닥의 긴 비암호화 RNA 분자 2개가 어떻게 똑같은 모양을 만들 수 있는지 보여주는 그림. 모양은 염기 A와 U, 또는 C와 G의 짝짓기를 통해 결정된다. 그림에서 각각의 염기는 음영과 무늬가 서로 다른 상자로 나타냈다. 이 그림은 지나치게 단순화한 것이다. 실제로는 긴 비암호화 RNA는 복잡한 구조를 형성할 수 있는 지역이 많다. 또한 이 그림에서 나타낸 것처럼 납작한 모양이 아니라, 3차원 구조를 가질 수도 있다.

이 기술을 사용하는 데에는 한계가 있다.

통나무냐 부스러기냐?

인간 유전체 서열에서 긴 비암호화 RNA를 확인하려고 할 때 맞닥뜨리는 복잡한 문제들 때문에 대부분의 연구자들은 더 실용적인 접근 방법을 사용하는데, 그것은 세포 속에서 해당 분자 자체를 탐지함으로써 긴 비암호화 RNA를 확인하는 방법이다. 하지만 결과를 해석하는 방법을 놓고 과학계에서는 상당한 의견 충돌이 일어나고 있다. 강경파 정크 마니아들은 만약 어떤 서열이 긴 비암호화 RNA 분자로 발현된다면, 그 분자는 어떤 이유가 있어서 발현된다고 주장한다. 다른 과학자들은 훨씬 회의적인 태도를 보이는데, 긴 비암호화 RNA의 발현은 본질적으로 '방관자 사건bystander event'이라고 생각한다. 즉, 긴 비암호화 RNA가 발현되기는 하지만, 단지 '적절한' 유전자의 스위치가 켜진 사건의 부산물로 발현된다는 것이다.

방관자 사건이 어떤 것인지 이해하기 위해 사슬톱으로 나뭇가지를 자르는 상황을 상상해보자. 이 활동의 주 목표는 오두막집을 지을 재료나 난로에 땔 연료를 얻기 위한 것이다. 나무 부스러기나 톱밥은 목적이 아니지만, 이 작업을 하다 보면 불가피하게 부산물로 생긴다. 나무 부스러기가 생기지 않도록 노력을 기울일 수도 있겠지만, 그럴 만한 가치가 없다. 부스러기가 생기더라도, 그것은 주 목표를 달성하는 데 별로 방해가 되지 않는다. 또 부스러기가 생기지 않게 하는 방법을 발견한다 하더라도, 그것은 효율적인 통나무 생산에 오히려 방해가 될지 모른다. 심지어 가끔 부산물로 생긴 나무 부스러기의 유용한 용도를 발견할 수도 있는데, 예컨대 화분의 흙 위를 덮는다든가 애완 뱀의 잠자리를 마련하는 재료로 쓸 수 있다.

정크 회의론자들은 이와 비슷한 모형에서 긴 비암호화 RNA의 발현은 단지 특정 지역의 유전자들이 발현될 때 억제가 완화된 결과로 나타나는 부수 현상이라고 상정한다. 이 모형에서는 긴 비암호화 RNA의 생산은 단순히 중요한 과정이 진행됨에 따라 일어나는 불가피한 결과이지만, 본질적으로 무해하고 별 의미가 없다. 정크를 지지하는 사람들은 이 주장은 긴 비암호화 RNA 발현의 특정 측면들을 제대로 설명하지 못한다고 반박한다. 예를 들어 서로 다른 뇌 지역들의 표본들을 조사한 결과에 따르면, 이들 지역에서는 각각 다른 종류의 긴 비암호화 RNA가 발현된다.[11] 긴 비암호화 RNA를 열정적으로 지지하는 사람들은 이런 증거가 이 분자들의 중요성을 강조하는 모형을 뒷받침한다고 주장한다. 그렇지 않다면, 서로 다른 뇌 지역들에서 왜 서로 다른 긴 비암호화 RNA의 스위치가 켜지겠느냐고 항변한다. 회의론자들은 서로 다른 긴 비암호화 RNA가 탐지되는 이유는 단순히 다양한 뇌 지역들에서 서로 다른 대표적인 단백질 암호화 유전자의 스위치가 켜지기 때문이라고 반박한다. 사슬톱 비유를 사용하자면, 이것은 나뭇가지를 떡갈나무에서 자르느냐 소나무에서 자르느냐에 따라 서로 다른 부스러기가 생기는 상황과 같다는 것이다.

아직 때가 이르긴 하지만, 현재까지 나온 데이터는 양측의 과격파들이 잠깐 흥분을 가라앉힐 필요가 있음을 시사하는데, 진실은 이 두 입장 사이의 중간에 위치할 가능성이 높기 때문이다. 긴 비암호화 RNA가 세포 내에서 어떤 기능을 한다는 가설을 실제로 검증하는 방법은 정확한 종류의 세포에서 각각의 긴 비암호화 RNA를 검증하는 길밖에 없다. 아주 타당한 방법처럼 보이지만, 이것은 말처럼 간단하지 않다. 한 가지 이유는 그 수에 있다. 어떤 세포나 조직에서 긴 비암호화 RNA를 수백 가지 또는 수천 가지 발견한다면, 그중 어떤 것을 검증할지 결정해야 한다. 하지만 그러려면 바로 그 긴 비암호화 RNA가 세포 내에서 무슨 일을 하는지 미리 가설이 세워져 있어야 한다. 그런 가설이 없다면, 그 분자의 발현이나 기능에 간섭할 때 어떤 효과를 관찰해야 할지 알 수 없기 때문이다.

또 한 가지 문제는 많은 긴 비암호화 RNA가 전형적인 단백질 암호화 유전자들과 동일한 지역에서 발견된다는 점이다. 때로는 정확하게 똑같은 위치에 존재하면서 7장에서 보았던 Xist와 Tsix의 경우처럼 반대쪽 가닥에 암호화되어 있다. 2장의 프리드라이히 운동실조 사례(32쪽 참고)에서 처음 본 것처럼, 한 유전자 내에서 두 아미노산 암호화 지역 사이에 위치한 정크 부분에서 발견되는 것도 있다. 긴 비암호화 RNA가 단백질 암호화 유전자와 동일한 지역에 함께 위치할 수 있는 방법은 많은데, 이것은 긴 비암호화 RNA의 기능을 조사하려는 실험에서 실질적으로 어려운 문제를 제기한다.

유전자의 기능은 대개 유전자에 돌연변이를 일으키는 방법으로 조사한다. 도입할 수 있는 돌연변이의 종류는 아주 많지만, 가장 많이 사용되는 방법은 유전자의 스위치를 끄거나 유전자를 정상보다 더 높은 수준으로 발현시키는 것이다. 하지만 단백질 암호화 유전자들과 겹치는 긴 비암호화 RNA가 너무나도 많아서, 다른 것에 돌연변이를 유발하지 않으면서 그중 하나에만 돌연변이를 일으키기란 아주 어렵다. 그리고 관찰되는 효과가 긴 비암호화 RNA에 생긴 변화 때문인지 단백질 암호화 유전자에 생긴 변화 때문인지 분간해야 하는 문제도 있다.

이 문제를 시각화하는 데 도움을 주기 위해 다소 실없는 비유를 들어보자. 박사 과정 학생이 개구리가 소리를 어떻게 듣는지 연구하고 있었다. 그는 개구리의 특정 신체 부위를 제거한 뒤, 개구리가 큰 소리(이 사례에서는 총 소리)를 들을 수 있는지 조사하기로 실험 계획을 세웠다. 그러다가 어느 날, 학생이 황급히 지도 교수 방으로 뛰어들어오더니, 개구리가 소리를 어떻게 듣는지 마침내 알아냈다고 외쳤다. 그는 어리둥절한 표정의 교수에게 "개구리는 다리로 소리를 듣습니다!"라고 말했다. 그걸 어떻게 확신하느냐고 묻자, 학생은 "아주 간단해요. 보통은 총을 쏘면, 개구리가 그것을 듣고 놀라서 점프를 하지요. 그런데 다리를 자르자, 총을 쏘아도 점프를 하지 않았어요. 그러니 개구리는 다리로 소리를 듣는 게 확실합니다."*

물론 이론적으로는 단백질 암호화 유전자에 돌연변이를 일으킬 때 가끔 맞닥뜨리는 예상 밖의 효과 중 어떤 것이 같은 장소에 있는 긴 비암호화 RNA에 생긴 변화 때문에 일어났는데, 실험 당시에 우리가 그 존재조차 알아채지 못했을 가능성도 있다.

이런 단백질 암호화 유전자에 생길 수 있는 부수적 손상 가능성 때문에 많은 연구자들은 이 지역들과 겹치지 않는 긴 비암호화 RNA 집단에 초점을 맞춰 연구를 하고 있다. 선택 범위는 아주 넓은데, 이 범주에 속하는 긴 비암호화 RNA는 적어도 3500개나 되기 때문이다. 문헌에서는 단백질 암호화 유전자에서 멀찌감치 떨어진 이 긴 비암호화 RNA들을 특별한 집단으로 언급하는 경향이 있으며, 별도의 이름까지 붙어 있다.**, [12] 하지만 그렇게 한다면, 우리가 이 분자들을 그

* 이것은 유명한 사고 실험이다. 이 일화가 만들어지는 과정에서 실제로 다리를 절단당한 개구리는 없었다.

** 이것들은 linc RNA라 부르는데, long intergenic non-coding RNA(유전자 사이의 긴 비암호화 RNA)의 약자이다.

부정적 속성 때문에 따로 분류한다는, 즉 단백질 암호화 유전자와 같은 위치에 있지 않다는 점을 기준으로 분류한다는 사실을 기억할 필요가 있다. 따라서 이것은 실제로는 서로 아주 다른 기능을 가진 것으로 드러날 수 있는 많은 긴 비암호화 RNA를 같은 집단으로 뭉뚱그리는 것이 될 수도 있다.

성급하게 범주화하고 명명하려는 경향은 전체 유전체 분석 분야에서 큰 문제였고 지금도 계속 문제가 되고 있는데, 적절한 범주를 만들 만큼 생물학적 이해가 충분한 수준에 이르기 전에 미리 정한 정의에 우리의 생각을 가둬버리는 경향이 있기 때문이다. 여러분이 영화를 한 번도 본 적이 없는데, 일주일 동안 영화를 마음껏 보게 되었다고 상상해보라. 그래서 〈톱 햇Top Hat〉, 〈사랑은 비를 타고Singing In The Rain〉, 〈석양의 무법자Il Buono, il brutto, il cattivo〉, 〈하이 눈High Noon〉, 〈사운드 오브 뮤직The Sound of Music〉, 〈황야의 7인The Magnificent Seven〉, 〈카바레Cabaret〉, 〈더 브레이브True Grit〉, 〈용서받지 못한 자Unforgiven〉, 〈웨스트사이드 스토리West Side Story〉를 보았다고 가정하자. 그리고 영화들을 범주별로 분류하라고 한다면, 필시 여러분은 뮤지컬과 서부 영화의 두 가지로 분류할 것이다. 여기까지는 좋지만, 만약 다음 주에 〈브리짓 존스의 일기Bridget Jones's Diary〉와 〈그래비티Gravity〉를 본다면 어떻게 될까? 혹은 모두 카우보이가 등장하고 노래와 춤으로 이루어진 영화인 〈페인트 유어 왜건Paint Your Wagon〉, 〈7인의 신부Seven Brides for Seven Brothers〉, 〈컬래머티 제인Calamity Jane〉을 본다면 어떻게 될까? 여러분은 영화의 다양한 장르를 제대로 이해하기도 전에 개발했던 장르 정의에 맞춰 영화들을 억지로 분류하려고 시도하다가 이러지도 저러지도 못하는 상황에 처할 것이다. 비슷한 이유 때문에 우리는 개개의 긴 비암호화 RNA 집단을 너무 많이 정의하는 것을 피하고, 실험적으로 정말로 아는 것에만 초점을 맞추려고 노력해야 한다.

좋은 출발의 중요성

유전자 발현을 적절하게 조절하는 것은 살아가는 내내 필요하지만, 무엇보다도 발달 초기에 아주 중요한데, 처음 몇 번의 세포 분열 동안에 일어나는 사건에 아주 작은 변화만 있어도 극적인 효과를 초래할 수 있기 때문이다. 난자와 정자의 융합으로 생겨난 단세포인 접합자는 특히 그렇다. 접합자와 이 창시자 세포의 분열로 생겨난 최초의 몇몇 세포는 전능성 세포로 알려져 있다. 즉, 배아와 태반의 모든 세포를 만들 능력이 있다. 연구자들은 이 세포들을 연구하고 싶어 하지만, 그 수가 너무 적다. 그래서 대부분의 연구는 대신에 배아줄기세포embryonic stem cell(줄여서 ES세포라고도 부름.)를 사용한다. 배아줄기세포는 오래전에는 배아에서 얻었지만, 지금은 배아를 사용하지 않고도 세포 배양을 통해 얻을 수 있다. 배아줄기세포는 약간 나중 단계의 발달 과정에서 나오고, 접합자만큼 아무 제약이 없는 상태가 아니다. 배아줄기세포는 다능성 세포라고도 부르는데, 태반세포를 제외한 어떤 종류의 세포로도 발달할 잠재력이 있다.

정확하고 세심하게 통제된 조건에서 배아줄기세포는 분열하여 더 많은 다능성 줄기세포를 만든다. 하지만 배양 조건에 비교적 사소한 변화만 일어나도 다능성이 상실되는 결과를 맞이할 수 있다. 배아줄기세포는 더 전문화된 종류의 세포로 분화하기 시작한다. 가장 극적인 변화 중 하나는 배아줄기세포가 심장세포로 분화할 때인데, 이렇게 분화한 심장세포들은 배양 접시에서 자발적으로 동시에 팔딱팔딱

뛴다. 하지만 본질적으로 배아줄기세포는 다루는 방식에 따라 많은 발달 경로를 따라 분화할 수 있다.

연구자들은 알려진 단백질 암호화 유전자로부터 멀찌감치 떨어진 곳에 위치한 긴 비암호화 RNA 약 150개의 발현을 끄는 방법으로 배양 접시의 배아줄기세포를 조작했다. 그들은 각각의 실험에서 긴 비암호화 RNA 중 오직 하나의 발현만 막았다. 그리고 수십 가지 사례에서 단 하나의 긴 비암호화 RNA가 발현하지 못하도록 하는 것만으로도 배아줄기세포가 다능성 상태에서 다른 세포들로 분화를 시작하게 만들기에 충분하다는 사실을 발견했다. 저자들은 또한 긴 비암호화 RNA의 발현을 막기 전과 막은 후에 어떤 유전자들이 발현되는지 분석했다. 그 결과, 긴 비암호화 RNA 중 90% 이상이 단백질 암호화 유전자의 발현을 직접적으로 또는 간접적으로 제어한다는 사실을 발견했다. 많은 경우에 단백질 암호화 유전자 수백 개의 발현에 영향을 미쳤다. 대개 이 유전자들은 발현을 억제한 긴 비암호화 RNA에 가장 가까운 것들이 아니라, 유전체 내에서 멀리 떨어진 곳에 위치한 것들이었다.

과학자들은 또한 정반대 방향의 실험도 했다. 분화를 촉진한다고 알려진 화학 물질로 배아줄기세포를 처리한 뒤, 그들이 관심을 가진 긴 비암호화 RNA 집단의 발현을 분석했다. 그리고 세포들이 다능성 상태에서 발달 경로를 따라 이동함에 따라 긴 비암호화 RNA 중 약 75%의 발현이 감소한다는 사실을 발견했다. 두 가지 데이터 집단은 특정 긴 비암호화 RNA들의 발현 수준이 배아줄기세포를 다능성 상태로 유지하는 문지기 역할을 한다는 개념과 일치한다.[13] 이것은 이 긴 비암호화 RNA들이 적어도 발달 초기에는 세포 내에서 어떤 기능을 한다는 확신을 주었다.

일부 긴 비암호화 RNA는 나중의 발달 단계들에도 영향을 미칠지 모른다. 4장에서 HOX 유전자를 소개한 적이 있다. HOX 유전자는 신체 부위들의 정확한 패턴을 만드는 데 중요한 역할을 한다. 초파리의 경우, HOX 유전자에 돌연변이가 생기면, 머리에 다리가 달리는 것처럼 기묘한 결과를 빚어낼 수 있다. HOX 유전자는 유전체에서 무리를 지어 나타나는데, 이 지역들에는 긴 비암호화 RNA가 특별히 풍부하게 존재한다. 이와는 대조적으로 이 지역들에는 바이러스에서 유래된 아주 오래된 반복 서열이 없다. 과학자들은 긴 비암호화 RNA가 유전체에서 같은 장소에 있는 HOX 유전자의 활동에 영향을 미치는지 알아보고 싶었다. 이를 검증하기 위해 닭 배아의 HOX 유전자 지역에서 특정 긴 비암호화 RNA의 발현을 감소시키는 기술을 사용했다. 그러자 사지 발달이 제대로 일어나지 않았다. 사지 끝부분 근처의 뼈들이 비정상적으로 짧았다.[14] 이와 비슷하게 생쥐의 이 유전체 지역에서 또 다른 긴 비암호화 RNA의 발현을 억제하자, 척추와 손목뼈에 기형이 생긴 동물이 탄생했다.[15] 두 가지 데이터 집단은 긴 비암호화 RNA가 HOX 유전자의 발현을 조절하는 데, 그리고 그 결과로 사지 발달을 조절하는 데에도 중요한 역할을 한다는 개념과 일치한다.

긴 RNA와 암

암은 어떤 면에서 발달의 이면으로 간주할 수 있다. 암이 초래하는 한 가지 문제는 성숙한 세포가 덜 전문화된 세포의 일부 특징을 가지는 쪽으로 변함으로써 통제 불능 상태로 분열하는 능력을 갖게 된다는 점이다. 긴 비암호화 RNA가 다능성과 발달에 중요하다는 사실을 감안한다면, 그중 일부가 암과 연관이 있다는 사실은 놀랍지 않다.

대규모로 실시한 한 연구는 네 종류의 암(전립선암, 난소암, 교모세포종이라는 일종의 뇌 종양, 특정 형태의 폐암)에서 1300개 이상의 개개 종양을 대상으로 긴 비암호화 RNA의 발현을 분석했다. 이 질환으로 빨리 사망한 환자들에게서 높은 발현 수준이 가장 흔하게 발견된 긴 비암호화 RNA는 100개 정도이다. 그중 9개는 암의 종류와 상관없이 이러한 연관 관계가 나타났는데, 이것은 환자의 생존 가능성을 예측하는 데 긴 비암호화 RNA를 더 일반적인 지표로 사용할 수 있음을 시사한다.[16]

같은 연구는 세 종류의 암(전립선암을 제외한)에 대해 한 하위 집단의 종양을 다른 하위 집단의 종양과 구별하는 긴 비암호화 RNA를 발견할 수 있었다고 보고했다. 예를 들어 난소암의 경우, 관련 세포의 종류에 따라 난소암의 종류가 달라지며, 이것은 환자에게서 종양의 자연 경과에 영향을 미친다. 이것은 다시 그 질병의 예후와 환자가 받아야 할 치료에 중요한 의미를 지닐 수 있다. 종양 표본에서 특정 긴 비암호화 RNA의 발현을 분석하면, 장래에 개개 환자를 위해 적절한 치료법을 선택하는 데 도움이 될지 모른다.

긴 비암호화 RNA 발현과 암 사이의 연관 관계를 보고하는 연구가 계속 증가하고 있다. 암의 유전학적 연구에서도 흥미로운 데이터가 나오고 있다. 일부 암은 아주 강한 한 가지 돌연변이가 가족 간에 전달되면서 일어난다. 아마도 가장 유명한 예는 돌연변이가 일어난 BRCA1 유전자가 아닌가 싶은데, 이것은 여성에게 더 깊은 조직 내로 침투해 들어가는 침습성 유방암 발병 위험을 크게 높인다. 영화 배우 안젤리나 졸리Angelina Jolie가 2013년에 양쪽 유방 절제술을 받기로 결정한 이유도 이 유전자에 돌연변이가 일어났다는 사실을 알았기 때문이다. 한 가지 유전자 돌연변이가 그토록 강한 효과를 발휘하는 경우는 암에서 아주 드물다. 하지만 연구를 통해 상당히 많은 암은 유전적 요소가 있는 것으로 드러났다. 문제는 과학자들이 암 위험과 연관이 있는 유전적 변이들을 지도로 작성했을 때, 단백질 암호화 유전자가 전혀 없는 유전체 지역에 변이들이 나타나는 경우가 많다는 점이었다. 암과 연관이 있는 유전적 변이 300여 가지 중에서 겨우 3.3%만이 단백질에서 아미노산을 변화시켰고, 40% 이상은 전형적인 단백질 암호화 유전자들 사이의 지역에 위치했다. 이런 상황에서 유전적 변이는 단백질 암호화 유전자가 아니라 긴 비암호화 RNA에 영향을 미칠지도 모른다. 최근의 연구들에서는 적어도 두 종류의 암(갑상선암과 전립선암)은 이 변이들 중 일부가 실제로 그런 영향을 미친다는 사실이 확인되었다.[17]

고무적인 사실은 일부 사례들에서 이 관계들이 단순한 연관 관계를 넘어서는 수준이고, 긴 비암호화 RNA 자체가 암세포의 행동에 변화를 초래한다는 것을 보여주는 기능적 데이터가 나오기 시작했다는 점이다.

전립선암에서 그 발현이 증가하는 긴 비암호화 RNA가 있다. 이것이 과잉 발현되자, 정상적으로는 세포가 너무 빨리 증식하지 못하게 억제하는 핵심 단백질들의 발현이 감소했다.[18,19] 따라서 이 긴 비암호화 RNA의 과잉 발현은 언덕 아래쪽을 향해 주차돼 있던 자동차의 핸드브레이크를 푸는 것과 같다. 생쥐의 발달 과정에서 발현을 억제시켰을 때 골격 변형을 초래하는 긴 비암호화 RNA는 간암,[20] 잘록곧창자암(결장직장암),[21] 췌장암,[22] 유방암[23]을 포함해 다양한 암에서 과잉 발현되며, 이것의 과잉 발현은 환자의 나쁜 예후와 연관이 있다.

실험실에서 배양시킨 암세포를 사용한 연구 결과들은 이 긴 비암호화 RNA가 과잉 발현되면, 다른 신체 부위로 세포들이 이동해 침입하게 만든다고 시사한다.

긴 비암호화 RNA의 과잉 발현이 단순히 암의 발생과 함께 나타나는 현상이 아니라 암의 발생에 적극적인 역할을 한다는 사실을 강력하게 확인해주는 데이터 중 일부가 전립선암 연구에서 나왔다. 발달하기 시작한 전립선암의 성장 속도는 남성 호르몬인 테스토스테론에 좌우된다. 테스토스테론은 한 수용체에 들러붙는데, 그러면 세포 증식을 촉진하는 다양한 유전자가 활성화된다. 그 수용체에 들러붙은 테스토스테론은 자동차의 액셀러레이터를 밟는 운전자와 같다. 전립선암은 처음에는 수용체에 들러붙는 테스토스테론을 멈추는 약을 사용해 치료한다. 이것은 운전자의 발과 액셀러레이터 사이에 뭔가를 끼워넣어 운전자가 액셀러레이터를 밟지 못하게 함으로써 자동차를 빨리 달리지 못하도록 막는다.

하지만 시간이 지나면, 암세포들은 이것을 우회하는 방법을 자주 발견한다. 호르몬 수용체는 주변에 테스토스테론이 있건 없건 상관없이 유전자들을 활성화시키는 방법을 찾아낸다. 이것은 마치 액셀러레이터 위에 설탕 자루를 올려놓는 것과 같다. 그러면 설사 운전자가 두 발을 계기판 위에 올려놓는다 하더라도, 페달은 늘 눌린 상태가 되어 자동차를 빨리 달리게 한다. 침습성 전립선암에서 크게 과잉 발현되는 긴 비암호화 RNA 두 종류가 이 과정에서 중요한 역할을 담당하는 것으로 밝혀졌다. 이것들은 주변에 호르몬이 전혀 없을 때에도 수용체를 지원하여 유전자 발현을 촉진함으로써 세포 증식을 가속화시킨다. 이것들은 자동차 비유에서 설탕 자루 역할을 한다. 암 모형에서 이 긴 비암호화 RNA들의 발현을 억제하면, 종양의 성장이 극적으로

감소하는데, 이것은 이 분자들이 암 발생에서 중요한 역할을 한다는 주장을 뒷받침한다.[24]

전립선암과 깊은 연관이 있는 긴 비암호화 RNA가 하나 더 있다. 이 긴 비암호화 RNA의 발현 수준이 높을수록 암은 더 침습적이 되고, 치료 후 재발 시기가 더 짧아지며, 사망 위험도 더 높아진다. 이 긴 비암호화 RNA의 발현 억제는 암 모형에서 위에서 이야기한 것과 비슷한 보호 효과를 나타내지만, 이 경우에는 그 효과가 테스토스테론 수용체와의 상호 작용 때문에 일어나는 것 같지 않다.[25] 이것은 심지어 같은 종류의 종양에서도 긴 비암호화 RNA가 암의 진행에 서로 다른 방식으로 영향을 미칠 수 있음을 보여준다.

긴 RNA와 뇌

이 분자들의 기능에 큰 관심을 보이는 사람들은 암 전문가들뿐만이 아니다. 긴 비암호화 RNA는 어떤 조직보다도(어쩌면 고환은 제외해야 할지 모른다.) 뇌에서 더 많이 발현된다.[26] 어떤 것들은 새에서부터 사람에 이르기까지 잘 보존되어, 같은 지역과 같은 발달 단계에서 일어나는 발현 패턴을 보인다. 이것들은 보존된 기능을 갖고 있을지 모르는데, 아마도 정상적인 뇌 발달 과정에서 어떤 기능을 담당할 것이다. 하지만 뇌에서 발현되는 긴 비암호화 RNA 중 많은 것은 인간과 영장류만 특유하게 갖고 있는데, 이 때문에 연구자들은 고등 영장류에서 발견되는 아주 복잡한 인지 및 행동 기능이 적어도 부분적으로는 이것과 관련이 있는 게 아닐까 추측한다.[27]

한 긴 비암호화 RNA는 뇌에서 세포들이 서로 연결되는 방식에 영향을 미치는 것으로 확인되었다.[28] 또 다른 긴 비암호화 RNA는 우리가 다른 대형 유인원에서 갈라져나온 뒤에 진화했는데, 인간의 겉질(피질)을 만드는 특유의 발달 과정에 필요한 유전자를 조절하는 일에 관여하는지 모른다.[29]

위에서 소개한 예들은 모두 긴 비암호화 RNA들이 뇌에서 좋은 역할을 담당한다고 시사한다. 하지만 긴 비암호화 RNA는 건강뿐만 아니라 병리학과도 관련이 있을지 모른다. 알츠하이머병은 대개 노화와 연관되어 나타나는 치명적인 치매 질환이다. 전체 인구 집단의 수명이 갈수록 늘어나기 때문에, 알츠하이머병 발생도 점점 늘어나고 있다. 세계보건기구는 전 세계에서 3500만 명 이상이 치매를 앓고 있으며, 2030년경에는 이 수치가 두 배로 늘어날 것이라고 평가한다.[30] 치료법은 없으며, 이용 가능한 약도 병의 진행을 늦추기만 할 뿐, 되돌리는 것은 물론이고 멈추게 하지도 못한다. 이 질환이 초래하는 감정적, 경제적 비용이 막대하지만, 치료 분야의 진전은 아주 느리다. 환자의 뇌세포에서 일어나는 일을 우리가 아직 정확하게 알지 못한다는 데 일부 이유가 있다.

이 과정에서 적어도 한 가지 중요한 단계는 뇌에서 불용성 플라크가 만들어지는 과정임이 거의 확실한데, 불용성 플라크는 부검에서 발견된다. 불용성 플라크는 잘못 접힌 단백질로 만들어지는데, 가장 중요한 것 중 하나는 '베타 아밀로이드beta-amyloid'이다. 베타 아밀로이드는 BACE1이라는 효소가 더 큰 단백질을 조각조각 자를 때 만들어진다. 한 긴 비암호화 RNA가 유전자에서 BACE1과 같은 장소에서 만들어지는데, Xist와 Tsix의 관계와 비슷하게 반대편 DNA 가닥에서 만들어진다.

이 긴 비암호화 RNA와 표준적인 BACE1 mRNA는 서로에게 들러붙는다. 그러면 BACE1 mRNA가 더 안정한 상태가 되어 세포 속에서 더 오래 머문다. BACE1 mRNA가 더 오래 머물면, 세포는 BACE1 단백질을 더 많이 복제할 수 있다. 그 결과, 플라크 생성에 필수적인 베타 아밀로이드 생산이 늘어난다.[31]

알츠하이머병 환자의 뇌에서 이 긴 비암호화 RNA의 농도가 높아진다고 보고되었지만, 이 데이터를 제대로 해석하기가 쉽지 않다. 이것은 그저 그 지역에서 전반적으로 발현이 증가한 결과일 수도 있다. 앞에서 든 통나무 비유를 생각해보라. 통나무를 더 많이 자를수록 톱밥이 더 많이 생겨난다. 하지만 연구자들은 알츠하이머병이 자주 발달하는 생쥐 모형에서 긴 비암호화 RNA의 발현만 감소시키는 방법을 찾아냈다. 긴 비암호화 RNA의 발현을 억제하자, BACE1 단백질이 감소하고 베타 아밀로이드 플라크가 덜 생기는 결과를 얻었다. 이 결과는 긴 비암호화 RNA가 이 무서운 질병의 원인 역할을 할지 모른다는 개념을 뒷받침한다.[32]

긴 비암호화 RNA에 영향을 받는 것은 중추 신경계뿐만이 아니다. 신경병증성 통증은 물리적 자극이 없을 때에도 환자가 통증을 느끼는 상태를 말한다. 신체 주변부에서 중추 신경계(뇌와 척수)로 신호를 전달하는 신경의 비정상 전기 활동이 그 원인이다. 이것은 환자에게 아주 고통스러운 증상으로 나타날 수 있는데, 아스피린이나 파라세타몰 같은 보통 진통제는 아무 도움이 되지 않는다. 신경이 왜 비정상 행동을 보이는지 그 이유가 분명하지 않은 경우가 많다. 최근의 연구 결과는, 일부 사례에서는 긴 비암호화 RNA의 농도가 증가하여 전기 통로 중 하나의 발현 수준에 변화를 가져오는 것이 그 원인일 수 있음을 시사한다. 긴 비암호화 RNA가 그 전기 통로를 암호화하는 mRNA 분자에 들러붙음으로써 그 안정성에 변화를 초래하고, 그럼으로써 생산되

는 단백질의 양에 변화가 생김으로써 이런 일이 일어난다.[33]

긴 비암호화 RNA가 어떤 역할을 하는 것으로 알려진 질환의 종류는 계속 증가하고 있다.[34] 하지만 이 긴 비암호화 RNA들이 얼마나 기능적이고 중요한가를 둘러싼 논란은 계속 남아 있다. 긴 비암호화 RNA는 정말로 단백질만큼 중요할까? 아마도 개인 차원에서는 Xist처럼 의문의 여지 없이 중요한 분자를 다루는 것이 아닌 한, 그 답은 대개 '아니요'일 것이다. 하지만 그 영향을 오로지 긴 비암호화 RNA에만 초점을 맞춰 살펴본다면 핵심을 간과할 수도 있다.

최근의 한 논평은 "한 가지 분명한 가능성은 긴 전사 중 많은 것이 기껏해야 스위치 자체 대신에 유전체 관리 방식을 쿡 찌르거나 살짝 비트는 것에 불과하다는 점이다."라고 주장했다.[35] 하지만 최대의 복잡성과 유연성은 온/오프나 흑/백에서 나오는 것이 아니라, 음량의 미묘한 변화나 다양한 음영에서 나온다. 생물학적으로 우리는 쿡 찌르거나 살짝 비트는 과정에 아주 많이 의존하고 있는지도 모른다.

9장
암흑 물질에 색 첨가하기

생물학에서는 "어떤 것이 무슨 일을 하느냐?"라는 질문 다음에는 거의 항상 "어떻게 그런 일이 일어나는가?"라는 질문이 뒤따른다. 우리는 긴 비암호화 RNA가 무엇인지 알고 있고, 어떤 일을 하는지 적어도 일부(유전자 발현 조절)는 알고 있다. 따라서 논리적으로 당연히 다음 질문은 어떻게 그런 일이 일어나는가 하는 것이다.

이 질문에 대한 답은 한 가지가 아닐 것이다. 인간의 유전체에서 만들어지는 긴 비암호화 RNA는 수천, 수만 가지나 되는데, 이것들이 모두 똑같은 방식으로 작용하지 않는다는 것은 거의 확실하다. 하지만 특정 주제들이 나타나기 시작했다.

가장 중요한 주제 하나는 6장에서 이미 소개했던 특징, 즉 동원체와 세포 분열 시에 동원체가 담당하는 역할과 관련된 것이다. [그림

6-3](97쪽)을 다시 보면, 우리 세포 속에서 DNA가 8개의 히스톤 단백질 꾸러미 주위를 휘감으며 지나간다는 사실이 기억날 것이다. 지금까지 우리는 이 단백질들을 '포장 단백질packaging protein'이라고 불러왔지만, 실제로 이것들은 이보다 훨씬 복잡한 역할들을 한다. 우리 세포는 히스톤 단백질이나 DNA 자체를 수정할 수 있는데, 작은 화학적 기基를 첨가함으로써 그렇게 한다. 이러한 화학적 기의 첨가는 유전자의 서열에는 아무 변화도 가져오지 않는다. 유전자는 여전히 동일한 RNA 분자와 단백질을 암호화한다(만약 그것이 단백질 암호화 유전자라면). 하지만 이러한 변형은 특정 유전자의 발현 가능성에 변화를 가져온다. 새로운 변형 부위는 다른 단백질이 들러붙는 장소 역할을 함으로써 그러한 변화를 가능하게 한다. 변형 부위는 최초의 부착 장소 역할을 하여 거기에 큰 단백질 복합체가 쌓이고, 이것이 결국 어떤 유전자의 스위치를 켜거나 끄게 된다.

DNA와 관련 단백질들에 생긴 이러한 변화를 '후성유전적 변형epigenetic modification'이라 부른다.[1] 후성유전학을 뜻하는 epigenetics에서 접두어 'epi-'는 '위', '외', '~에 더하여'라는 뜻의 그리스어에서 왔다. DNA에는 유전자 서열 외에 이러한 변형들도 함께 존재한다. 이해하기 가장 쉬운 변형은 DNA 자체에 생긴 변형이다. 지금까지 DNA에 가장 흔하게 생기는 변형은 염기 C(사이토신) 다음에 염기 G(구아닌)가 올 때 일어난다. 이 서열을 CpG라 부르는데, 세포 속의 효소들이 이곳에 변형을 첨가할 수 있다. C에는 메틸기라는 화학적 기가 첨가될 수 있다. 메틸기는 탄소 원자 1개와 수소 원자 3개만으로 이루어져 있어 아주 작다. 메틸기 하나를 염기 C에 첨가하는 것은 해바라기꽃 옆에 클로버 잎을 붙이는 것과 비슷하다.

만약 어느 DNA 부분에 CpG 모티프(즉, 사이토신 다음에 구아닌이 붙어 있는 반복 단위)가 많이 있다면, 후성유전적으로 메틸기가 첨가될 수 있는 곳이 많다는 걸 의미한다. 이런 상황은 그 유전자의 발현을 억제하는 단백질들을 끌어들인다. 극단적인 경우, CpG 모티프들이 함께 많이 모여 있는 곳에서는 DNA 메틸화가 예외적으로 큰 효과를 발휘할 수 있다. 기본적으로 DNA는 그 모양이 변하고, 그 유전자는 완전히 스위치가 꺼진다. 놀랍게도 단지 그 세포에서만 스위치가 꺼지는 게 아니라, 그 세포가 분열하여 생기는 모든 딸세포들에서도 스위치가 꺼질 수 있다.

뇌의 신경세포처럼 분열하지 않는 세포의 경우에는 우리가 자궁에 있을 때 이러한 DNA 메틸화 패턴이 확립될 수 있다. 그중 많은 것은 100년 뒤에도(만약 우리가 그때까지 산다면) 여전히 그 상태로 남아 있을 것이다.

DNA 메틸화가 개인이 살아가는 동안 유전자의 스위치를 거의 영구적으로 끌 수 있다는 사실은 과학자들 사이에 큰 흥분을 불러일으켰다. 왜냐하면 이것은 수십 년 동안 수수께끼로 남아 있던 문제를 탐구할 수 있는 메커니즘을 마침내 제공했기 때문이다. 사실 유전학만으로는 모든 것을 설명할 수 없다는 사실을 우리는 오래전부터 알고 있었는데, 두 생물체가 유전적으로 동일하면서도 겉모습이 서로 아주 다른 경우가 많이 있기 때문이다. 예컨대 애벌레는 번데기로 변하고 다시 나비로 변하지만, 그동안 이들은 모두 동일한 유전체를 사용해 그런 모습으로 나타난다. 또 유전적으로 동일한 생쥐들을 완전히 표준적인 실험실 조건에서 기르더라도 그 체중이 모두 똑같지 않다.

여러분과 나는 후성유전학이 빚어낸 걸작이다. 우리 몸에 있는 50조~70조 개의 세포들은 거의 모두 다 정확하게 똑같은 유전 암호를 갖고 있다.* 땀샘에서 염분을 분비하는 세포이건, 눈꺼풀의 피부 세포이건, 무릎에서 충격을 흡수하는 연골을 만드는 세포이건, 모두 정확하게 동일한 DNA를 갖고 있다. 다만 조직에 따라 이 유전자들의 정보를 다른 방식으로 사용할 뿐이다. 예를 들면, 뇌의 신경세포들은 신경전달물질 수용체를 발현하지만, 적혈구에서 산소를 운반하는 색소인 헤모글로빈을 만드는 유전자의 스위치는 끈다.

이것들은 모두 수십 년 동안 후성유전적 현상이라는 이름으로 불려온 상황을 보여주는 예들이다. 그렇다, 이것은 후성유전적 변형과 같은 말이며, 이치에도 맞다. 이것들은 모두 유전 암호 외에(혹은 유전 암호와 함께) 뭔가 다른 일이 일어나는 상황이다.

DNA 메틸화의 발견은 마침내 후성유전 현상이 어떻게 일어나는지 이해할 수 있는 메커니즘을 제공했다. 신경세포에서는 헤모글로빈 생산을 책임진 유전자들이 심하게 메틸화되어 스위치가 꺼진다. 그렇게 평생 동안 스위치가 꺼진 상태가 유지된다. 하지만 적혈구를 만드는 세포에서는 이 유전자들이 메틸화되지 않아 헤모글로빈이 만들어진다. 이 세포들에서는 후성유전 메커니즘을 사용해 신경전달물질 수용체를 암호화하는 유전자들의 스위치가 꺼진다.

DNA 메틸화는 상당히 안정적이다. 이 후성유전적 변형을 제거하기는 아주 어렵다. 이것은 특정 유전자의 스위치를 장기간 끌 필요가 있는 세포한테는 좋은 일이다. 하지만 우리 세포들은 예컨대 술을 마시거나 시험 때문에 스트레스를 받는다거나 하는 것처럼 환경의 단기

* 예외는 특정 감염에 대항해 싸우는 면역계 세포들이다. 특이하게도 이 세포들은 유전자 일부를 재배열하여 다양한 항체들과 수용체들의 조합을 만들어냄으로써 광범위한 외래 단백질에 대응한다.

적 변화에 반응해야 할 때가 자주 있다. 그럴 때 세포들은 두 번째 시스템에 의지한다. 즉, 유전자 가까이에 있는 히스톤 단백질에 변형을 추가한다. 히스톤 변형의 변화를 통해 유전자의 스위치를 끌 수 있지만, 이러한 변형은 제거하기가 비교적 쉽기 때문에, 세포는 필요하다면 금방 그 유전자의 스위치를 다시 켤 수 있다. 히스톤 변형은 유전자의 발현을 조절하는—조금, 제법 많이, 상당히 많이, 엄청나게 많이 등등으로—데에도 쓰일 수 있다. 단순한 차원에서 DNA 메틸화는 온/오프 스위치로, 히스톤 변형은 음량 조절 장치로 생각할 수 있다.

히스톤 변형이 유전자 발현의 미세 조정 메커니즘으로 작용할 수 있는 이유는 그 종류가 아주 많기 때문이다. 만약 DNA가 메틸화 수준에 따라 음영의 차이가 약간 있는 흑백의 색이라면, 히스톤 변형은 화려한 테크니컬러이다. 히스톤 단백질에는 변형이 일어날 수 있는 아미노산이 많으며, 다양한 아미노산에 첨가할 수 있는 화학적 기도 최소한 60가지나 있다. 이것은 놀랍도록 다양한 복잡성을 만들어내는데, 서로 다른 유전자들에서 또는 같은 유전자라도 서로 다른 종류의 세포에서 나타날 수 있는 히스톤 변형의 조합은 수천 가지나 되기 때문이다. 이것들은 세포에서 제각각 다른 방식으로 해석되는데, 히스톤 변형의 종류에 따라 끌려오는 단백질 복합체(유전자 발현 수준과 패턴을 제어하는)의 종류가 달라지기 때문이다. 어떤 조합은 유전자 발현을 촉진하는 반면, 어떤 조합은 유전자 발현을 억제한다.

유전체에서 자기 자리 찾기

오랫동안 과학자들은 한 가지 수수께끼 때문에 골머리를 앓았다.

히스톤 단백질에 변형을 첨가하는 효소들은 DNA 서열을 전혀 알아채지 못한다. 그래서 DNA에 들러붙지 않고, 한 DNA 서열을 다른 DNA 서열과 구별하지 못한다. 하지만 어떤 것이건 적절한 자극만 있으면, 효소는 특정 히스톤을 변형시키는 방식에서 고도의 정밀함을 보여준다. 효소는 해당 유전자에 위치한 히스톤에 변형을 추가하지만(혹은 제거하지만), 상관없는 유전자와 관련된 히스톤들은 근처에 있더라도 싹 무시한다.

긴 비암호화 RNA의 역할 중 하나는 일종의 분자 블루택Blu-Tack(점토 접착제)처럼 행동하면서 히스톤 변형 효소를 선택된 유전자 근방으로 끌어들이는 일로 보인다. 이를 뒷받침하는 한 가지 증거는 인간 배아줄기세포에서 특정 긴 비암호화 RNA의 효과를 분석한 연구에서 나왔다. 연구자들은 자신들이 조사한 긴 비암호화 RNA 중 약 3분의 1이 히스톤 변형 효소를 포함한 단백질 복합체에 들러붙어 있다는 사실을 보여주었다. 그들은 긴 비암호화 RNA와 단백질의 결합이 어떤 기능적 결과를 낳는지 낳지 않는지 조사하기 위해 단백질 복합체에서 히스톤 변형 효소의 발현을 억제했다. 전체 시도 중 약 절반에서 세포와 유전자 발현에 미치는 효과는 긴 비암호화 RNA 자체를 억제했을 때와 똑같았다. 이것은 긴 비암호화 RNA와 히스톤 변형 효소가 정말로 세포 내에서 서로 손을 잡고 협력한다는 것을 시사했다.[2]

긴 비암호화 RNA와 후성유전 시스템 사이의 이 교차 대화corss-talk(생물학에서 말하는 교차 대화는 한 신호 전달 경로에 있는 여러 요소들이 상호간에 영향을 주고받는 현상을 가리킨다. ―옮긴이)를 조사한 많은 연구는 한 특정 후성유전 효소에 초점을 맞추었다. 이 효소는 유전자의 스위치를 끄는 것과 강한 연관이 있는 특정 히스톤 변형을 일으킨다. 이 효소를 '주요 억제 인자major repressor'*라 부를 수 있다. 이 효소는 많은 종류의 긴 비암호화 RNA와 상호작용하는 것으로 밝혀졌다.

어떤 유전자의 긴 비암호화 RNA는 그 유전자의 주요 억제 인자를 표적으로 삼는다. 그러면 주요 억제 인자는 히스톤에 억제 변형을 만들어 그 유전자의 발현을 억제한다. 억제 변형은 다른 단백질들을 끌어들이고, 단백질은 유전자에 들러붙어 유전자의 발현을 감소시킨다.

주요 억제 인자 후성유전 효소가 담당하는 이 조절 작용은 다른 후성유전 효소들을 암호화하는 유전자들을 조절하는 데 자주 사용된다. 이 유전자들은 주요 억제 인자와 정반대 효과를 나타내는 유전자일 때가 많다. 즉, 이들은 유전자들의 스위치를 켜는 경향이 있다. 전체적인 효과는 주요 억제 인자가 유전자 발현의 전반적인 패턴에 강한 영향을 미치는 것으로 나타난다.[3] 주요 억제 인자는 유전자를 직접 억제하지만, 정상 상태에서는 다른 유전자들의 스위치를 켜는 후성유전 효소의 발현을 막음으로써 간접적인 방법으로도 억제한다. 후성유전적 더블 펀치를 휘두르는 셈이다.

대체로 이것은 우리 세포에서 일어나는 유전자 발현 조절 과정 중 완전히 정상적으로 일어나는 일부 과정이고, 그 시스템은 복잡한 세포 경로들이 모두 통합적 방식으로 굴러가도록 하면서 해야 할 일을 정확하게 하고 있다. 하지만 긴 비암호화 RNA와 후성유전 기구 사이의 복잡한 상호작용 중 일부가 비정상적으로 일어나면, 문제가 생길 수 있다.

불행하게도 일부 암에서 바로 이런 일이 일어나는 것으로 보인다.

* 이 주요 억제 인자 효소의 이름은 EZH2이다. 이 효소는 라이신이라는 아미노산에서 히스톤 H3의 27번 위치에 메틸 분자 3개를 첨가하는 기능을 담당한다. 이 변형을 전문 용어로 H3K27me3이라 하는데, 이것은 DNA 메틸화 외에 후성유전학에서 그 특징이 가장 잘 밝혀진 억제 표지이다.

일부 종류의 전립선암[4]과 유방암[5]처럼 특정 암들에서는 주요 억제 인자가 과잉 발현되는데, 이러한 과잉 발현은 나쁜 예후와 관련이 있다. 특정 종류의 혈액세포암에서는 주요 억제 인자가 돌연변이를 일으켜 비정상적으로 활성화된다.[6] 그 결과로 각 사례에서 '엉뚱한' 유전자가 억제되는 것으로 보인다. 그래서 세포 증식을 촉진하는 단백질이 평소에 브레이크 역할을 하던 단백질을 수적으로 압도하는 불균형 상태를 빚어냄으로써 암의 발달을 촉진한다. 현재 주요 억제 인자의 활동을 억제하는 약이 임상 시험 초기 단계에 있다.[7]

주요 억제 인자는 큰 단백질 복합체*의 일부로 작용하는데, 다양한 긴 비암호화 RNA가 이 복합체와 관련이 있는 것으로 드러났다. 이것은 세포의 종류와 행동에 따라 억제 변형을 표적으로 삼는 방법이 다양하게 존재할 가능성을 시사한다. 8장에서 과잉 발현되면 전립선암을 일으키는 긴 비암호화 RNA를 소개한 적이 있다(147쪽 참고). 긴 비암호화 RNA는 주요 억제 인자에 들러붙어 주요 억제 인자를 특정 유전자들로 가게 하는데, 이 유전자들에는 평상시에 세포 증식을 막는 유전자들이 포함되어 있다.[8] 이 발견은 긴 비암호화 RNA와 후성유전적 변형을 일으키는 인자 사이에 미묘한 균형이 존재하며, 그 균형의 교란은 세포나 개인에게 위험할 수 있다는 개념에 힘을 실어준다. 역시 8장(145쪽 참고)에서 살펴본 골격 변형과 다양한 암에 관여하는 긴 비암호화 RNA의 결합에 관한 연구에서 나온 비슷한 데이터 역시 이 개념을 뒷받침한다. 이 긴 비암호화 RNA는 주요 억제 인자를 포함한

* 이 복합체는 폴리콤 반응 복합체 2 Polycomb Response Complex 2 또는 PRC2라고 부른다. PRC2의 활동은 PRC1이라는 또 다른 억제 복합체의 활동과 긴밀하게 통합 조정된다. PRC2는 대개 유전체의 한 지역에 최초의 억제 변형을 자리 잡게 하고, PRC1은 억제 상태를 안정시키는 추가 변형으로 그 뒤를 따른다.

복합체에 들러붙으며, 그와 동시에 추가로 억제 변형을 첨가할 수 있는 또 다른 후성유전 효소에도 들러붙는다.[9]

위의 설명에 함축된 한 가지 주목할 만한 사실은 긴 비암호화 RNA가 전사되는 지점이, 주요 억제 인자나 다른 후성유전 효소가 그 히스톤을 표적으로 겨냥하는 유전자나 그 근처라는 점이다. 이것을 조사하기는 어렵지만, 기존의 데이터는 실제로 그렇다고 시사한다. 주요 억제 인자는 온갖 종류의 긴 비암호화 RNA 분자에 들러붙을 수 있다. 주요 억제 인자를 포함한 복합체는 복합체의 성분에 따라 종류가 다른 히스톤 변형들을 알아볼 수 있다. 그 성분은 세포마다 제각각 다르다. 복합체는 부근의 히스톤을 '스캔'하면서 다양한 변형 패턴을 알아보고, 주요 억제 변형을 첨가함으로써 그것을 강화할 수 있다. 혹은 만약 그 지역에 유전자 발현을 낳는 변형이 아주 풍부하게 존재한다면, 복합체가 억제되어 주요 억제 인자가 히스톤에 아무 영향도 미치지 않을 수 있다. 이것은 어떤 것이 먼저 나타났는지에 대해 직선적으로 생각하는 방식이 오히려 도움이 되지 않을 수 있는 또 하나의 사례이다. 대신에 이미 유전체에 존재하는 히스톤 변형 조합들 때문에 어떤 패턴이 유지되거나 만들어질 때가 많다.[10,11]

이것은 활성 지역이 그대로 활성 상태로 남는 반대 효과의 경우에도 적용되는 것으로 보인다. 단백질 암호화 유전자의 스위치가 켜진 지역에서 발현되는 긴 비암호화 RNA가 보고되었다. 이 긴 비암호화 RNA들은 자신이 만들어진 유전체 지역에 붙들린 채 머문다—아마도 DNA 이중 나선에 상응하는 세 번째 가닥을 형성함으로써. 이 긴 비암호화 RNA는 DNA에 메틸기 변형을 첨가하는 효소에 들러붙음으로써 효소가 제 역할을 하지 못하게 한다. 그러면 이 지역의 유전자들이 계속 활성 상태로 유지된다.[12]

비활성 상태는 계속 비활성 상태로 머문다

여성 세포에서 X 염색체 중 하나의 발현 스위치를 끄는 데 중요한 역할을 하는 Xist는 최초로 확인된 기능성 긴 비암호화 RNA 중 하나이다. 이것이 후성유전 시스템과의 교차 대화가 가장 분명하게 드러난 긴 비암호화 RNA라는 사실은 놀라운 일이 아닐 수도 있다. Xist는 X 염색체를 따라 퍼져나가면서 다른 단백질들을 끌어들인다. 그중 많은 단백질은 DNA나 히스톤 단백질에 화학적 변형을 첨가하는 후성유전 효소이다. 히스톤의 주요 억제 인자와 DNA에 메틸기를 첨가하는 효소도 여기에 포함된다.[13] 이 효소들이 만들어내는 후성유전적 변형은 유전자의 스위치를 끄는 것을 강화하며, 결국에는 비활성 X 염색체의 과다 압축과 7장(117쪽 참고)에 나왔던 바 소체의 생성을 낳는다.

세포 분열 뒤에 후성유전적 변형이 항상 정확한 X 염색체에 재수립된다는 사실이 불가사의해 보일 수 있다. 이해를 돕기 위해 물리적 예를 들어 살펴보자. 나무 야구 배트가 2개 있는데, 그중 하나에 자성 페인트(Xist를 나타내는)를 칠한다고 하자. 페인트가 마른 뒤에 야구 배트 2개를 작은 철제 원반들이 들어 있는 통에 집어넣는다. 각 원반의 한쪽 면은 갈고리 모양의 벨크로로 뒤덮여 있다. 여기서 원반은 Xist로 뒤덮인 염색체에 들러붙는 후성유전 단백질을 나타낸다. 이 원반들은 자성 페인트를 칠한 배트에는 들러붙지만, 다른 배트에는 들러붙지 않는다. 그 다음에 이 상태의 두 배트를 천으로 만든 꽃들이 들어 있는 통 속에 집어넣는다. 각각의 꽃 뒷면은 갈고리 모양의 벨크로로 뒤덮여 있다. 이것들은 변형을 나타낸다. 꽃들은 자성이 없지만, 자성 페인트를 칠한 배트에만 들러붙을 것이다.

다소 기묘한 이 사고 실험을 조금 더 연장해보자. 배트에서 꽃들을 떼어낸 뒤 배트를 벨크로로 뒤덮인 꽃들이 있는 통 속으로 다시 던져도 배트는 꽃들로 뒤덮일 것이다. 심지어 배트에서 작은 철제 원반을 떼어내더라도, 배트를 첫 번째 통에 넣었다가 다시 두 번째 통에 집어넣는 한, 배트는 다시 꽃들로 뒤덮일 것이다.

두 통 속에 집어넣을 때 배트가 꽃들로 뒤덮이지 않도록 하려면 자성 페인트를 지우는 방법밖에 없다. 여성이 난자를 만들 때 바로 이런 일이 일어난다. 즉, X 염색체와 모든 딸세포들에서 비활성화 표지가 모두 제거된다. 모든 난자는 비활성화 패턴을 후손에게 전달하지 않는다는 의미에서 '새로운' 난자이다. 그리고 발달 초기에 두 X 염색체 중 하나에 자성 페인트를 새로 칠해야 한다.

오래된 외래 침입자를 날뛰지 못하게 묶어두기

긴 비암호화 RNA는 분명히 후성유전 단백질과 상호작용하고 후성유전 단백질의 기능을 조절하는 데 도움을 준다. 하지만 정크가 후성유전 시스템과 교차 대화를 나누는 방법이 이것뿐이라고 생각한다면 오산이다. 전혀 그렇지 않다. 4장에서 우리는 인간 유전체가 엄청난 수의 반복 DNA 요소에 침입을 받았고, 이것들을 스위치가 꺼진 상태로 유지하는 게 얼마나 중요한지 보았다. 일부 연구자들은 유전자 발현의 후성유전적 조절이 진화한 것은 특정 정크 지역을 계속 통제 상태로 유지하기 위한 것일지 모른다고 추측하기까지 했다.[14] 후성유전 시스템이 정상적인 내인성 유전자를 조절하는 새 영역에 진출한 일은 나중에 일어났다.

정크 DNA와 후성유전학, 그리고 포유류의 최종 모습과 행동 사이에 일어나는 상호작용을 극적으로 보여주는 예는 생존 가능한 노란색 아구티 생쥐Agouti viable yellow mouse라는 생쥐 계통에서 발견할 수 있다. 이 계통의 생쥐는 모두 유전적으로 동일하지만, 겉모습은 아주 다를 수 있다. 어떤 아구티 생쥐는 뚱뚱하고 노란색인 반면, 어떤 아구티 생쥐는 마르고 갈색이며, 이 둘 사이의 중간에 위치한 아구티 생쥐들도 있다. 이러한 겉모습의 차이는 한 정크 DNA 지역에서 일어나는 후성유전적 조절이 가변적이기 때문에 나타난다. 이 생쥐들에서는 반복 DNA 요소가 유전체 중 특정 유전자 앞에 삽입되었다. 이 반복 DNA 요소에서는 메틸화가 다양하고 임의적으로 일어날 수 있다. 메틸화가 더 많이 일어날수록 반복 DNA 요소의 활동이 더 많이 억제되고, 이런 상황은 근처에 있는 유전자의 발현에 영향을 미친다.[15] 아구티 생쥐가 얼마나 뚱뚱하고 얼마나 노란색일지 궁극적으로 결정하는 것은 바로 근처에 있는 유전자의 발현 수준이다. [그림 9-1]이 이 상황을 잘 요약해 보여준다.

후성유전학과 확장

후성유전학과 정크 DNA 사이에 일어나는 교차 대화는 특정 유전자 돌연변이들이 미치는 영향의 원인이 되기도 하다. 전형적인 예는 1장과 2장에서 나왔던 취약 X 증후군이다. 이 질환을 초래하는 돌연변이는 CCG 트리플렛 반복 서열의 확장으로, 때로는 수천 개의 복제본을 포함한다. 이 반복 서열에는 C 다음에 G가 오는 부분—이 장 앞부분에서 DNA 메틸화의 표적 서열로 소개한 CpG 구조—이 포

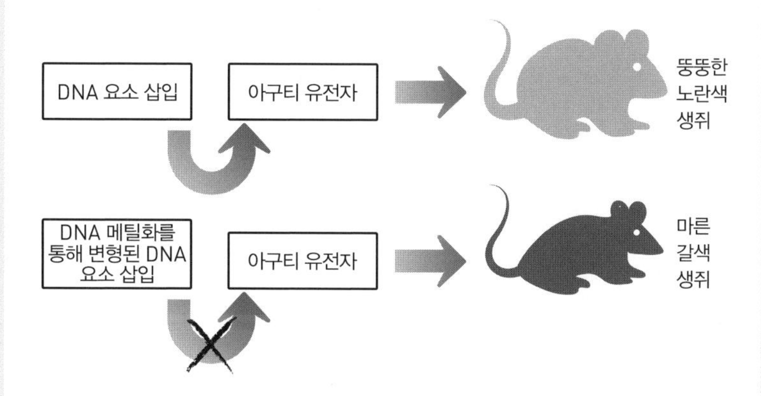

[그림 9-1] 위쪽 그림에서는 삽입된 DNA 요소가 아구티 유전자의 발현을 촉진해 뚱뚱한 노란색 생쥐를 낳는다. 아래쪽 그림에서는 삽입된 DNA 요소가 DNA 메틸화를 통해 변형되었다. 이 삽입된 DNA 요소는 더 이상 아구티 유전자의 발현을 촉진하지 않으며, 그 결과로 마른 갈색 생쥐가 태어난다.

함되어 있다. 이 정크 반복 서열이 아주 커지면, CpG 모티프에 메틸기를 첨가하는 효소와 단백질을 물리치기 어렵게 된다. 그래서 이 반복 서열이 아주 심하게 메틸화되는 결과를 낳으며, 이것은 다시 유전자 발현을 억제하고 심지어는 DNA 자체의 구조를 변화시키는 모든 단백질을 끌어들인다. 최종 결과는 세포가 취약 X 단백질을 발현하지 못하는 것으로 나타나며, 정크 DNA와 후성유전학 사이에 일어난 이 상호작용의 결과로 환자는 평생 동안 학습 장애와 사회성 결핍을 안고 살아가게 된다.

10장 부모들은 왜 정크를 좋아할까

유대-기독교 가정에서 태어난 아이들이 맨 먼저 배우는 성경 이야기 중 하나는 「창세기」에 나오는 창조 이야기이다. 이 이야기에 따르면, 하느님은 땅과 하늘과 거기에 존재하는 모든 것을 창조하고, 마지막으로 아담과 하와를 만든다. 그 다음에 지구를 사람들로 채워나가는 일은 최초의 이 두 사람과 그 후손에게 맡기고, 『신약성경』 첫머리에 나오는 기독교 전통에서 명백히 예외적인 사건 외에는 하느님은 더 이상 인류의 번식에 개입하지 않는다.

아담과 하와 이야기가 지닌 강한 매력은 단순한 생물학 지식을 우리에게 당연한 것으로 받아들이게 한다. 그 단순한 지식이란, 아이를 만들려면 남성과 여성이 필요하다는 것이다. 같은 남성이나 같은 여성끼리 또는 여성 혼자서 아이를 만드는 것은 생물학적으로 불가능하다.

생물학적으로 확실한 이 사실은 너무나도 당연한 것이어서 우리는 사실상 의문을 품을 생각조차 하지 않는다. 하지만 우리는 의문을 품어야 하는데, 너무나도 상식적으로 보이는 가정 속에 아주 기묘한 생물학이 숨어 있는 경우가 가끔 있기 때문이다. 의문을 품어야 할 이유가 하나 더 있는데, 사람은 새끼를 낳는 모든 포유류와 마찬가지로 동물계에서 유일하게 처녀 생식을 하지 않는 강綱에 속하기 때문이다. 포유류가 새로운 개체를 만들려면, 난자가 정자를 통해 수정되어야 한다. 나머지 모든 강에서는 짝짓기를 하지 않고도 암컷이 새끼를 낳는 예들이 있다. 이것은 곤충 같은 하등동물 강에서만 일어나는 게 아니다. 어류와 양서류, 파충류의 특정 종들, 그리고 심지어 일부 조류도 처녀 생식을 한다. 하지만 포유류는 처녀 생식을 할 수 없는데, 이것은 이러한 제약이 비교적 최근에, 즉 3억 년도 더 전에 포유류가 파충류와 갈라선 뒤에 일어났음을 시사한다.

포유류에게 처녀 생식 능력이 없는 이유는 기본적인 생물학 문제보다는 전달 문제에 있을 것이라고 추측할 수 있다. 아마도 포유류의 난자 2개는 융합을 할 수 없어 나머지 모든 세포를 만드는 접합자를 만들지 못할 것이다. 그 결과로 포유류의 생식에는 수컷 제공자가 필요한데, 오직 정자만이 난자 속으로 뚫고 들어가 자신의 DNA를 전달할 수 있기 때문이다. 포유류의 난자들이 정상적으로는 융합하지 않는다는 것은 분명히 사실이지만, 이것은 완전한 설명이 아니다. 완전한 설명은 이것보다 훨씬 흥미로운데, 1980년대 중엽에 생쥐를 모형계로 사용한 일련의 우아한 실험을 통해 입증되었다.

연구자들은 수정이 일어난 생쥐의 난자를 추출해 그 핵을 제거했다. 그리고 난자나 정자에서 꺼낸 핵을 사용해 그 난자를 재구성한 뒤, 그것을 암컷 생쥐의 자궁에 착상시켰다. [그림 10-1]이 그 결과를 보여준다.

난자에서 꺼낸 핵과 정자에서 꺼낸 핵을 모두 사용해 난자를 재구성했을 때에만 살아 있는 생쥐가 태어났다. 두 정자의 핵, 또는 두 난자의 핵만으로 구성한 경우에는 잠깐 동안 배아가 발달했지만, 더 이상 발달하지 않았다. 유전자 측면에서 바라볼 때 이것은 아주 이상한 일이었다. 세 가지 실험계 모두에서 재구성된 난자에는 DNA가 정확하게 필요한 양만큼 들어 있었다. DNA 서열이라는 측면에서 볼 때, 정자에서 온 DNA와 난자에서 온 DNA 사이에는 실질적인 차이가 전혀 없었다. 난자와 정자가 각각 X 염색체를 하나씩 제공하도록 실험을 설계했기 때문에 더더욱 그랬다. 이것은 기묘한 역설을 낳았다. DNA 서열은 세 가지 실험 상황 모두에서 정확하게 똑같았다. 그러나 수컷과 암컷이 각각 DNA 서열을 제공했을 때에만 살아 있는 새끼가 발달했다.[1]

사람에게 나타나는 포도송이 기태라는 상태는 난자와 정자가 모두 필요하다는 이 조건이 단지 생쥐에게만 국한된 것이 아니라는 확신을 심어준다. 가끔 여성에게 체중이 늘고 심한 입덧을 자주 하는 등 임신 증상이 나타나는 일이 있다. 하지만 촬영을 해보면 크게 확대된 비정상 태반에 액체로 채워진 덩어리들만 가득 있고 배아는 전혀 보이지 않는다. 이것이 바로 포도송이 기태로, 1200번의 임신 중 한 번꼴로 일어난다. 다만 일부 아시아인 집단에서는 200번에 한 번꼴로 일어난다. 이 구조는 수정 후 4~5개월 무렵에 자연 유산되지만, 산전 건강관리 시설이 잘 갖추어진 사회에서는 잠재적 위험성이 있는 종양의 발달을 방지하기 위해 그보다 일찍 그것을 제거하려고 한다.

비정상 태반의 유전자 분석에서 아주 유용한 정보가 나왔다. 대부

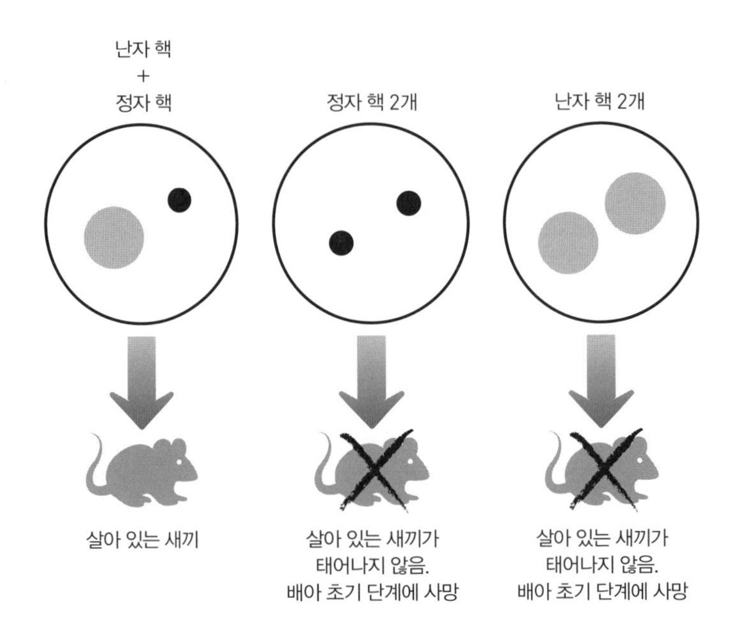

[그림 10-1] 사전에 그 핵을 제거한 난자 속에 난자 핵과 정자 핵을 집어넣으면, 살아 있는 생쥐가 태어난다. 난자 핵 2개나 정자 핵 2개를 사용할 경우, 그 결과로 생겨난 배아는 제대로 발달하지 못한다. 이 세 가지 시나리오는 모두 정확하게 똑같은 양의 유전 정보를 포함하고 있다.

분의 경우에는 어떤 이유로 핵이 없는 난자에 정자가 뚫고 들어갈 때 포도송이 기태가 생긴다는 사실이 드러났다. 그러면 정상적인 인간 염색체 46개를 만들기 위해 정자의 염색체 23개가 복제된다. 전체 발생 사례 중 약 5분의 1은 정자 2개가 핵이 없는 난자에 동시에 뚫고 들어가 이번에도 정확한 수의 염색체를 만들 때 일어난다. 생쥐 실험과 마찬가지로 포도송이 기태는 정확한 수의 염색체를 포함하고 있지만, 그것들은 부모 중 한쪽에서만 온 것인데, 이것은 발달 경로에 심각한 장애를 일으킨다.

임상적 상황과 생쥐 실험은 아주 기본적인 사실을 입증했다. 이것들은 배우자(난자와 정자)가 유전 암호 외에 다른 정보에도 기여한다는 것을 보여주었다. 이 발견은 단순히 DNA의 양이나 서열만으로는 설명할 수 없다. 현상 차원에서 이것은 후성유전학의 작용을 보여주는 사례이다. 이제 우리는 분자 차원에서 이 현상이 후성유전 시스템과 정크 DNA의 상호작용이 원인이 되어 일어난다는 사실을 알고 있다.

자신이 부모 중 어느 쪽에서 왔는지 기억하는 DNA

과학자들은 DNA의 특정 지역들에 "나는 어머니에게서 왔어요." 또는 "나는 아버지에게서 왔어요."를 알려주는 후성유전적 변형이 있다는 사실을 발견했다. 이것을 '기원 부모 효과parent-of-origin effect'라 부른다. 유전체의 이 지역들에 있는 특정 유전자(혹은 유전자들)는, 하나는 어머니에게서 다른 하나는 아버지에게서 물려받아야만 정상적인 발달이 일어날 수 있다.

후성유전적 변형은 그저 유전자의 어느 한쪽을 어느 부모에게서 물려받았는지 나타내는 파란색이나 핑크색 유전적 장식 조각에 불과한 것처럼 행동하지 않는다. 후성유전적 변형은 각각 짝을 이룬 쌍에서 한쪽은 스위치가 켜지고(예를 들면, 아버지에게서 물려받은 쪽), 다른 부모(이 경우에는 어머니)에게서 물려받은 쪽은 스위치가 꺼지게 함으로써 특정 유전자의 발현을 제어한다. 이 시스템을 '각인imprinting'이라고 부르는데, 자신의 기원에 관한 정보가 유전자에 각인되었기 때문이다.

정상적 상황에서는 단백질 암호화 유전자의 두 복제본이 세포에서 다 발현된다는 사실은 세포에게는 일종의 보험과 같다. 둘 중 하나가 돌연변이가 생기거나 비정상적 후성유전적 변형을 통해 부당하게 발현이 억제된다고 하더라도, 세포는 의지할 수 있는 복제본이 하나 더 있다. 하지만 만약 세포가 각인을 통해 둘 중 하나의 스위치를 끈다면, 나머지 한 복제본은 임의적으로 발현이 억제될 위험에 더 취약해진다. 일부 유전자에 대해 세포가 이런 위험을 기꺼이 감수하려고 한다는 사실은 이렇게 불리한 조건을 능가하는 실질적인 이점을 각인이 지니고 있음을 말해준다.

이 시스템이 포유류에서만 나타나는 것은 결코 우연이 아니다. 암컷 포유류는 새끼의 발달에 아주 많은 투자를 한다. 암컷은 새끼를 자신의 몸속에 넣고 다니면서 태반을 통해 영양을 함께 나눈다. 암컷이 새끼에게 투자를 하는 사례는 다른 강들에서도 많이 볼 수 있다. 알을 부화하는 조류나 정교한 둥지를 만들고 그 온도를 세심하게 조절하는 악어를 생각해보라. 하지만 암컷이 발달하는 배아에게 이토록 극적인 방법으로 영양을 공급하는 사례는 다른 강들에서는 볼 수 없다.

하지만 합당한 진화적 이유 때문에 어미의 헌신 수준에는 한계가 있다. 자신의 유전자를 성공적으로 전달하는 측면에서 생각한다면,

암컷 포유류는 골문에 슛을 한 번만 쏘는 게 아니라 여러 번 쏘는 쪽을 선호할 것이다. 암컷에게는 지금 임신한 새끼의 아비보다 더 적합한(진화의 관점에서) 잠재적 배우자가 존재할 수 있다. 따라서 한 번 임신할 때마다 많은 것을 투자하긴 하지만, 암컷 입장에서는 새끼를 한 번 이상 낳는 것이 유리하다. 발달하는 배아나 배아들이 살아남아서 번식할 확률을 높이기 위해 암컷이 새끼에게 충분한 영양을 공급하는 것이 암컷에게도 분명히 유리하다. 하지만 새끼에게 영양을 아주 많이 투자하는 바람에 암컷이 너무 많은 것을 잃어 자신이 살아남지 못하거나 그 후 불임이 된다면, 그것은 결코 현명한 선택이 아니다.

하지만 수컷은 사정이 다르다. 자신의 새끼가 암컷에게서 너무 많은 영양을 빼앗아 암컷이 그 후에 다시 임신을 못 하더라도 수컷에게는 큰 문제가 되지 않는다. 진화의 관점에서 수컷이 원하는 것은 자신의 후손이 가능하면 영양을 잘 공급받고 튼튼하게 자라 성적으로 성숙한 상태에 이르러 자신의 유전자를 그 다음 대에 물려주는 것이다. 그래서 수컷은 다른 암컷과도 짝짓기를 할 가능성이 높으며, 평생 동안 일부일처제를 유지하는 포유류는 비교적 드물다.

암컷 포유류는 자궁 속의 배아에게 공급할 영양 비율을 마음대로 결정할 수 없다. 언제든지 둥지를 떠날 수 있는 조류와는 사정이 다르다. 그래서 진화는 영양을 둘러싼 군비 경쟁에서 후성유전적 교착 상태에 이르게 되었다. 각인은 암컷과 수컷의 유전체 기여분에 대해 상충되는 요구들의 균형을 맞추기 위해 진화했다. 적은 수의 유전자에서는 아버지로부터 물려받은 DNA의 후성유전적 변형이 배아의 성장을 촉진하는 유전자 발현 패턴을 나타낸다. 같은 유전자들에서 어머니로부터 물려받은 DNA의 다른 후성유전적 변형은 반대 효과를 나타낸다.

발달 동안에 관련 부계 유전자들은 크고 효율적인 태반의 발현을 촉진하는데, 태반은 배아에게 영양을 공급하는 기관이기 때문이다. 유전 물질이 전부 다 아버지에게서 온 포도송이 기태 사례에서 비정상적이고 아주 큰 태반이 생기는 이유는 이 때문이다.

스위치를 켬으로써 스위치를 끄다

각인 단백질 암호화 유전자의 수는 아주 적은데, 생쥐의 경우에는 140개쯤 된다.[2] 이 유전자들은 2~12개의 무리를 지어 나타나며, 이 무리들 중 많은 것은 인간 유전체에 있는 것들과 아주 비슷하다.[3] 자궁 속에서 새끼에게 영양을 공급하는 기간이 다소 짧은 유대류의 각인 유전자 수가 훨씬 적은 것은 아마도 놀라운 일이 아닐 것이다.[4]

각각의 각인 단백질 암호화 유전자 무리에서 가장 중요한 요소는 단백질 암호화 유전자의 발현을 조절하는 정크 DNA 지역이다. 이 중요한 요소를 '각인 조절 요소imprinting control element', 또는 줄여서 'ICE'라 부른다. 이것은 12개의 전구로 방을 밝히는 것과 다소 비슷하다. 방 안의 조명 수준을 조절하고 싶으면, 각각 밝기가 다른 전구들을 사용하거나 각각 별도의 스위치가 붙어 있는 전구들을 사용하면 된다. 하지만 이렇게 하면 전체 조명 수준을 조절하는 데 많은 노력이 필요하다. 그보다는 12개의 전구를 하나의 회로로 묶은 후 온/오프 스위치를 사용하거나 약간의 유연성을 더 원한다면 디머 스위치dimmer switch(불빛의 밝기를 조절하는 스위치)를 사용해 동시에 모든 전구의 밝기를 조절하는 편이 낫다.

ICE는 중앙 디머 스위치 역할을 하지만, 전구 비유와 비교할 때 약간 복잡한 문제가 있다. ICE가 중요한 이유는 한 긴 비암호화 RNA의 발현을 이끄는 일을 맡고 있기 때문이다. 이 긴 비암호화 RNA는 주변 무리에 있는 유전자들의 발현 스위치를 끌 수 있다. 따라서 본질적으로 각인은 두 종류의 정크 DNA에 크게 의존한다. 하나는 유전체의 ICE 지역들이고, 또 하나는 그 ICE들이 조절하는 긴 비암호화 RNA들이다. 만약 특정 무리에서 긴 비암호화 RNA의 스위치가 켜지면, 그것은 그 무리에 있는 단백질 암호화 유전자들의 발현 스위치를 끈다. 반면에 만약 ICE가 촉진하는 긴 비암호화 RNA가 억제된다면, 그 무리에 있는 단백질 암호화 유전자들이 활성화될 수 있다.

각인은 정크 DNA, 그리고 정크 DNA와 후성유전 시스템 사이의 교차 대화에 크게 의존해 일어난다. ICE는 후성유전적으로 변형될 수 있다. 긴 비암호화 RNA의 발현 여부는 그 ICE의 DNA가 메틸화되느냐 되지 않느냐에 달려 있다. 만약 ICE DNA가 메틸화된다면, 이것은 긴 비암호화 RNA의 발현을 방해한다. 만약 ICE가 메틸화를 피한다면, 긴 비암호화 RNA가 발현된다. 본질적으로 여기에는 상반관계가 성립한다. 만약 긴 비암호화 RNA가 발현되면, 같은 염색체의 그 무리에 있는 유전자들의 스위치가 꺼진다. 만약 긴 비암호화 RNA가 발현되지 않으면, 같은 염색체의 그 무리에 있는 유전자들의 스위치가 켜진다. 각인 지역들에 있는 긴 비암호화 RNA들은 가끔 엄청나게 긴데, 가장 긴 것은 그 길이가 염기 100만 개에 이른다.[5]

불행하게도 우리는 긴 비암호화 RNA가 부근에 있는 유전자 무리의 발현을 억제하는 데 사용하는 정확한 메커니즘을 개략적으로만 안다. 후성유전 시스템이 관여하는 것은 분명해 보이는데, 그 결과로 후성유전적 억제 변형들이 단백질 암호화 유전자들에 쌓이게 된다. 만약 발달하는 배아에서 9장에서 나왔던 주요 억제 인자 같은 핵심 후성유전적 유전자의 스위치가 꺼지면, 정상적으로는 스위치가 꺼져야 하는 각인 유전자들 중 일부가 발현된다.[6] 이것은 주요 억제 인자에만 국한된 이야기가 아닌데, 억제 히스톤 변형을 수립하는 다른 후성유전적 유전자의 스위치가 꺼져도 비슷한 효과가 나타나기 때문이다.[7,8] 이것은 긴 비암호화 RNA의 지시를 수행하는 후성유전 시스템의 중요성을 보여준다. 이런 일이 일어나는 것은 긴 비암호화 RNA가 이 효소들을 각인 무리로 끌어들이고, 그럼으로써 히스톤 변형을 단백질 암호화 유전자로 안내하기 때문일 가능성이 높다.

후성유전적 변형은 ICE 자체에도 존재한다. 충분히 예상할 수 있듯이, 만약 ICE의 DNA가 메틸화된다면, 이때 생기는 히스톤 변형은 유전자의 스위치를 끄는 것과 연관이 있다. 만약 ICE의 DNA가 메틸화되지 않는다면, 이때 생기는 히스톤 변형은 유전자의 스위치를 켜는 것과 연관이 있다. ICE에서 일어나는 후성유전적 변형 패턴은 DNA와 히스톤 단백질 전체에 걸쳐 완전히 일관된 모습을 보인다.[9]

각인 과정에서 중요한 결정 요인은 ICE를 형성하는 정크 DNA의 메틸화 여부이다. 4장에서 나왔던 것과 같은 부근의 기생적 요소들을 침묵시키는 현상이 이웃 지역들로 퍼져나가면서 ICE의 메틸화가 진화했다고 주장하는 사람들도 있다. 이것은 적합도에 유리하게 작용했을 가능성이 있으며, 그 때문에 이어지는 세대들에서 선택되었을 것이다.[10] 오리너구리와 가시두더지처럼 알을 낳는 단공류는 가장 원시적인 포유류인데, 단공류에서는 특이하게도 고등 포유류에서 ICE가 발견되는 지역들 근처에서 기생적 요소를 거의 찾아볼 수 없다.[11]

각인 리셋하기

메틸화 패턴이 모계에서 유래한 유전체와 부계에서 유래한 유전체 사이의 DNA 서열 차이에 의존하지 않는다면, 현생 포유류의 ICE에서 메틸화 패턴이 어떻게 수립되고 전달될까? 그것은 어떻게 올바르게 설정될까? 여성이 아버지에게서 물려받는 각인 지역에는 그 지역을 아버지에게서 물려받았다는 것을 나타내기 위해 메틸화되거나 메틸화되지 않은 ICE가 있다. 하지만 여성이 동일한 각인 지역을 자식에게 물려줄 때에는 이 부계 각인 지역을 제거하고 대신에 그것이 어머니에게서 왔다는 것을 나타내는 것으로 교체해야 한다.

이것은 내부 모순으로 가득 차 있는 것처럼 보이지만, 뮤지컬 세계로 다시 돌아가보면 이해하기가 한결 쉽다. 이번에는 오스카 해머스타인의 작품이 아니라, 버트 배커랙Burt Bacharach(미국의 피아니스트 겸 작곡가)과 오랫동안 함께 일한 작사가 할 다비드Hal David의 작품을 살펴보자. 두 사람은 1973년에 실패작으로 끝난 뮤지컬 영화 〈잃어버린 지평선Lost Horizon〉에 나오는 노래들을 만들었다. 그중에서 유명해진 한 노래는 우리에게 아주 유용한 개념을 담고 있는데, "세상은 시작이 없는 원이고, 그것이 실제로 어디서 끝나는지는 아무도 모른다네."라고 노래한다. 발달 과정은 직선 대신에 끝이 없는 원들로 생각하면 시각화하기가 훨씬 쉽다. [그림 10-2]는 각인된 ICE의 생성에서 '메틸화-탈메틸화-메틸화'가 반복되는 사이클을 잘 보여준다. 이것은 난자가 어떻게 어머니의 ICE 메틸화 패턴을 항상 전달하는지 보여준다. 정자도 이와 비슷한 과정을 통해 항상 그것에 대응하는 아버지의 패턴을 전달한다.

물론 이 도식이 불러일으키는 한 가지 질문은 발달하는 난자와 정

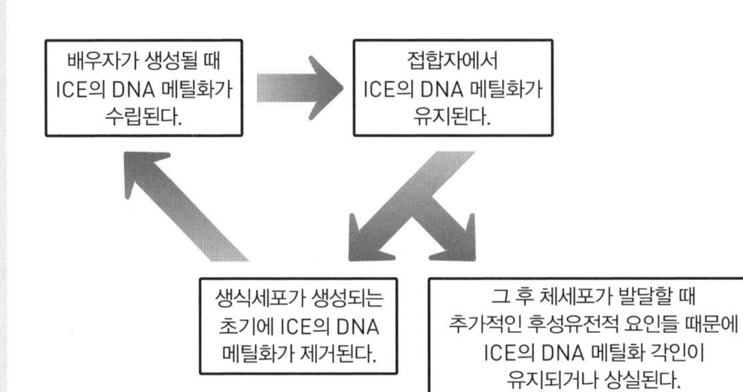

[그림 10-2] 메틸화와 탈메틸화 사이클은 기원 부모를 정확하게 나타내는 변형이 있는 염색체를 자식에게 전달하도록 보장한다.

자가 ICE 지역들을 어떻게 확인하며, 어떤 것을 메틸화시키고 어떤 것을 탈메틸화시켜야 할지 어떻게 '아느냐' 하는 것이다. 이 분야의 연구가 아주 활발하게 진행되고 있는데, 그 답은 각각의 ICE에 따라 그리고 남성과 여성의 생식세포에 따라 서로 다를 가능성이 있다. 솔직히 말하면, 일부 문제는 아직도 수수께끼에 싸여 있지만, 분명하게 밝혀진 특징들도 있다. 모계 생식세포 계열, 즉 난자를 만드는 세포들에서는 이 과정이, 탈메틸화되어 있는 CpG 모티프에 DNA 메틸화를 첨가할 수 있는 효소들에 크게 의존한다는 사실이 밝혀졌다.[*,12] 그 다음에는 기존의 메틸화 패턴을 유지하는 일을 하는 효소를 통해 그 패턴이 활발하게 유지된다.[**,13] 정확한 메틸화 패턴을 수립하는 과정에 다른 단백질도 관여할 가능성이 있는데, 그중 일부는 발달하는 생식세포에서 선택적으로 발현될 가능성이 있다.

생식세포 속의 효소들은 유전체의 그 모든 DNA 사이에서 ICE 지역들을 어떻게 인식할까? 이것은 우리의 지식에서 또 하나의 공백으로 남아 있는데, 다만 이 특별한 정크 DNA 지역들에서 특정 반복 서열들이 어떤 역할을 할 수도 있다는 주장이 제기되었다.[14] 이것들은 종들 사이의 서열 수준에서 보면 잘 보존되지 않는 편이지만, 3차원 구조를 보면 더 비슷해 보일 수 있다. 세포는 이들을 서열 대신에 모양을 통해 인식하는 방법이 있을지도 모른다.[15] 이것은 8장에서 긴 비암호화 RNA에 대해 밝혀진 사실과 비슷하다.

각인에 대해 아직 모르는 것이 많지만, 우리는 자식을 만드는 데 남

* 핵심 단백질은 새로운 DNA 메틸기 전달 효소인 DNMT3A와 DNMT3L이다.
** 이 단백질은 DNMT1인데, 유지 DNA 메틸기 전달 효소로 알려져 있다.

성과 여성의 기여가 모두 필요한 이유는 바로 각인 때문이라고 확신한다. 2007년에 연구자들은 유전자 변형 생쥐를 사용한 복잡한 번식 실험에서 난자 핵 2개를 한 수정란에 집어넣음으로써 생존 가능한 생쥐를 만드는 것이 가능함을 보여주었다. 이것이 성공할 수 있었던 이유는 생쥐 유전체의 두 지역에서 각인 패턴을 인공적으로 변형시켰기 때문이다. 한 난자 핵에는 모계 패턴이 아니라 정상적인 부계 패턴처럼 보이는 메틸화 패턴을 만들었다. 그러자 발달 경로들이 속아 넘어가 그 유전 물질이 암컷이 아니라 수컷에게서 왔다고 믿게 되었다. 이것은 이 두 각인 지역이 발달을 조절하는 데 특별히 중요한 역할을 한다는 것을 보여주었다. 이것은 또한 두 어머니의 유전자를 사용한 생식을 유일하게 가로막는 실질적 장애물은 핵심 유전자들의 DNA 메틸화 패턴임을 보여주었다. 그리고 이로써 발달을 제대로 시작하도록 하는 데 필요한 특정 단백질이나 RNA 분자처럼 필수적인 특정 보조인자들이 정자 자체에 들어 있다는 기존의 가설은 부정되었다.[16]

[그림 10-2]를 다시 보면, 발달 동안에 각인 패턴이 변할 수 있다는 것을 알 수 있다. 각인된 유전자 발현 조절은 발달이 일어나는 동안에 특히 중요한 것처럼 보인다. 예를 들어 생쥐의 경우, 140여 개의 각인 유전자 대부분이 오직 태반에서만 각인된다. 어른 조직에서는 그 유전자들의 복제본이 둘 다 발현될 수도 있고, 하나도 발현되지 않을 수도 있다. 이것은 각인이 진화한 주요 이유가 발달 초기의 성장 조절일지 모른다는 주장을 뒷받침한다. 여기에는 지리적 이유가 있을지도 모른다. 각인 무리들 중 ICE에 가장 가까운 유전자들은 모든 조직에서 각인된 상태로 남아 있는 반면, ICE에서 멀리 떨어진 유전자들은 태반에서만 각인되는지 모른다. 뇌에서 특정 종류의 세포들은 특히 각인을 유지하는 경향이 강한 것으로 보이는데, 대부분의

경우에 이것이 진화적으로 선호되는 이유에 대해서는 분명하게 합의된 의견이 아직까지 나오지 않았다. ICE에서 만들어진 긴 비암호화 RNA는 DNA 메틸화를 가장 가까운 유전자들로, 히스톤 변형을 그 무리 중에서 더 먼 유전자들로 끌어들여 들러붙게 한다는 주장도 나왔다.[17] 히스톤 변형은 DNA 메틸화보다 변형되기가 더 쉬우므로, 이것은 조직이 성숙하면서 더 멀리 있는 유전자들을 각인에서 풀어주는 메커니즘이 될 수 있다.

따라서 각인은 분명히 일어나며, 우리는 그런 과정이 일어나는 메커니즘 중 적어도 일부에 대해 통찰을 얻었다. 어머니와 태아(따라서 간접적으로는 아버지)의 상충하는 진화적 추동의 균형을 맞추기 위해 각인이 진화했다는 이론을 고려한다면, 각인을 통해 조절되는 단백질 암호화 유전자들 중 상당수가 대사와 함께 태아의 성장과 유아의 젖 빨기에 관여하는 유전자들이라는 사실은 놀라운 일이 아니다.[18] 각인이 잘못되었을 때 가장 흔히 나타나는 증상이 성장 장애라는 사실 또한 놀라운 일이 아니다.

각인이 잘못되었을 때

각인 장애에 대한 연구가 실질적으로 시작된 것은 유전 질환과 연관이 있는 유전자를 확인하는 것이 처음으로 가능해진 1980년대부터였다. 그 기술은 특정 질환에 걸린 개인이 두 명 이상 있는 가족들을 찾아내고, 그 가족들을 분석하여 염색체에서 그 질환의 원인이 되는 지역을 찾아내는 과정을 포함한다. 지금은 정상적인 인간 유전체 서열이 알려져 있고, 아주 값싼 서열 분석 기술을 사용할 수 있기 때문에, 이 일을 아주 쉽게 할 수 있다. 하지만 1980년대에는 어떤 질환의 원인이 되는 돌연변이를 찾아내는 작업은 아는 정보라고는 그것이 미국의 어느 집에 있다는 것밖에 없는 상태에서 고장난 전구를 찾아야 하는 상황과 비슷했다. 어떤 질환의 원인이 되는 돌연변이를 확인하려면 대규모 연구팀이 달려들어 다년간 연구를 수행해야 했다.

많은 연구팀이 '프래더-윌리 증후군Prader-Willi syndrome'의 원인을 찾는 일에 뛰어들었다. 프래더-윌리 증후군이 있는 아기는 출산 체중이 작고 빨기 반응이 약하다. 젖을 떼고 나서도 근육 긴장도가 제대로 발달하지 않아 아기는 축 늘어진 상태를 보인다. 나이가 들수록 식욕을 억제하지 못해 조기에 과다 비만 상태가 된다. 이 아이들은 가벼운 정신 장애 증상도 나타난다.[19]

한편, 완전히 다른 연구자 집단이 아주 다른 증상들이 나타나는 질환을 연구하고 있었다. 그 질환의 이름은 '안젤만 증후군Angelman syndrome'이었다. 이 질환을 앓는 어린이는 머리가 작고 충분히 발달하지 않으며, 심한 학습 장애가 나타나고, 고형식으로 옮겨가는 시기가 매우 늦다. 아무 이유 없이 웃음을 터뜨리기도 하는데, 다행히도 이 환자들을 아주 냉담하게 '행복한 꼭두각시'라고 부르던 이전의 명칭은 더 이상 사용되지 않는다.[20]

대륙 횡단 철도를 건설하는 장면을 상상해보라. 동쪽에서는 인부들이 철도를 서쪽으로 건설해나가고, 서쪽에서는 인부들이 철도를 동쪽으로 건설해나간다. 처음에 인부들은 서로 완전히 다른 지역에 있지만, 시간이 지나면서 점점 서로 가까이 다가가게 되고, 마침내 어느 지점에서 서로 만나(모든 것이 잘 진행되었다고 가정한다면), 마지막 대못을 박고 나서 서로 악수를 나누며 축하의 술을 마신다. 프래더-윌리 증후군과 안젤만 증후군을 연구하던 사람들에게 바로 이와 같은 일이 일어났다. 물론 철도 비유와 다른 점도 있는데, 이들 과학자는 자신들이 서로 만나리라고는 전혀 예상하지 못했다. 그들은 각자 서로 완전히 다른 도시로 향하는 철도를 독립적으로 건설하고 있었는데, 최종 지점에 이르고 보니 같은 곳에 와 있었다.

프래더-윌리 증후군과 안젤만 증후군의 원인이 되는 염색체 지역 지도 작성 작업이 진척됨에 따라 두 질환의 원인이 유전체에서 같은 지역에 있음이 분명해졌다. 처음에는 누구나 두 질환의 원인은 서로 다른 유전자에 있다고 가정했다. 다만, 거리에서 서로 붙어 있는 두 가게처럼 그 유전자들이 서로 아주 가까이 붙어 있을 뿐이라고 보았다. 하지만 마침내 두 질환이 정확하게 동일한 지역에 생긴 결함 때문에 일어난다는 사실이 분명해졌다.

두 질환의 유전적 원인은 동일했는데, 15번 염색체의 작은 지역이 상실된 것이 그 원인이었다. 환자들의 부모에게서는 그런 질환의 증상이 전혀 나타나지 않았고, 그들의 염색체를 분석한 결과에서도 이들 지역은 아무 손상이 없었다. 15번 염색체의 핵심 지역 상실은 난자나 정자가 생성될 때 일어났다.*

한 염색체의 작은 부분이 결손된 것이 서로 아주 다른 두 질환의 원인이 될 수 있다는 이야기는 정말로 기이하게 들린다. 하지만 이 수수께끼는, 중요한 사실은 15번 염색체의 이 작은 지역이 없다는 것뿐만이 아님을 밝혀내면서 풀리기 시작했다. 또 한 가지 중요한 사실은 왜 그것이 사라졌느냐 하는 것이었다. 프래더-윌리 증후군에 걸린 어린이 중 70%는 돌연변이가 일어난 정자 세포로부터 비정상 15번 염색

* 이것을 새로운 돌연변이de novo mutation라 부른다.

체를 물려받았다. 안젤만 증후군에 걸린 어린이 중 70%는 돌연변이가 일어난 난자 세포로부터 비정상 15번 염색체를 물려받았다. 얼마 후 과학자들은 프래더-윌리 증후군 환자 중 25%가 완전히 정상인 염색체 2개를 갖고 있다는 사실을 발견했다. 그 염색체에는 결손 부분이 전혀 없었다. 이 환자들의 문제는 15번 염색체를 양쪽 부모로부터 각각 하나씩 물려받은 게 아니라, 둘 다 어머니로부터 물려받았다는 데 있었다.* 안젤만 증후군 환자들 중에서는 그보다 더 작은 비율의 환자들이 완벽한 15번 염색체 2개를 갖고 있었지만, 둘 다 아버지로부터 물려받은 것이었다.

이러한 유전 패턴은 [그림 10-3]이 보여주듯이 오직 각인의 맥락에서 바라볼 때에만 이치에 닿는다. 모든 비정상 세포들에는 어머니나 아버지 중 어느 한쪽에게서 물려받은 각인 조절 지역이 없다. 이것은 정상적으로는 기원 부모의 통제를 엄격하게 받아야 할 유전자들의 발현 수준을 비정상적으로 만들며, 이 때문에 성장 부진이나 과도 성장을 포함한 병적 증상이 나타난다.

연구자들은 각인 조절 지역에 통제를 받는 유전자들을 분석함으로써 이러한 질환을 초래하는 문제들을 찾아낼 수 있었다. 안젤만 증후군 환자 중 약 10%는 양쪽 부모로부터 적절한 DNA를 모두 물려받았다. 이들의 문제는 어머니로부터 물려받은 DNA에 돌연변이가 있었다. 그 돌연변이는 ICE에 생긴 게 아니라, ICE가 조절하는 유전자에 생긴 것이었다. 그 유전자는 단백질 암호화 유전자인데, 정상적으로는 모계 염색체에서만 발현된다. 부계 염색체의 유전자는 각인을 통

* 이것은 단친 이염색체성이라 부르는데, 이 경우는 모계 단친 이염색체성이다.

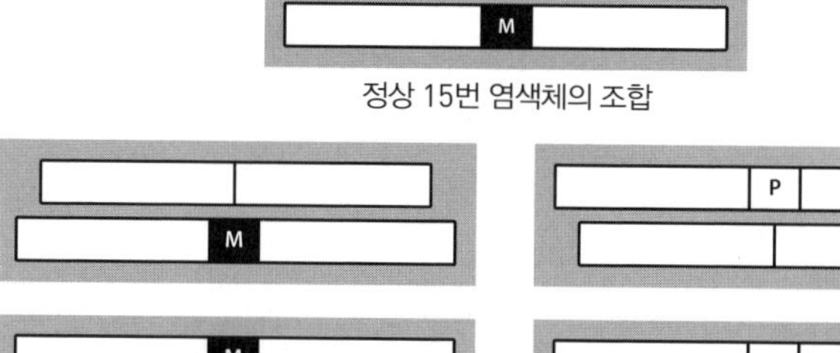

정상 15번 염색체의 조합

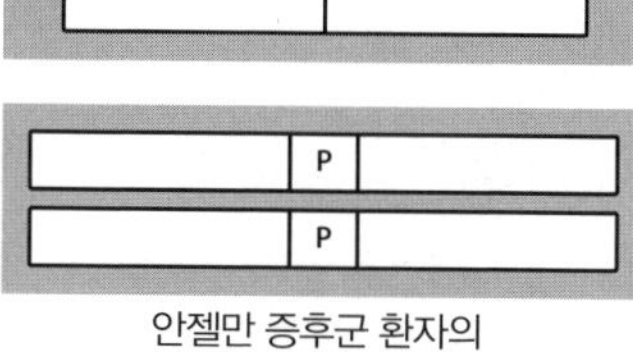

프래더-윌리 증후군 환자의
15번 염색체의 조합

안젤만 증후군 환자의
15번 염색체의 조합

M 모계 정보의 각인 지역

P 부계 정보의 각인 지역

[그림 10-3] 정상적으로는 우리는 15번 염색체를 하나는 어머니로부터, 하나는 아버지로부터 각각 물려받는다. 만약 둘 다 어머니로부터 물려받는다면, 그 아이에게는 프래더-윌리 증후군이 나타난다. 아버지로부터 물려받은 염색체에 부계의 후성유전적 변형 지문을 전달하는 각인 지역이 없을 때에도 같은 일이 일어난다. 본질적으로 부계 정보의 결여는 프래더-윌리 증후군을 낳는다. 안젤만 증후군은 15번 염색체의 동일한 지역에 생긴 결함 때문에 일어나지만, 이 경우에는 모계 정보의 결여가 그 원인이다.

해 발현이 억제된다. 만약 모계 유전자가 돌연변이 때문에 단백질을 만들지 못하면, 그 세포는 이 단백질을 전혀 만들지 못하게 되며, 그 결과로 병적 증상이 나타난다.*

프래더-윌리 증후군의 상황은 좀 더 특이하다. 소수의 환자들에게서 15번 염색체의 중요한 지역에서 딱 하나의 유전자만 없다는 사실이 확인되었다. 그것은 단백질을 암호화하는 유전자도 아니었다. 대신에 그것은 일단의 비암호화 RNA를 암호화하는데, 이 비암호화 RNA들은 모두 비슷한 기능을 한다.[21,22,23] 그 기능은 단백질을 암호화하지 않는 또 다른 집단의 RNA 분자들을 조절하는 것과 관련이 있다. 단백질을 암호화하지 않는 이 한 유전자의 결여가 프래더-윌리 증후군의 대다수 증상에 아주 중요한 역할을 하는 것으로 보인다.

여기에 내포된 의미를 생각해보자. 정크 DNA의 한 지역(ICE)이 한 긴 비암호화 RNA를 암호화하는 정크 DNA 조각의 발현을 조절한다. 이 긴 비암호화 RNA는 일단의 비암호화 RNA를 암호화하는 유전자의 발현 조절에 핵심 역할을 한다. 그리고 이들 비암호화 RNA의 역할은 단백질을 암호화하지 않는 다른 RNA들을 조절하는 것이다. 이런 측면에서 생각하면, 정크 DNA가 아무 기능도 하지 않는다고 말하기 어렵다.

사람의 질환 중에서 각인의 결함이 비정상적 성장과 학습 장애 같은 연관 문제까지 일으키는 질환은 프래더-윌리 증후군과 안젤만 증후군뿐만이 아니다. 상반 관계에 있는 또 하나의 질환 쌍은 성장

* 이 유전자는 UBE3A이다. UBE3A는 다른 단백질들에 유비퀴틴 ubiquitin 이라는 분자를 첨가하는데, 이것은 그 단백질들을 분해시키는 결과를 낳는다.

부진 증상이 나타나는 '실버–러셀 증후군Silver-Russell syndrome'[24]과 과다 성장이 특징적인 증상인 '벡위스–비데만 증후군Beckwith-Wiedemann syndrome'[25]이다. 이 두 질환은 일부 환자에게서 11번 염색체의 같은 지역에 생긴 기원 부모 문제 때문에 일어난다. 이곳은 특별히 복잡한 각인 장소로, 관련 유전자가 많으며 ICE도 2개 이상 있다.

다른 염색체에서도 비슷한 관계를 발견할 수 있다. 14번 염색체를 둘 다 어머니로부터 물려받은 아이는 출산 전과 출산 후에 성장에 제약이 있지만, 나중에 비만이 된다.[26] 하지만 14번 염색체를 둘 다 아버지로부터 물려받으면, 비정상적으로 큰 태반이 발달하고, 아이는 복벽의 결함을 포함한 여러 가지 문제를 안고 태어난다.[27,28]

이들 질환 중 대부분에서는 드물게 후성유전적 실수 때문에 그 질환이 발달하는 사례도 있다. 소수이긴 하지만, 정확한 부모로부터 정확한 DNA를 물려받았는데도 이 질환이 나타나는 사례가 있다. 그 DNA에는 돌연변이가 일어나지 않았지만, 그런데도 환자의 각인 상태에 문제가 생긴다. 이 희귀한 사례의 경우, 대개 접합자에서 그리고 발달 초기에 각인을 수립하고 유지하는 과정에서 오류가 일어난다. 그 결과로 한 ICE가 부적절하게 메틸화되거나 메틸화되지 않는 일이 일어나며, 스위치가 켜져야 할 때 꺼지고 꺼져야 할 때 켜진다. 이것은 정크 DNA와 후성유전 기구 사이의 교차 대화가 얼마나 중요한지를 또 한 번 보여주는 사례이다.

극적인 사건의 영향

1978년, 루이즈 브라운Louise Brown이라는 여자아이가 태어났다. 만약 여러분이 루이즈 브라운을 보았더라면, 완벽하게 정상적인 아기라고 생각했을 것이다. 그 부모가 딸을 세상에서 가장 경이로운 아기라고 생각한 것은 의심의 여지가 없다. 어떤 부모라도 그렇게 생각하지 않겠는가? 하지만 브라운 부부는 자신들의 생각이 객관적으로 옳다고 주장할 만한 이유가 있었다. 루이즈 브라운의 탄생 소식은 전 세계 언론의 일면을 장식했는데, 루이즈는 최초의 시험관 아기였기 때문이다.

어머니의 난자를 실험실의 시험관에서 아버지의 정자와 수정한 뒤에 다시 어머니의 자궁 속으로 집어넣었다. 이 절차를 사용한 이유는 어머니의 나팔관이 막혀서 자연적 방법으로는 임신을 할 수 없었기 때문이다. 루이즈 브라운이 인공 수정을 통해 성공적으로 탄생한 이 사건은 인간의 불임 치료에 새로운 시대를 열었다. 그 이후로 보조 생식 기술을 사용해 태어난 아기는 500만 명 이상이나 되는 것으로 추정된다.[29]

보조 생식 기술이 더 높은 수준의 각인 장애 질환, 특히 벡위스-비데만 증후군과 실버-러셀 증후군, 안젤만 증후군을 초래할 수 있다는 주장이 나왔다. 이런 우려가 제기된 이유는 각인이 수립되는 아주 중대한 시기에 배아가 실험실에서 배양되기 때문이다. 거기에 실제로 문제가 있는지 없는지 우리가 모른다는 사실은 이상해 보일 수 있다. 이미 분석할 어린이가 500만 명이나 있으니, 그 계산을 하는 것은 아주 간단한 일이 아닌가? 하지만 문제는 각인 장애가 자연적으로는 수천 명 심지어는 수만 명에 한 명꼴로 나타날 정도로 희귀하다는 데 있다. 그토록 희귀한 사건들을 분석할 때에는 통계 자료가 왜곡되기 쉽다.

상업적 운항에 들어간 단 두 종의 초음속 여객기 기종 중 하나인 콩코드를 기억하는가? 수십 년 동안 콩코드는 세계에서 가장 안전한 여객기였는데, 인명 손실을 초래한 사고가 한 번도 없었기 때문이다. 하지만 2000년에 파리 샤를 드골 공항에서 109명의 승객과 승무원이 사망하는 비극적 사고가 일어난 뒤, 콩코드는 통계적으로 세상에서 가장 안전하지 못한 여객기 중 하나가 되었다. 물론 이런 통계 결과가 나온 이유는 대부분의 여객기와 비교할 때 콩코드의 운항 횟수가 비교적 적었고, 승객 수도 적었기(그 내부가 놀랍도록 아기자기하게 꾸며진 여객기였다.) 때문이다. 그 결과 단 한 번의 사건이 전체 통계에 큰 영향을 미치게 되었다.

각인 장애도 마찬가지이다. 정상적으로 태어나는 아기에게 장애가 나타날 비율이 500만 명당 50명으로 예상되는데, 보조 생식 기술로 태어난 아기에서는 500만 명당 55명이라면, 이것을 어떻게 해석해야 할까? 의학적 개입이 각인 장애가 나타날 비율을 10% 증가시킨 것일까, 아니면 이 결과는 그저 통계적 잡음에 지나지 않는 것일까?* 불임 자체가 각인 문제를 약간 증가시킬 수 있으며, 그 문제가 보조 생식 기술로 드러난 것에 불과하다는 사실도 염두에 두어야 한다. 생식 능력이 낮은 사람들의 정자나 난자에 각인 결함이 있을 가능성도 있는데, 이것이 의학 기술 덕분에 아기를 갖게 되면서 명백하게 드러나는 것일 수도 있다. 과거라면 이들은 아기를 낳지 못했을 것이고, 우리는 각인 결함의 효과를 볼 수 없었을 것이다.[30] 이것은 생물학에서 우리가 본다고 생각하는 것이 보이지 않는 것 때문에 왜곡되는 일이 일어나면서 혼란을 부추기는 한 가지 상황이다.

* 여기서 소개한 수치는 요점을 강조하기 위해 자의적으로 선택한 것이다.

11장
중요한 임무를 띤 정크

생물학의 가장 경이롭고 강렬한 측면은 영광스러운 모순이라고 말해도 전혀 이상하지 않다. 생물학적 계들은 기회만 닿으면 어떤 과정을 빼앗아 다른 목적으로 바꾸어 완전히 새로운 용도로 사용하면서 아주 창조적인 방식으로 진화해왔다. 이것은 우리가 어떤 주제가 나타난다고 생각할 때마다 예외를 발견할 수 있다는 뜻이다. 그리고 때로는 어떤 것이 규범이고 어떤 것이 예외인지 밝히기가 아주 어려울 수 있다.

예컨대 정크 DNA와 단백질을 암호화하지 않는 RNA를 살펴보자. 지금까지 살펴본 모든 것을 바탕으로 생각하면, 다음과 같은 가설은 아주 타당해 보일 것이다.

정크 DNA가 단백질을 암호화하지 않는 RNA(정크 RNA)를 암호화할 때, 그 RNA의 기능은 일종의 비계 역할을 하면서 단백질의 활동을 유전체의 특정 지역으로 향하게 하는 것이다.

이 가설은 긴 비암호화 RNA의 역할과 분명히 일치한다. 긴 비암호화 RNA는 후성유전 단백질과 DNA 또는 히스톤 사이에서 벨크로처럼 행동한다. 단백질은 흔히 복합체를 이루어 작용하며, 그 복합체에서 적어도 한 구성원은 효소, 즉 화학 반응을 촉진하는 단백질인 경우가 많다. 화학 반응은 후성유전적 변형을 DNA나 히스톤 단백질에 첨가하거나 제거하는 반응일 수도 있고, 점점 성장하는 전령 RNA(mRNA) 분자에 염기를 하나 더 추가하는 반응일 수도 있다.

이 모든 상황에서 단백질은 분자 세계의 문장에서 동사에 해당하는 역할을 한다. 단백질은 '일을 하는' 분자 또는 행동 분자이다.

이 모형은 매력적으로 보이지만, 한 가지 단점이 있다. 그것은 역할들이 이것과 정반대로 역전된 상황이 있다는 것이다. 역전된 이 상황에서는 단백질은 비교적 침묵을 지키는 반면, 정크 RNA는 효소로 행동하면서 다른 분자에 화학적 변화를 일으킨다.

이 상황은 너무나도 특이하기 때문에, 딱 한 번만 일어나고 마는 예외적 사건이라고 생각하고 싶은 유혹이 든다. 하지만 만약 그렇다면, 이것은 정말로 아주 놀라운 예외인데, 효소 기능을 가진 정크 RNA가 어느 한 순간에 인간의 세포 속에 존재하는 전체 RNA 분자 중 약 80%를 차지하기 때문이다.[1] 사실, 우리는 효소 기능을 하는 이 특이한 RNA 분자들을 수십 년 전부터 알고 있었다. 그렇다면 우리가 우리의 유전체 풍경에 대해 단백질 중심적 시각을 계속 유지해왔다는 사실이 오히려 놀랍다.

이 기묘한 기능을 하는 RNA 분자들을 리보솜 RNA 분자, 혹은 줄여서 rRNA라 부른다. rRNA는 당연히 리보솜이라는 세포 내 구조에서 주로 발견된다. 리보솜은 세포핵 안에 있지 않고, 2장에서 처음 소개하고 [그림 2-3]에서 보여주었던 세포질에 있다. 리보솜은 mRNA 분자의 정보가 서로 연결된 일련의 아미노산들로 전환되어 단백질 분자를 만드는 곳이다. 1장과 2장의 뜨개질 패턴 비유를 다시 사용한다면, 리보솜은 뜨개질을 하면서 인쇄된 종이에 있는 정보를 해외에 파견된 병사들을 위한 양말과 장갑으로 바꾸는 여성들이다.[2]

만약 무게를 기준으로 한다면, 한 리보솜의 전체 구조에서 rRNA가 차지하는 비중은 약 60%이고, 단백질이 나머지 40%를 차지한다. rRNA 분자들은 크게 두 주요 집단으로 분류할 수 있다. 하나는 세 종류의 rRNA와 50여 종의 단백질을 포함한다. 다른 하나는 단 한 종류의 rRNA와 30여 종의 단백질을 포함한다. 리보솜은 가끔 거대 분자 복합체라고 부르는데, 이름 그대로 많은 성분들로 이루어진 아주 큰 복합체이기 때문이다. 리보솜은 대형 단백질 합성 로봇이라고 생각할 수도 있다.

단백질 암호화 유전자를 위한 mRNA 분자가 만들어지면, mRNA는 세포핵을 떠나 리보솜 로봇이 있는 세포 내 지역으로 이동한다. mRNA 분자가 리보솜에 도달하면, 리보솜은 mRNA에 담긴 유전 지시를 '판독'한다. 그 결과로 정확한 순서대로 연결된 아미노산들이 만들어진다. rRNA는 아미노산을 인접한 이웃 아미노산과 결합시키는 반응을 수행한다. 그 결과로 길고 안정한 단백질 분자가 만들어진다.

mRNA가 리보솜에 도달했을 때, 같은 메시지가 시작되는 부분에 또 다른 리보솜이 들러붙을 수 있다. 이것 역시 단백질 사슬을 만들어낸다. mRNA 분자 하나가 다수의 동일한 단백질 복제본 주형으로 사용될 수 있는 이유는 이 때문이다. [그림 11-1]이 이 과정을 보여준다.

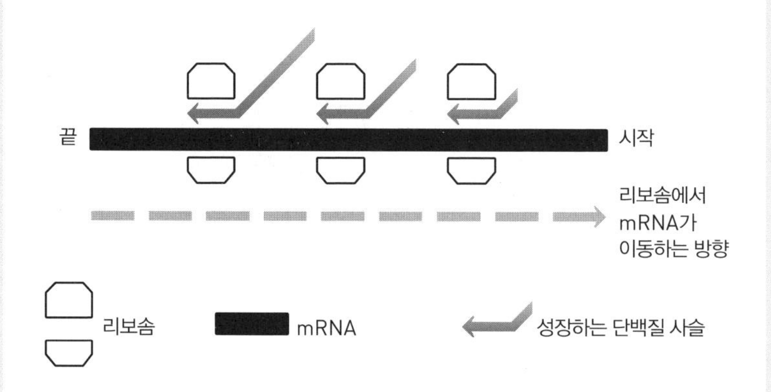

[그림 11-1] mRNA 분자가 왼쪽에서 오른쪽으로 한 리보솜을 지나간다. 그 리보솜은 단백질 사슬을 만든다. mRNA의 시작 부분이 그 지시를 처리하는 리보솜에서 나오면, 그것은 다시 다른 리보솜과 만날 수 있다. 그 결과로 여러 리보솜이 하나의 mRNA 분자와 작용하면서 각자 완전한 길이의 단백질을 만들 수 있다.

아미노산을 리보솜까지 운반하는 일은 운반 RNA transfer RNA, 줄여서 tRNA라고 부르는 또 다른 종류의 RNA가 담당한다. tRNA는 길이가 염기 75~95개에 불과할 정도로 아주 작은 비암호화 RNA이다.[3] 하지만 tRNA는 스스로 접히면서 흔히 클로버 잎이라 부르는 복잡한 3차원 구조를 만든다. tRNA의 한쪽 끝에 특정 아미노산이 들러붙는다. 그리고 고리 구조의 반대쪽 끝에는 염기 3개로 이루어진 서열이 있다. 이 염기 트리플렛은 mRNA에서 자신과 정확하게 딱 들어맞는 서열에 들러붙을 수 있다. 본질적으로 이것은 DNA의 염기 짝짓기 규칙과 동일한 규칙을 따르며 일어난다.

tRNA 분자는 mRNA(그리고 원래는 DNA)에 실린 핵산 서열과 최종 단백질 사이에서 어댑터 역할을 한다. 이것은 아미노산들이 정확한 순서로 정렬하여 적절한 단백질을 만들도록 보장한다. [그림 11-2]가 이 과정을 보여준다. 리보솜에서 두 아미노산이 나란히 붙어서면, rRNA가 한 아미노산의 끝부분을 다음 아미노산의 시작 부분과 연결시키는 화학 반응을 수행할 수 있고, 그럼으로써 단백질 사슬을 만든다.

mRNA의 트리플렛 중 일부는 tRNA에 그것과 딱 들어맞는 트리플렛이 없다. 이러한 트리플렛을 정지 신호라 부른다. 리보솜이 이런 정지 신호 중 하나를 판독하면, tRNA를 제자리에 끼워넣을 수 없고, 리보솜은 mRNA와 떨어져 단백질 성장이 중단된다. 이것은 7장에서 소개했던 레고의 지붕 브릭과 같다(119쪽 참고). 그러면 리보솜은 단백질로 번역할 수 있는 다른 mRNA 분자를 찾거나 심지어 처음에 시작한 부분으로 되돌아갈 수도 있다.

전체 절차는 네 종류의 rRNA와 80여 종의 관련 단백질로 이루어진 거대한 복합체에 의존해 일어난다. 이 절차는 아주 복잡하지만, 성장

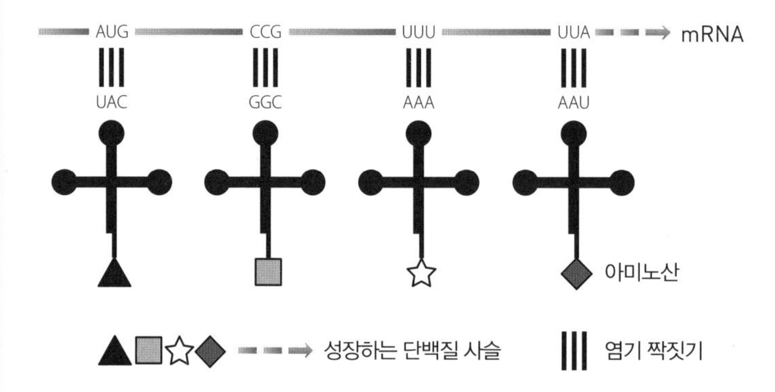

[그림 11-2] mRNA가 리보솜들을 지나갈 때, tRNA가 적절한 아미노산을 단백질 사슬의 정확한 위치로 운반한다. rRNA 기구는 인접한 아미노산들을 연결시켜 단백질 사슬을 만든다.

하는 단백질에 새로운 아미노산을 첨가하는 과정은 놀랍도록 빨리 일어난다. 사람 세포에서는 그 속도를 정확하게 측정하기 어렵지만, 세균의 경우에는 각각의 리보솜이 초당 약 200개의 속도로 아미노산을 첨가할 수 있다. 사람 세포에서는 이처럼 빨리 일어나지 않을 가능성이 높지만, 그래도 우리가 레고 탑을 만들면서 두 브릭을 연결시키는 속도보다 10배 정도는 빠를 것이다. 그리고 리보솜은 레고 브릭들처럼 임의로 연결되는 것이 아니라는 사실을 잊어서는 안 된다. 그것은 20가지 레고 브릭 중에서 단 두 가지만 선택할 수 있고(아미노산의 종류는 20종이 있으므로), 수십분의 1초 만에 정확한 순서대로 각각의 브릭을 다른 브릭 위에 연결시켜야 하는 상황과 비슷하다. 실로 아주 어려운 임무이다.

우리 세포는 매초 수백만 개의 단백질 분자를 만들어야 하기 때문에, 리보솜은 아주 효율적으로 일해야 한다. 이 수요를 맞추려면 리보솜도 아주 많이 필요한데, 세포 하나당 최대 1000만 대의 리보솜 로봇이 필요하다.[4] 리보솜을 충분히 만들기 위해 우리 세포에는 rRNA 유전자 복제본이 많이 축적되어 있다. 우리가 rRNA를 만드는 과정은 부모로부터 유전자를 하나씩 물려받는 전형적인 상황에 의존하는 대신에 400여 개의 rRNA 유전자를 물려받아 일어나는데, 이 유전자들은 5개의 염색체에 분포되어 있다.[5]

이렇게 rRNA 유전자가 많은 덕분에 우리는 이 유전자들에 일어난 돌연변이로 인한 장애에 별로 취약하지 않다. 한 유전자 복제본에 돌연변이가 일어나더라도 사용할 수 있는 다른 복제본이 많이 남아 있기 때문이다. 그래서 나머지 정상적인 유전자 복제본이 동일한 rRNA 분자를 암호화함으로써 돌연변이로 인한 결함을 만회할 가능성이 높다. 하지만 같은 리보솜에 존재하는 단백질 암호화 유전자에 돌연변이가 일어났을 때에는 그렇지 않다. 우리는 이들 유전자 중 많은 것이 실제로 어떤 일을 하는지 자세히 알지 못하지만, 일부는 리보솜의 기능에 별로 중요한 역할을 하지 않는 것처럼 보인다. 하지만 이들 유전자에 일어난 돌연변이가 인간의 질환을 초래하는 것들도 있다.

가장 유명한 예 두 가지는 '다이아몬드 블랙판 빈혈Diamond-Blackfan anaemia'과 '트리처 콜린스 증후군Treacher-Collins syndrome'이다. 이 두 질환은 각각 다른 단백질 암호화 유전자에 일어난 돌연변이를 물려받아 일어난다. 두 경우 모두 결과는 리보솜 수 감소로 나타난다. 리보솜 수 감소가 세포의 기능에 영향을 미치는 방식에는 우리가 아직 이해하지 못하는 미묘한 점들이 분명히 있다. 만약 중요한 요인이 리보솜 수 감소뿐이라면 두 질환의 임상 결과가 동일할 것이기 때문이다. 하지만 두 질환의 임상 결과는 동일하지 않다. 다이아몬드 블랙판 빈혈의 주요 증상은 적혈구 생산에 문제가 생기는 것이다. 트리처 콜린스 증후군의 주요 증상은 머리와 얼굴의 기형이고, 이것은 호흡과 삼키기, 청력에 문제를 일으킨다.[6]

우리에게는 많은 리보솜이 필요하고, 따라서 많은 rRNA 유전자가 필요하기 때문에, 아미노산을 리보솜으로 운반하는 tRNA 분자를 많이 만들기 위해 tRNA 유전자도 많이 필요하다는 결론을 얻을 수 있다. 인간 유전체에는 tRNA 유전자가 약 500개나 있으며, 거의 모든 염색체에 분포되어 있다.[7] 이것은 위에서 이야기한 것처럼 rRNA 유전자 복제본이 많이 있는 상황과 동일한 혜택을 가져다준다.

rRNA와 각인은 기묘하면서도 흥미로운 공통 부분이 있다. 10장에서 설명한 것처럼 프래더-윌리 증후군 환자 중 소수는 일단의 비암호화 RNA를 암호화하는 정크 DNA 지역에 문제가 생겨 질환이 발병한다(186쪽 참고). 이 비암호화 RNA를 snoRNA라 부르는데, small nucleolar RNA(소형 인 RNA)를 줄여서 붙인 이름이다.* 이들 비암호화 RNA는 세포핵에서 인이라는 지역으로 이동하는데, 인은 리보솜 생물학에서 아주 중요하다. 인은 [그림 11-3]이 보여주는 것처럼 성숙한 리보솜이 조립되는 장소이다.

인에서 rRNA와 단백질이 변형된 뒤 조립되어 성숙하고 온전한 리보솜을 만들고, 이렇게 만들어진 리보솜은 세포질로 운반되어 단백질 생산 로봇의 기능을 수행한다. snoRNA는 rRNA 분자에서 특정 변형들이 제대로 일어나도록 하는 데 필요하다. DNA와 히스톤 단백질이 메틸기 첨가로 변형될 수 있는 것처럼 rRNA 분자 역시 메틸화될 수 있다. 아마도 snoRNA는 rRNA에서 함께 짝을 이룰 수 있는 지역을 찾음으로써 이 과정을 촉진하는 것으로 보인다. 이것 역시 두 핵산 분자의 상보적 염기들 사이에 일어나는 결합 때문에 가능하다. 일단 염기들이 결합하면, snoRNA가 rRNA에 메틸기를 첨가할 수 있는 효소들을 끌어들인다. 이것은 긴 비암호화 RNA가 히스톤을 변형시키는 효소들을 끌어들이는 방식과 비슷할지 모른다.** 왜 이러한 변형들이 rRNA에 중요한지는 분명하지 않지만, 리보솜에서 rRNA와 단백질 사이의 상호작용을 안정시키는 데 도움이 된다는 주장이 있다.

프래더-윌리 증후군의 증상이 snoRNA가 rRNA 변형을 조절하는 데 문제가 생겨 나타난다고 추측하고 싶은 유혹이 들지만, 이것은 현재로서는 그저 하나의 가설일 뿐이다. 문제는 snoRNA가 다른 종류의

* 여기서 설명한 과정에 관여하는 snoRNA는 snoRNA C/D box라는 특정 집단에 속한다.
** 이 과정에 필요한 메틸기 전달 효소는 피브릴라린fibrillarin인데, 다른 세 가지 단백질과 snoRNA와 함께 복합체를 이루어 작용한다.

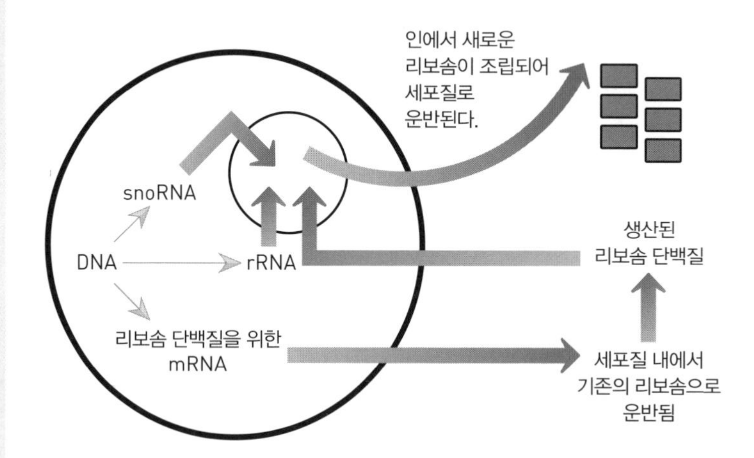

[그림 11-3] 리보솜 단백질을 위한 mRNA가 인에서 만들어진 뒤, 세포질 속에 있는 기존의 리보솜들로 운반된다. 여기서 생산된 새로운 리보솜 단백질은 세포핵 내의 특정 지역으로 운반된다. 여기서 리보솜 단백질은 rRNA 분자와 결합하여 새로운 리보솜을 만들고, 이렇게 만들어진 리보솜은 세포질로 운반되어 작용한다.

많은 RNA 분자도 표적으로 삼을 수 있다는 사실이 밝혀진 것인데, 그래서 이 질환이 발병한 어린이에게서 정확하게 어떤 과정이 잘못되었는지 확신할 수가 없다.

리보솜은 아주 오래된 구조여서 원시적인 생물에서도 발견된다. 심지어 세포핵조차 없어서 자신의 DNA를 세포질과 분리할 수 없는 아주 작은 단세포 생물인 세균에서도 발견된다. 진화생물학자들은 시간이 지나면서 종들이 어떻게 갈라져나갔는지 추적할 때 rRNA를 암호화하는 유전자의 DNA 서열을 자주 사용한다.

더 고등한 생물이 세균과 갈라진 시기는 약 20억 년 전이므로[8], 우리의 (아주) 먼 사촌에게서 아직도 rRNA를 발견할 수 있긴 하지만, 세균의 rRNA는 우리의 rRNA와 아주 다르다. 이것은 우리에게 아주 좋은 일로 드러났다. 가장 보편적이고 성공적인 항생제는 세균의 리보솜을 억제하는 방식으로 효과를 나타낸다.[9] 그런 항생제로는 테트라사이클린과 에리트로마이신이 있다. 이러한 항생제는 세균 리보솜의 활동을 방해하지만, 사람 리보솜의 활동은 방해하지 않는다. 서양 사람들은 항생제에 너무 익숙해진 나머지 항생제가 얼마나 중요한지 잊고 지낼 때가 많다. 항생제는 1940년대에 의학계 현장에 등장한 이래 보수적인 추정으로도 문자 그대로 수천만 명의 생명을 구했다. 순수주의자들이 정크 DNA로 간주하는 것에 일어난 종들 사이의 변이 때문에 수많은 인명을 구할 수 있다는 사실은 참으로 기묘하다.

우리는 침입자에 의존해 살아간다

우리 각자는 우리 조상이 현생 세균의 조상과 갈라진 시기와 같은 무렵에 발달한 것으로 보이는 생물들에게 식민지화되었다는 사실 역시 기묘하다. '식민지화'라는 말은 사실은 과소평가한 표현이다. 인류의 생존과 함께 풀에서부터 얼룩말, 그리고 고래에서부터 벌레에 이르기까지 지구상에서 살아가는 나머지 모든 다세포 생물의 생존은 바로 이 식민지화에 크게 의존하고 있다. 심지어 빵과 맥주를 만들 때 사용하는 효모 역시 마찬가지이다.

수십억 년 전에 가장 먼 우리 조상들의 세포에 작은 생물들이 침입했다. 이 단계에서는 크기가 세포 4개보다 큰 생물은 존재하지 않았을 가능성이 높은데, 세포 4개짜리 생물은 절대로 스페셜리스트 specialist라고 부를 수 없었다. 이 세포들과 작은 침입자들은 서로 싸우는 대신에 타협을 했다. 각자는 이 타협에서 이익을 얻었고, 그래서 수십억 년 동안 지속될 아름다운 우정이 생겨났다.

이 작은 생물들은 우리 세포에서 중요한 요소로 진화했는데, 오늘날 우리가 미토콘드리아라고 부르는 구조가 그것이다. 미토콘드리아는 세포질에 있으며, 우리 세포의 발전기에 해당한다. 미토콘드리아는 표준적인 모든 기능들이 제대로 작동하는 데 필요한 에너지를 생산하는 세포 소기관이다. 산소를 이용해 음식물에서 유용한 에너지를 만들게 해주는 것도 미토콘드리아이다. 미토콘드리아가 없었다면, 우리는 유용한 일을 하는 데 필요한 에너지를 충분히 얻지 못해 작고 하잘것없는 세포 4개짜리 생물로 남았을 것이다.

미토콘드리아가 한때 자유롭게 살아가던 이 생물들의 후손이라고 확신할 수 있는 한 가지 이유는 독립적인 유전체를 갖고 있기 때문이다. 이것은 세포핵에 들어 있는 '정식' 인간 유전체보다 훨씬 작다. 핵 유전체의 길이는 염기쌍 30억 개에 이르는 반면, 미토콘드리아의 유전체는 염기쌍 1만 6500개를 조금 넘는 수준에 불과하다. 그리고 우리 염색체와 달리 미토콘드리아의 염색체는 원형이다. 미토콘드리아 유전체가 암호화하는 유전자는 고작 37개에 불과하다. 놀랍게도 이들 중 절반 이상이 단백질을 암호화하지 않는다. 22개는 미토콘드리아 tRNA 분자를 암호화하고,[10] 2개는 미토콘드리아 rRNA 분자를 암호화한다. 이렇게 해서 미토콘드리아는 리보솜을 만들 수 있고, 리보솜을 이용해 자신의 DNA에 있는 다른 유전자들로부터 단백질을 만들 수 있다.*,[11]

이것은 진화의 관점에서 보면 아주 위험한 전략처럼 보인다. 미토콘드리아의 기능은 생명에 아주 중요하며, 리보솜의 기능은 미토콘드리아의 기능에 절대적으로 중요하다. 그렇다면 그토록 중요한 과정은 왜 우리의 발전기에 리보솜 유전자 복제본을 여분으로 준비하는 안전망을 전혀 갖추지 않았을까?

우리가 이 문제 때문에 곤란을 겪지 않는 이유는 미토콘드리아 DNA가 핵 DNA와 같은 방식으로 전해지지 않기 때문이다. 세포핵에서 우리는 어머니와 아버지로부터 염색체들을 한 벌씩 물려받는다. 하지만 미토콘드리아의 유전 방식은 이와 다르다. 우리는 오로지 어머니로부터만 미토콘드리아를 물려받는다. 이것은 더욱 위험한 시나

* 미토콘드리아는 자신의 생화학적 과정을 위해 많은 단백질을 사용하지만, 그 대부분은 세포질에서 가져온다. 미토콘드리아에서만 암호화되는 단백질들은 미토콘드리아 내부에서 일어나는 전자전달계 electron transport chain 과정에 관여한다. 이 과정은 생명에 꼭 필요한데, 우리는 바로 이 방법으로 세포에 동력을 공급하는, 저장 가능한 에너지를 만들기 때문이다.

리오처럼 보일 수 있는데, 만약 어머니로부터 돌연변이가 생긴 미토콘드리아 유전자를 물려받는다면, 아버지로부터 물려받은 정상 유전자로 그것을 보완할 기회조차 없기 때문이다.

하지만 여기에는 (당연하지만) 복잡한 문제가 있다. 우리는 어머니로부터 미토콘드리아를 하나만 물려받는 게 아니라, 수십만 개, 심지어 100만 개까지 물려받는다. 그리고 이들 미토콘드리아가 모두 유전적으로 동일한 것도 아닌데, 이들 모든 미토콘드리아가 이전 세포의 단 한 미토콘드리아로부터 유래한 것이 아니기 때문이다. 세포가 분열할 때마다 미토콘드리아도 분열하면서 딸세포에게 전달된다. 설사 그중 일부에 돌연변이가 생긴다 하더라도, 세포 내에는 정상적인 미토콘드리아가 수많이 존재한다.

그렇다고 해서 문제가 전혀 생기지 않는 것은 아니며, 지금까지 발생한 문제 중 많은 것은 미토콘드리아 DNA의 tRNA 지역에서 일어난 것으로 보고되었다. 증상으로는 근육 쇠약과 수척[12], 청력 상실[13], 고혈압[14], 심장 문제[15] 등이 나타난다. 하지만 증상은 환자에 따라, 심지어는 같은 가족 사이에서도 큰 차이가 날 수 있다. 이런 현상이 나타나는 이유로 가장 그럴듯한 것은 어떤 조직 내에서 돌연변이 미토콘드리아의 비율이 문턱값에 이르기 전까지는 증상이 나타나지 않는다는 것이다. 증상은 세포가 분열할 때 '좋은' 미토콘드리아와 '나쁜' 미토콘드리아가 무작위적으로 불균일하게 분포된 결과로 인생에서 비교적 나중 시기에 나타날 수 있다.

이것만으로는 RNA가 DNA의 열등한 친척이거나 단백질보다 열등한 종에 불과한 게 아님을 입증하기에 충분하지 않다고 여겨진다면, 다음 사실을 한번 생각해보라. DNA가 생물학의 상징적 존재처럼 여겨지는데도 불구하고, 지구상의 모든 생명은 DNA가 아니라 RNA로 시작했을지 모른다.

태초에 RNA가 있었다(아마도)

DNA는 대단한 분자이다. DNA는 많은 정보를 저장하고, 이중 나선 구조 덕분에 서열을 안정적으로 복제하고 유지하기가 쉽다. 하지만 생명이 막 발달하기 시작한 수십억 년 전의 상황을 생각해보면, 생명이 DNA 유전체를 바탕으로 탄생했을 가능성은 희박하다.

그 이유는 비록 DNA가 정보를 저장하는 데에는 환상적이지만, 그 정보로부터 뭔가를 만들어내는(심지어 자신을 복제하는 것조차도) 측면에서는 아무 쓸모가 없기 때문이다. DNA는 절대로 효소로 작용할 수 없다. 이 때문에 자신의 복제본을 만들 수 없는데, 그렇다면 DNA가 어떻게 모든 것을 시작하게 하는 유전 물질이 될 수 있었을까? DNA는 항상 단백질에 의존해 필요한 일을 해낸다.

그런데 대부분의 과학자들 사이에서조차 별로 주목을 받지 못했던 분자인 rRNA를 살펴본다면, 유레카 순간을 경험하게 된다. rRNA는 서열 정보를 포함하고 있지만, 그 자체가 효소이기도 하다. 따라서 RNA는 과거에 광범위한 효소 활동을 했을 가능성이 있으며, 여기서 자립적이고 자가 번식하는 유전 정보가 진화적으로 발달했을 수 있다.

2009년에 연구자들은 그런 계를 만들어낸 기묘한 연구 결과를 발표했다. 그들은 효소로 작용할 수 있는 두 RNA 분자를 유전공학으로 만들었다. 이 분자들을 실험실에서 섞고, 단일 가닥 RNA 염기를 포함해 필요한 원재료를 공급하자, 두 분자는 서로의 복제본을 만들었다. 이들은 기존의 RNA 서열을 새로운 분자를 만드는 주형으로 사용해 완벽한 복제본을 만들었다. 그리고 필요한 원재료를 계속 공급하는 한, 복제본을 계속 더 만들었다. 이 계는 자립적 속성을 지니게 되었다. 연구자들은 거기서 한 걸음 더 나아가 각각 효소 활동을 하면서도 종류가 다른 RNA 분자들을 더 많이 섞어보았다. 실험을 작동시키자, 두 가지 서열이 나머지 서열들보다 아주 빨리 그 수가 불어났다. 본질적으로 이 계는 단지 자립적이기만 한 것이 아니라, 자기 선택 능력도 있었는데, 가장 효율적인 RNA 분자 쌍이 나머지 쌍들보다 서로를 훨씬 빨리 복제했기 때문이다.[16] 얼마 전에 과학자들은 심지어 스스로를 복제하는 일종의 효소 RNA를 만드는 데에도 성공했다.[17]

영국에서 지금도 많이 쓰는 표현 중에 "Where there's muck, there's brass."라는 게 있는데, 흙(또는 쓰레기)이 있는 곳에 돈도 있다는 뜻이다. 이를 본따 이제 "정크가 있는 곳에 생명도 있다(Where there's junk, there's life)."라고 말할 수 있다.

12장
시동을 걸어 작동시키다

170만 달러의 가격표가 붙은 부가티 베이론은 일반 도로에서 주행할 수 있는 양산 승용차 중에서 가장 비싼 자동차이다. 가장 싼 자동차가 무엇인지는 확실히 말하기 어렵지만, 가격이 부가티 베이론의 1%밖에 안 되는 다치아 산데로를 유력한 후보로 꼽을 수 있다. 하지만 두 차는 공통점이 아주 많은데, 그중 하나는 출발하기 전에 반드시 시동을 걸어야 한다는 점이다. 엔진 시스템이 작동하지 않으면, 아무 일도 일어나지 않는다.

우리의 단백질 암호화 유전자도 똑같다. 활성화되어 전령 RNA(mRNA)로 복제되지 않으면, 아무 일도 할 수 없다. 부가티 베이론도 시동을 걸기 전에는 정지해 있는 금속과 액세서리 덩어리에 불과한 것처럼, 스위치가 켜지기 전까지 단백질 암호화 유전자는 아무것도 하지 못하는 DNA 조각에 지나지 않는다. 유전자의 스위치를 켜는 일은 프로모터promoter(촉진자)라는 정크 DNA 지역에 의존해 일어난다. 모든 단백질 암호화 유전자는 시작되는 부분에 프로모터가 있다.

전통적인 자동차에 비유한다면, 프로모터는 시동 키를 꽂는 구멍에 해당한다. 시동 키에 해당하는 것은 프로모터에 들러붙는 단백질 복합체인데, 이것을 '전사 인자transcription factor'라 부른다. 한편, 전사 인자에는 그 유전자의 mRNA 복제본을 만드는 효소가 와서 들러붙는다. 이러한 일련의 사건들이 그 유전자를 발현시킨다.

프로모터를 확인하는 일은 DNA 서열을 분석함으로써 비교적 쉽게 할 수 있다. 프로모터는 항상 단백질 암호화 유전자 앞부분에 있다. 또 특정 DNA 서열 모티프를 포함하는 경향이 있다. 그 이유는 전사 인자가 특정 DNA 서열을 확인해 거기에 들러붙는 특별한 종류의 단백질이기 때문이다. 프로모터의 후성유전적 변형을 분석하면, 일관된 패턴이 나타난다. 프로모터에는 그 유전자가 세포 내에서 활성 상태이냐 아니냐에 따라 특정 후성유전적 변형 집단이 존재한다. 후성유전적 변형은 전사 인자가 들러붙는 것을 조절하는 데 중요한 역할을 하는 조절 인자이다. 일부 후성유전적 변형은 전사 인자와 관련 효소를 끌어당겨 유전자 발현이라는 결과를 낳는다. 다른 후성유전적 변형은 전사 인자가 들러붙는 것을 방해하여 유전자의 스위치가 켜지는 것을 아주 어렵게 만든다.

연구자들은 프로모터를 복제하여 유전체의 다른 곳이나 심지어는 다른 생물 속에 다시 집어넣을 수 있다. 이런 종류의 실험을 통해 프로모터는 대개 유전자 앞부분에서 즉각 기능을 발휘한다는 사실이 확인되었다. 또 프로모터가 정확한 방향을 '향할' 필요가 있다는 사실도 확인되었다. 만약 프로모터 서열을 유전자 앞부분에 집어넣되 거꾸로 돌려서 집어넣으면, 아무 효과도 나타나지 않는다. 그것은 마치 시동

키를 점화 장치에 거꾸로 집어넣는 것과 같다. 프로모터는 방향에 따라 활동이 좌우되는 속성이 있다.

프로모터는 자신이 어떤 유전자를 조절하는지 알지 못한다. 그저 가장 가까이에 있는 유전자의 스위치를 켤 뿐이다. 그 유전자가 충분히 가깝고, 프로모터가 정확한 방향을 향하고만 있다면 말이다. 연구자들은 프로모터의 이 성질을 이용해 어떤 유전자라도 발현시킬 수 있다. 이 점은 실험에는 아주 편리하지만, 해로운 측면도 있다. 일부 암에서 분자 차원의 기본적인 문제는 염색체의 DNA가 서로 섞여서 프로모터가 엉뚱한 유전자를 발현시키는 데 있다. 암의 경우, 문제의 유전자는 세포 증식 속도를 증가시키는 유전자이다. 최초로 발견되고 지금까지도 가장 유명한 예는 버킷 림프종이라는 혈액암이다. 버킷 림프종은 좋은 유전자가 나쁜 이웃 옆에 있을 때 일어나는 일을 이야기할 때 잠깐 다룬 적이 있었던 바로 그 암이다(70쪽 참고). 이 질환의 경우, 14번 염색체의 강한 프로모터가 위쪽에 위치한 8번 염색체의 한 유전자로 옮겨가는데, 이 유전자는 세포 증식 속도를 높이는 단백질을 암호화한다.[*,1] 그 결과는 파국으로 치달을 수 있다. 이렇게 재배열된 서열을 포함한 백혈구는 정말로 아주 빨리 성장하고 분열하면서 혈액 속에서 지배적인 존재로 떠오르기 시작한다. 이 질환은 조기에 발견되면, 비록 공격적인 화학 요법을 써야 하긴 하지만, 전체 환자 중 절반 이상이 완치될 수 있다.[2] 반면에 진단을 늦게 받은 환자는 건강 악화와 죽음이 놀랍도록 빠르게 다가와 몇 주 만에 사망할 수도 있다.

건강한 조직에서는 프로모터가 종류에 따라 특정 세포 유형에서만

* 이 유전자는 MYC라는 단백질을 암호화한다. MYC는 광범위한 종류의 암에 관여한다.

활성화되는데, 대개 어떤 세포 유형에서만 발현되고 다른 세포 유형에서는 발현되지 않는 전사 인자에 의존하기 때문이다. 프로모터의 세기도 제각각 다르다. 이것은 강한 프로모터는 매우 공격적으로 유전자의 스위치를 켜 단백질 암호화 유전자로부터 mRNA 복제본을 많이 만든다는 뜻이다. 버킷 림프종에서 바로 이런 일이 일어난다. 약한 프로모터는 유전자를 극적으로 발현시키는 수준이 훨씬 약하다. 프로모터의 세기는 포유류 세포가 지닌 다양한 인자에 따라 달라지는데, 그러한 인자에는 DNA 서열뿐만 아니라 이용 가능한 전사 인자, 후성유전적 변형, 그리고 확인되지 않은 그 밖의 수많은 변수들도 포함된다.

다양한 수준의 반응을 촉진하다

특정 세포 유형에서 특정 프로모터는 적어도 실험계에서는 비교적 안정한 수준의 유전자 발현을 촉진한다. 하지만 정상적인 조건에서 유전자 발현은 양자택일적 현상이 아니다. 유전자가 발현되는 정도는 아주 다양하게 나타날 수 있다. 이것은 부가티 베이론이 시속 1km에서 시속 400km 이상(혹은 산데로라면 그 절반의 속도)에 이르기까지 어떤 속도로도 달릴 수 있는 것에 비유할 수 있다. 세포에서 이러한 유연성은 후성유전적 특징을 포함해 많은 상호작용 과정에 의존한다. 세포의 유연성은 또 다른 정크 DNA의 지역에도 영향을 받는데, 이 지역을 '인핸서enhancer'(증강 인자)라 부른다.

프로모터에 비하면 인핸서는 매우 모호하다. 인핸서는 대개 길이가 염기쌍 수백 개 정도이지만, DNA 서열 분석만으로는 확인하기가 거의 불가능하다.[3] 인핸서는 너무 다양하다. 인핸서가 반드시 항상 기능을 발휘하는 게 아니라는 사실도 인핸서 지역을 확인하는 작업을 더욱 복잡하게 만든다. 예를 들면, 휴면 상태에 있던 일단의 인핸서가 어떤 자극을 통해 활성화된 뒤에야 유전자 발현을 조절하기 시작함으로써 확인되는 경우도 있다. 이것은 인핸서가 유전체 서열 내에서 사전에 정해져 있지 않을 가능성을 보여준다.

염증 반응은 세균 감염 같은 외부의 침입자에 대해 우리 몸이 대응하는 첫 번째 방어선에 해당한다. 침입 장소 근처에 있는 세포들은 화학 물질과 신호 분자를 내놓아 침입자에게 아주 적대적인 환경을 만든다. 그것은 마치 집에서 도난 경보기가 작동되면서 침입 장소에 뜨겁고 악취가 심한 액체가 쏟아져내리는 것과 비슷하다.

DNA 서열이 필요한 경우에 인핸서가 될 수 있음을 최초로 입증한 사람들 중에는 염증 반응을 연구하던 과학자들도 있었다. 이 연구에서 염증 자극이 사라져도 인핸서가 비활성 상태로 되돌아가지 않는다는 사실이 발견되었다. 대신에 계속 인핸서로 남아 있으면서 세포가 염증 자극을 다시 만나면 관련 유전자의 발현을 상향 조절하는 태세를 유지했다.[4] 이 인핸서들이 외래 침입자에 대한 반응에 관여하는 유전자들을 조절하는 것은 아마도 우연의 일치가 아닐 것이다. 유전자 발현에 관한 이 기억은 감염에 효율적으로 그리고 신속하게 대응하는 데 매우 유리하다.

후성유전학과 인핸서 — 양자 간의 교차 대화

자극이 사라진 뒤에도 유전자 지역이 기억을 유지하는 한 가지 방법은 바로 후성유전학을 이용하는 것이다. 후성유전적 변형은 어떤 지역을 억제를 거의 받지 않는 상태로 유지함으로써 그 지역의 스위치가 다시 쉽게 켜지도록 할 수 있다. 인간 세계에 비유하자면, 그것은 의사가 병원을 떠나 휴무일을 즐기는 게 아니라, 당직을 서면서 대기 상태에 있는 것과 같다. 위에 든 사례에서 연구자들은 염증 자극이 사라진 뒤에도 특정 히스톤 변형이 '새로운' 인핸서에 계속 머물면서 인핸서를 준비 상태로 유지한다는 것을 보여주었다.

DNA 서열과는 독립적인 후성유전적 변형을 살펴봄으로써 인핸서를 확인하는 작업에 어느 정도 진전이 일어나기 시작했다. 후성유전적 변형은 특정 종류의 세포가 어떤 DNA 조각을 어떻게 사용하는지 보여주는 기능적 표지 역할을 한다. 연구자들은 또한 암에서 이러한 후성유전적 변형이 변할 수 있으며, 그럼으로써 유전자 발현 패턴을 변화시키고, 그 결과로 암을 낳는 세포 변형이 일어날 수 있음을 보여주었다.[5]

하지만 설사 우리가 인핸서를 보고 있음을 알려주는 후성유전적 지문을 발견한다 하더라도, 또 다른 문제가 있다. 우리는 인핸서로 추정되는 것에 어떤 단백질 암호화 유전자가 영향을 받는지 알지 못한다. 이것을 확실히 알 수 있는 방법은 유전적 조작을 사용해 인핸서를 망가뜨린 뒤에 이 변화로 어떤 유전자가 직접적 영향을 받는지 살펴보는 수밖에 없다. 그 이유는 인핸서의 기능이 프로모터의 기능과 다르기 때문이다. 인핸서는 방향에 영향을 받지 않는다—인핸서는 어느 방향을 향하든지 간에 여전히 인핸서로 작용한다. 더 극적인 차이점이 하나 더 있는데, 인핸서는 자신이 발현에 영향을 미치는 단백질 암호화 유전자로부터 아주 먼 곳에 있을 수 있다.

또한 인핸서는 우리가 예상하는 것보다 훨씬 많이 존재한다. 최근에 한 포괄적인 연구는 약 150개의 인간 세포주에서 히스톤 변형 패턴을 살펴보았다. 이 세포주들에서 인핸서처럼 보이는 패턴을 분석한 결과, 인핸서 지역 후보를 약 40만 개나 발견했다.[6] 이것은 인핸서와 단백질 암호화 유전자 사이에 일대일 대응 관계가 성립한다고 가정할 때 필요한 수치보다 훨씬 많은 것이었다. 이것은 긴 비암호화 RNA에 인핸서가 있다고 가정하더라도 너무 많다.

인핸서가 모든 종류의 세포에서 발견되는 것은 아니다. 이 사실은 동일한 DNA 부분이라도 종류가 다른 세포에서는 후성유전적 변형에 따라 다른 기능을 할 수 있다는 모형과 일치한다.

인핸서가 어떻게 작용하는지 분명하게 설명하는 모형은 오랫동안 나오지 않았다. 이제 인핸서가 또 다른 종류의 정크, 즉 긴 비암호화 RNA에 크게 의존하는 경우가 많지 않을까 하는 추측이 나오고 있다. 사실 특정 긴 비암호화 RNA 집단은 인핸서 자체로부터 발현될 수 있다.[7] 8장에 나왔던 긴 비암호화 RNA 중 많은 것은 다른 유전자의 발현을 억제하는 기능을 한다. 하지만 지금은 유전자 발현을 촉진하는 긴 비암호화 RNA 집단도 있는 것으로 보인다. 이웃 유전자들을 조절하는 긴 비암호화 RNA들에서 실제로 그런 일이 일어난다는 것이 처음 보고되었다. 긴 실험을 통해 비암호화 RNA의 발현을 증가시켰더니, 이웃 단백질 암호화 유전자의 발현 역시 증가했다. 반대로 실험을 통해 긴 비암호화 RNA의 발현을 억제했더니, 이웃 단백질 암호화 유전자의 발현 역시 감소했다.[8]

특정 긴 비암호화 RNA와 그것이 조절하는 것으로 보이는 mRNA의 타이밍 패턴 분석에서 추가 증거가 나왔다. 특정 유전자의 발현을 촉진한다고 알려진 자극을 세포들에게 주었더니, 이웃 단백질 암호화 유전자에서 mRNA의 스위치가 켜지기 전에 인핸서에 위치한 긴 비암호화 RNA의 스위치가 먼저 켜졌다.[9,10] 이 결과는 자극에 반응해 인핸서에 위치한 긴 비암호화 RNA의 스위치가 켜지고, 이것은 다시 단백질 암호화 유전자의 발현 스위치를 켜는 데 도움을 준다는 모형과 일치한다.

긴 비암호화 RNA는 혼자서 이러한 발현 증가를 촉진하지 않는다. 이 과정은 큰 단백질 복합체의 존재에 의존해 일어난다. 이 복합체를 '매개 복합체Mediator complex'라 부른다. 긴 비암호화 RNA는 매개 복합체에 들러붙어 그 활동을 이웃 유전자로 향하게 한다. 매개 복합체에 있는 한 단백질은 이웃 단백질 암호화 유전자에 후성유전적 변형을 만들 수 있다.* 이것은 단백질 생산의 주형으로 사용되는 mRNA 복제본을 만드는 효소를 모으는 데 도움이 된다. 매개 복합체와 긴 비암호화 RNA 사이에는 일관된 관계가 성립한다. 실험에서 긴 비암호화 RNA나 매개 복합체의 한 구성 성분의 발현을 감소시켰더니 이웃 유전자의 발현이 감소했다.[11]

사람의 한 유전 질환은 긴 비암호화 RNA와 매개 복합체 사이에 일어나는 물리적 상호작용의 중요성을 보여준다. 그 질환은 '오피츠-카베기아 증후군Opitz-Kaveggia syndrome'이다. 이 질환에 걸려 태어나는 어린이는 학습 장애, 낮은 근육 긴장도, 불균형하게 큰 머리 등의 증상이 나타난다.[12] 이 질환에 걸린 어린이는 단 하나의 유전자에 생긴 돌연변이를 물려받았다. 이 유전자는 매개 복합체 중에서 긴 비암호화 RNA와 상호작용하는 기능을 맡은 단백질을 암호화한다.**

과학자들은 매개 복합체의 활동을 더 많이 분석할수록 매개 복합체

* 이 후성유전적 변형은 히스톤 H3의 특정 위치에 인산기(인 원자 1개와 산소 원자 4개로 이루어진)가 첨가된 것이다. 이 변형은 대개 활성 유전자와 관련이 있다.
** 이 매개 복합체는 MED12이다.

에 더 큰 흥미를 느꼈다. 한 가지 이유는 특별한 능력을 가진 한 인핸서 집단의 활동 배후에 매개 복합체가 있기 때문이다. 이 인핸서 집단을 '슈퍼인핸서super-enhancer'라 부른다. 슈퍼인핸서는 배아줄기세포에서 특히 중요한데, 배아줄기세포는 사람의 몸에서 어떤 종류의 세포로도 분화할 잠재력이 있는 다능성 세포이다.[13]

슈퍼인핸서는 서로 함께 작용하는 인핸서들로 이루어진 집단이다. 그 크기는 보통 인핸서보다 약 10배나 크다. 이 때문에 슈퍼인핸서에는 단백질이 아주 많이, 보통 인핸서보다 훨씬 많이 들러붙을 수 있고, 슈퍼인핸서는 자신이 조절하는 유전자의 발현을 아주 많이 증가시킬 수 있다. 하지만 연구자들의 흥미를 끈 것은 단지 들러붙는 단백질 수뿐만이 아니었다. 이 단백질들의 정체도 흥미를 끌었다.

8장에서 본 것처럼 배아줄기세포는 순전히 운으로 혹은 수동적으로 다능성 상태에 머물러 있는 것이 아니다. 배아줄기세포는 그 잠재력을 유지하기 위해 자신의 유전자들을 아주 세심하게 조절한다. 유전자 발현에 비교적 경미한 교란만 일어나더라도, 그런 교란은 배아줄기세포를 떠밂으로써 전문화된 세포 유형으로 변하는 경로로 굴러내려가게 할 수 있다. 이것을 시각화하기 위해 높은 계단 맨 꼭대기에 놓여 있는 슬링키를 상상해보라. 가장자리 너머를 향해 아주 살짝 밀기만 해도 바로 슬링키는 아주 긴 여정을 시작한다. 아마도 이보다 더 나은 비유는 끝부분에 작은 추가 붙어 있어 계단 아래로 굴러내려가지 않는 슬링키일 것이다. 추를 제거하면, 슬링키는 즉각 계단 아래로 내려가기 시작한다.

배아줄기세포의 다능성을 유지하는 데 절대적으로 필요한 일단의 단백질이 있다. 이 단백질들을 '마스터 조절 인자master regulator'라 부르는데, 이들은 슬링키 끝부분에 붙어 있는 작은 추와 같은 역할을 한다. 마스터 조절 인자는 배아줄기세포에서 아주 높은 수준으로 발현되지만, 전문화된 세포에서는 그보다 아주 낮은 수준으로 발현된다.

이 단백질들의 중요성은 2006년에 의심의 여지 없이 입증되었다. 일본 연구자들이 이 마스터 조절 인자 네 가지로 이루어진 조합을 분화된 세포들에서 아주 높은 수준으로 발현시켰다. 그러자 놀랍게도 분자 차원에서 연쇄적인 사건들이 일어났는데, 그 결과로 배아줄기세포와 거의 동일한 행동을 하는 세포들이 만들어졌다.[14] 이것은 계단 맨 아래에 있던 슬링키가 계단을 걸어올라가 맨 윗단에 도달한 것과 같은 일이었다. 이 경로를 통해 만들어진 세포들은 몸에서 어떤 종류의 세포로도 분화할 잠재력이 있었다.* 이 놀라운 연구와 그 뒤를 이은 연구는 과학자들 사이에 큰 흥분을 불러일으켰는데, 많은 질환을 치료할 대체 세포들을 만들 가능성을 보여주었기 때문이었다. 그런 질환은 실명에서부터 1형 당뇨병, 그리고 파킨슨병에서부터 심장 기능 상실에 이르기까지 아주 다양하다.

이 신기술이 개발되기 전까지만 해도 인간의 질환 치료를 위해 적절한 세포를 만드는 것은 아주 어려운 일이었다. 그 이유는 대개 한 사람에게서 추출한 세포를 다른 사람에게 이식할 수가 없었기 때문이다. 면역계는 이식받은 세포를 외래 침입자로 인식해 죽이려고 한다. 하지만 [그림 12-1]에서 보듯이, 이제 우리는 환자와 완벽하게 일치하는 세포를 만들 잠재력을 갖게 되었다.

2006년의 이 연구에서 수십억 달러의 잠재적 가치를 지닌 산업이

* 이 세포들을 유도 다능성 줄기세포 induced pluripotent stem cell, iPS 세포 또는 유도 만능 줄기세포라 부른다.

탄생했다. 그리고 이 연구는 노벨 생리학 · 의학상도 받게 되었는데, 이것은 가장 빠르게 결정된 노벨상 중 하나로, 연구 논문이 발표된 지 불과 6년 만에 수여되었다.[15]

정상적인 배아줄기세포에서는 이들 마스터 조절 인자 단백질 중 일부가 슈퍼인핸서에 아주 높은 농도로 들러붙는다. 슈퍼인핸서 자신은 세포의 다능성 상태를 유지하는 일부 핵심 유전자를 조절한다. 같은 지역에 매개 복합체도 아주 높은 농도로 존재한다. 마스터 조절 인자나 매개 복합체의 발현을 억제해도 이들 핵심 유전자들의 발현에 아주 비슷한 효과를 미친다. 발현 수준이 급감하면서 배아줄기세포가 전문화된 종류의 세포로 분화하기가 더 쉬워진다.

배아줄기세포의 다능성 상태는 마스터 조절 인자의 높은 발현 수준에 크게 의존하기 때문에, 마스터 조절 인자 자체가 슈퍼인핸서에 의해 조절되는 것은 놀랍지 않다. 이것은 [그림 12-2]에서 보는 것처럼 양성 피드백 고리를 만들어낸다.

양성 피드백 고리는 생물학에서 비교적 드문데, 일이 잘못되었을 때 다시 제어 상태로 되돌리기가 어렵기 때문이다. 다행히도 슈퍼인핸서가 조절하는 단백질 암호화 유전자는 마스터 조절 인자의 결합 과정과 그 밖의 많은 요인에 일어나는 작은 교란에도 아주 민감하다. 이 때문에 이들 요인 중 일부의 균형에 미소한 변화만 일어나더라도 이 양성 피드백 고리는 쉽게 붕괴하고 만다. 그러면 세포들은 다능성 상태로 남아 있지 않고 분화하기 시작한다. 어쨌든 슬링키를 계단 아래로 굴러가게 하는 데에는 그다지 큰 힘이 필요하지 않다.

슈퍼인핸서는 종양세포에서도 보고되었는데, 이곳에서 슈퍼인핸서는 세포 증식과 암의 진행을 촉진하는 핵심 유전자들과 연관이 있다.[16] 그러한 슈퍼인핸서에 의해 조절되는 유전자 중 하나는 이 장 앞

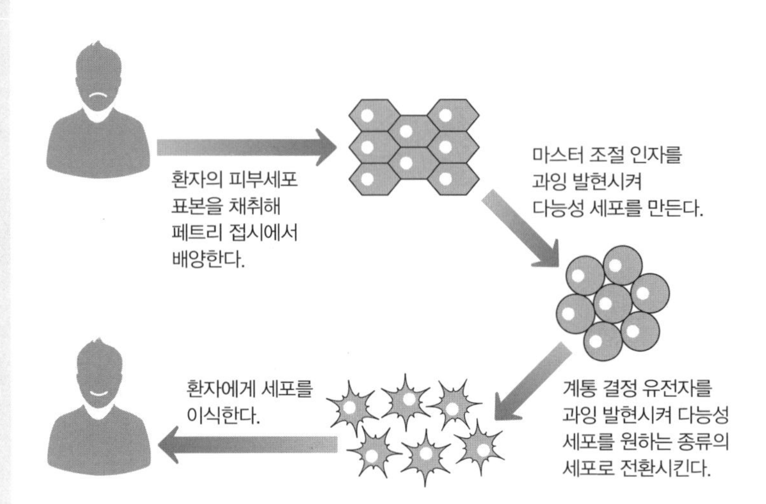

[그림 12-1] 환자 유래 세포를 사용해 개인 맞춤형 요법을 실용화하는 방법을 설명하는 이론

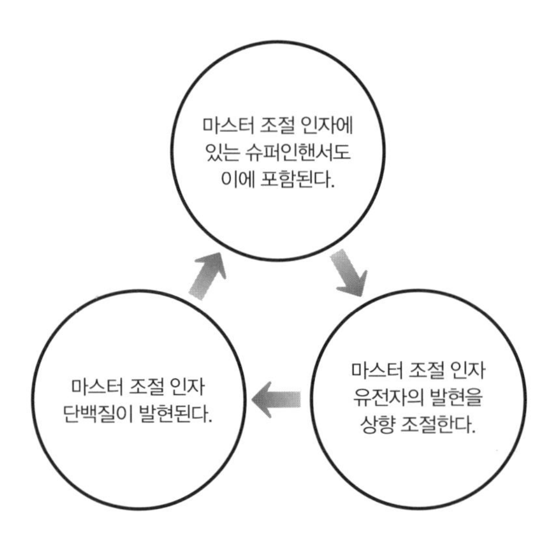

[그림 12-2] 마스터 조절 인자 유전자의 발현 수준을 지속적으로 높게 유지하는 양성 피드백 고리

부분에서 나왔던 버킷 림프종을 일으키는 유전자이다. 정상적인 전문화된 세포들 중 일부에도 슈퍼인핸서가 있다. 이것들은 세포의 정체성을 정의하는 세포 특이적 단백질에 들러붙는다.

먼 거리를 극복하다

지금까지 설명한 사건들은 대부분 표적으로 삼는 유전자들에서 비교적 가까이 있는, 대개 염기쌍 5만 개 이내의 거리에 있는 인핸서들에 관한 것이었다. 이런 일이 어떻게 일어나는지 시각화하기는 비교적 쉬운데, DNA를 복제해 mRNA로 만드는 효소를 고정시키는 작용을 하는 긴 비암호화 RNA와 매개 복합체를 통해 일어난다. 하지만 인핸서와 그것이 조절하는 단백질 암호화 유전자가 염색체 위에서 서로 아주 멀리, 최대 수백만 개의 염기쌍 거리만큼 떨어져 있는 상황도 아주 많다. 이것은 테이블 건너편에 앉아 있는 사람에게 소금을 건네주려고 하는 상황과 축구장 반대편 끝에 있는 사람에게 소금을 건네주려고 하는 상황의 차이만큼이나 큰 차이이다. 유전자와 인핸서 사이의 이러한 장거리 상호작용이 어떻게 일어나는지 시각화하기는 매우 어렵다. 긴 비암호화 RNA도 매개 복합체도 이토록 먼 거리를 이어줄 만큼 충분히 크지 않다.

이 과정을 이해하려면 유전체를 생각하는 방식을 평소보다 더 정교하게 바꿀 필요가 있다. 대개는 DNA를 사닥다리나 철도 레일로 설명하는 것이 편리한데, 두 가닥으로 이루어진 구조와 염기쌍으로 연결돼 있는 방식을 시각화하는 데 큰 도움이 되기 때문이다. 하지만 이 모형의 문제는 상황을 너무 직선적으로 생각하게 만든다는 데 있다.

또한 우리는 DNA를 아주 뻣뻣한 분자로 생각하는 경향이 있는데, 무의식적으로 DNA를 주변의 친숙한 물리적 환경에서 보는 단단한 인공물과 비교하기 때문이다.

하지만 우리는 DNA가 뻣뻣한 분자가 아니라는 사실을 이미 알고 있다. 아주 극적으로 압축시켜 세포핵 속에 우겨넣을 수 있다는 것을 앞에서 보았기 때문이다. 그러니 DNA를 조금 더 자세히 들여다보기로 하자. DNA의 이중 나선 구조를 기정 사실로 받아들인다면(전체 그림을 복잡하게 만들지 않기 위해), 우리 유전체의 한 부분을 아주 긴 파스타, 어쩌면 지금까지 만들어진 것 중 가장 긴 탈리아텔레tagliatelle(기다란 리본 모양의 파스타)로 상상할 수 있다. 여기서 두 군데가 식용 색소로 표시되어 있는데, 각각 인핸서와 단백질 암호화 유전자를 나타낸다. [그림 12-3]을 보면서 우리는 두 가지 시나리오를 생각할 수 있다. 조리되지 않은 상태의 파스타는 매우 뻣뻣하고, 인핸서와 유전자는 서로 멀리 떨어져 있다. 하지만 조리된 탈리아텔레는 유연해진다. 온갖 방향으로 접히고 구부러질 수 있으며, 이 덕분에 색소로 표시된 지역들(인핸서와 유전자를 나타내는)이 서로 가까워질 수 있다.

세포에 따라 염색체 중 일부는 억제되고 거의 영구적으로 정지된 상태로 남아 있는데, 그 조직에서는 절대로 발현될 필요가 없는 유전자들의 스위치를 끄기 위해서이다. 예를 들면, 피부세포는 혈액 속에서 산소를 운반하는 일을 하는 단백질을 발현할 필요가 없다. 피부세포에서는 이러한 유전체 지역은 아주 심하게 돌돌 감긴 용수철처럼 말려 있어 아예 접근 자체가 불가능하다. 하지만 이렇게 심하게 응축된 상태에 있지 않은 지역들이 많이 있으며, 이곳 유전자들은 접근하여 스위치를 켤 수 있는 잠재성이 있다. DNA에서 이 부분들은 조리된 파스타와 같다. 즉, 세상에서 가장 긴 탈리아텔레 가닥이 솥을 가

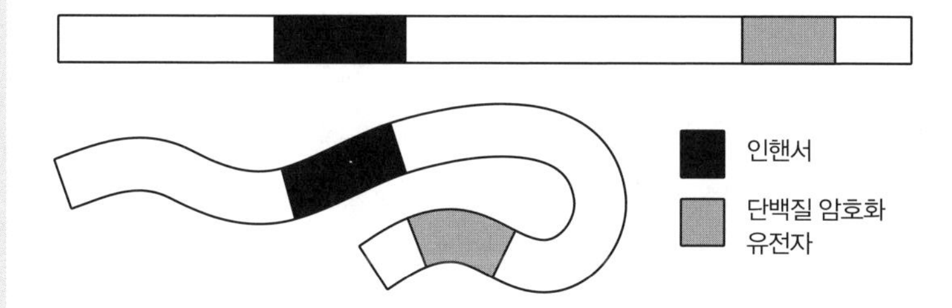

[그림 12-3] 이 그림은 유연한 DNA 분자가 접히면, 인핸서와 단백질 암호화 유전자처럼 멀리 떨어진 두 지역이 어떻게 서로 가까워질 수 있는지 보여준다.

득 채우고 있는 것과 같다. 이것은 조리되는 물 속에서 구부러지고 빙빙 돌면서 고리와 호를 만들어낸다.

이런 식으로 단백질 암호화 유전자와 거기서 멀리 떨어진 인핸서가 서로 아주 가까이 다가갈 수 있다. 그러면 긴 비암호화 RNA와 매개 복합체가 두 고리를 연결시키고 유전자 발현을 촉진한다. 또 다른 단백질 복합체도 매개 복합체와 협력하여 이 일을 수행한다.* 이 추가적인 복합체는 세포 분열 때 복제된 염색체들을 분리하는 데에도 관여하기 때문에, DNA의 대규모 이동을 다루는 데 능숙하다. 이 추가적인 복합체를 이루는 단백질들의 암호화 유전자들 중 일부에 일어나는 돌연변이는 발달 장애 질환인 '로버츠 증후군Roberts syndrome'과 '코르넬리아 더 랑어 증후군Cornelia de Lange syndrome'의 원인이 된다.[17] 이 질환에 걸린 어린이에게 나타나는 증상은 아주 다양한데, 아마도 돌연변이가 일어난 유전자와 그 유전자에 일어난 돌연변이가 정확하게 무엇이냐에 따라 달라지는 것으로 보인다. 이 질환에 걸린 어린이는 대개 태어날 때부터 체격이 작고, 계속해서 비교적 작은 체격을 유지한다. 학습 장애도 나타나며, 사지 기형이 나타날 때도 많다.[18]

이렇게 고리 모양으로 구부러지는 메커니즘이 미치는 범위는 아주 놀라운데, 단지 인핸서에만 국한되어 나타나는 것이 아닐지 모른다. 다른 조절 요소들을 유전자에 가까이 다가가게 하는 데에도 이 메커니즘이 작동할지 모른다. 세 종류의 사람 세포를 대상으로 인간 유전체 중 단 1%를 분석하는 연구를 통해 연구자들은 각각의 세포주에서 이러한 장거리 상호작용을 1000가지 이상 확인했다. 그 상호작용들

* 이 단백질 복합체를 코헤신Cohesin이라 부른다.

은 복잡했는데, 염기쌍 약 12만 개의 거리만큼 떨어진 지역들 사이에서 가장 자주 일어났다. 조절 지역이 구부러지면서 자신에게 가장 가까이 위치하지 않았던 유전자에 가까이 다가가는 경우가 많았다. 고리들 중 90% 이상은 가장 가까이 있는 유전자를 무시했다. 이것은 설탕이 필요할 때 이웃집을 찾아가는 대신에 500m쯤 떨어진 집을 찾아가는 것과 비슷한 상황이다.

이웃이란 주제에 대해 조금 더 이야기하자면, 그 관계는 엄청나게 문란하다. 1970년대의 파트너 스와핑 파티를 상상해보라. 일부 유전자는 최대 20개에 이르는 조절 지역과 상호작용했다. 일부 조절 지역은 최대 10개의 유전자와 상호작용했다. 아마도 이런 일이 모두 동시에 같은 세포에서 일어나지는 않을 것이다. 하지만 이것은 유전자와 조절 지역 사이에 단순히 A 대 B라는 대응 관계가 성립하지 않음을 보여준다. 대신에 복잡한 상호작용 그물이 존재하며, 이 상호작용 그물이 유전자 발현이라는 전체적인 태피스트리를 조절하는 방식에서 세포나 생물에게 아주 큰 유연성을 부여한다.[19] 네트워크와 그 작용 방식에 대해 아직도 밝혀내야 할 사실이 많이 남아 있지만, 우리 유전체 엔진에 시동을 거는 것은 프로모터의 정크 DNA인 반면, 그 엔진을 산데로를 달리게 하던 것에서 생명의 고속도로를 질주하는 부가티 베이론의 것으로 바꾸는 것은 긴 비암호화 RNA와 인핸서의 정크 DNA로 보인다.

가내 공업에서 공장으로

개개 조절 지역과 유전자 사이의 거리가 고리처럼 구부러지면서 가까워질 수 있다는 것은 분명히 놀라운 사실이지만, 세포에서는 그보다 훨씬 극적인 장거리 상호작용이 일어난다. 이것의 중요성을 이해하는 데 간략한 사회사가 도움을 줄지 모르겠다. 19세기 전반에 영국에서는 전체 섬유 산업 중 상당 부분을 가내 공업이 담당했다. 이것은 기본적으로 개인들이 자기 집에서 섬유와 직물을 소규모로 생산하는 방식이었다. 어느 지역의 섬유 생산 장소들을 지도로 작성했다면, 각자의 작업장이 위치한 개개의 점들이 지도 위에 아주 많이 표시되었을 것이다. 거기서 약 50년을 훌쩍 건너뛰어 산업 혁명 시대로 가면, 동일한 조사에서 아주 다른 그림이 나왔을 것이다. 점묘파 그림처럼 점들이 상당히 균일하게 분포하는 지도 대신에, 큰 공장들의 위치를 나타내는 큰 반점들이 여기저기 드문드문 표시된 지도가 나왔을 것이다.

단백질 암호화 유전자의 경우만 보더라도, 어떤 종류의 사람 세포 하나당 보통 수천 개의 단백질 암호화 유전자에 스위치가 켜진다. 이 유전자들은 46개의 염색체에 퍼져 있기 때문에, 스위치가 켜지는 유전자들의 지리적 위치를 시각화하기 위해 한 세포를 분석하면, 수천 개의 작은 점이 세포핵 전체에 걸쳐 퍼져 있는 모습이 나타날 것이라고 예상할 수 있다. 그러나 실제로는 [그림 12-4]에서 보듯이 그보다 큰 반점들이 300~500개 있는 모습이 나타난다.[20] 우리 세포에서 일어나는 유전자 발현은 가내 공업 방식으로 일어나지 않는다. 대신에 그것은 세포핵 안에서 공장으로 알려진 장소들에서 일어난다.[21]

각 공장에는 DNA 주형으로부터 mRNA 분자를 만드는 효소 복제본이 4~30개 있고, 거기다가 그 일을 하는 데 필요한 다른 분자들도 많이 있다.[22,23] 효소들은 한 장소에 머물러 있고, 관련 유전자가 이리저리 돌아다니면서 복제된다.[24] 유전자가 공장에 도달하려면,

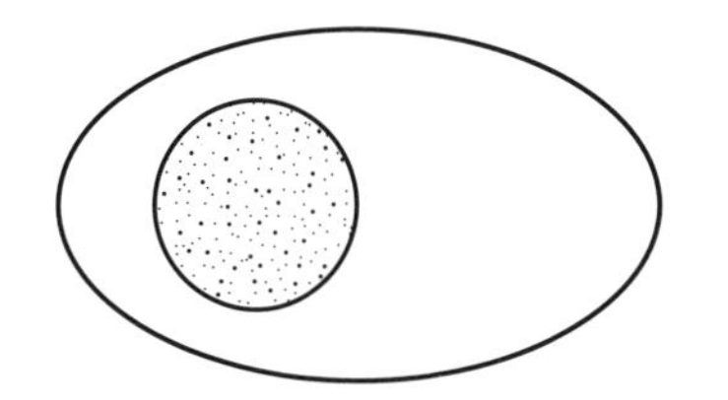

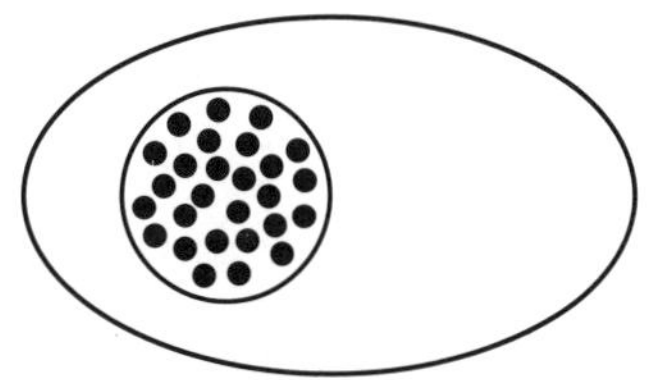

[그림 12-4] 점들은 세포핵 안에서 단백질 암호화 유전자들의 위치를 나타낸다. 만약 유전자들이 세포핵 안에서 순전히 염색체상의 위치 함수로 분포하고 있다면, 왼쪽 그림처럼 균일하게 흩어진 패턴으로 나타날 것이다. 대신에 유전자들은 3차원 공간에서 무리를 지어 모이기 때문에, 유전자들의 그러한 편재 분포 패턴이 오른쪽 그림처럼 반점 모양으로 나타난다.

DNA가 구부러지면서 세포핵의 정확한 장소에 이르러야 한다. 하지만 여기서 정말로 기발한 것은 공장에서 동시에 2개 이상의 유전자가 mRNA로 복제될 수 있다는 점이다. 한 공장에서 발견되는 유전자들의 조합은 무작위적인 것이 아니다. 그 유전자들은 세포 내에서 관련 기능을 수행하는 데 사용되는 단백질을 암호화하는 유전자들인 경우가 많다. 이것은 한 공장에서 다수의 병렬 조립 라인이 돌아가는 것과 같다. 모든 조립 라인이 각자 맡은 일을 마치면, 공장은 그 구성 성분들을 가지고 최종 생산품을 조립할 수 있다. 한 공장이 배를 만들면, 다른 공장은 믹서를 만든다. 세포 내에서 공장들은 유전자들이 잘 통합 조정된 방식으로 발현되도록 만전을 기한다. 이것은 염색체들에서 수많은 고리들이 펼쳐지면서 세포핵 내의 동일한 지역들로 동시에 편재화된다는 것을 의미한다.

이것을 보여주는 한 예는 복잡한 헤모글로빈 분자(혈액 속에서 산소를 운반하는)를 만드는 데 필요한 단백질의 암호화 유전자들을 만드는 공장이다.[25] 또 다른 공장은 강한 면역 반응을 나타내는 데 필요한 단백질을 생산한다.[26] 효과적인 면역 반응에 중요한 한 가지 요소는 항체 단백질의 생산이다. 항체는 혈액과 그 밖의 체액을 돌아다니면서 외래 이물질을 탐지해 들러붙는다. 과학자들은 항체를 생산하는 세포들을 활성화시킨 뒤에 특정 핵심 유전자들이 어떻게 고리 모양으로 구부러지면서 뻗어나가는지 연구했다. 그들이 분석한 유전자들은 항체 분자를 만드는 데 필요한 것이었다. 그들은 이 핵심 유전자들이 모두 동일한 공장으로 이동한다는 사실을 발견했다. 놀랍게도 그중 일부는 보통은 다른 유전자들과 물리적으로 완전히 분리되어 있었는데, 그럴 수밖에 없는 것이 서로 다른 염색체에 존재했기 때문이다.

이것은 유전자 발현을 경이롭게 통합 조정하는 방법이지만, 여기에는 위험도 따른다. 버킷 림프종은 이 장 앞부분에서 소개했던 공격적인 암이다. 이 질환의 경우 비정상적으로 변하는 종류의 세포는 항체를 생산하는 세포이다. 이 질환에서는 한 염색체의 강한 프로모터가 다른 염색체의 한 유전자 옆에서 비정상적인 위치에 놓이게 된다. 얼마 전까지만 해도 우리는 왜 이 지역들이 서로 들러붙는지 이해하지 못했다. 두 지역이 각각 다른 염색체에 존재하므로 물리적으로 서로 멀리 떨어져 있다고 생각했기 때문이다. 하지만 이제 우리는 '자리를 바꾸어' 위험한 비정상 잡종 염색체를 만들어내는 지역들이 앞 단락에서 설명한 공장으로 이동하는 지역들이라는 사실을 알게 되었다. 두 염색체가 충분히 가까워져서 서로의 물질을 교환하는 일은 바로 이런 방식으로 일어나는 것으로 보인다. 아마도 둘 다 동시에 끊어지거나 공장에 있을 때 수리가 엉뚱하게 일어나면서 말이다.

진화는 이렇게 위험한 상황을 배제하는 선택을 했을 것 같지만, 자연 선택은 완벽을 추구하지 않고 타협을 추구한다는 사실을 기억할 필요가 있다. 감염에 대항하기 위해 항체를 생산하고, 그럼으로써 우리가 생식할 수 있을 만큼 충분히 오래 살아남도록 만드는 데에서 얻는 이득은 암 발생 위험 증가로 발생하는 잠재적 손해보다 분명히 크다.

13장
무인 지대

제1차 세계 대전을 생각할 때, 많은 사람들의 머릿속을 지배하는 이미지는 참호 속의 병사들이다. 양쪽 군대가 최종 결전을 위해 진흙 구덩이 속에 들어가 몇 달 동안 지루하게 버티며 대치하다가 간간히 극심한 공포의 순간이 닥치곤 했다.[1] 양군이 차지한 참호들 사이에는 어느 쪽도 지배하지 않는 땅이 펼쳐져 있었다. 이 땅을 '무인 지대No Man's Land'라고 불렀는데, 좁은 곳은 폭이 수백 m에 불과했고, 넓은 곳은 1km 이상이나 되었다. 밤이 되면 병사들은 참호에서 기어나와 정찰 활동을 하거나 철조망을 설치하거나 사상자를 데려오는 등의 작업을 했다.

인간 유전체에도 무인 지대에 해당하는 지역이 많이 있는데, 이곳은 서로 다른 요소들을 분리하는 역할을 한다. 제1차 세계 대전 당시의 수렁과 마찬가지로 유전체의 이 장애물들은 군대의 이동 경로에 대한 상대적 위치에 따라 크기가 다양하고 매우 유동적이다. 그리고 처참한 살육전이 벌어지던 유럽의 무인 지대와 마찬가지로 이 지역들에서도 많은 활동이 벌어지고 있다. 인간 유전체의 무인 지대는 매우 능동적인 방식으로 단백질을 들러붙게 하고, 후성유전적 변형을 끌어들이고, 여러 유전 요소들의 상호작용을 조절한다.

이 점은 우리 세포들에게 중요한데, 유전자들 대부분이 도처에 흩어져 있기 때문이다.*, [2] 이것은 유전자들이 23쌍의 염색체에 제멋대로 마구 흩어져 있다는 뜻이다. 앞에서 이미 보았듯이, 헤모글로빈을 만드는 데 필요한 단백질을 암호화하는 유전자들은 염색체의 3차원 배열에 일어난 변화를 통해 함께 모인다. 이를 통해 서로 옆에 배열되어 있지 않은 위치적 약점을 보완할 수 있다. 대부분의 유전자 배열 방식을 살펴보면, 이 유전자들은 자선 바자회나 중고품 가게에 기증되어 아직 제대로 분류되지 않은 물품들과 비슷하다.

그 결과로 세포 안에서 태아의 간에 필요한 단백질을 암호화하는 유전자가 어른 피부에서 발현되는 단백질을 암호화하는 유전자 옆에 위치할 수도 있다. 이런 상황은 아주 많으며, 어려운 문제의 원인이 될 잠재성이 있다. 이것은 우리 세포가 각기 다른 유전자 발현 패턴을 유지하기 위해서는 서로 다른 요소들 사이에 장애물이 있을 필요가 있다는 것을 의미한다. 그리고 특정 종류의 세포에 따라, 그리고 특정 발달 단계에 따라 그에 맞춰 적절한 조절이 필요하다. 치아 유전자가 눈에서 발현되거나 심장 유전자가 방광에서 발현되면 안 되

* 여기에는 예외가 두 가지 있는데, 유전자들이 자신의 발현 패턴을 반영한 방식으로 모여 있는 경우이다. 주요한 것으로는 신체의 패턴을 조절하는 HOX 유전자와 항체를 암호화하는 Ig 유전자가 있다.

기 때문이다.

우리는 후성유전적 변형이 유전자 발현에 영향을 미친다는 사실을 알고 있다. 뇌를 예로 들면, 신경세포에서는 절대로 발현되지 않는 유전자들이 있다. 예컨대 케라틴 단백질은 털과 손발톱에 쓰이지만, 어른의 회색질에는 쓰이지 않는다. 뇌세포에서는 케라틴 유전자의 스위치가 꺼지며, 특정 후성유전적 변형 패턴을 통해 계속 비활성 상태로 유지된다. 하지만 앞에서 이미 본 것처럼 후성유전적 변형은 DNA 서열을 구별하지 못한다. 그렇다면 이 억제 변형이 케라틴 유전자에서 기어나와 다른 유전자들의 스위치도 끄지 못하도록 막는 것은 무엇일까?

후성유전적 변형은 자립적인 경우가 많기 때문에 이것은 특히 문제가 된다. 유전자 발현을 억제하는 데 관여하는 변형의 사례를 살펴보자. 이러한 변형은 처음의 변화를 강화하는 다른 단백질들을 끌어들임으로써 유전자 발현이 다시 활성화되는 것을 더 힘들게 만든다. 이것은 다시 억제 후성유전적 변형을 계속 추가하는 단백질들을 끌어들임으로써 비활성 상태에서 벗어나는 것을 막을 수 있다. 하지만 억제의 경계선은 매우 모호해 보이는데, 후성유전 기구는 특정 DNA 서열을 인식하지 못하기 때문이다. 따라서 억제된 지역들 주변에서 후성유전적 변형이 퍼져나갈 수 있다.

확산 막기

우리 세포는 후성유전적 변형이 퍼져나가는 것을 막기 위해 진화를 통해 놀라운 방법을 발전시켰다. 소방대원들이 화재가 번져가는 길에서 불에 탈 재료를 없애기 위해 나무를 베어내거나 건물을 폭파시키는 것처럼 우리 유전체는 후성유전 기구의 연료를 제거한다. 유전체의 억제 지역과 활성 지역 사이에서 절연체 역할을 하는 정크 DNA는 자신의 히스톤 단백질을 잃는다. 히스톤 단백질이 없으면 후성유전적 히스톤 변형이 일어날 수 없다. 이것은 억제 변형이 활성 유전자로 기어들지 못하게 하고, 또 그 반대 효과도 차단한다. [그림 13-1]이 이것을 보여준다.

하지만 세포에 따라 서로 다른 지역을 절연할 필요가 있기 때문에 (우리는 털을 만드는 세포에서 케라틴이 발현되길 원하므로), DNA 서열만으로는 절연체를 만들기에 충분치 않다고 추론할 수 있다. 대신에 절연체는 세포에서 어느 순간에 발현되는 단백질들의 조합과 유전체 사이의 복잡하고 상황에 따라 다른 상호작용들을 통해 만들어진다.

이 단백질 중에서 아주 중요한 것 하나는 도처에서 발현되는데, 11-FINGERS*라 부를 수 있다. 크기가 크고 잘 보존된 이 단백질은 특징적인 구조를 지니고 있다. 이 단백질은 3차원에서 특유의 방식으로 접히기 때문에 손가락처럼 돌출한 부분이 11개 있다. 11개의 손가락은 각자 특정 DNA 서열을 인식할 수 있지만, 동일한 서열을 인식하는 것은 아니다.

손가락이 11개인 피아니스트가 손가락이 11개 달린 장갑을 끼는데, 장갑의 각 손가락 색이 네 가지 색 중 하나라고 상상해보라. 게다가 피아노의 각 건반도 동일한 네 가지 색 중 하나이고, 건반의 색은 무작위로 배열되어 있다고 하자. 여기서 지켜야 할 규칙이 있는데, 피

* 정식 이름은 CTCF이다.

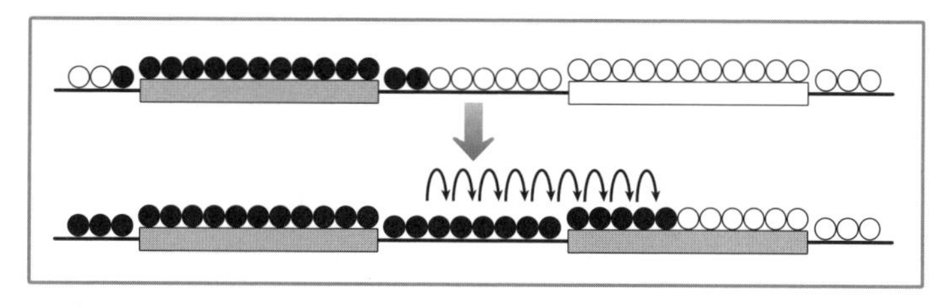

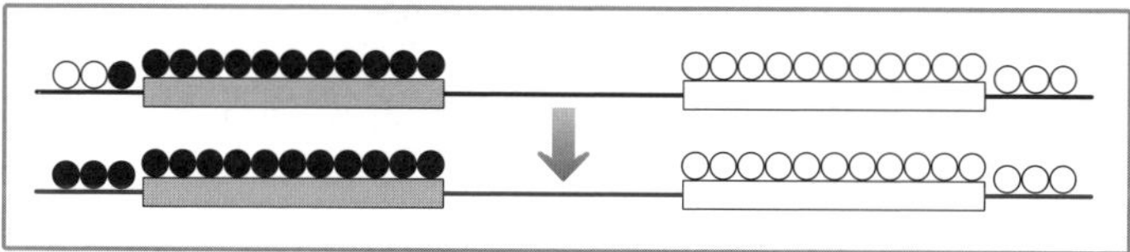

[그림 13-1] 위쪽 그림에서는 억제 변형 패턴이 한 유전자에서 다음 유전자로 퍼져 나간다. 아래쪽 그림에서는 두 유전자 사이의 절연체 지역에 히스톤이 없어 억제 후성유전적 변형의 확산을 막고, 오른쪽 유전자가 비정상적으로 침묵하는 일이 일어나지 않도록 한다.

아니스트는 자신이 원하는 음정의 건반을 어떤 것이라도 쳐도 되지만, 항상 동시에 2~11개의 음정을 쳐야 하고, 장갑 손가락 색과 건반의 색이 일치해야 한다. 그러면 가능한 조합의 수가 엄청나게 많다는 걸 짐작할 수 있을 것이다. 그리고 실제로 선택의 가짓수가 얼마나 많은지 감을 잡고 싶다면, 이 피아노의 건반이 1000개라고 상상해보라.

11-FINGERS 단백질은 많은 유전체 서열들에 비슷한 방식으로 들러붙을 수 있다. 사람 세포에서는 수만 군데에 들러붙을 수 있다. 11-FINGERS는 DNA에 들러붙을 수 있을 뿐만 아니라, 다른 단백질이 11-FINGERS에 들러붙을 수도 있다. 이것을 시각화하기 위해 또 한 번 손가락이 11개인 피아니스트를 상상해보자. 장갑 뒷면이 벨크로로 덮여 있어 보풀이 많은 공이 들러붙을 수 있다고 하자. 여러 가지 색의 장갑 손가락들이 피아노 건반을 치고, 장갑 뒷면에는 보풀이 많은 공들이 들러붙는다.

11-FINGERS 단백질이 처한 상황도 이와 비슷하다. 손가락처럼 생긴 돌출부는 DNA에 들러붙고, 단백질의 반대쪽 표면에는 다른 단백질이 들러붙는다. 들러붙는 파트너의 종류는 세포에서 발현되는 단백질에 대응하는 것이 무엇인지에 따라 다르다. 한 단백질은 DNA의 나선 형태를 변화시킬 수 있는데, 이것은 유전자 발현을 조절하는 데 중요한 역할을 할 수 있다.[3] 또 다른 단백질은 특정 후성유전적 변형을 자리 잡게 하는 일을 한다.[4] 일부 지역에서는 4장에 나왔던 것과 같은 종류의 유전체 침입자들이 절연체 역할을 하면서 활성화 또는 억제 후성유전적 변형이 한 지역에서 다른 지역으로 퍼져나가는 것을 막는다.[5]

일부 tRNA는 절연체로 작용할 수 있다. 이들은 이웃 유전자의 부적절한 발현을 촉진하는 유전자의 발현을 멈출 수 있다. 이것은

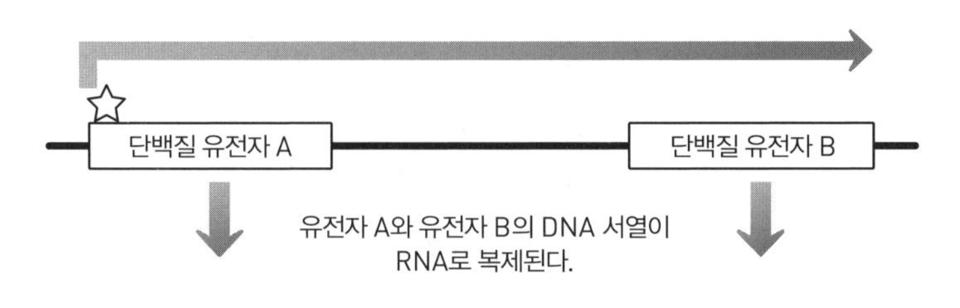

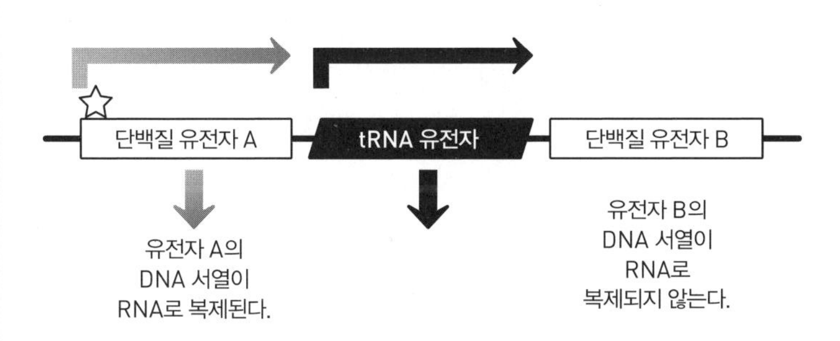

[그림 13-2] 단백질 암호화 유전자로부터 DNA를 복제해 mRNA를 만드는 효소가 유전자 A가 시작되는 부분의 별에 들러붙는다. 가로막는 게 아무것도 없다면, 효소는 계속 복제 작업을 진행해 단백질 암호화 유전자 B도 (아마도 부적절하게) mRNA로 복제한다(위쪽 그림). 다른 효소가 DNA로부터 tRNA 유전자를 복제해 기능성 tRNA 분자를 만든다. tRNA 분자는 효소가 유전자 A로부터 mRNA를 만드는 작업을 차단함으로써 유전자 B가 부적절하게 사용되는 것을 막는다(아래쪽 그림).

tRNA 유전자가 많이 존재할 때 얻을 수 있는 또 하나의 이점인데, 진화가 원재료를 최대한 활용하는 경제적 방식을 잘 보여준다.

[그림 13-2]는 이런 일이 어떻게 일어나는지 보여준다. 전형적인 단백질 암호화 유전자가 그 발현을 촉진하는 후성유전적 변형들로 뒤덮인다. 이 유전자에 들러붙어 그것을 RNA(적절한 처리 과정을 거쳐 성숙한 mRNA가 될)로 복제하는 효소는 일종의 폭주 열차가 될 수 있는데, 일단 복제를 시작하면 멈추지 않고 복제를 계속하는 경향이 있기 때문이다. 만약 근처에 또 다른 단백질 암호화 유전자가 있으면, 효소는 계속 작용하면서 그것 역시 복제할 수 있다. 하지만 그 사이에 tRNA 유전자가 둘 이상 있으면, 이런 일이 일어나지 않는다. tRNA 유전자는 모든 단백질 생산에 관여하기 때문에 거의 항상 스위치가 켜져 있다. tRNA 유전자를 복제하여 DNA 주형으로부터 tRNA 분자를 만드는 효소가 있다. 하지만 이 효소는 전형적인 단백질 암호화 유전자로부터 mRNA 분자를 만들기 위해 비슷한 일을 수행하는 효소와 다르다. tRNA 분자를 만드는 효소는 건장한 문지기처럼 행동하는데, 다음 유전자로 가려고 문을 지나가려는 다른 효소를 가로막는다. tRNA 유전자를 복제하는 효소는 전형적인 단백질 암호화 유전자에 들러붙을 수 없기 때문에, 이 지역에서 전체적인 유전자 발현은 엄격한 공간적 통제를 받게 된다.[6]

생물학에서는 DNA 염기 서열 분석 기술 발전이 가져다줄 성과를 크게 강조해왔기 때문에, 획기적인 돌파구는 첨단 분자 연구에서 나올 것이라는 기대를 품기 쉽다. 하지만 실제로는 큰 진전을 가져다주는 것은 기본 인간 생물학과 논리적 사고이다.

XX는 왜 XXX와 다른가?

7장에서 우리는 암컷 포유류가 항상 자신의 세포들에 있는 두 X 염색체 중 하나를 비활성화한다는 것을 보았는데, 그러는 이유는 X 염색체가 수컷 세포에서와 동일한 수준으로 발현되도록 보장하기 위해서이다. 우리 세포는 수를 셀 줄 아는 능력이 있다. 만약 암컷 세포에 X 염색체가 3개 들어 있다면, 세포는 그중 2개의 스위치를 끈다. 반대로 X 염색체가 하나만 있다면, 세포는 그 염색체의 스위치를 켠 상태로 유지한다.

여기서 아주 명백한 예측을 한 가지 할 수 있다. 세포에 X 염색체가 몇 개 들어 있는가 하는 것은 중요하지 않다. 항상 X 비활성화 과정이 그중 단 하나에만 활성화가 일어나도록 보장하기 때문이다. 따라서 각각의 세포에 X 염색체가 최소한 하나 이상 들어 있는 한, 그 사람은 완전히 정상적이고 건강하게 살아갈 수 있을 것이라고 예측할 수 있다.

문제는 현실은 그렇지 않다는 데 있다. 세포에 X 염색체가 하나만 있거나 3개가 있는 여성은 분명히 눈에 띄는 증상이 나타난다. Y 염색체 외에 X 염색체가 2개 있는 남성도 마찬가지이다. 이 사람들에게서 X 비활성화가 제대로 일어나지 않았다고 보면 설명이 가능할 것 같지만, 실제로는 그렇지도 않다. X 비활성화는 아주 강력한 시스템이다. 물론 매번 완벽하게 작동하지는 않지만(생물학에서 그런 것은 거의 없다.), 이 시스템에 무작위적으로 일어난 오작동으로는 X 염색체를 하나만 가진 모든 여성에게서 왜 아주 비슷한 임상적 증상이 나타나는지 설명할 수 없다.

X 염색체가 하나뿐인 여성은 키가 평균보다 작고, 난소가 제대로

발달하지 않는다.[7] X 염색체가 3개인 여성은 평균보다 키가 크고, 어린 시절에 학습 장애와 발달 지연이 나타날 위험이 크다.[8] X 염색체가 2개(물론 Y 염색체도 있고)인 남성은 평균보다 키가 크고, 상대적으로 고환이 작은데, 이 때문에 남성 호르몬 테스토스테론의 생산 감소에 따른 문제가 나타난다. 또 학습 장애가 나타날 위험도 크다.[9]

이러한 증상들은 환자와 그 가족에게 고통을 안겨줄 잠재성이 있지만, 그래도 상염색체 수가 비정상인 환자(다운 증후군, 에드워드 증후군, 파타우 증후군을 기억하는가? 106~108쪽 참고)보다는 경미하다. 그 이유는 X 염색체가 비록 크긴 해도, 이 염색체의 복제본이 몇 개가 존재하건 상관없이, 그 위에 있는 대부분의 유전자가 적절히 비활성화되기 때문이다. 하지만 그렇지 않은 유전자가 일부 있다.

어떤 일이 일어나는지 제대로 이해하려면, 정자나 난자가 만들어질 때 일어나는 일을 다시 살펴볼 필요가 있다. 특정 단계에서 염색체들은 쌍을 지어 정렬하고, 각 쌍을 이루는 두 염색체는 세포에서 서로 반대쪽 끝으로 끌려간다. 그리고 세포가 분열해 생긴 그 딸세포에는 각 염색체 쌍 중 하나씩만 들어 있다. 여성 세포의 경우에는 이것을 시각화하기가 쉽다. 1번부터 22번 염색체 쌍들이 모두 그러는 것처럼 두 X 염색체가 쌍을 이루었다가 분리된다. 하지만 남성이 정자를 만들 때에는 한 가지 문제가 있다. 남성의 세포에는 큰 X 염색체 하나와 작은 Y 염색체 하나가 있다. 이 둘은 서로 아주 다르다. 그렇지만 정자가 만들어질 때 X 염색체와 Y 염색체는 서로 아주 다른데도 불구하고 상대방을 찾아내 쌍을 이룬다.

이런 일이 일어나는 이유는 X 염색체와 Y 염색체 끝부분에 서로 아주 비슷한 작은 지역이 있기 때문이다. 이 지역은 세포 분열 때 각자가 댄스 플로어의 정 반대편 끝으로 옮겨갈 필요가 있을 때까지 손을 붙잡음으로써 두 염색체가 상대방을 알아보고 쌍을 짓는 데 도움을 준다.

이 작은 지역을 '거짓 상염색체 지역pseudoautosomal region'이라 부른다. 여기에는 단백질 암호화 유전자들이 포함되어 있는데, 이들은 X 비활성화가 일어나는 동안 침묵 상태에 빠지지 않도록 보호받는다. 거짓 상염색체 지역에 있는 유전자들은 X 염색체에 있는 대부분의 나머지 유전자들과 아주 다른 대우를 받는다. 활성 유전자와 비활성 유전자가 공존하는 이 패턴은 X 염색체 수에 이상이 있는 남성과 여성에게 눈에 띄는 증상을 초래하는데, 세포가 DNA의 서로 다른 블록들을 기능적으로 분리하는 방법을 알고 있음을 분명하게 보여주는 증거이다.

X 비활성화는 자신이 발현되는 염색체에서 퍼져나가는 Xist 긴 비암호화 RNA에 결정적으로 의존해 일어난다. 하지만 Xist는 거짓 상염색체 지역으로는 퍼져나가지 않는다. 거짓 상염색체 지역에 이런 보호 장치가 있는 것은 우리 유전체가 핵심 위치들에서 분명히 선을 긋는 방식으로 진화했음을 보여준다. 〈스타 트렉〉에서 외계 종족 보그Borg가 연방의 우주 공간으로 침입했을 때, 엔터프라이즈호 함장 장 뤽 피카드Jean-Luc Picard가 "여기가 경계선이야! 그 이상은 절대로 안 돼!"라고 선언한 것처럼 말이다.[10] 정크 절연체 지역은 Xist 장소에서 살금살금 뻗어나오는 유전체 마비(비활성화)의 확산을 방지한다.

[그림 13-3]은 이 지역들을 침묵시키지 않았을 때, X 염색체 수가 비정상인 사람들에게서 어떻게 변화를 초래하는지 보여준다. X 염색체가 하나뿐인 여성은 거짓 상염색체 지역에서 유전자 산물이 정상의 50%만 발현된다. X 염색체가 3개인 여성은 이 유전자 산물을 정상보다 50% 더 많이 만들며, X 염색체 2개와 Y 염색체를 가진 남성 역시

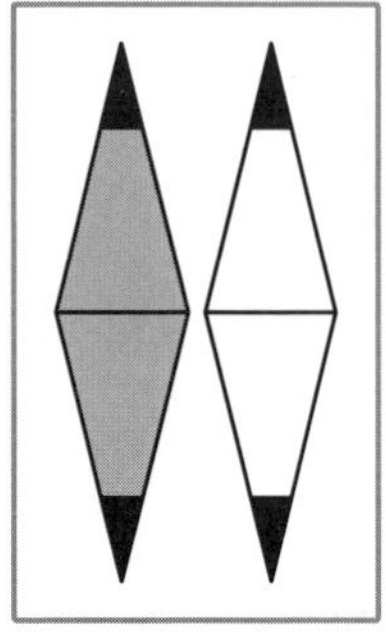

정상 XX 여성
활성 X 염색체 1개
+ 비활성 X 염색체 1개
거짓 상염색체 지역 4개

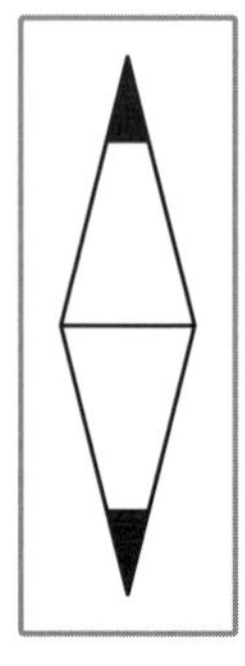

XO 여성
활성 X 염색체 1개
거짓 상염색체 지역 2개

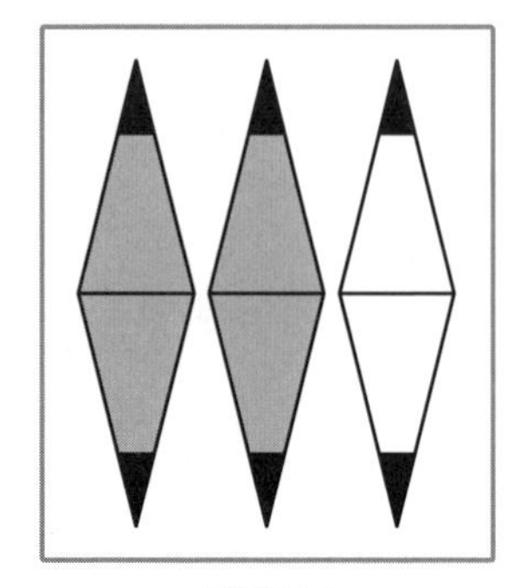

XXX 여성
활성 X 염색체 1개
+ 비활성 X 염색체 2개
거짓 상염색체 지역 6개

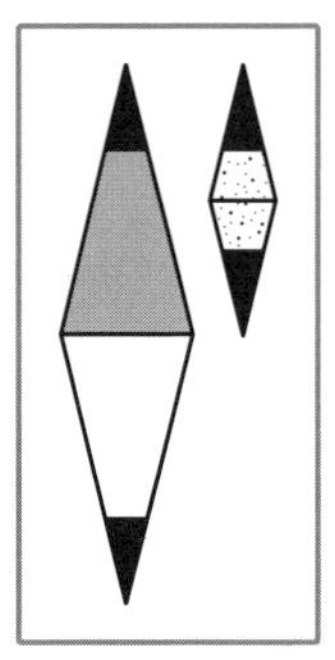

정상 XY 남성
활성 X 염색체 1개
+ Y 염색체 1개
거짓 상염색체 지역 4개

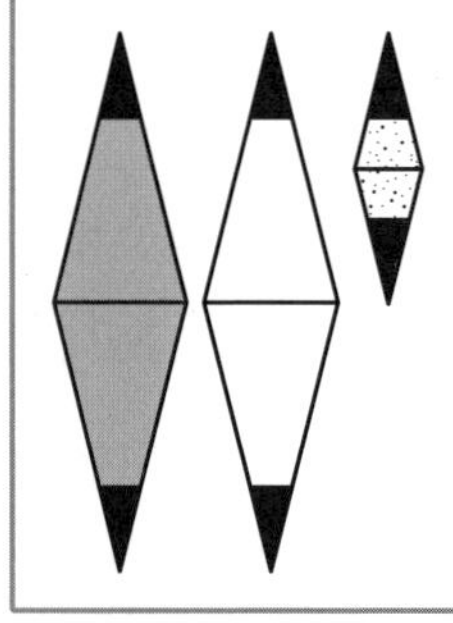

XXY 남성
활성 X 염색체 1개
+ 비활성 X 염색체 1개
+ Y 염색체 1개
거짓 상염색체 지역 6개

X와 Y 염색체 끝부분에 있는 거짓 상염색체 지역
비활성 X 염색체
활성 X 염색체
Y 염색체

[그림 13-3] 남성 세포와 여성 세포에서 X 염색체 수의 차이가 초래하는 결과. X 비활성화 때문에 각 세포에는 활성 X 염색체가 하나만 존재한다. 하지만 X와 Y 염색체 끝부분에 있는 거짓 상염색체 지역은 X 비활성화를 피하기 때문에, X 염색체 수의 변화에 따라 그 수가 병적으로 증가하거나 감소한다.

마찬가지이다.

여분의 X 염색체를 가진 남성과 여성이 모두 평균보다 키가 크고, X 염색체가 하나 부족한 여성이 평균보다 키가 작은 것은 우연이 아니다. 거짓 상염색체 지역에는 특별한 단백질 암호화 유전자*,[11]가 있는데, 이 유전자는 다른 유전자들의 발현을 조절하며, 골격 발달, 특히 팔다리의 긴 뼈 발달에 중요하다. 여분의 X 염색체를 가진 남성과 여성은 이 단백질이 정상보다 많이 발현되며, 따라서 다리와 키가 길어지는 경향이 있다. X 염색체가 하나 부족한 여성에게는 정반대의 일이 일어난다. 이것은 인간 유전체에서 단일 지역이 정상적인 키의 범위에 중요한 영향을 미친다는 사실이 실제로 확인된 극소수 사례 중 하나이다. 이 지역을 제외하면, 키는 유전체의 다양한 장소에 영향을 받는다.[12] 그중 많은 지역은 정크 DNA 지역인데, 이들 지역이 개별적으로 여러분을 묘기 농구팀 할렘 글로브트로터Harlem Globetrotter의 어느 선수, 또는 술집에서 고개를 들어 올려다봐야 하는 사람으로 만드는 데 어떤 기여를 하는지는 아직 분명히 밝혀지지 않았다.

* 이 단백질은 SHOX, 즉 short stature homeobox(단신 호메오박스)이다.

14장
ENCODE 프로젝트 — 빅 사이언스가 정크 DNA에 뛰어들다

만약 여러분이 도시 불빛에서 멀리 떨어진 곳에 있다면, 구름과 달이 없는 밤에 담요를 땅 위에 펴고 그 위에 누워 별들을 바라보라. 그것은 상상 가능한 경이로운 장면 중 하나인데, 도시에서만 죽 살아온 사람에게는 숨이 멎을 만큼 감동적인 경험이다. 캄캄한 어둠이 펼쳐진 하늘에서 은빛으로 반짝이는 별빛들은 너무나도 많아서 다 세지도 못할 것처럼 보인다.

하지만 망원경이 있다면, 하늘에는 맨눈으로 보는 것보다 훨씬 많은 것이 있다는 사실을 알 수 있다. 토성 고리처럼 세부적인 구조가 있는가 하면, 상상했던 것보다 훨씬 더 많은 별들이 있다. 캄캄한 어둠만 존재하는 것처럼 보이던 우주 공간에는 우리의 제한적인 맨눈으로 볼 수 있는 것보다 훨씬 많은 것이 존재한다. 가시광선 파장 외에 전자기 스펙트럼의 다른 부분에서 에너지를 탐지할 수 있는 장비를 사용하면, 이 사실은 더욱 분명해진다. 감마선에서부터 마이크로파 우주 배경 복사에 이르기까지 온갖 파장 영역에서 많은 정보가 계속 쏟아져 들어온다. 그러한 세부 사실들과 그 많은 별들은 이전부터 죽 그곳에 존재했지만, 맨눈에만 의존했을 때에는 우리는 그 존재를 전혀 알아채지 못했다.

2012년, 망원경을 인간 유전체에서 가장 먼 영역으로 돌리려고 한 연구들에서 많은 논문이 쏟아져나왔다. 그것은 바로 많은 연구 기관에서 수백 명의 과학자가 협력하여 연구한 'ENCODE 컨소시엄'에서 나온 성과였다. ENCODE는 *Enc*yclopaedia *O*f *D*NA *E*lements(DNA 요소들의 백과사전)의 머리글자를 따서 지은 이름이다.[1] 연구자들은 이용 가능한 가장 민감한 기술들을 사용해 약 150종류의 세포들을 분석하면서 인간 유전체의 많은 특징을 조사했다. 그리고 다른 기술들을 사용해 얻은 결과들과 비교할 수 있도록 그 데이터를 일관된 방식으로 통합했다. 이 연구가 중요한 이유는 각각 다른 방법으로 생성되고 분석된 데이터 집단들은 서로 비교하기가 매우 어렵기 때문이다. 이전까지만 해도 우리는 그렇게 단편적으로 존재하는 데이터에 의존해 연구를 했다.

ENCODE 데이터는 발표되자마자 언론과 다른 연구자들로부터 큰 관심을 끌었다. 언론에서는 "유전체의 '정크 DNA' 이론을 뒤집어엎은 획기적인 연구",[2] "DNA 프로젝트가 '생명의 책'을 해석하다",[3] "전 세계의 과학자 군대가 '정크 DNA' 암호를 풀다"[4]와 같은 헤드라인을 내걸면서 이 사건을 대대적으로 다루었다. 다른 과학자들도 모두 축하를 보내고, 심지어 추가된 데이터에 고마워했을 것이라고 쉽게 상상할 수 있다. 그리고 실제로 많은 과학자는 이 발표에 매료되었고, 자신의 연구실에서 매일 이 데이터를 사용한다. 하지만 그러한 환호가 보편적인 반응은 아니었다. 비판은 주로 두 진영에서 나왔다. 첫 번째 진영은 정크 회의론자들이었고, 두 번째 진영은 진화론자들이었다.

첫 번째 진영이 불만을 품은 이유를 이해하려면, ENCODE 논문에 포함된 아주 간결하고 함축적인 표현을 살펴볼 필요가 있다.

> 이 데이터는 유전체 중 80%에, 특히 잘 연구된 단백질 암호화 지역 밖에 있는 것들에, 생화학적 기능을 부여할 수 있게 해주었다.[5]

다시 말해 ENCODE는 별들이 차지하는 공간은 채 2%도 안 되고 나머지 하늘에는 대체로 캄캄한 어둠이 깔려 있는 게 아니라, 우리 유전체에서 5분의 4에 해당하는 하늘이 물체들로 가득 차 있다고 주장한 것이다. 그리고 단백질 암호화 유전자를 별이라고 한다면, 이 물체들 중 대부분은 별이 아니다. 대신에 이것들은 소행성이나 행성, 유성, 위성, 혜성을 비롯해 우리가 상상할 수 있는 그 밖의 천체일 수 있다.

앞에서 보았듯이, 많은 연구 집단이 이미 프로모터와 인핸서, 텔로미어, 동원체, 긴 비암호화 RNA를 비롯해 일부 어두운 지역도 어떤 기능을 한다는 것을 보여주었다. 따라서 대부분의 과학자들은 우리 유전체에 단백질을 암호화하는 작은 부분 외에 더 많은 것이 있다는 개념에 별로 불편함을 느끼지 않았다. 하지만 유전체 중 무려 80%가 나름의 기능을 갖고 있다고? 그것은 실로 과감한 주장이었다.

비록 놀라운 것이긴 하지만, 이 데이터는 이미 10여 년 전에 사람이 왜 그토록 복잡한지 그 이유를 밝히려고 노력한 과학자들이 간접적 분석을 통해 예고한 바 있었다. 이것은 인간 유전체 서열 분석 작

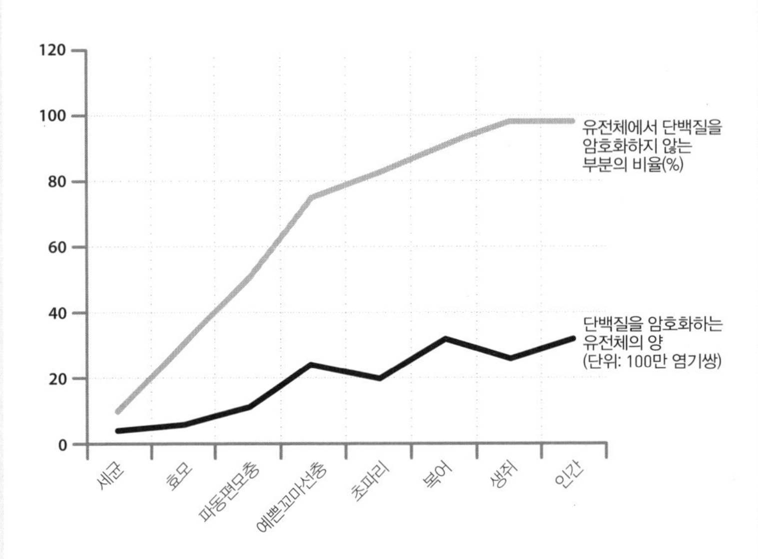

[그림 14-1] 생물의 복잡성이 유전체에서 단백질을 암호화하는 부분의 크기보다는 정크 DNA 비율에 더 비례한다는 것을 보여주는 그래프

업이 완성되었을 때, 인간 유전체에서 아주 단순한 생물보다 월등히 많은 단백질 암호화 유전자를 찾는 데 실패하면서 많은 사람들이 궁금증을 품었던 문제였다. 연구자들은 동물계의 여러 종들을 대상으로 유전체에서 단백질을 암호화하는 부분이 차지하는 크기와 함께 정크가 차지하는 비율을 분석했다. [그림 14-1]은 3장에서 간단히 다루었던 이야기의 결과를 정리해 보여준다.

앞에서 보았듯이, 단백질을 암호화하는 유전 물질의 양과 복잡성 사이에는 비례 관계가 잘 성립하지 않는다. 생물의 복잡성은 오히려 유전체에서 정크 DNA가 차지하는 비율과 더 그럴듯한 연관 관계가 있다. 연구자들은 이 사실이 단순한 생물과 복잡한 생물 사이의 차이는 주로 정크 DNA에 좌우된다는 것을 의미한다고 해석했다. 이것은 다시 정크 DNA 중 상당 비율이 나름의 기능을 갖고 있음을 의미하는 것으로 보였다.[6]

많은 매개변수

ENCODE는 모든 종류의 데이터를 결합함으로써 정크 DNA가 우리 유전체에서 지닌 기능 수준의 수치를 계산했다. 이 데이터에는 그들이 발견한 RNA 분자들에 관한 정보도 포함되어 있었다. 이 분자들에는 단백질을 암호화하는 RNA와 단백질을 암호화하지 않는 RNA, 즉 정크 RNA가 모두 포함되어 있었다. 그 크기는 염기 수천 개에 이르는 분자에서부터 그것보다 100배 작은 분자에 이르기까지 광범위하게 분포되어 있었다. ENCODE는 또한 유전체 지역이 흔히 기능적 지역과 연관이 있는 특정 후성유전적 변형들의 조합을 포함하고 있으면, 그 지역이 기능적이라고 정의했다. 그 밖에 앞 장에서 보았던 방식으로 함께 구부러지는 지역들을 분석하는 방법론도 사용했다. 또 한 가지 주목할 만한 기술은 기능과 관련이 있는 특정 물리적 특징으로 유전체를 규정하는 것이었다.*

이 특징들은 분석한 사람 세포의 종류에 따라 달랐는데, 이것은 세포가 동일한 유전체 정보를 사용하는 방식에 상당한 유연성이 있다는 개념에 큰 힘을 실어준다. 예를 들어 구부러지는 지역들을 분석한 연구 결과에 따르면, 서로 다른 지역들 사이에서 일어나는 한 가지 특정 상호작용은 세 종류의 세포 중 하나에서만 관찰되었다.[7] 이것은 우리 유전 물질이 3차원적으로 복잡하게 접히는 과정은 아주 정교한 세포 특이적 현상임을 시사한다.

연구자들은 일반적으로 조절 지역과 관련이 있는 물리적 특징들을 살펴본 결과, 이 조절 DNA 지역들 또한 세포 의존적 방식으로 활성화되며, 이 때문에 이 정크 DNA가 세포의 정체성을 빚어낸다는 결론을 얻었다.[8] 이 결론은 125종류의 세포들을 분석해 그런 장소를 약 300만 개나 확인한 끝에 얻었다. 그렇다고 해서 모든 종류의 세포에 그런 장소가 300만 개 있다는 말은 아니다. 각 종류의 세포들에 있는 서로 다른 장소들을 모두 합쳤을 때 그런 장소가 300만 개 있다는 뜻이다. 이것은 또한 특정 세포의 필요에 따라 유전체의 조절 잠재력을 다른 방식으로 사용할 수 있음을 시사한다. [그림 14-2]는 세포의 종류에 따른 기능적 장소들의 분포를 보여준다.

* 이런 특징은 대개 DNA 분자를 자를 수 있는 효소에 쉽게 접근하는 능력인데, 이것은 RNA로 복제될 수 있는 열린 구조가 있음을 말해준다.

[그림 14-2] ENCODE 데이터를 분석한 연구자들은 다양한 인간 세포주를 평가하면서 조절 지역의 특징을 지닌 장소를 300만 개 이상 확인했다. 이 그림에서 원의 넓이는 이 장소들의 분포를 나타낸다. 대부분은 두 종류 이상의 세포에서 발견된 반면, 상당 비율은 개별적인 종류의 세포에만 특유한 것이었다. 분석한 세포주들 모두에서 발견된 것은 극히 작은 비율에 지나지 않았다.

이 방법으로 확인된 조절 지역 중 90% 이상은 가장 가까운 유전자의 시작 부분으로부터 염기쌍 2500개 이상의 거리에 있었다. 때로는 모든 유전자로부터 멀리 떨어져 있었고, 또 어떤 경우에는 한 유전자 몸체 내의 정크 지역에 있었지만 여전히 시작 부분에서 멀리 떨어져 있었다.

대부분의 유전자 프로모터는 이들 지역 중 둘 이상과 연관이 있었고, 각 지역은 대개 둘 이상의 프로모터와 연관이 있었다. 우리 세포는 유전자 발현을 조절하는 데 직선을 사용하지 않고, 상호작용하는 노드들로 이루어진 복잡한 네트워크를 사용하는 것으로 보인다.

눈길을 끄는 데이터 중 일부는 일부 세포들에서는 유전체 중 75% 이상이 어느 시점에 RNA로 복제된다고 시사했다.[9] 이것은 실로 놀라운 사실이었다. 우리 세포의 정크 DNA 중 약 4분의 3이 실제로 RNA를 만드는 데 사용되리라고 예상한 사람은 아무도 없었기 때문이다. 단백질 암호화 mRNA를 긴 비암호화 RNA와 비교했더니, 발현 패턴에서 큰 차이가 발견되었다. [그림 14-3]이 보여주듯이, 연구 대상으로 삼았던 세포주 15개 모두에서 발현되는 비율은 단백질 암호화 mRNA가 긴 비암호화 RNA보다 훨씬 높았다. 여기서 연구자들은 긴 비암호화 RNA가 세포의 운명을 조절하는 데 매우 중요하다는 결론을 얻었다.

전체적으로 볼 때, ENCODE 컨소시엄에서 나온 다양한 논문의 데이터는 아주 복잡한 교차 대화와 상호작용 패턴과 함께 매우 활동적인 인간 유전체 그림을 보여준다. 본질적으로 정크 DNA는 정보와 지시로 가득 차 있다. 여기서 머리말에 나왔던 가상 지문을 다시 인용하는 게 적절할 것 같다. "만약 밴쿠버에서 〈햄릿〉을 공연하고, 퍼스에서 〈템페스트〉를 공연한다면, 〈맥베스〉의 이 대사는 네 번째 음절

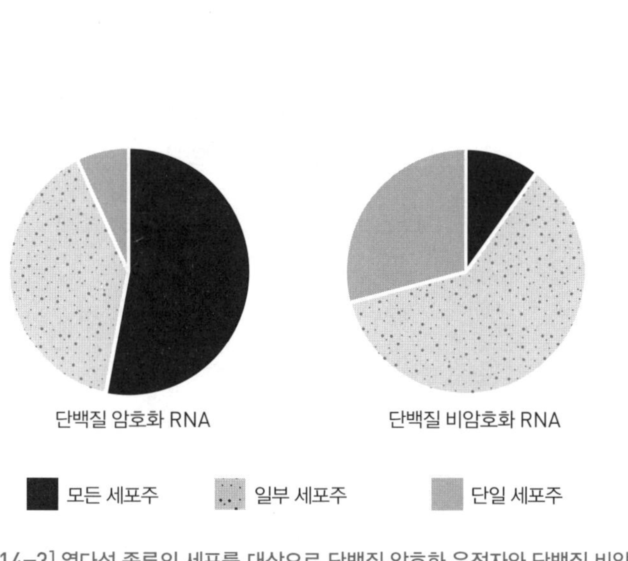

[그림 14-3] 열다섯 종류의 세포를 대상으로 단백질 암호화 유전자와 단백질 비암호화 유전자를 분석했다. 단백질 암호화 유전자는 비암호화 RNA 분자를 만드는 지역에 비해 모든 종류의 세포에서 발현될 가능성이 훨씬 높았다.

에 강세를 주어 발음하라. 단, 케냐의 몸바사에서 아마추어들이 〈리처드 3세〉를 공연하고 있는 동시에 에콰도르의 키토에 비가 내리는 것이 아니라면."[10]

이 모든 이야기는 아주 큰 흥분을 자아내기에 충분한데, 왜 많은 사람들은 이 데이터의 중요성에 큰 의심을 품었을까? 일부 이유는 ENCODE 논문들이 유전체에 대해 실로 엄청난 주장을 했기 때문인데, 특히 인간 유전체 중 80%가 기능적이라는 주장이 그렇다. 문제는 이 주장 중 일부는 기능을 간접적으로 측정한 결과를 바탕으로 나온 것이라는 데 있었다. 후성유전적 변형의 존재를 바탕으로 하거나 DNA와 관련 단백질의 물리적 특징을 바탕으로 그 기능을 추론한 연구들이 특히 그런 의심을 받았다.

잠재력 대 현실

의심을 품은 사람들은 이 데이터가 말해주는 것은 기껏해야 어떤 지역이 기능을 지녔을 '가능성'뿐인데, 이것은 유용한 정보로 삼기에 너무 모호하다고 주장한다. 비유가 설명에 도움이 될지 모르겠다. 소유주의 형편이 어려워지는 바람에 전력 공급이 끊긴 대저택을 상상해 보라. 그러니까 불운한 도박사가 다운튼 애비를 소유한 상황을 생각하면 된다. 이 대저택에는 방이 200개나 있고, 각 방마다 조명 스위치가 5개씩 있다. 각각의 스위치는 전구 하나를 켤 수 있지만, 일부 스위치는 선이 제대로 연결되지 않았을 수도 있고(귀족은 전기 설비를 잘 모르니까), 전구가 고장났을 수도 있다. 단지 스위치들이 벽에 붙어 있고, 마음대로 켰다 껐다 할 수 있다는 이유만으로 이 스위치들이 실제로 그 방의 조명 수준에 어떤 차이를 빚어낸다고 말할 수는 없다.

우리 유전체에도 똑같은 상황이 벌어질 수 있다. 후성유전적 변형이 있거나 특정 물리적 특징을 가진 지역이 존재할 수 있다. 하지만 그것만으로는 이 지역이 어떤 기능을 한다고 확실히 말할 수 없다. 이런 특징들은 그 부근에서 일어난 어떤 일의 부산물로 발달한 것일 수도 있다.

추상적 표현주의 작품을 만들고 있는 잭슨 폴록Jackson Pollock의 사진 중 아무 사진이나 살펴보라.[11] 그의 스튜디오 바닥에는 필시 캔버스에 칠하다가 튀긴 물감 자국이 여기저기 널려 있을 것이다. 하지만 그렇다고 해서 바닥에 튀긴 물감 자국들이 그림 작품의 일부라거나 폴록이 그것에 어떤 의미를 부여했다고 말할 수는 없다. 그것들은 주된 사건이 일어나는 과정에서 불가피하게 생겨난 별 의미 없는 부산물일 뿐이다. 우리 DNA에 생긴 물리적 변화도 그런 것일 수 있다.

일부 전문가들이 ENCODE의 주장을 의심한 또 한 가지 이유는 사용한 기술의 감도 때문이다. 연구자들은 우리가 유전체를 처음 탐구하기 시작할 때보다 훨씬 감도가 높은 방법들을 사용했다. 그 덕분에 아주 적은 양의 RNA도 탐지할 수 있었다. 비판자들은 기술의 감도가 너무 높아 유전체의 배경 잡음을 포착한 것이 아닌가 의심한다. 녹음테이프를 기억할 만큼 나이가 많은 사람이라면, 녹음기 볼륨을 아주 높였을 때 어떤 일이 일어났는지 기억을 더듬어보라. 음악 소리 외에 쉭쉭거리는 잡음도 분명히 들렸을 것이다. 하지만 그것은 음악의 일부로 녹음된 소리가 아니라, 녹음 매체의 기술적 한계 때문에 불가피하게 발생하는 부산물이다. ENCODE를 비판하는 사람들은 세포에서도 비슷한 현상이 일어날 수 있다고 생각한다. 즉, 유전체의 활동적인 지역에서 임의적으로 RNA 분자들의 발현이 약간 일어날 수 있다고 생각한다. 이 모형에서는 세포가 RNA 분자들의 스위치를 능동적으로 켜지 않지만, 이웃에서 복제 활동이 많이 일어나다 보니 그에 편승해 이 분자들이 우연히 극소량 복제되는 일이 일어날 뿐이다. 밀물은 모든 배를 떠오르게 하지만, 우연히 그 근방에 있는 나뭇조각이나 플라스틱 병도 떠오르게 한다.

일부 사례에서 연구자들이 탐지한 특정 RNA 분자가 세포 하나당 1개 미만이라는 사실에 주목하면, 기술의 감도가 너무 높아 유전체의 배경 잡음을 포착하는 것은 상당히 큰 문제처럼 보인다. 세포가 RNA 분자를 0개에서 1개 사이의 범위에서 발현하는 것은 불가능하다. 세포는 특정 RNA를 하나도 복제하지 않거나 하나 또는 둘 이상 복제한다. 그 밖의 것은 '어느 정도' 임신했다고 말하는 것과 비슷하다. 임신은 하거나 하지 않거나 두 가지 상태만 있을 뿐, 그 중간 단계는 있을 수 없다.

하지만 이것은 실제로는 사용한 기술들의 감도가 너무 높아서 그런 것이 아니다. 대신에 우리 기술이 여전히 감도가 충분히 높지 않아서 이런 일이 일어난다. 우리가 사용하는 방법은 단일 세포를 분리해 그 안에 든 모든 RNA 분자들을 분석할 만큼 충분히 훌륭하지 않다. 대신에 많은 세포를 분리해 모든 RNA 분자들을 분석하고 세포 속에 분자들이 평균적으로 몇 개나 있는지 계산하는 방법에 의존한다.

이 방법의 문제는 시료 속에 포함된 세포들 중에서 특정 RNA를 소량 발현하는 많은 세포들과 많이 발현하는 적은 세포들을 구별할 수 없다는 것이다. [그림 14-4]는 이러한 차이가 나는 시나리오들을 보여준다.

또 다른 문제는 RNA 분자를 분석하려면 세포들을 죽여야 한다는 데 있다. 그 결과 우리는 이상적으로는 RNA 발현에 어떤 일이 일어

2	2	2	2	2	2
2	2	2	2	2	2
2	2	2	2	2	2
2	2	2	2	2	2
2	2	2	2	2	2
2	2	2	2	2	2

탐지된 RNA 분자의 수 = 72

36	0	0	0	0	0
0	0	0	0	0	0
0	0	0	0	0	0
0	0	36	0	0	0
0	0	0	0	0	0
0	0	0	0	0	0

탐지된 RNA 분자의 수 = 72

[그림 14-4] 각각의 작은 사각형은 개별적인 세포를 나타낸다. 세포 속의 숫자는 그 세포에서 만들어지는 특정 RNA 분자의 수를 가리킨다. 연구자는 탐지 방법의 감도 한계 때문에 개별적인 세포 대신에 세포 집단을 분석한다. 그래서 연구자는 그 집단에 포함된 전체 분자들의 수만 알 수 있을 뿐, 모든 세포가 각자 분자를 2개씩 포함한 36개의 세포 집단(왼쪽)인지 36개의 세포 중 2개의 세포만 분자를 36개씩 포함한 집단(오른쪽) — 혹은 전체 분자 수가 72개인 그 밖의 어떤 조합 — 인지 구별할 수 없다.

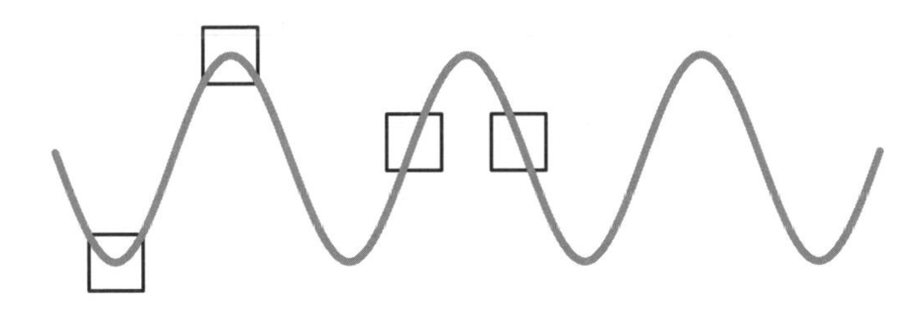

[그림 14-5] 한 세포 내에서 특정 RNA의 발현은 주기적 패턴으로 나타날 수 있다. 사각형들은 연구자가 RNA 분자의 발현을 측정하기 위해 세포 시료를 채취하는 지점들을 나타낸다. 그 결과는 별개의 조직에서 서로 다른 세포 집단들을 분석할 때에도 아주 다르게 나타날 수 있지만, 이것은 생물학적으로 유의미한 변이가 아니라 단순히 시간적 요동이 반영된 결과일 수도 있다.

나는지 실시간으로 보여주는 영화를 얻고 싶지만, 스냅 사진을 얻을 수밖에 없다. [그림 14-5]는 여기에 내재하는 문제를 보여준다.

물론 이상적으로는 ENCODE의 발견이 정말로 직접적인 실험을 통한 철저한 검토를 견뎌내는지 검증할 수 있어야 한다. 하지만 그러면 발견된 것이 너무 많다는 문제로 되돌아가게 된다. 조사할 후보 지역이나 RNA 분자를 어떻게 정해야 할까? 또 한 가지 복잡한 문제는 ENCODE 논문들에서 확인된 많은 특징이 거대하고 복잡한 상호작용 네트워크의 일부라는 점이다. 각각의 요소는 전체 그림에 나름의 제한적인 효과를 미칠지 모른다. 어쨌든 그물에서 매듭 하나를 자른다고 해도 그물의 전체 기능이 망가지지는 않는다. 그물에 난 구멍은 가끔 물고기가 달아나게 할 수 있지만, 작은 물고기 한 마리가 달아났다고 해서 전체 어획량에 큰 지장이 생기는 것은 아니다. 하지만 그렇다고 해서 모든 매듭이 중요하지 않다는 뜻은 아니다. 그것들은 모두 중요한데, 서로 함께 협력해 작용하기 때문이다.

진화의 전쟁터

ENCODE 논문들과 그 해설들을 쓴 저자들은 인간 유전체에 대해 진화적 결론을 내리는 데에도 그 데이터를 사용했다. 일부 이유는 불일치하는 것처럼 보이는 측면 때문이었다. 만약 인간 유전체 중 80%가 어떤 기능을 한다면, 인간 유전체와 적어도 다른 포유류 유전체 사이에는 상당한 유사성이 존재할 것이라고 예측할 수 있다. 문제는 인간 유전체 중에서 포유강 사이에서 보존된 것은 고작 5%뿐이고, 보존된 지역들은 단백질을 암호화하는 물질들에 지나치게 많이 쏠려 있다는 점이다.[12] 겉보기에 모순처럼 보이는 이 문제를 해결하기 위해 저자들은 조절 지역들이 아주 최근에 그리고 주로 영장류에서 진화했다고 추측했다. 이들은 서로 다른 인류 집단들에서 DNA 서열의 변이를 대규모로 조사한 데이터를 사용해, 인류 집단들 사이에서는 조절 지역들의 다양성이 비교적 낮은 반면, 활동이 전혀 일어나지 않는 지역들은 다양성이 훨씬 높다는 결론을 얻었다. 한 해설은 다음 논증을 사용해 이 점을 더 깊이 탐구했다. 단백질 암호화 서열이 진화를 통해 잘 보존된 이유는 특정 단백질이 둘 이상의 조직이나 두 종류 이상의 세포에서 자주 사용되기 때문이다. 만약 그 단백질의 서열이 변한다면, 변화한 단백질은 특정 조직에서 더 나은 기능을 발휘할 수도 있다. 하지만 같은 단백질에 의존하는 다른 조직에서는 동일한 변화가 심각한 손상을 초래할 수도 있다. 이것은 단백질 서열을 유지하는 진화 압력으로 작용한다.

하지만 단백질을 암호화하지 않는 조절 RNA는 조직 특이적 경향이 더 강하다. 따라서 조절 RNA는 진화 압력을 덜 받는데, 오직 한 조직만이 한 조절 RNA에 의존하며, 어쩌면 생애 중 특정 시기에만 혹은 특정 환경 변화에 반응할 때에만 그럴 가능성이 있다. 이 때문에 조절 RNA에서는 진화의 브레이크가 제거되었고, 우리는 조절 RNA 지역에서는 포유류 사촌과 다른 길을 걸어갈 수 있었다. 하지만 인류 집단들 전체에서는 이들 조절 RNA에 최적의 서열을 유지하게 하려는 진화 압력이 작용했다.[13]

생물학자들은 의견이 일치하지 않을 때 사회적 집단으로서 다소 절제된 모습을 보이는 경향이 있다. 가끔 학술 회의에서는 공격적인 문답이 오가는 일이 있지만, 일반적으로 공식적인 발표문은 신중한 표현으로 포장된다. 회의에서 발언하는 문장보다 공식적으로 발표하는 문장은 특히 그렇다. 물론 우리는 [그림 14-6]이 보여주는 것처럼 행간을 읽는 법을 잘 알고 있지만, 발표되는 논문은 일반적으로 신중하게 표현된다. ENCODE의 발표 뒤에 불붙은 논쟁이 상대적으로 무관심한 국외자에게 특히 흥미로웠던 것은 바로 이런 점 때문이었다.

가장 솔직한 반응은 주로 진화생물학자들에게서 나왔다. 이것은 그다지 놀라운 일은 아니었다. 진화는 생물학 중에서 감정이 아주 격하게 분출하기 쉬운 분야이다. 대개 그 총구는 창조론자들을 향하지만, 기관총이 다른 과학자들을 향할 때도 있다. 부모로부터 자식에게 획득 형질이 전달되는 현상을 연구하는 후성유전학자들은 ENCODE에 포화가 집중되는 바람에 자신들에 대한 공격이 한동안 뜸해지자 안도의 한숨을 내쉬었다.[14]

ENCODE를 맹렬하게 비난하면서 나온 표현 중에는 '논리적 오류', '어리석은 결론', '무책임한 태도', '잘못된 정의를 잘못 사용했다' 등이 있다. ENCODE 비판자들은 우리가 그들의 의도를 잘못 이해할까 봐 다음과 같은 통렬한 비판으로 ENCODE 반박 논문을 마무리했다.

> 주 저자들 중 한 사람은 ENCODE의 결과가 교과서를 고쳐써야 할 필요성을 부각시킬 것이라고 예측했다. 마케팅과 대중 매체 광고, 홍보를 다루는 많은 교과서는 고쳐쓸 필요가 있다는 데 우리도 동의한다.[15]

이처럼 강력한 반대에서 나온 주요 비판들은 기능의 정의, ENCODE 저자들이 데이터를 분석한 방법, 진화 압력에 관한 결론에 초점을 맞추었다. 그중 첫 번째 비판은 우리가 앞에서 잭슨 폴록과 다운튼 애비 비유를 사용해 설명했던 문제들에 관한 것이다. 어떤 면에서 이 문제들은 대체로 수학과 생물학을 분리하기 어려운 현실에서

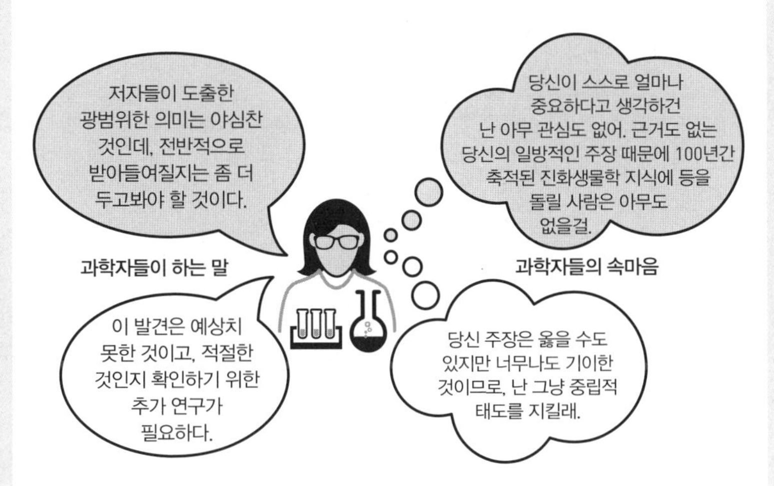

[그림 14-6] 과학자들은 대개 겉으로는 정중하지만(왼쪽 발언들), 때로는 속마음이 거의 드러나는 암호를 사용해 말하기도 한다(오른쪽 생각들).

유래한다. 원저자들은 ENCODE 데이터를 주로 통계적, 수학적 접근 방법을 사용해 해석했다. 비판자들은 이런 접근 방법이 생물학적 관계들을 고려하지 않기 때문에 우리를 막다른 골목으로 이끌며, 생물학적 관계들은 아주 중요하다고 주장한다. 그들은 아주 훌륭한 비유를 사용해 이것을 설명한다. 심장이 중요한 이유는 혈액을 온몸으로 펌프질해 보내기 때문이다. 이것은 생물학적으로 중요한 관계이다. 하지만 심장의 작용을 단순히 수학적으로 도출한 상호작용 지도로만 분석한다면, 터무니없는 결론이 나올 수 있다. 그런 결론 중에는 심장이 신체에 체중을 더해주고, '쿵쾅' 소리를 내기 위해 존재한다는 것도 포함될 수 있다. 이 두 가지 일은 분명히 심장이 하는 일이지만, 이것들은 심장의 기능이 아니다. 이것들은 심장의 본래 기능에 더해 부수적으로 일어나는 일에 지나지 않는다.

저자들은 분석 방법을 비판했는데, ENCODE 팀이 알고리듬을 적용하는 방식에 일관성이 없다고 생각했기 때문이다. 그로 인한 한 가지 결과는 큰 지역에서 관찰된 효과가 분석을 부적절하게 압도할 수 있다는 점이다. 예를 들어 염기쌍 600개로 이루어진 블록을 기능성이 있다고 분류했는데, 실제로 그 기능을 수행하는 것은 그중 단 10개뿐이라면, 이것은 기능을 가진 것으로 분류하는 유전체의 비율을 크게 왜곡시키는 결과가 된다.

진화생물학자들이 주장하는 요지는 ENCODE 저자들이 진화생물학의 표준 모형을 무시했다는 것인데, 표준 모형에서는 변이가 많은 지역들은 진화적 선택이 부족했다는 사실이 반영된 것이며, 따라서 이 지역들은 상대적으로 중요하지 않다고 본다. 아주 오랫동안 지지를 받아온 원리를 뒤집어엎고 싶다면, 아주 강한 근거를 제시해야 한다. 비판자들은 ENCODE 논문들이 비록 방대한 데이터를 담고 있지만, 인간과 다른 영장류의 서열들로부터 진화에 관한 결론을 도출할 때 부적절하게도 아주 적은 수의 지역들에만 초점을 맞췄다고 주장했다.

양측 모두 흥미로운 과학적 논거들이 있지만, ENCODE 논쟁에서 분출된 열기와 감정이 순전히 과학 때문이라고 말한다면 솔직하지 않을 것이다. 매우 인간적인 요소들도 무시할 수 없다. ENCODE는 빅 사이언스의 한 예이다. 빅 사이언스는 대개 수백만, 수천만 달러의 비용이 투입되는 거대한 협력 작업이다. 과학 예산은 무한대가 아니며, 이러한 빅 사이언스 계획에 자금을 투입하면, 규모가 더 작고 가설에 의존하는 비중이 큰 연구에 돌아가는 예산이 줄어들 수밖에 없다.

연구 자금 집행 기관들은 두 종류의 연구 사이에서 균형을 잡으려고 노력한다. 빅 사이언스가 많은 과학 분야에 큰 자극을 줄 수 있는 자원을 창출한다면, 연구 자금 집행 기관들은 빅 사이언스에 예산을 배정하는 경우가 많다. 인간 유전체의 서열을 밝힌 최초의 연구가 대표적인 예이다—이마저도 비판자들이 없었던 것은 아니지만. 그러나 ENCODE의 경우, 논란은 거기서 나온 원자료를 놓고 벌어진 것이 아니라, 그것을 해석하는 방식을 놓고 벌어졌다. 그래서 비판자들의 눈에는 ENCODE가 순수한 인프라 투자와는 다른 것으로 보였다.

ENCODE의 모든 단계와 측면을 고려할 때, 그 비용은 2억 5000만 달러 정도 들었다. 그 금액이면 개별적인 가설을 탐구하는 데 초점을 맞춘 보통 크기의 단일 연구 계획을 적어도 600개는 지원할 수 있었을 것이다. 자금 배분 방법을 선택하는 것은 균형을 유지하는 문제이며, 이러한 자금 지원 수준으로는 분열과 우려를 피할 길이 없다.

가트너Gartner라는 기업은 새로운 기술이 어떻게 인식되는지 보여주는 도표를 만들었다. 이것은 하이프 사이클Hype Cycle이라 부른다. 처음에는 모든 사람들이 열광한다. 즉, 부풀어오른 기대의 정점에 이르게 된다. 하지만 새로운 기술이 우리의 삶과 관련된 모든 것을 변화시키는 데 실패하면, 환상에서 깨어나 바닥으로 추락하게 된다. 결국 모두가 제자리를 찾게 되고, 합리적 이해가 꾸준히 증가하다가 마침내 생산적인 고원에 이르게 된다.

ENCODE와 비슷한 상황들에서 이 사이클은 특별히 압축되어 나타나는데, 가장 목소리가 큰 집단들의 양극화 때문에 그렇다. 부풀어오른 기대의 정점에 있는 과학자들은 바닥에 위치한 과학자들과 정확하게 동시에 연구를 한다. 나머지 사람들은 대부분 실용적이어서, ENCODE의 데이터를 사용하는 것이 유익할 때에는 그렇게 하려고 한다. 개인 과학자가 흥미를 느낀 특정 질문에 유익한 정보를 제공할 때에는 대개 그렇다.

15장
머리 없는 여왕과 이상한 고양이와 뚱보 생쥐

ENCODE 컨소시엄은 인간 유전체에서 기능을 지닐 가능성이 있는 요소를 엄청나게 많이 확인했다. 그 수가 워낙 많다 보니 어느 후보 지역을 먼저 실험 대상으로 결정할지 전략을 세우기가 어려울 정도이다. 하지만 이 과제는 겉보기만큼 아주 어렵지 않을 수도 있는데, 언제나처럼 자연이 길을 가리키는 단서를 제공하기 때문이다. 최근 몇 년 사이에 과학자들은 유전체의 조절 지역에 생긴 미소한 변화 때문에 발병하는 사람의 질병들을 확인하기 시작했다. 이전이라면 이것들을 정크 DNA에 생긴 무해한 무작위적 변이로 여기고 무시했을 것이다. 하지만 이제 우리는 경우에 따라 유전체에서 전혀 상관없어 보이는 지역에 생긴 단 하나의 염기쌍 변화가 개인에게 분명한 효과를 초래할 수 있다는 사실을 안다. 드물긴 하지만 그 효과가 너무 심각해서 생명을 유지하기 힘든 경우도 있다.

먼저 덜 극적인 사례부터 살펴보자. 그러려면 영국에서 헨리 8세Henry VIII가 통치하던 시절인 약 500년 전으로 돌아가야 한다. 영국의 초등학교 학생들은 대부분 이 악명 높은 군주의 여섯 아내에게 일어난 일을 기억하는 데 도움이 되는 시를 배운다.

Divorced, beheaded, died,
Divorced, beheaded, survived.
(이혼당하고, 목 잘리고, 죽고,
이혼당하고, 목 잘리고, 살아남았지.)

[이 짤막한 시 덕분에 퀴즈를 맞히거든 언제든지 감사의 이메일을 보내도 좋다.]

첫 번째로 목이 잘린 아내는 훗날 여왕이 된 엘리자베스 1세Elizabeth I를 낳은 앤 불린Anne Boleyn이었다. 앤이 죽고 나서 튜더 왕조의 홍보 요원들은 오명을 뒤집어씌우는 대대적인 홍보전을 벌여 앤의 외모를 마치 16세기의 마녀 이미지와 비슷한 것으로 묘사했다. 앤은 이가 툭 튀어나오고, 턱 밑에 커다란 반점이 있고, 오른손 손가락이 6개였다고 묘사되었다. 비록 실제로 그랬다는 증거는 거의 없지만, 손가락이 6개 달렸다는 이야기는 민담을 통해 후세에 전해졌다.[1]

사람들이 이 이야기를 믿은 이유 중 하나는 아마도 완전히 터무니없는 이야기는 아니었기 때문일 것이다. 그것은 연대기 편자들이 왕비의 다리가 3개였다고 주장한 것과는 차원이 달랐다. 실제로 손가락이 하나 더 달린 채 태어나는 사람이 종종 있다. 다만, 대개는 한쪽

손만 그런 게 아니라, 양손 모두에 손가락이 하나 더 달리긴 하지만 말이다.

손발이 정확하게 발달하는 데 아주 중요한 역할을 하는 단백질 암호화 유전자가 있다.* 이 단백질은 '형태 형성 물질morphogen'로 작용할 수 있다. 즉, 조직 발달 패턴을 지배한다는 뜻이다. 이 단백질의 효과는 그 농도에 크게 의존하며, 발달하는 배아에서는 기울기 효과가 나타나는데, 한 지역의 농도가 이웃 조직들보다 높으면 그 농도가 점점 낮아져 이웃 조직들과 비슷해진다.

벙어리장갑과 새끼고양이

이 형태 형성 물질이 조절하는 특징 중 하나가 바로 손가락 개수이다. 만약 이 단백질의 발현이 엉뚱한 수준으로 일어나면, 여분의 손가락이 달린 아기가 태어난다. 10여 년 전에 연구자들은 여분의 손가락이 생기는 사례 중 일부는 미소한 유전자 변화가 원인이라는 사실을 발견했다. 이 변화는 형태 형성 유전자에 일어난 게 아니라, 거기서 염기쌍 100만 개쯤 되는 거리에 있는 한 정크 DNA 지역에 일어난 것이었다. 그들은 여분의 손가락이 분명한 유전 형질로 전해지는 한 네덜란드인 가계에서 이 변화를 확인했다. 여분의 손가락을 갖고 태어난 96명 모두 이 정크 DNA 지역에 있는 단 하나의 염기에 변화가

* 이 단백질을 소닉 헤지호그Sonic Hedgehog라 부르고, 기호로는 SHH라고 쓴다. 한때 연구자들이 유전자에 웃기는 이름을 붙이던 시절이 있었다. 하지만 지금은 그런 이름을 붙이는 걸 삼가는데, 유전 질환 전문가가 심각한 유전 질환에 걸린 아이 부모에게 우스꽝스러운 유전자 이름을 알려줄 때 몹시 어색한 상황이 발생하기 때문이다.

일어나 있었다. 즉, 염기 C 대신에 염기 G가 자리 잡고 있었다. 손가락 수가 정상인 친척 중에서 이 위치에 C가 있는 사람은 아무도 없었다. 염기 하나의 변화는 일부 구성원이 여분의 손가락을 갖고 태어나는 다른 가족들에서도 발견되었다. 이 변화는 위의 네덜란드인 가계와 일반적으로 동일한 유전체 지역에 나타났지만, 그 변형 지역으로부터 염기쌍 200~300개 거리만큼 떨어져 있었다.[2]

이 염기 하나의 변화가 일어난 정크 지역은 형태 형성 유전자의 인핸서이다.* 정확한 신체 패턴을 만들기 위해 조절 인자들 전체가 형태 형성 유전자를 공간적으로나 시간적으로 아주 엄격하게 조절한다. 돌연변이 때문에 여분의 손가락을 가지고 태어난 사람들은 인핸서의 활동이 약간 비정상적으로 일어난다. 이 한 조절 인자에 일어난 미소한 변화가 초래하는 영향은 이 조절이 얼마나 중요하며 또 얼마나 미세하게 조정되는지 보여준다.

여기서 여러분의 이해를 돕기 위해 퀴즈를 하나 소개하겠다. 장갑을 사는 데 어려움을 겪는 네덜란드 사람들과 20세기 미국 문학의 한 위대한 인물 사이에는 어떤 연관이 있을까? 모르겠다고? 그냥 포기하고 말겠다고? 음, 그렇다면 어쩔 수 없이 답을 알려줄 수밖에. 1930년대에 어니스트 헤밍웨이Ernest Hemingway는 선장에게서 고양이를 선물받았다. 그런데 그 고양이는 앞발 발가락이 5개가 아니라 6개였다. 헤밍웨이 집안에서 이 고양이의 후손은 현재 40여 마리가 살아남아 있는데, 그중 약 절반은 앞발 발가락이 6개이다. 이 고양이들 사진은 인터넷에서 쉽게 찾을 수 있는데,[3] 귀여운 동시에 다소 섬뜩한 느

* 이 인핸서 지역을 ZRS라 부르는데, 7번 염색체의 긴 팔 쪽에 있다.

낌도 준다. 여분의 발가락이 엄지손가락처럼 생겼기 때문에, 이 고양이들이 앞발을 너무 능숙하게 사용할 것처럼 느껴져서 사진을 볼 때 다소 불편한 느낌이 들 수 있다.

여분의 손가락이 있는 사람들에게서 인핸서 지역의 변화를 확인한 연구팀은 헤밍웨이의 고양이들 역시 같은 지역에 변형이 있다는 사실을 보여주었다. 그들은 그 인핸서를 다른 동물의 유전체에 집어넣음으로써 그 변형이 형태 형성 물질의 발현에 변화를 가져온다는 사실을 확인했다. 실험 동물은 형태 형성 물질이 과잉 발현되면서 양쪽 앞발에 여분의 발가락이 발달했다. 재미있게도 이 효과는 고양이 DNA를 생쥐 배아에 집어넣음으로써 입증되었다. 그러니 이것은 진정한 고양이와 생쥐cat-and-mouse 게임이라고 부를 만하다.[4]

앞발에 여분의 발가락이 달린 고양이는 영국을 포함해 다른 나라들에서도 발견되었다. 영국 고양이들 역시 같은 인핸서에 변화가 있지만, 정확하게 동일한 변화는 아니다. 그것은 헤밍웨이 고양이들의 변화 지점으로부터 염기쌍 2개 거리만큼 떨어진, 진화를 통해 아주 잘 보존된 세 염기쌍 모티프 지역에 있다. 사람과 고양이의 손(앞발)에 생긴 여분의 손가락(발가락)과 관련이 있는 인핸서 지역은 그 길이가 염기쌍 800여 개이며, 대부분은 사람부터 어류에 이르기까지 모든 종에서 잘 보존되어 있다. 이것은 사지 발달 조절이 아주 오래된 시스템임을 시사한다.

형태 형성 물질과 얼굴 발달

손가락 형성에 관여하는 형태 형성 물질은 다른 발달 과정들에서도 중요한 역할을 한다. 그중 하나는 뇌 앞부분과 얼굴의 구조를 형성하는 과정이다. 만약 이 과정이 잘못되면, 그 효과는 단순한 입술 갈림증에 그칠 정도로 아주 경미하게 나타날 수 있다. 하지만 아주 극단적으로 잘못되어 형태 형성 물질 발현이 훨씬 심각한 지장을 받으면, 그 효과는 아주 큰 손상으로 나타날 수 있다. 뇌와 얼굴이 완전히 비정상적으로 발달하고, 뇌 구조가 제대로 형성되지 않을 수 있다. 아주 심각한 경우에는 기형인 눈 하나만 이마 한가운데 박히고 뇌 발달이 심각하게 손상된 아기가 태어난다. 이 아기들은 살아남지 못한다.

이렇게 다양한 증상이 나타나는 질환을 뭉뚱그려 '전전뇌증全前腦症, holoprosencephaly(통앞뇌증이라고도 함.)'이라고 한다.[5] 이 질환이 나타나는 여러 가족들을 조사한 결과, 다수의 단백질 암호화 유전자에서 돌연변이가 확인되었다. 이 유전자들 중 상당수는 손가락을 제대로 형성하는 데 필요한 바로 그 형태 형성 물질을 조절하는 데 관여한다. 일부 사례는 형태 형성 단백질을 암호화하는 유전자 자체에 돌연변이가 일어난 경우이다. 발달하는 배아는 형태 형성 물질을 정상치의 절반밖에 만들지 못하는데, 이 기능 단백질이 두 염색체 대신에 한 염색체에서만 만들어지기 때문이다. 환자에게 나타나는 비정상 상태는 발달 과정의 중요한 시점들에서 형태 형성 물질의 농도가 적절한 문턱값에 이르는 게 중요하다는 것을 보여준다.

전전뇌증을 일으키는 돌연변이가 모두 다 확인된 것은 아니다. 연구자들은 전전뇌증 환자 약 500명에게서 DNA를 채취해 연구했다. 그리고 증상이 심한 아이의 한 정크 DNA 지역에서 예상치 못한 변화를 발견했다. 그것은 형태 형성 유전자로부터 염기쌍 45만 개 이상의 거리에 위치한 지역에 일어난 단 한 가지 염기 변화였는데, 염기 C가 T로 바뀌어 있었다.[6]

염기 C가 T로 바뀐 변화는 염기쌍 10개로 이루어진 블록에서 일어났는데, 이 블록은 3억 5000만 년 전에 우리 조상이 개구리 조상과 갈라진 이후로 계속 보존되어온 지역이다. 따라서 겉보기에 정크처럼 보이는 이 부분이 진화를 통해 계속 유지되었고, 어떤 기능을 갖고 있을 것이라고 추정할 수 있다. 이 특정 인핸서의 경우, C에 한 전사 인자 단백질*이 들러붙는다. 전사 인자는 대개 프로모터에서 특정 DNA 서열을 인식하고 거기에 들러붙는 성질이 있는 특이한 단백질이다. 전사 인자가 프로모터에 들러붙는 것은 유전자의 스위치를 켜는 데 꼭 필요하다. 이 인핸서의 핵심 전사 인자는 그 DNA가 적절한 위치에 C를 포함하고 있으면 염기쌍 10개의 모티프에 들러붙을 수 있지만, T를 포함하고 있으면 들러붙지 않는다.

인핸서에서 C가 T로 바뀐 이 변화는 건강한 대조군에 속한 450명에게서는 발견되지 않았다. 이 때문에 이 변화가 환자에게 나타나는 문제의 원인처럼 보일 수 있지만, 같은 수의 환자들 중에서 오직 한 명에게서만 발견되었다는 사실을 기억할 필요가 있다. 그 아기의 어머니는 그 질환이 없었고, 예상대로 두 염색체 모두에 C 염기가 정상적으로 자리 잡고 있었다. 하지만 예상을 깨고 아기의 아버지는 그 인핸서에 아기와 동일한 유전자 서열을 갖고 있었다. 한 염색체는 그 위치에 C가 있었고, 다른 염색체는 동일한 위치에 T가 있었다. 하지만 아버지에게는 전전뇌증 증상이 전혀 나타나지 않았다.

이것은 C가 T로 바뀐 변화가 어떤 역할을 한다는 추정을 강력하게 부정하는 증거로 보일 수 있지만, 상황은 그렇게 단순하지 않다. 전

* 이 전사 인자는 Six3이다.

전뇌증의 경우, 심지어 증상의 원인이 되는 돌연변이가 형태 형성 유전자 자체에 있다 하더라도, 같은 가족 사이에 큰 차이가 나타나는 일이 매우 흔하다. 돌연변이가 있는 가족 구성원 중 최대 30%는 아무 증상이 나타나지 않으며, 나머지 구성원들 사이에서도 증상은 개인에 따라 제각각 다르게 나타난다. 첫 번째 상황을 '가변적 침투도variable penetrance'라 부르고, 두 번째 상황을 '가변적 발현도variable expressivity'라 부른다.

불행하게도 가변적 침투도와 가변적 발현도는 생물학자들이 어떤 현상을 확인하고 근사한 전문 용어를 붙이고 나서는 더 이상 생각하지 않는 전형적 사례들이다. 이 용어들은 그 현상을 묘사하는 데 쓰이지만, 우리는 왜 그런 일이 일어나는지 제대로 알지 못한다는 사실을 싹 잊어버린다. 이곳은 흥미로운 영역이지만, 우리가 제대로 알지 못한 채 남아 있는 영역이다. 어떤 사람들에게는 DNA 변화의 효과를 상쇄하는 미묘한 서열 변이가 유전체 내에 있을 가능성도 있다. 더 강하게 작용하면서 형태 형성 물질의 발현을 촉진하는 다른 인핸서들이 여기에 포함되어 있을 수 있다. 어떤 사람들에게는 핵심 유전자들의 발현을 특정 방향으로 이끄는 후성유전적 보상이 나타날 가능성도 있다. 이 두 가지 인자가 결합되어 나타날 수도 있고, 거기에 우리가 아직 확인하지 못한 다른 인자들이 더 추가될 수도 있다.

하지만 이러한 불확실성(부모와 아이가 동일한 유전자 변화를 지니고 있지만 증상이 서로 달리 나타나는 상황)이 존재하기는 하지만, 변형 염기의 영향에 관한 어떤 가설을 뒷받침하려면 추가적인 증거를 발견하는 게 필수적이다. 인핸서에서 C가 T로 바뀐 변화를 확인한 연구자들은 생쥐 모형에서 이 변화의 효과를 시험함으로써 그렇게 했다. 그들은 C가 존재할 때 이 정크 DNA 부분이 형태 형성 물질의 발현을 증진시키는 인핸서 역할을 한다는 사실을 보여주었다. 하지만 C가 T로 대체되었을 때에는 이 지역은 더 이상 인핸서 역할을 하지 않았고, 뇌에서 형태 형성 물질의 농도는 임계 수준에 결코 미치지 못했다.

형태 형성 물질과 췌장

형태 형성 물질이 여분의 손가락 발달이나 다양한 형태의 전전뇌증과 연관이 있음을 보았지만, DNA의 조절 지역에 일어난 변화가 원인이 되어 발생하는 인간 질환의 예는 이것뿐만이 아니다. '췌장(이자) 무발생'이라는 질환도 있는데, 이름 그대로 췌장이 제대로 발달하지 못하는 증상이 나타난다. 췌장 무발생 상태로 태어난 아기는 심한 당뇨병을 앓는 경우가 많다.[7] 이것은 췌장이 혈당량을 조절하는 호르몬인 인슐린을 생산하는 기관이어서 그렇다.

췌장 무발생 환자가 있는 가족들 중 다수는 특정 전사 인자*,[8]에 돌연변이가 있지만, 소수는 다른 전사 인자에 돌연변이가 있다.**,[9] 하지만 나머지 가족 중에 환자가 전혀 없는데도 아기가 설명할 수 없는 췌장 무발생 상태로 태어나는 사례도 많다. 보통이라면 우리는 이런 사례들이 아마도 환경 속의 미확인 자극에 반응해 발달 과정에서 뭔가가 잘못되어 무작위로 발생했다고 여길 것이다. 하지만 겉보기에 산발적으로 일어나는 것처럼 보이는 이 사례들 중 대부분은 아이 환

* 이 전사 인자는 GATA6이다.
** 이 전사 인자는 PTF1A이다.

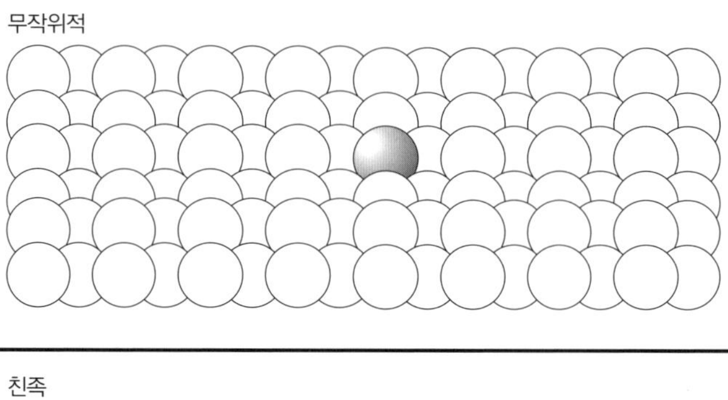

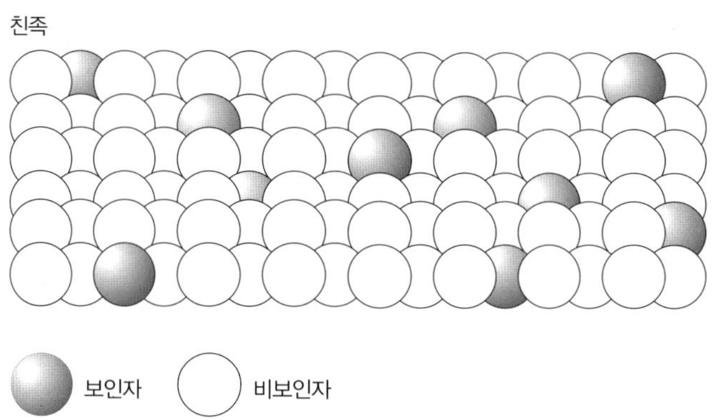

[그림 15-1] 위쪽 그림은 통계적으로 희귀한 유전자 돌연변이를 가진 사람이 전체 인구 집단 중에서 같은 돌연변이를 가진 사람을 만날 확률이 왜 상대적으로 낮은지 보여준다. 하지만 같은 가족 내에서는 다른 사람이 같은 돌연변이를 물려받을 확률이 훨씬 높다(아래쪽 그림이 보여주는 상황). 부모가 친족 관계일 때, 예컨대 사촌 간일 때, 희귀한 열성 질환(부모가 각자 돌연변이 유전자를 하나씩만 가진 무증상 보인자인 경우)이 더 잘 나타나는 이유는 이 때문이다.

자의 부모가 친족 관계(대개 사촌)일 때, 즉 친족끼리 결혼을 하여 부모가 된 경우에 나타났다. 친족 관계가 어떤 장애의 높은 발생률과 연관이 있을 때, 우리는 대개 유전자에 어떤 변화가 일어나지 않았는지 살펴본다. 그 변화는 한 염색체의 복제본 2개가 모두 다 같은 변이를 포함하고 있는 경우이다. [그림 15-1]은 이런 질환들이 친족끼리 결혼한 부부들 사이에서 더 흔하게 나타나는 이유를 보여준다.

연구자들은 산발적 형태의 췌장 무발생 환자들로부터 DNA를 추출해 모든 단백질 암호화 지역들을 분석했다. 하지만 이 질환을 설명할 서열 변이를 전혀 발견할 수 없었다. 그래서 예상 조절 지역들로 관심을 돌렸다. 앞에서 보았듯이, 인간 유전체에는 예상 조절 지역이 엄청나게 많다. 탐색 범위를 좁히기 위해 연구자들은 배양을 통해 줄기세포가 췌장세포로 분화할 때 어떤 일이 일어나는지 조사했다. 그들은 정상적으로는 인핸서 기능과 연관이 있는 후성유전적 변형이 생기고, 췌장세포의 발달에 중요하다고 알려진 전사 인자 단백질이 들러붙는 조절 지역들을 살펴보았다.

이를 통해 후보 지역 명단을 6000개가 조금 넘는 수준으로 좁힐 수 있었는데, 이 정도라면 심층 분석을 위해 다루기에 훨씬 수월한 수준이었다. 네 환자는 10번 염색체의 염기쌍 약 400개의 인핸서로 추정되는 지역에 A가 G로 바뀐 변화가 일어났다. 이 지역은 췌장 무발생이 나타난 소수의 가족들에게 돌연변이가 일어난 전사 인자 중 하나로부터 염기쌍 2만 5000개쯤 떨어진 거리에 있었다. 친족 관계가 아닌 환자 10명 중 7명에게서는 모두 동일한 변화가 발견되었는데, 10번 염색체의 두 복사본 다 인핸서에 정상적으로는 A 염기가 있어야 할 자리에 G가 있었다. 환자 2명은 근처에 다른 돌연변이들이 있었고, 열 번째 환자는 인핸서가 아예 없었다. 이 질환이 없는 400여 명도 함

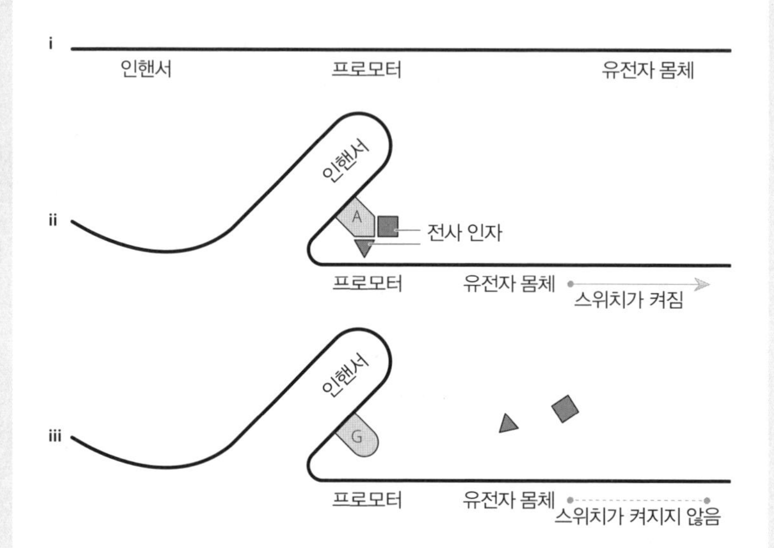

[그림 15-2] i은 인핸서와 프로모터와 유전자 몸체의 순서상 위치를 보여준다. ii에서는 DNA가 접히면서 인핸서가 프로모터에 가까이 다가간다. 인핸서의 특정 위치에 A 염기가 포함되어 있으면, 전사 인자라는 특정 단백질이 인핸서에 들러붙을 수 있다. 그러면 프로모터가 활성화되어 유전자의 스위치를 켤 수 있다. iii에서는 인핸서의 A 염기가 G로 대체되었는데, 그 결과로 전사 인자들이 들러붙을 수 없다. 그래서 프로모터가 활성화되지 않고, 유전자의 스위치도 켜지지 않는다.

께 분석했다. 이들 중에서 A가 G로 바뀐 변화가 있는 사람은 한 명도 없었다.

연구자들은 자신들이 확인한 지역이 발달하는 췌장세포에서 인핸서 역할을 한다는 것을 실험을 통해 보여주었고, 또한 A가 G로 변하면 이 지역이 인핸서로 활동하는 능력을 잃는다는 것도 보여주었다. 추가 실험을 통해 이들은 이 인핸서가 표적 유전자를 어떻게 조절하는지 살펴보았다. [그림 15-2]가 이것을 보여준다. 간단하게 말하면, 인핸서는 구부러지면서 밖으로 뻗어나가 표적 유전자에 가까이 다가간다. 인핸서에는 정상적으로는 표적 유전자의 스위치를 켜는 데 도움을 주는 전사 인자들이 들러붙는다. 하지만 전사 인자들은 특정 DNA 서열에만 들러붙는다. A가 G로 변하면, 전사 인자들이 들러붙을 수 없고, 따라서 표적 유전자의 스위치를 켤 수 없다.[10]

이것은 낚시와 상당히 비슷하다. 맛있는 지렁이를 미끼로 단 낚시를 호수에 던지면, 육식성 물고기가 낚시를 문다. 만약 낚시에 당근을 끼워 호수에 던지면, 물고기가 입질도 하지 않을 것이다. 낚시와 낚싯줄, 봉돌, 물고기를 비롯해 나머지 모든 것은 이전과 동일하다. 하지만 단 한 가지 핵심 요소(미끼)가 바뀌면, 낚시에 성공할 확률이 극적으로 변한다.

변이

정크 DNA 지역(실제로는 조절 지역으로 드러났지만)에 일어난 변화가 세포와 당사자 모두에게 끔찍한 결과를 초래한다고 믿고 싶은 유혹이 든다. 하지만 그런 생각이 드는 이유는 때로는 정상적인 상황보다 비정상적인 상황이 눈에 더 잘 띄기 때문이다. 질병에 걸린 상태와 건강한 상태의 차이를 평가할 때 특히 그렇다. 위에 소개한 사례들에서는 조절 지역에 일어난 단 하나의 염기 변화가 극적인 효과를 빚어냈다. 하지만 이런 종류의 변이는 이보다 양자택일적 성격이 훨씬 약한 상황들을 빚어내는 원인이기도 하며, 인간의 다양성을 이루는 정상적인 일부에 지나지 않는다.

색소 침착을 살펴보자. 색소 침착은 복잡한 형질이다. 즉, 많은 유전자의 복합적 작용을 통해 나타나는 형질이다. 최종 결과는 눈과 머리카락과 피부색으로 나타난다. 우리는 이러한 신체 특징이 사람에 따라 아주 다양하게 나타난다는 사실을 경험을 통해 잘 안다. 색소 침착 수준에 기여하는 요소는 여러 유전자 외에도 이 유전자들의 여러 가지 변이가 있으며, 이것은 추가로 다양성의 잠재력을 높인다.[11]

주요 변이 중 하나는 염기 하나의 차이인데, 이것은 C나 T로 나타난다. T 버전은 어두운 색소가 더 높은 수준으로, C 버전은 더 낮은 수준으로 발현되는 것과 연관이 있다.* 하지만 이 변이는 단백질 암호화 유전자에 있지 않다. 이 변이가 색소 침착에 영향을 미치는 이유는 표적 유전자로부터 염기쌍 2만 1000개 거리에 있는 인핸서 지역에 있기 때문인 것으로 밝혀졌다. 이 표적 유전자는 색소 생산에 중요한 단백질을 암호화한다. 우리가 이 사실을 알게 된 것은 이 유전자의 돌연변이가 색소를 만들지 못하는 백색증을 낳기 때문이다.**,[12]

인핸서가 표적 유전자를 향해 구부러지며 다가간다는 사실이 실험

* 이 변이 염기쌍에는 rs12913932라는 까다로운 이름이 붙어 있다.
** 이 유전자 이름은 OCA2이다.

을 통해 확인되었다. 표적 유전자를 조절하는 전사 인자들은 염기 C나 T에 따라 더 높은 효율로 또는 더 낮은 효율로 들러붙는다.[13] 이것은 위에서 설명한 췌장 무발생 상황과 아주 비슷하며, [그림 15-2]가 보여준 것과 거의 동일한 메커니즘을 사용한다.

정크 DNA의 한 염기 변화와 단백질 암호화 유전자 사이에도 비슷한 관계가 많이 존재할 가능성이 매우 높다. 이것은 인간의 다양성과 건강과 질병을 이해하는 데 중요한 의미를 지닌다. 어떤 사람에게 어떤 질환이 발병할지 발병하지 않을지 결정하는 데 유전학이 중요한 역할을 하는 것으로 알려진 질환은 아주 많다. 이 질환들의 경우, 당사자의 유전적 배경이 질환에 걸릴 가능성에 영향을 미치지만, 그렇다고 그것만으로 모든 것이 다 설명되는 것은 아니다. 환경도 어떤 역할을 하며, 때로는 단순히 불운도 어떤 역할을 한다.

그 가계에서 어떤 질병이 얼마나 자주 발생했는지 살펴봄으로써 유전적 영향을 받는 질환을 확인할 수 있다. 이 분석에는 쌍둥이가 특히 큰 도움을 준다. 한 유전자에 생긴 돌연변이 때문에 일어나는 무서운 신경 질환인 '헌팅턴병'을 살펴보자. 만약 일란성 쌍둥이 중 한 명에게 헌팅턴병이 나타나면, 다른 한 명에게도 반드시 이 질환이 나타난다(교통 사고 같은 상관없는 원인으로 일찍 죽지 않는 한). 헌팅턴병의 원인은 100% 유전이다.

하지만 조현병(정신분열병)을 살펴보면, 쌍둥이 중 한 명에게 조현병이 나타났을 때, 나머지 한 명에게도 같은 병이 나타날 확률은 50%에 불과하다. 이 수치는 많은 쌍둥이를 분석해 두 쌍둥이 모두에게 이 질환이 나타나는 빈도를 조사함으로써 알아낸 것이다. 이것은 조현병이 발병할 위험 중 유전적 요인이 차지하는 비율은 50%에 지나지 않고, 나머지 위험 인자들은 유전체와 상관이 없는 것임을 보여준다.

연구자들은 이 연구를 다른 가족 구성원들에게까지 확대할 수 있는데, 가족 구성원들끼리 공유한 유전 정보가 어느 수준인지 알려져 있기 때문이다. 예를 들면, 쌍둥이가 아닌 형제끼리 공유하는 유전 정보 비율은 50%로, 부모와 자식이 공유하는 비율과 동일하다. 그리고 사촌끼리 공유하는 비율은 12.5%에 불과하다. 이 정보를 이용해 류마티스 관절염에서부터 당뇨병, 그리고 다발경화증에서부터 알츠하이머병에 이르기까지 광범위한 질환에서 유전이 기여하는 비율을 계산할 수 있다. 이 질환들과 그 밖의 많은 질환들에서 유전과 환경은 서로 손을 잡고 함께 작용한다.

충분히 많은 가족을 찾을 수만 있다면, 그들의 유전체를 분석해 질환과 연관이 있는 지역들을 확인할 수 있다. 하지만 우리가 얻는 데이터가 헌팅턴병처럼 순수한 유전 질환에서 보는 단순한 상황과 아주 다를 수 있다는 사실을 명심해야 한다. 헌팅턴병의 경우, 100% 유전 연관성은 한 단백질 암호화 유전자에 일어난 한 가지 돌연변이 때문에 나타난다. 하지만 조현병 같은 질환의 경우, 50% 유전 연관성은 단 하나의 유전자 때문에 나타나는 게 아니며, 유전과 환경이 모두 영향을 미치는 대부분의 질환 역시 마찬가지이다. 조현병 발병 위험에 각자 10%씩 기여하는 유전자가 5개 있을 수도 있고, 각자 2.5%씩 기여하는 유전자가 20개 있을 수도 있다. 혹은 상상할 수 있는 어떤 조합도 가능하다. 이것은 관련 유전 인자들을 확인하거나 서열 변화가 정말로 관련 질환에 영향을 미치는지 입증하는 일을 더 어렵게 만든다.

이런 어려움에도 불구하고, 이 방법들을 사용해 80가지 이상의 질환과 형질의 지도가 작성되었고, 수천 개 후보 지역과 변이가 밝혀졌다.[*,14] 놀랍게도, 이 연구들을 통해 확인된 지역들 중 약 90%가 정크

DNA에 있다. 약 절반은 유전자들 사이의 지역에 있고, 나머지 절반은 유전자 내의 정크 지역에 있다.[15]

연좌제

질환과 연관이 있는 DNA의 변이를 발견했다는 이유만으로 그 변이가 그 질환의 발병에 어떤 역할을 한다고 가정하려고 할 때에는 신중을 기해야 한다. 그런 태도를 보일 때 우리는 부당하게 연좌제를 적용하는 것인지도 모르기 때문이다. 해당 질환에 실제로 어떤 역할을 하는 유전자 변화는 가까이 있는 다른 변이인데, 우리가 후보로 생각한 변이는 그저 옆에 있다가 함께 범인으로 몰렸을지도 모른다.

연좌제의 예로는 간경화를 들 수 있다. 담배 연기에 노출된 수준을 평가하는 한 가지 방법은 날숨에 포함된 일산화탄소 농도를 측정하는 것이다. 10년 전에 비흡연자이지만 간경화가 있는 사람의 날숨에서 일산화탄소 농도를 측정하면, 평균적으로 간경화가 없는 사람에 비해 기도에서 일산화탄소가 더 높은 농도로 측정되었다. 한 가지 해석(유일한 해석은 아니지만)은 간접 흡연이 간경화 위험을 높인다는 것이다. 하지만 실제로는 일산화탄소 농도는 연좌제의 한 예이다. 일산화탄소 농도는 그저 환자가 술집에서 시간을 많이 보낸다는 사실이 반영된 것일 수도 있는데, 지나친 음주는 간경화 발병의 주요 위험 인자이

* 질환 및 형질과 연관이 있는 유전자와 변이를 찾아내는 이 방법은 GWAS(genome-wide association studies, 전체 유전체 연관성 연구)라 부른다.

기 때문이다. 많은 도시에서 공공 장소와 식당에 금연을 도입하기 전에는 많은 술집들은 전통적으로 담배 연기가 자욱한 환경이었다.

유전적 변이가 사람의 질환에 기여하는 정도를 분석할 때 연좌제를 배제한다 하더라도, 우리가 발견한 것의 기능적 결과에 대한 가설을 검증할 때에는 매우 조심할 필요가 있다. 그러지 않으면, 아주 엉뚱한 길로 접어들 수 있다.

사람의 색소 침착에 기여하는 변이는 실제로는 한 유전자에서 단백질을 암호화하는 부분들 사이에 존재하는 정크 DNA 부분인 인트론(2장에 나왔던)에 있다. 이 유전자는 아주 크며, 변이 염기쌍은 아미노산 암호화 지역들 사이의 86번째 정크 DNA 부분에 있다. 하지만 이 유전자 자체는 색소 수준을 조절하는 데 아무 역할도 하지 않는다. 따라서 이것은 한 유전자에서 정크 지역의 변이가 다른 유전자들에 미치는 효과에 중요한 역할을 한다는 것을 분명히 보여주는 선례이다.

비만은 신체적 변이와 연관이 있는 유전적 변이를 확인하기 위해 과학자들이 많은 관심을 기울인 분야 중 하나이다. 인간 유전체 중에서 비만 또는 체질량 지수 같은 관련 매개변수와 연관이 있는 것으로 알려진 지역은 약 80군데이다.[16]

많은 연구에서 비만과 가장 큰 연관이 있는 것으로 나타난 변이는 16번 염색체의 한 단백질 암호화 유전자에 일어난 단일 염기쌍 변화였다.[*,17,18] 이 유전자의 두 복제본 모두에 A를 물려받은 사람들은 두 복제본 모두에 T를 물려받은 사람들에 비해 체중이 약 3kg 더 나

* 이 유전자는 FTO, 즉 '지방 질량과 비만 관련fat mass and obesity associated' 유전자이다.

가는 경향이 있었다. 이 변화는 후보 유전자의 첫 번째 두 아미노산 암호화 부분들 사이에 위치한 정크 지역에서 일어났다. 이 연관이 두 가지 이상의 연구에서 발견되었다는 사실이 중요한데, 우리가 유의미한 사건을 목격하고 있다는 자신감을 강화시키기 때문이다.

일관성 있는 이야기가 만들어지고 있는 것처럼 보였는데, 생쥐를 대상으로 한 실험 결과들이 이 유전자가 체중을 조절하는 데 어떤 역할을 한다는 가설을 확인해주는 것처럼 보였기 때문이다. 유전자 조작을 통해 이 유전자를 과잉 발현하게 만든 생쥐들은 과체중이었고, 고지방 먹이를 제공하자 2형 당뇨병 증상이 나타났다.[19] 이 유전자의 발현을 억제하자, 이 생쥐들은 대조군 생쥐들에 비해 지방 조직이 줄어들고 더 마른 체형으로 발달했다. 이 유전자의 발현을 억제시킨 생쥐들은 먹이를 더 많이 먹으면서 특별히 활동을 많이 하지 않았는데도 칼로리를 많이 연소했다.[20]

이 결과에 과학자들은 흥분했다. 이 실험 결과는 만약 사람에게서 이 유전자의 활동을 억제하는 방법을 찾아낸다면, 비만을 억제하는 약을 개발할 수 있다는 것을 의미했기 때문이다. 그래도 여전히 한 가지 문제가 남아 있었는데, 그 후보 유전자가 세포에서 어떤 일을 하는지 확실히 알지 못해 좋은 약을 만들기가 어려웠기 때문이다. 하지만 적어도 좋은 출발점은 확보한 셈이다. 사람과 생쥐에게서 얻은 실험 데이터는 그 유전자가 비만과 대사에 중요한 단백질을 암호화한다는 것을 암시했다. 이것은 비만과 연관이 있는 변이 염기쌍이 그 유전자의 발현에 영향을 미친다는 합리적 추정과 결합되었다.

하지만 영화 〈롱 키스 굿나잇The Long Kiss Goodnight〉에서 새뮤얼 잭슨Samuel L. Jackson이 연기한 미치 헤네시Mitch Henessey가 한 불멸의 표현을 빌리면, "추정은 '당신'과……'추정'을 웃음거리로 만들 뿐"이다. 물론 시간이 지나고 나서 뒤늦게 깨닫는 거야 늘 쉬운 일이니, 그 단백질의 역할을 탐구하던 과학자들을 보고 잘난 체하며 거들먹거릴 이유는 전혀 없다. 자연은 우리에게 실수를 저지르게 하는 버릇이 있는 것처럼 보인다.

그 단일 염기쌍 변이가 사람의 생리에 차이를 빚어내는 진짜 이유가 있다. 위에서 이야기한 핵심 단일 염기쌍 변이로부터 염기쌍 50만 개 거리에 또 다른 단백질 암호화 유전자가 있다.* 원래 유전자의 정크 지역은 두 번째 유전자의 프로모터와 상호작용하면서 그 발현 패턴을 변화시킨다. 이 정크 지역은 사실상 인핸서로 작용한다. 그 효과는 사람과 생쥐, 어류에서 목격되는데, 이것이 아주 오래되고 중요한 상호작용임을 시사한다.

연구자들은 150개 이상의 사람 뇌 표본을 대상으로 두 번째 유전자의 발현 수준을 살펴보았다. 정크/인핸서 지역의 염기쌍 변이와 두 번째 유전자의 발현 수준 사이에는 분명한 상관관계가 나타났다. 하지만 염기쌍 변이와 원래 후보, 즉 실제로 그 변이를 포함한 유전자의 발현 수준 사이에는 상관관계가 전혀 없었다.

연구자들이 생쥐에게서 두 번째 유전자의 발현을 억제하자, 그 생쥐들은 대조군에 비해 야위고 지방 조직이 적은 반면, 기초 대사율이 증가했다. 이것은 두 번째 유전자가 대사에 관여한다는 것이 처음으로 밝혀진 연구 결과였다.[21]

이것은 사람의 색소 침착과 췌장 무발생 사례에서 이미 보았던 것

* 이 유전자는 IRX3, 즉 이로쿼이 호메오박스 단백질 3 Iroquois homeobox protein 3 이다.

과 아주 비슷한 모형이다. 원래 비만 연관 유전자의 정크 지역에는 서로 다른 변이 염기쌍이 많이 있다. 그중 많은 것이 비만과 연관이 있다. 이것은 이 변이들 모두가 동일한 효과, 즉 인핸서의 활동을 변화시켜 염기쌍 50만 개 거리에 있는 표적 유전자의 발현 수준에 변화를 빚어낼 가능성을 시사한다.

물론 생쥐에게서 얻은 데이터는 자신의 정크 DNA에 그 변이들을 포함한 원래 유전자 역시 비만과 대사에 어떤 역할을 할 가능성을 시사한다. 따라서 실용적인 측면에서 생각할 때, 단일 염기쌍 변화가 그 효과를 나타내는 방식이 과연 중요한 것일까 하는 질문을 던질 수 있다. 하지만 이것이 아주 중요한 역할을 할 수 있는 방법이 하나 있는데, 바로 신약 개발 부문에서 그것을 볼 수 있다.

신약 개발에서 맞닥뜨리는 많은 문제 중 하나는 어떤 약에 일부 환자들은 반응을 보이는 반면, 다른 환자들은 반응을 보이지 않는 일이 많다는 것이다. 이 때문에 추가 비용이 많이 발생한다. 이것은 신약의 효능을 확인하기 위해 제약 회사들이 대규모 임상 시험을 해야 한다는 것을 의미하는데, 희망자 전원을 대상으로 시험을 해야 하기 때문이다. 이것은 또한 실제 임상 목적으로 그 약을 사용하는 비용이 비싸다는 것을 뜻하는데, 의사가 관련 증상이 있는 모든 환자에게 그 약을 처방하더라도, 효과가 나타나는 환자는 그중 일부에 불과하기 때문이다.

오늘날 제약 회사들은 '개인 맞춤형 약품'을 만들려고 노력한다. 이것은 치료하고자 하는 환자에 대해 아주 일찍부터 아는(대개 유전적 배경을 바탕으로) 상황에 맞춰 약을 개발하려고 노력한다는 뜻이다. 이 방법은 아주 효율적일 수 있다. 그러면 개발 비용이 적게 들고, 승인도 더 빨리 얻을 수 있으며, 실제로 효과를 얻을 가능성이 높은

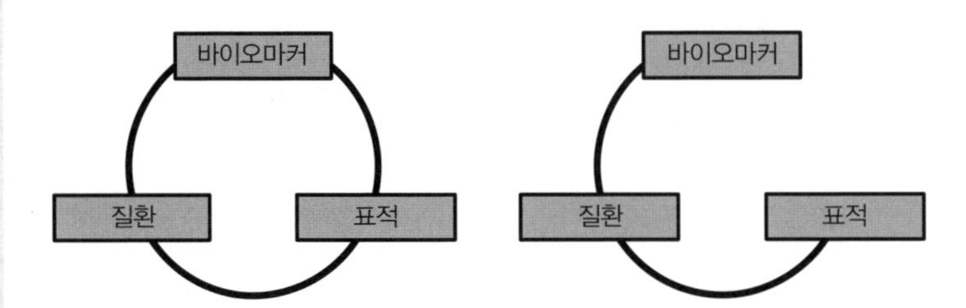

[그림 15-3] 왼쪽 그림에서는 바이오마커와 표적과 질환 사이에 완벽한 관계가 성립한다. 오른쪽 그림에서는 표적과 특정 바이오마커의 존재 또는 부재 사이에 아무 관계가 없다. 이 조건에서는 표적을 겨냥해 개발한 약에 어떤 환자가 반응을 보일지 예측하는 데 바이오마커가 아무 도움이 되지 않는다.

환자에게만 그 약을 투여할 수 있다. 이것은 의료 서비스 제공자들에게도 유리한데, 반응이 없는 환자를 치료하느라 헛되이 돈을 낭비하지 않을 수 있기 때문이다. 환자에게도 유리할 수 있다. 모든 약은 부작용이 있게 마련인데, 효과를 볼 가능성이 적다면 부작용의 위험을 감수할 필요가 없기 때문이다.[22] 이 접근 방법으로 실제로 성공을 거둔 사례들이 있는데, 특히 유방암[23]과 혈액암[24], 그리고 얼마 전에는 폐암[25]을 치료하는 약에서 그런 결과를 얻었다.

개인 맞춤형 약품 개발에서 중요한 단계는 신뢰할 만한 바이오마커 biomarker(생물 표지자라고도 함.)를 확인하는 것이다. 바이오마커는 잠재적 환자들 중 누가 그 약에 반응할지 알려준다. 이상적인 상황은 관련 바이오마커를 가진 사람들이 100% 약에 반응하는 것이다. 질환에 반응하는 정확한 바이오마커를 알아냈지만 그것을 엉뚱한 표적과 연결지을 때 문제가 생긴다. 그러면 약을 개발하고 나서 그 약에 '반응해야 할' 환자들이 왜 반응하지 않을까 하고 고개를 갸웃거리며 곤란한 상황에 빠지게 된다. 그것은 [그림 15-3]이 보여주는 것처럼 관계의 원circle of relationship에 단절된 부분이 있기 때문이다.

비만 치료제 잠재 시장은 아주 거대하다. 원래의 표적을 대상으로 신약 개발 계획을 이미 시작했다가 지금은 그것을 종료하거나 다시 살리는 방법을 찾는 회사들도 있을 것이다. 지금으로서는 우리가 선택할 수 있는 최선은 여전히 식사량 조절과 운동밖에 없다.

16장
비번역 지역에서 길을 잃다

아이에게 고의로 상해를 입히는 것보다 더 저열한 범죄도 없다. 많은 나라에서 응급실 담당 요원들은 갓난아기와 어린 아이에게 골절을 포함해 설명할 수 없는 손상 패턴을 살펴보는 훈련을 받는다. 그러한 의료 기록은 어린이를 양육 시설로 보내거나 부모의 접근을 차단하거나 결국에는 한 부모 또는 양 부모가 기소되고 구속되는 결과를 흔히 낳는다.

물론 아이를 보호하는 것이 무엇보다 중요하다. 하지만 완전히 결백한데도 이런 일을 당하면, 그 부모에게는 얼마나 악몽 같은 일이 될지 상상해보라. 실제로 발견되지 않은 의학적 상태 때문에 골절이 일어날 수도 있다.[1] 비록 이러한 사법적 오심 사례는 실제 아동 학대 사례에 비해 아주 적지만, 당사자 가족이 겪는 고통은 이루 말할 수 없이 크다. 자유 박탈, 결혼 생활 파탄, 사회적 고립의 고통을 겪게 되고, 무엇보다 가슴 아픈 것은 부모와 자식 간의 접촉 차단이다.

아동 구타라는 오진을 낳을 수 있는 유전 질환이 있는데, 실제로 그런 일이 일어난 사례는 단 한 번뿐만이 아니다. 이 질환의 정식 이름은 '불완전뼈형성osteogenesis imperfecta'이지만, 일반적으로 '취약뼈 질환brittle bone disease'이라 부른다.[2] 취약뼈 질환 환자는 골절이 쉽게 일어나는데, 때로는 건강한 아이에게는 타박상조차 생기지 않을 만큼 가벼운 외상에도 뼈가 부러진다. 같은 뼈가 반복적으로 부러질 수 있고, 또 불완전하게 치유되기도 하기 때문에, 환자는 시간이 지나면서 점차 장애자로 변해간다.

이 질환은 쉽게 인식할 수 있을 거라고 생각하기 쉬운데, 그래서 가끔 부모가 아이를 학대했다는 누명을 쓸 수 있다는 이야기가 이상하게 들릴 수 있다. 하지만 문제를 복잡하게 만드는 요인이 여러 가지 있다. 첫째는 취약뼈 질환이 어린이 10만 명당 6~7명에게만 나타날 정도로 희귀하다는 점이다. 따라서 담당 의사가 이런 질환을 이전에 한 번도 보지 못했을 수 있으며, 응급 의료 부문에 들어온 지 얼마 안 된 의사라면 더더욱 그렇다. 하지만 안타깝게도 이들은 아동 구타 사례는 경험했을 가능성이 많고, 따라서 아이가 입은 손상을 아동 구타로 오진하기 쉽다.

취약뼈 질환은 그 정도와 세부 증상에 따라 적어도 여덟 종류가 있는데, 이것은 정확한 진단을 복잡하게 만드는 또 한 가지 이유이다. 가장 심한 경우, 태어나기도 전에 아기에게 골절이 일어날 수 있다. 서로 다른 종류의 취약뼈 질환은 서로 다른 유전자의 돌연변이가 원인이 되어 일어난다. 가장 흔한 것은 뼈를 유연하게 만드는 데 중요한 단백질인 콜라겐collagen(아교질)에 결함이 생기는 것이다. 우리는 흔히 뼈를 아주 딱딱하다고 생각하지만, 뼈는 약간의 유연성이 있어야 한다. 그래야 움직임에 반응해 부러지는 대신에 구부러질 수 있다. 아이들에게 죽은 나무에 올라가지 말라고 하는 이유도 이 때문인데, 말라붙어 유연성이 없는 나뭇가지는 살아 있는 나무의 푸르고 잘 휘어지는 나뭇가지와 달리 쉽게 부러지기 때문이다.

대부분의 취약뼈 질환 사례에서는 한 유전자 중 한 복제본에만 돌연변이가 일어난다. 다른 복제본(우리는 양쪽 부모로부터 복제본을 하나씩 물려받는다.)에는 아무 이상이 없다. 하지만 하나가 정상이라는 것만으로는 '나쁜' 유전자의 효과를 상쇄하기에 충분하지 않다. 이런 일이 일어나면, 우리는 대개 그 질환이 그 아이만이 아니라 한쪽 부모에게도 나타날 것이라고 예상한다. 그 부모는 아이에게 그 조건을 물려준 사람이다. 하지만 아이에게 나타난 돌연변이가 난자나 정자가 만들어지는 과정에서 새로 생겨난 것이라면, 부모에게는 아무 증상이 없는데도 아이에게 취약뼈 질환이 나타날 수 있다. 특히 이런 경향은 아주 심한 종류의 취약뼈 질환에서 나타난다. 이 때문에 응급실 의사는 자신이 살펴보고 있는 상태가 돌연변이 때문에 생긴 것인지 파악하는 데 어려움을 겪는다.

하지만 만약 아이에게 취약뼈 질환이 있다고 의심될 경우, 의사는 유전자 검사를 의뢰해 그것을 확인할 수 있다. 유전자 검사에서는 취약뼈 질환에서 돌연변이를 일으키는 것으로 알려진 유전자들의 서열을 분석한다. 과학자들은 환자의 증상을 자세히 살펴보고 그것이 어떤 종류의 취약뼈 질환인지 판단함으로써 어떤 유전자 서열을 먼저 분석할지 결정한다. 가장 가능성이 높은 유전자 서열을 먼저 분석하면서 튼튼하고 건강한 뼈를 만드는 데 필요한 단백질을 변화시키는 돌연변이를 찾으려고 노력한다.

이 방법은 대개 효과가 있다. 하지만 결국에는 취약뼈 질환의 모든 증상이 다 나타나는데도 이 질환과 관계가 있는 것으로 알려진 단백질의 아미노산 서열을 변화시키는 돌연변이가 전혀 없는 일부 환자를 만나게 된다. 소수의 한국인 가족들 사이에 나타나는 특별한 종류의 취약뼈 질환*의 원인을 알아내려고 노력하는 과학자들이 바로 이런 상황에 맞닥뜨렸다. 이 사례들에서는 특징적인 골절 패턴이 나타나지만, 그와 함께 아주 이상한 후유증도 나타난다. 골절 자체나 골절 치료를 위한 의학적 간섭을 통해 뼈가 손상될 때, 환자의 몸은 특이한 방식으로 반응한다. 그 효과가 X선 사진으로도 흐릿하게 보일 정도로 손상 부위 주위에 칼슘이 지나치게 많이 쌓인다.

같은 시기에 다른 연구자들은 한 독일인 아이를 분석했는데, 이 아이 역시 아주 특이한 종류의 취약뼈 질환에 걸려 있었다. 놀랍게도 한국과 독일에서 발견된 이 사례들은 모두 정확하게 똑같은 돌연변이가 원인이 되어 일어났다. 아이들이 양쪽 부모로부터 물려받은 30억 개의 염기쌍 중 단 하나에만 변이가 일어나 있었다. 그리고 취약뼈 질환의 원인이 된 그 변이는 어떤 유전자의 아미노산 암호화 지역에 있지 않았다. 그것은 정크 DNA에 있었다.

시작과 끝

그 돌연변이는 이미 우리가 만난 적이 있는 정크 지역에 있었다. 2장에서 우리는 단백질 암호화 유전자가 모듈들로 이루어져 있는 방식을

* 이 질환의 정식 명칭은 5형 불완전뼈형성osteogenesis imperfecta type 5 이다.

보았다. 모듈들은 처음에는 모두 전령 RNA(mRNA)로 복제되고, 다양한 모듈들이 서로 연결된다. 단백질을 암호화하지 않는 지역들은 이 '스플라이싱' 과정이 일어나는 동안 제거된다(30쪽 참고).

하지만 정크 DNA 중 두 지역만큼은 성숙한 mRNA에서 항상 온전히 남는다. [그림 2-5]가 이를 잘 보여주는데, [그림 16-1]이 그것을 다시 보여준다. mRNA의 시작 부분과 끝 부분에 있는 이 두 지역은 온전히 유지되지만 단백질로는 결코 번역되지 않기 때문에, 이 지역을 '비번역 지역untranslated region'이라 부른다.* 비번역 지역은 정상 단백질의 아미노산 서열에 아무 기여도 하지 않지만, 연구자들은 단백질 발현과 인간의 건강과 질환에 영향을 미치는 새로운 방식들을 발견하고 있다.

한국의 연구자들은 환자 19명의 DNA 서열을 분석했다. 그중 13명은 세 가족에 속했고, 나머지 6명은 독립적인 발병 사례였다. 19명 모두 특정 유전자**의 단백질 암호화 지역이 시작되는 부분에 있는 비번역 지역에서 염기 C가 염기 T로 변해 있었다. 이 변경은 그 mRNA의 단백질 암호화 지역이 시작되는 부분에서 불과 염기 14개 거리에 있었다. 이렇게 C가 T로 변한 곳은 취약뼈 질환에 걸리지 않은 가족 구성원들이나 인종 배경은 같지만 친족이 아닌 사람들 200명에게서는 전혀 발견되지 않았다.[3]

거의 같은 시기에 한국에서 8000여 km 떨어진 독일에서 연구자들은 같은 종류의 취약뼈 질환에 걸린 어린 소녀와 그 소녀의 친족이 아

* 비번역 지역은 문헌에서 흔히 UTR로 표기하는데, untranslated region을 줄인 말이다. mRNA의 시작 부분에 있는 비번역 지역은 5'UTR, 끝 부분에 있는 비번역 지역은 3'UTR이라 부른다.

** 이 유전자의 이름은 IFITM5이다.

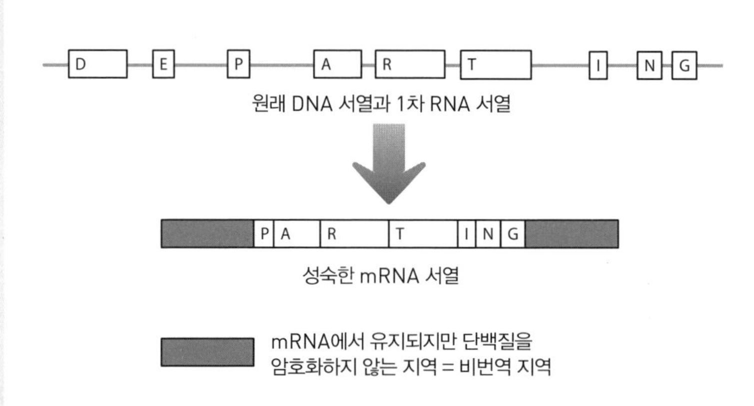

[그림 16-1] mRNA의 아미노산 암호화 지역들이 스플라이싱을 거친 뒤에도 분자의 시작 부분과 끝 부분에 일부 정크 DNA가 남는다.

닌 또 다른 환자에게서 정확하게 똑같은 돌연변이를 발견했다. 두 경우 모두 그것은 새로운 돌연변이였다. 그 돌연변이는 부모들에게는 없었고, 난자나 정자가 만들어질 때 생긴 게 분명했다.[4] 과학자들은 환자가 아닌 사람들 5000명 이상을 대상으로 유전체의 같은 지역을 분석해 보았지만, 이와 동일한 변화는 전혀 발견되지 않았다.

[그림 16-1]에 묘사된 mRNA의 이미지는 약간의 혼란을 초래할 수 있다. 그림에서 단백질 암호화 지역들과 비번역 지역들은 서로 다르게 보이도록 묘사되었다. 하지만 세포 속에서 보이는 모습은 그렇지 않다. 실제로는 서열 차원에서는 똑같아 보이는데, 둘 다 RNA 염기들로 만들어졌기 때문이다.

문어체 영어에 유창한 사람이라면, 아래 문장을 손쉽게 해독할 수 있을 것이다.

Iwanderedlonelyasacloud

모든 문자들을 띄어쓰기를 하지 않고 다 붙여 썼지만, 우리는 각 단어들이 어디서 시작하고 끝나는지 알 수 있다. 세포도 이와 마찬가지로 mRNA에서 비번역 지역들과 아미노산 암호화 지역들의 서열 차이를 구별할 수 있다.

단백질을 만들기 위한 mRNA의 번역은 리보솜에서 일어나는데, 그 과정은 11장에서 소개하였다. mRNA 분자가 리보솜을 지나가는데, 시작 부분부터 차례로 지나간다. 리보솜이 특정 세 염기 서열인 AUG(2장에서 언급했듯이, DNA의 염기 T는 RNA에서 항상 약간 다른 염기인 U로 대체된다.)를 판독하기 전까지는 별 대단한 일이 일어나지 않는다. AUG의 판독은 리보솜에게 아미노산들을 연결해 단백질을 만들

시간이 되었다는 신호를 보낸다.

위에서 든 예를 사용하면, 이것은 우리가 다음 문장을 보는 것과 같다.

dbfuwjrueahuwstqhwIwanderedlonelyasacloud

대문자 I가 적절한 단어들이 시작되는 지점을 알리는 신호 역할을 하면서 번역이 시작되는 부분을 알리는 AUG와 비슷한 목적을 달성한다.

한국인과 독일인 취약뼈 질환 환자들의 유전자들에는 비번역 지역의 정상 DNA 서열이 ACG에서 ATG(RNA에서는 AUG)로 변한 지점이 있다. 그 결과로 리보솜은 단백질 사슬을 너무 일찍 만들기 시작한다. [그림 16-2]가 이 상황을 보여준다.

이것은 정크 RNA가 단백질 암호화 RNA로 변하는 기묘한 현상을 초래한다. 그 결과로 [그림 16-3]에서 보는 것처럼 정상 단백질이 시작하는 부분에 여분의 아미노산 5개가 덧붙게 된다. 이 유형의 취약뼈 질환에 관여하는 단백질은 일부는 세포 내부에, 일부는 세포 외부에 걸쳐 있다. 정크 DNA에 일어난 변화는 세포 외부에 있는 단백질 부분에 여분의 아미노산 5개를 추가한다.

왜 이 아미노산 5개가 취약뼈 질환의 증상을 일으키는지는 분명하게 밝혀지지 않았다. 설치류를 대상으로 한 이전 실험들은 이 단백질이 너무 많거나 너무 적으면 골격에 결함이 생길 수 있음을 보여주었기 때문에, 이 단백질을 정확한 양만큼 만드는 것이 중요하다는 것은 분명하다.[5] 여분의 아미노산 5개는 다른 단백질이나 뼈세포들에 신호를 보내는 분자에 들러붙는 단백질 부분에 있다. 이 여분의 아미노산 5개는 연기 감지기의 센서에 껌을 붙인 것처럼 돌연변이 단백질이 적

정상 mRNA 서열

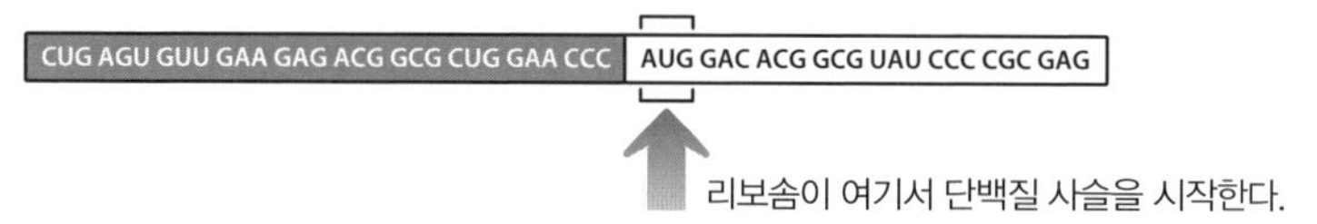

돌연변이가 일어난 mRNA 서열

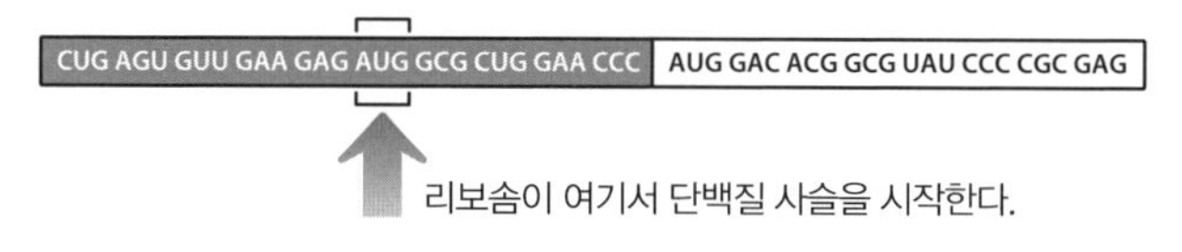

비번역 지역　　단백질 암호화 지역

[그림 16-2] mRNA가 시작되는 부분에서 비번역 정크 지역의 돌연변이는 리보솜을 잘못 인도한다. 그 결과로 리보솜은 아미노산 조립을 너무 일찍 시작해 시작 부분에 무관한 서열이 붙은 단백질을 만든다.

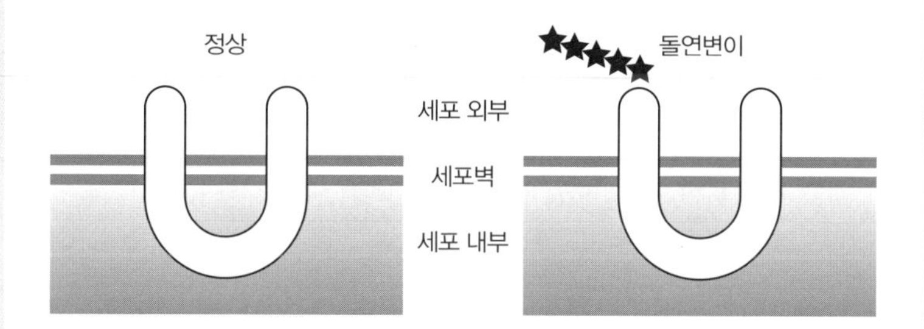

[그림 16-3] 오른쪽 그림에서 U자 모양의 단백질 시작 부분에 여분의 아미노산 5개(별 5개로 표시된)가 붙어 있다. 이 여분의 아미노산은 어떤 분자가 이 단백질과 상호작용할 수 있는지에 영향을 미치는 것으로 보인다.

절하게 반응하지 못하도록 방해하는지도 모른다.

유전자가 시작되는 부분의 비번역 지역에 일어난 돌연변이 때문에 생기는 사람의 질환은 취약뼈 질환뿐만이 아니다. 공격적인 피부암인 흑색종 발병 사례 중 약 10%도 유전적 요인이 아주 강하다. 유전적 요인이 강한 이들 사례 중 일부에서 취약뼈 질환 문제와 아주 비슷한 방식으로 작용하는 돌연변이가 확인되었다. 본질적으로 유전자가 시작되는 부분의 비번역 지역에 일어난 하나의 염기 변화가 mRNA에 비정상적인 AUG 신호를 만든다. 이것은 다시 리보솜이 유전자 서열에서 아미노산 사슬을 너무 일찍 만들기 시작하는 결과를 초래한다. 그 결과로 시작 부분에 여분의 아미노산이 추가된 단백질이 만들어지는데, 이것은 비정상적으로 행동하면서 암이 발생할 확률을 높인다.[6]

언제나처럼 우리는 너무 적은 데이터에서 어떤 패턴을 보는 경향을 경계할 필요가 있다. 유전자가 시작되는 부분의 비번역 지역에 일어난 돌연변이가 모두 다 새로운 아미노산 서열을 만드는 것은 아니다. 흑색종보다 훨씬 덜 공격적인 종류의 피부암이 있다. '기저세포암종 basal cell carcinoma'이 바로 그것인데, 이것 역시 유전적 요인이 아주 강한 암이다. 이 종류의 종양이 생긴 아버지와 딸에게서 아주 희귀한 돌연변이가 발견되었다.

특정 유전자가 시작되는 부분의 비번역 지역에는 CGG 서열이 차례로 일곱 번 반복된 부분이 포함되어 있다. 그런데 환자인 아버지와 딸은 여분의 CGG가 하나 더 있었다. CGG 반복 서열이 7개가 아니라 8개가 있다는 바로 이 사실 때문에 두 사람은 기저세포암종에 걸릴 위험이 높아졌다. 이 돌연변이는 그 유전자가 암호화하는 단백질의 아미노산 서열을 변화시키지 않았다. 대신에 여분의 세 염기는 리보솜이 mRNA를 처리하는 방식을 변화시킨 것처럼 보였는데, 어떻게 그러는지는 명확하게 밝혀지지 않았다. 최종 결과는 환자의 세포들에서 특정 단백질이 정상보다 훨씬 적게 발현되는 것으로 나타났다.[7]

암은 여러 단계에 걸쳐 진행되는 질환이며, 특정 유전자가 시작되는 부분의 비번역 지역에 일어난 돌연변이가 환자에게 종양이 발달하기 쉽게 만들긴 하지만, 암이 완전하게 발달하기 전에 세포들에서 필시 다른 사건들도 함께 일어날 것이다.

처음에 돌연변이가 있었다

하지만 우리는 유전자가 시작되는 부분의 비번역 지역에 생긴 돌연변이가 직접 병적 증상을 낳는 질환을 이미 만난 적이 있다. 그것은 정신 지체를 낳는 취약 X 증후군이다(34쪽 참고). 기억을 상기시킨다면, 그 돌연변이는 특이한 종류의 돌연변이이다. CCG라는 세 문자 염기 서열이 정상보다 훨씬 많이 반복된다. 이 반복 서열이 50번까지 반복되는 것은 정상적인 범위에 속한다. 50~200번 반복되는 것은 보통은 이 질환과 연관되지 않지만, 일단 이 범위에 들면 아주 불안정해진다. 세포 분열을 위해 DNA를 복제하는 기구는 반복 서열의 수를 세는 데 어려움을 겪는 것으로 보이며, 더 많은 반복 서열이 추가된다. 만약 배우자에서 이런 일이 일어나면, 그 결과로 태어난 아이는 자신의 유전자에 이 반복 서열이 수백 개 혹은 심지어 수천 개 있을 수 있고, 취약 X 증후군에 걸리게 된다.[8]

반복 지역이 길수록 취약 X 유전자의 발현이 더 줄어든다. 앞에서 보았듯이, 이것은 후성유전 시스템과의 교차 대화 때문이다(164~165쪽 참고). 우리 유전체에서 C 바로 다음에 G가 올 때, C에는 작은 변경이 추가될 수 있다. 이런 일은 이 CG 모티프가 아주 높은 농도로 존재하는 곳에서 가장 일어나기 쉽다. 취약 X 유전자의 확장 지역에 CCG 반복 서열이 많이 있는 상황이 바로 이런 환경을 제공한다. 환자의 취약 X 유전자 지역 앞에 있는 비번역 지역에 큰 변경이 일어나게 되고, 이것은 그 유전자의 스위치를 끄게 된다. 취약 X 증후군 환자는 이 유전자에서 mRNA를 전혀 만들지 못하고, 그 결과로 그것으로부터 어떤 단백질도 만들지 못한다.

이 단백질 결여는 환자에게 아주 극적인 효과를 빚어낸다. 환자에게는 지적 장애뿐만 아니라, 사회적 상호작용 문제를 비롯해 자폐증의 일부 측면을 연상시키는 증상도 나타난다. 일부 환자에게는 과다활동이 나타나고, 일부 환자에게는 발작이 나타난다.

이것은 물론 그 단백질이 정상적으로는 어떤 일을 하는지 궁금하게 만든다. 임상적으로 나타나는 현상은 아주 복잡하며, 이것은 그 단백질이 복잡한 경로들에 관여한다는 것을 시사하는데, 실제로도 그런 것으로 보인다.

2장에서 보았듯이 취약 X 단백질은 대개 뇌에서 RNA 분자와 복합체를 형성한다. 이 단백질은 신경세포에서 발현되는 mRNA 분자들 중 약 4%를 표적으로 삼는다.[9] 취약 X 단백질은 mRNA 분자와 결합할 때, mRNA가 단백질로 번역되는 것을 막는 브레이크 역할을 한다. 그럼으로써 리보솜이 mRNA 정보로부터 단백질 분자를 너무 많이 만들지 못하도록 한다.[10]

이 추가적인 유전자 발현 통제는 뇌에서 특히 중요한 역할을 하는 것으로 보인다. 뇌는 아주 복잡한 기관이며, 우리에게 가장 흥미로운 종류의 세포는 신경세포(뉴런)이다. 사람들이 흔히 뇌세포라고 이야기하는 게 바로 이것이다. 사람의 뇌에 있는 신경세포의 수는 아주 많은데, 최근의 추정치는 850억 개가 넘는다.[11] 한 사람의 뇌에 있는 신경세포의 수는 세계 인구의 약 12배에 해당한다. 그리고 사람들이 친구와 지인, 연인, 가족, 적으로 이루어진 복잡한 네트워크를 이루는 것과 마찬가지로, 신경세포 역시 서로 복잡하게 연결되어 있다. 수백억 개의 신경세포들을 잇는 연결은 실로 놀라운 수준이다. 신경세포는 뻗어나온 돌출부를 통해 다른 신경세포와 연결되면서 광대한 네트워크를 이루어 끊임없이 서로의 반응과 활동에 영향을 미친다. 정확한 연결의 수는 추정하기 아주 어렵지만, 각 신경세포마다 다른 신경세포와 이어진 연결의 수는 적어도 1000개는 되는 것으로 보인다. 따라서 우리 뇌에는 접점이 적어도 85조 개나 있는 셈이다.[12] 이에 비하면 페이스북은 아주 작은 연결망에 지나지 않는다.

뇌에서 이러한 접촉들을 적절하게 일어나게 하는 것은 아주 엄청난 과제이다. 좋은 친구들을 자주 만나는 한편으로 대학에 들어간 첫 주에 만난 사악한 친구를 피하도록 동선과 스케줄을 짠다고 생각해보라. 접촉은 일단 수립되고 나서 환경과 네트워크 내의 다른 신경세포들의 활동과 복잡하게 반응하면서 강화되거나 끊어진다. 정상 조건에서 취약 X 단백질에 들러붙는 표적 mRNA 중 다수는 필요에 따라 연결을 강화하거나 잘라내면서 신경세포들의 유연성을 유지하는 데 관여한다.[13] 만약 취약 X 단백질이 발현되지 않으면, 표적 mRNA가 지나치게 효율적으로 단백질로 번역된다. 이것은 신경세포의 정상적인 유연성을 엉망으로 만들어 환자에게 신경학적 문제가 나타난다.

연구자들은 얼마 전에 적어도 유전공학으로 만든 동물들에서는 이 정보를 이용해 취약 X 증후군을 치료할 수 있음을 보여주었다. 취약 X 단백질이 없는 생쥐는 공간 기억과 사회적 상호작용에 문제가 생긴다. 주변을 돌아다니는 길을 찾지 못하고 동료 생쥐들에게 적절히 반응하는 법을 모르는 생쥐는 오래 살아남을 수 없다. 연구자들은 이 생쥐들을 이용해 정상적으로는 취약 X 단백질이 조절하는 핵심 mRNA 중 하나의 발현을 유전공학 기술로 감소시켰다. 그러자 생쥐들에게 주목할 만한 개선이 일어났다. 공간 기억이 좋아졌고, 다른 생쥐들에게 적절하게 반응했다. 또한 표준적인 취약 X 생쥐 모형보다 발작도 덜 일어났다.

이러한 증상 개선은 과학자들이 생쥐들의 뇌에서 발견한 근본적인 변화와도 일치했다.[14] 정상적인 뇌의 신경세포에는 버섯 모양의 작은 가시들이 있는데, 이것은 강하고 성숙한 연결이 갖는 특징이다. 취약 X 증후군에 걸린 사람과 생쥐의 신경세포들에는 이런 가시가 적으며, 긴 막대 모양의 미성숙 연결들이 많다. 유전적 처리 과정을 거치자, 버섯 모양의 가시는 많아지고 막대 모양의 연결은 적어졌다.

여기서 가장 흥미로운 측면은 이 연구 결과가 증상이 발달한 뒤에도 신경세포의 기능을 개선하는 게 가능함을 시사한다는 점이다. 우리는 사람에게는 유전적 방법을 사용할 수 없지만, 이 데이터는 취약 X 증후군 환자를 치료할 잠재적 수단으로 비슷한 효과를 가진 약을 개발할 가치가 있음을 보여주었다. 이 증후군은 유전되는 정신 지체 질환 중 가장 흔한 것이기 때문에, 치료약 개발은 개인과 사회 모두에 큰 이익을 가져다줄 것이다.

이번엔 반대쪽 끝 부분

이 책의 서두에서 보았듯이, 한 유전자의 반대쪽 끝에 있는 세 염기 서열 역시 사람에게 유전 질환이 나타나게 하는 원인이 될 수 있다.

가장 잘 알려진 예는 근육긴장디스트로피로, 한 유전자의 끝 부분에 있는 비번역 지역에서 CTG 반복 서열의 확장이 원인이 되어 발생한다. 이것이 35단위 혹은 그 이상 반복된 상황은 질환과 연관이 있으며, 반복이 많을수록 증상이 더 심해진다.[15]

근육긴장디스트로피는 '기능 획득 돌연변이gain-of-function mutation'의 한 예이다. 취약 X 유전자의 확장이 초래하는 주요 효과는 그 mRNA의 생산 중단이다. 하지만 근육긴장디스트로피의 경우에는 그렇지 않다. 근육긴장디스트로피 유전자의 돌연변이 버전에 스위치가 켜지면, 분자 끝 부분에 큰 확장 지역이 있는 mRNA 분자가 만들어진다. 증상을 초래하는 원인은 mRNA에 많이 생긴 CUG 복제본이다.(RNA에서는 T가 U로 대체된다는 사실을 기억하라.) [그림 2-6](39쪽 참고)을 다시 보면, 이런 일이 어떻게 일어나는지 대략적인 것을 알 수 있다. 확장된 반복 서열이 분자 스펀지처럼 작용하면서 자신에게 들러붙을 수 있는 특정 단백질을 빨아들인다.

[그림 16-4]가 보여주듯이, 근육긴장디스트로피에서는 정크 DNA가 놀라운 역할을 한다. 정크 비번역 지역에서 CTG 확장 부위에 한 핵심 단백질이 비정상적으로 많이 들러붙는다.* 이 단백질은 정상적으로는 DNA가 처음 RNA로 복제될 때 아미노산 암호화 지역들 사이에 있는 정크 DNA를 제거하는 일을 한다. 하지만 확장된 근육긴장디스트로피 비번역 반복 서열에 이 단백질이 너무 많이 들러붙어 이곳에 격리되는 바람에 이 단백질은 평소의 기능을 제대로 수행할 수 없다. 그 결과로 다른 유전자들의 많은 RNA 분자들을 제대로 조절할

* 이 단백질은 Muscleblind-like protein 1 또는 줄여서 MBNL1이라 부른다.

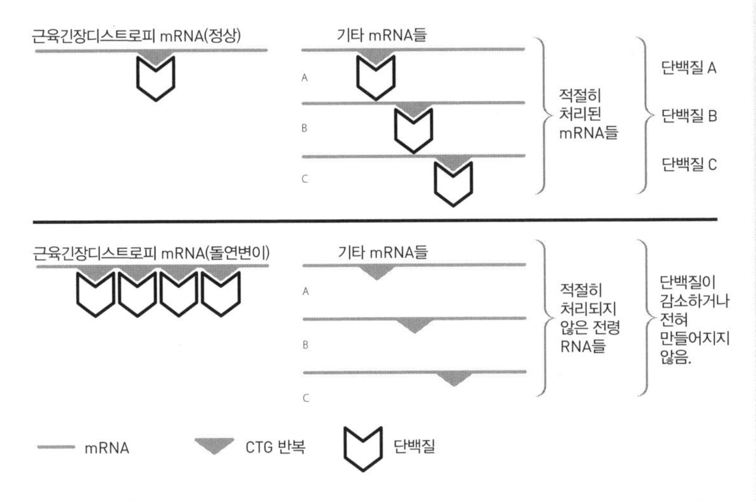

[그림 16-4] 근육긴장디스트로피 mRNA의 반복 서열 확장 지역에 단백질이 지나치게 많이 들러붙어 이곳에 격리되는 바람에 이 단백질이 조절해야 할 다른 RNA 분자들에 가지 못하게 된다. 다른 mRNA들이 더 이상 적절히 처리되지 않음으로써 이들이 만들어내야 할 단백질 생산에 지장이 생긴다.

수 없게 된다.

이 단백질이 CTG 확장 부위에 이렇게 들러붙는 현상은 이 단백질과 근육긴장디스트로피 유전자가 함께 발현되는 조직에서라면 어디서나 일어나는데, 환자에 따라 증상이 왜 그토록 다양한 양상으로 나타나는지 설명하는 데 도움을 준다. 이 현상은 전부 아니면 무라는 형태로 일어나는 대신에, 다양한 비율의 단백질이 '남아서' 표적 유전자를 조절하는 데 쓰인다. 그 비율은 확장 부위의 크기와 세포 내에서 근육긴장디스트로피 mRNA와 들러붙는 단백질의 상대적 양에 따라 달라진다.[16]

이러한 결함에 결과적으로 영향을 받는 단백질들([그림 16-4]에서 단백질 A와 B와 C)을 좀 더 자세히 살펴볼 필요가 있다. 가장 잘 입증된 것은 인슐린 수용체[17]와 심장 단백질[18]과 막을 통해 염화물 이온을 운반하는 골격근의 한 단백질[19]이다. 인슐린은 근육량을 유지하는 데 필요하다. 만약 근육세포들이 인슐린이 들러붙는 수용체를 충분히 많이 발현하지 않는다면 쇠약해지기 시작할 것이다. 심장 단백질은 심장이 전기적 속성을 제대로 발휘하는 데 중요한 요소 중 하나이다.[20] 염화물 이온이 골격근 막을 통과하는 것은 근육 수축과 이완에 중요한 단계이다. 따라서 이들 단백질을 암호화하는 mRNA의 처리 과정에 일어나는 결함은 근육 쇠약, 심장 리듬의 치명적 이상으로 인한 급성 심장사, 수축 뒤에 이완에 어려움을 겪는 근육 등과 같은 근육긴장디스트로피의 일부 주요 증상과 일치한다.

근육긴장디스트로피는 사람의 건강과 질환에서 정크 DNA가 얼마나 중요한 역할을 하는지 보여주는 좋은 예이다. 비록 돌연변이는 단백질 암호화 유전자에서 만들어진 mRNA에 있지만, 이 돌연변이는 단백질 자체에는 거의 아무 영향도 미치지 않는다. 대신에 돌연변이가 일어난 RNA 지역 자체가 병적 인자이며, 다른 mRNA의 정크 지역이 처리되는 방식을 변화시킴으로써 질환을 일으킨다.

AAAAAAAAA

단백질 암호화 mRNA 끝 부분에 있는 비번역 지역은 정상 상황에서 많은 기능을 한다. 아주 중요한 것 한 가지는 모든 mRNA 분자에 영향을 미치는 과정과 관련이 있다. '벌거벗은' mRNA 분자는 세포 내에서 아주 빨리 분해될 수 있는데, 특정 종류의 바이러스를 빨리 제거하는 일을 돕기 위해 진화한 것으로 보이는 과정을 통해 분해된다. 이런 일이 일어나는 것을 막기 위해, 그리고 mRNA 분자가 단백질로 번역될 만큼 충분히 오래 살아남도록 보장하기 위해, mRNA 분자는 만들어진 직후에 변형이 일어난다. 기본적으로 [그림 16-5]에서 설명한 과정을 통해 mRNA 끝 부분에 염기 A가 많이 추가된다. 포유류의 mRNA 끝 부분에는 대개 염기 A가 250개 정도 있다. 이것은 안정을 유지하고, mRNA를 그것이 만들어진 세포핵 밖으로 내보내 단백질로 번역되는 장소인 리보솜으로 가게 하는 데 중요하다.

mRNA 끝 부분의 비번역 지역에는 중요한 모티프가 하나 있다. [그림 16-5]에서 삼각형으로 표시된 부분이 그것인데, 이것을 '아데닐산 중합 반응polyadenylation 신호'라고 부른다.(염기 A는 아데노신이기 때문에, 많은 아데노신이 첨가되는 것을 아데닐산 중합 반응이라 부른다.) 아데닐산 중합 반응 신호는 비번역 지역의 정크 내에 위치한 염기 6개의 서열(AAUAAA)이다. 이것은 mRNA 처리 효소를 위한 신호로 작용한다. 이 효소는 6염기 모티프를 인식해 거기서 약간 떨어진

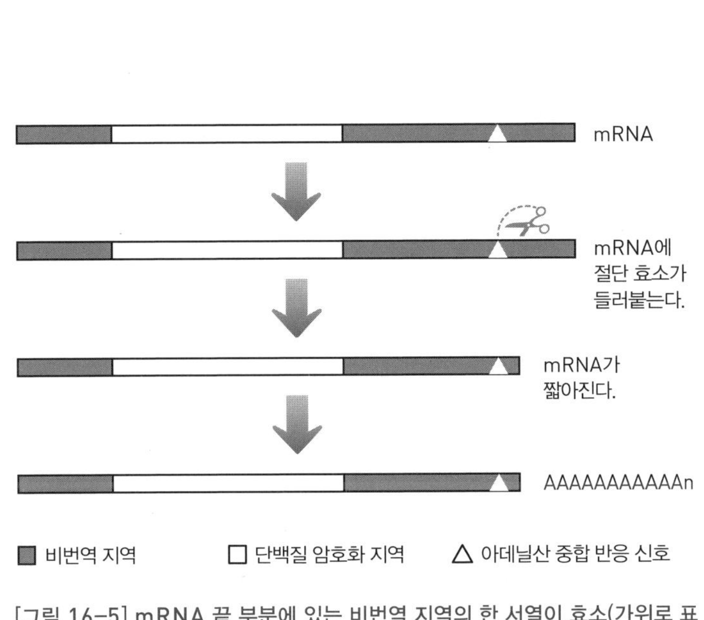

[그림 16-5] mRNA 끝 부분에 있는 비번역 지역의 한 서열이 효소(가위로 표시된)를 끌어당기고, 효소는 특정 위치에 들러붙어 분자의 일부 부위를 절단한다. mRNA 분자에서 절단이 일어난 끝 부분에 염기 A가 많이 첨가되는데, 이 염기들은 원래의 DNA 서열에서 암호화된 것이 아닌데도 불구하고 이런 일이 일어난다.

곳, 대개 염기 10~30개쯤 뒤쪽에서 mRNA를 절단한다. 이런 식으로 mRNA가 절단되고 나면, 다른 효소가 염기 A를 많이 첨가할 수 있다.*

이 6염기 모티프는 같은 비번역 지역에 자주 나타난다. 세포가 어느 때에 어떤 모티프를 사용할지 어떻게 '선택'하는지는 분명하지 않다. 세포 내의 다른 인자들에 영향을 받을 가능성이 높다. 하지만 사용할 수 있는 모티프가 많기 때문에, 정확하게 똑같은 단백질을 암호화하지만 많은 A 앞에 있는 비번역 지역의 길이가 제각각 다른 mRNA가 많이 존재할 수 있다. 이렇게 제각각 길이가 다른 mRNA들은 안정성도 서로 달라 생산하는 단백질의 양도 제각각 다르다. 이것은 생산되는 단백질의 양을 미세 조정할 수 있는 추가 기회를 제공한다.[21]

사람에게는 'IPEX 증후군'**이라는 아주 특이한 유전 질환이 나타난다. 이것은 신체가 자신의 조직을 공격해 파괴하는 치명적인 자가면역 질환이다. 창자벽을 이루는 세포들이 공격을 받는데, 이 때문에 유아는 심한 설사로 시달리면서 발육에 지장을 받는다. 호르몬을 만드는 샘들도 공격을 받아 인슐린을 생산하지 못하는 1형 당뇨병을 포함해 여러 가지 질환이 나타난다. 갑상샘도 공격 대상이 되어 저활동성 증상이 나타날 수 있다.[22]

희귀한 IPEX 증후군 사례는 아데닐산 중합 반응 신호에 생긴 돌연변이가 원인이 되어 일어난다. 정상적인 AAUAAA 서열에서 염기 하

* 이것을 주형이 없는 변화 non-templated change 라고 부르는데, 유전체에는 이들 염기 A를 만드는 DNA 주형이 없기 때문이다.

** IPEX는 Immunodysregulation(면역 조절 곤란), Polyendocrinopathy(다발 내분비병증), Enteropathy(창자병), X-linked(X 연관)를 나타낸다.

나가 바뀌는 변화가 일어난다. 그 결과로 이 6염기 서열은 AAUGAA로 변해 더 이상 절단 효소의 표적이 되지 않는다.[23]

이 변화가 일어나는 유전자는 다른 유전자들의 스위치를 켜는 단백질*을 암호화한다. 이 단백질은 특정 종류의 면역세포**를 조절하는 데 필요하다. 일부 유전자에서 단일 6염기 모티프에 생긴 변화는 그다지 심각한 문제가 아닐 수 있는데, 세포가 근처에 있는 다른 정상적인 비번역 지역의 6염기 서열들을 사용할 수 있기 때문이다. 그래서 미세 조정에 약간 영향을 받을 수는 있지만, IPEX 증후군처럼 심각한 증상으로까지 이어지지는 않는다. IPEX 증후군 문제가 나타나는 이유는 이 유전자의 비번역 지역에 아데닐산 중합 반응 신호 역할을 할 적절한 6염기 모티프가 전혀 없기 때문이다. 비번역 지역에 생긴 돌연변이 때문에 mRNA의 절단이 제대로 일어나지 못하고, 그러면 염기 A가 첨가되지 않아 mRNA가 매우 불안정해진다. 이 때문에 세포는 이 단백질을 거의 만들지 못하게 된다. 본질적으로 이 정크 모티프에 생긴 돌연변이는 단백질 암호화 지역 자체가 손상된 것처럼 나쁜 효과를 낳는다.

서열 분석 기술 비용이 싸지면서 연구자들이 희귀 질환의 원인이 되는 돌연변이를 확인하기 위해 mRNA 분자의 비번역 지역을 제대로 분석하기 시작한 것은 비교적 최근에 일어난 일이다. 따라서 몇 년 안에 이런 사례를 더 많이 보게 될 것이라고 비교적 자신 있게 말할 수 있다. 이런 예상을 낙관할 수 있는 이유 중 하나는 연구자들이 이

* 전사 인자인 FOXP3.
** 조절 T 세포.

미 그런 사례를 하나 더 확인했을 가능성이 있기 때문이다.

운동신경세포병motor neuron disease 또는 루게릭병Lou Gehrig's disease이라고도 부르는 '근위축측삭경화증amyotrophic lateral sclerosis'은 치명적인 질환이다. 이 병에 걸리면 근육의 움직임을 제어하는 뇌와 척수의 신경세포들이 계속 죽어간다. 환자는 점점 더 쇠약해지고 근육들이 마비되면서 결국 말하거나 삼키거나 숨을 쉬기가 어려워진다.[24] 우주론을 연구하는 물리학자 스티븐 호킹Stephen Hawking이 바로 근위축측삭경화증 환자인데, 다만 호킹은 다소 예외적인 사례이다. 호킹은 21세 때 처음 근위축측삭경화증 진단을 받았는데, 대부분의 환자는 중년에 들어서야 처음으로 관련 증상이 나타난다. 호킹은 그 상태로 50년 이상을 살아남았지만, 대부분의 환자는 진단을 받고 나서 5년 이내에 사망한다. 다만, 의학적 개입 수준이 높아짐에 따라 살아남는 기간이 조금 더 늘어나고 있다.

우리는 아직 근위축측삭경화증에 대해 모르는 게 많다. 가족 간에 나타나는 경우는 전체 사례 중 10% 미만이다. 나머지 90%의 사례에서는 DNA의 변이가 그 사람을 취약하게 만들어 환경적 유발 요인(아직 확인되지 않은)을 만났을 때 발병하는지도 모른다. 일부 환자는 가족력에 이 질환이 발생한 사례가 없더라도, 그 자체만으로 이 질환을 일으키기에 충분한 돌연변이가 있을지도 모른다. 예컨대 이 돌연변이는 부모의 난자나 정자에서 생겨났을지도 모른다.[25]

근위축측삭경화증과 관계가 있는 유전자 중 하나는 가족 간에 유전되는 사례 중 약 4%, 그리고 가족력이 없이도 나타나는 사례 중 약 1%의 원인으로 추정된다.[*,26,27,28] 이 유전자가 관여한 것으로 밝혀

* 이 유전자는 FUS이다. FUS는 Fused in Sarcoma(육종에서 융합된)의 머리글자를 딴 것이다.

진 최초의 모든 사례들에서 돌연변이는 단백질 암호화 지역에서 나타났다. 지금은 이 유전자 끝 부분에 있는 비번역 지역에서 네 가지 변이가 확인되었다. 이것들은 알려진 다른 돌연변이가 없는 근위축측삭경화증 환자들에게서 발견되었다. 이것들은 무해한 변이일 수도 있지만, 이 환자들의 세포들에서 해당 단백질의 분포와 그 발현 수준은 비정상이었다. 이러한 발견은 적어도 비번역 지역의 변화가 단백질 자체의 처리와 번역에 이상을 초래하여 결국 병을 낳는다고 시사한다.[29]

17장 레고가 에어픽스보다 좋은 이유

대부분의 어린이와 상당수 어른은 모형을 만드는 걸 즐긴다. 이것을 할 수 있는 방법은 많지만, 극단적인 사례 두 가지만 살펴보기로 하자. 영국에서 30년 넘게 가장 인기를 끈 형태 중 하나는 에어픽스Airfix 키트였다. 이것은 비행기나 배, 탱크, 그리고 생각할 수 있는 어떤 것(혹시 벵골 창기병을 생각한 사람이 있는지?)이라도 만들 수 있는 플라스틱 부품들을 자세한 지시 사항과 함께 제공했다. 사용자는 부품들을 아교로 붙이고, 페인트로 칠하고, 판박이 스티커를 붙인 다음, 그렇게 완성한 작품을 몇 년 동안 흐뭇한 시선으로 바라보며 감상했다.

반대편 극단에는 내가 아주 좋아하는 보편적인 덴마크 장난감인 레고가 있다. 지금은 전문가용 레고가 많이 나와 있지만, 기본 개념은 예전이나 지금이나 똑같다. 비교적 제한된 수의 부품들을 가지고 사용자가 원하는 방식대로 조립할 수 있다. 그리고 이렇게 만든 모형은 언제든지 원래의 브릭들로 해체하여 다시 다른 것을 만들 수 있다.

세균처럼 단순한 생물은 에어픽스와 같은 생활 방식에 더 가까운 경향을 보인다. 이들의 유전자는 상당히 고정되어 있어서 단 한 종류의 단백질만 암호화한다. 더 복잡한 생물일수록 그 유전체는 레고에 더 가까운데, 부품들을 사용하는 방식에서 더 많은 유연성을 발휘한다. 그리고 우리 인간이 얼마나 기묘한지 생각할 때, 특정 영화에 공감을 표시하면서 유전체 수준에서는 "모든 것이 경이롭다."라고 말하는 것이 적절해보인다.*

이 현상의 한 가지 극단적 버전은 [그림 2-5](33쪽 참고)에서 보았듯이 우리 세포가 한 유전자로부터 관련 단백질을 많이 만들기 위해 사용하는 스플라이싱이다. 유전자 성분을 다양한 방법으로 사용하는 이 능력은 생물에게 엄청난 유연성을 부여하고 추가적인 기회를 제공한다. 관련 수치들을 일부 살펴보면, 가능한 변이성의 양이 얼마나 되는지 감을 잡는 데 도움이 된다. 사람의 유전자에는 평균적으로 아미노산 암호화 지역이 8개 있으며, 이 지역들 사이에 정크 DNA가 존재한다.** 사람의 유전자들 중 적어도 70%는 적어도 두 종류의 단백질을 만드는 것으로 밝혀졌다.[1] 이것은 서로 다른 아미노산 암호화 부분들을 결합함으로써 일어난다. 앞에 나왔던 DEPARTING 예([그림 2-5] 참고)를 사용하면, 이 방법으로 단백질 DART뿐만 아니라 단백질 TIN도 만들 수 있다. 이런 식으로 서로 다른 단백질들을 만드는

* 혹시 아직 보지 않았거든, 〈레고 무비 The Lego Movie〉를 꼭 보도록 하라. 정말 훌륭한 영화이다.
** 기억을 상기시키면, 아미노산 암호화 지역들 사이에 있는 정크 지역을 인트론 intron 이라 부른다. 그리고 아미노산 암호화 지역 자체는 엑손 exon 이라 부른다.

능력을 '선택적 스플라이싱alternative splicing'이라 부른다.

아미노산 암호화 지역들은 그 사이에 있는 정크 지역들에 비해 짧다. 아미노산을 암호화하는 서열은 평균 길이가 염기쌍 약 140개이지만, 길이가 염기쌍 수천 개에 이르는 정크 지역들로 둘러싸일 수 있다.[2] 한 유전자 내의 염기쌍 중 약 90%는 아미노산 암호화 서열들이 아니라 그 사이에 있는 서열들이다. 만약 이것을 영어에 비유해 생각해본다면, 세포가 맞닥뜨리는 일부 문제가 즉각 드러난다.

내가 어떤 사람을 만나 홀딱 반했다고 상상해보자. 나는 그 사람이 시를 사랑한다는 이야기를 들었고, 그 사람도 나를 사랑하길 간절히 바라지만, 나는 그동안 문학 수업을 늘 빼먹었다. 한 친구가 내게 시에서 아주 근사한 첫 행을 베껴 적은 종이를 건넨다. 그런데 무슨 이유에서인지 약간 사회병질자 기질이 있는 친구가 그 첫 행의 단어들을 아무 의미 없는 문자들 사이에 뿔뿔이 흩어놓았다. 이제 나는 2초 만에 그 시를 찾아내 큰 소리로 낭독함으로써 사랑하는 사람의 마음을(혹은 적어도 관심을) 사로잡아야 한다. 여러분은 그렇게 할 수 있겠는가? [그림 17-1]을 재빨리 살펴보면서 그 시를 찾아내보라.

우리가 살아가는 매일 매 순간마다 우리 세포들은 바로 이런 일을 한다. 세포 내 기구가 겉보기에 아무 의미도 없어 보이는 긴 문자열을 분석하여 거의 순간적으로 숨어 있는 단어들을 찾아낸 뒤 그것들을 연결한다. 여러분이, 지각 능력이 전혀 없지만 우리를 살아가게 해주는 단백질과 경쟁할 수 있는지 알고 싶으면, [그림 17-2]를 보면서 확인해보라.

임의적인 긴 문자열에는 순전히 우연만으로 단어를 형성하는 조합이 나타날 수 있다. 사모하는 사람에게 구애를 할 때 실수로 이 단어들을 사용한다면, 여러분은 아까운 기회를 영영 날리고 말 것이다.

lqrrtliruienvjbhghadbwnfqwrhvierhbtuehufjebjxmbmvnkbnvmnnlehaboiwhebrijjjoovburunvrmwwmwuhtyghdlsqppjfn
bjcbbvfxkmxmsfdhdhjfkmjmljllgnhjwekvfdhbutfjvnytuututriobvbvmcncnmzxmciiwerbfnjcxegnxwcbeihfcnzihxbhnzxmx
kmjvbecgfvbchvgcbfdncmxkmazkjcfhcbnxzkxcfbvworldfbcdnxszmxcjhgbvfcnhadxxncvfcxszxchcahfgevbgbuhruhtieiyuo
yttirqrutiopqwieueoiwpvbkvbncmzxmxcbnvskdkjfhgfdgueriwruytreiwohfghjxncbnvnxcmzncbvjfhgfjdskafgeriowuryteri
owiurghjfkdnbvncmxncbvnxmcznbcnmxcnbfghjerguitaroeiwuytirohgfkdlsxmcdkemcknjbhbhuvdmkmxwokszlpazqaqlxp
dceofvingnkmokokokkokkonbvcxxcfvcxzcrxcyfvmgbmvncbxvbdcnmvbhmoibnuvevxbencmorvbmbnvcxbnmcvbnvucxnj
bvnjcdiwbcndiwbhnjfnbhvnjnnfdbhubhcudebhvbhncjnbnhjitokmkyojnbgovfnjchduxsvgtfcrfwvgdbuehrnbtkmbkvfmndi
uhvswfdvhugnhkhongefhdvydefghtnjhjkmkimjoenoughkhtgnjfdewbrkjum,imojhgijrfbdwsfraxeswwzexrdxsessxdxdxdrc
xdrcdcfcfcftgvbyhnmkmplkmjhyugthkyhljukhgfrdefrngmbhnmhbvdxbdntocmvgbngvfdxsbnmfvgbhomgvfdbwnxfjghun
gvfijunjcefhubhnrgijthniewdhubhnfjrijbnjiehrbhntjigvfnjdewhfbnjfrunijbdehfurbgbugjnfeidjwncdkmwokxnicdefjgrubh
ubfrhdwsbhuxsncidfergijhgbufhewdydrinkvsgdfbibhnbjvifdcbhndijfandvnjokcdsnqjuhdvfgyhudbcijwnmokmcdokfvmob
ghmnokjmknhkbgmrfdjwinshuwbgvtfcdxftcdbuvfjmkfmnvjdbcdfbgkfdnhcdvtimefghrufncdsoibcvhufbdjnvjgbijvfbdchh
bchvjncdoxnoksmocnivifcndnicdnicdnvfnjvfncmxxmxmxnuyuyfjdnmoqwhufhyrgyehduhequmjpufruifrubdjbuhcnuher

[그림 17-1] 아주 근사한 시구가 여기 어딘가에 숨어 있다. 재빨리 쓱 훑어보면서 그것을 찾아보라. 여러분은 과연 사랑하는 사람의 마음을 사로잡을 수 있을까?

lqrrtliruienvjbhg**had**bwnfqwrhvierhbtuehufjebjxmbmvnkbnvmnnlehaboiwhebrijjjoovburunvrmwwmwuhtyghdlsqppjfn
bjcbbvfxkmxmsfdhdhjfkmjmljllgnhj**we**kvfdh**but**fjvnytuututriobvbvmcncnmzxmciiwerbfnjcxegnxwcbeihfcnzihxbhnzxmx
kmjvbecgfvbchvgcbfdncmxkmazkjcfhcbnxzkxcfbv**world**fbcdnxszmxcjhgbvfcnhadxxncvfcxszxchcahfgevbgbuhruhtieiyuo
yttirqrutiopqwieueoiwpvbkvbncmzxmxcbnvskdkjfhgfdgueriwruytreiwohfghjxncbnvnxcmzncbvjfhgfjdskafgeriowuryteri
owiurghjfkdnbvncmxncbvnxmcznbcnmxcnbfghjerguitaroeiwuytirohgfkdlsxmcdkemcknjbhbhuvdmkmxwokszlpazqaqlxp
dceofvingnkmokokokkokkonbvcxxcfvcxzcrxcyfvmgbmvncbxvbdcnmvbhmoibnuvevxbencmorvbmbnvcxbnmcvbnvucxnj
bvnjcdiwbcndiwbhnjfnbhvnjnnfdbhubhcudebhvbhncjnbnhjitokmkyojnbgovfnjchduxsvgtfcrfwvgdbuehrnbtkmbkvfmndi
uhvswfdvhugnhkhongefhdvydefghtnjhjkmkimjo**enough**khtgnjfdewbrkjum,imojhgijrfbdwsfraxeswwzexrdxsessxdxdxdrc
xdrcdcfcfcftgvbyhnmkmplkmjhyugthkyhljukhgfrdefrngmbhnmhbvdxbdntocmvgbngvfdxsbnmfvgbhomgvfdbwnxfjghun
gvfijunjcefhubhnrgijthniewdhubhnfjrijbnjiehrbhntjigvfnjdewhfbnjfrunijbdehfurbgbugjnfeidjwncdkmwokxnicdefjgrubh
ubfrhdwsbhuxsncidfergijhgbufhewdydrinkvsgdfbibhnbjvifdcbhndijf**and**vnjokcdsnqjuhdvfgyhudbcijwnmokmcdokfvmob
ghmnokjmknhkbgmrfdjwinshuwbgvtfcdxftcdbuvfjmkfmnvjdbcdfbgkfdnhcdv**time**fghrufncdsoibcvhufbdjnvjgbijvfbdchh
bchvjncdoxnoksmocnivifcndnicdnicdnvfnjvfncmxxmxmxnuyuyfjdnmoqwhufhyrgyehduhequmjpufruifrubdjbuhcnuher

[그림 17-2] 굵은 글씨체로 밑줄이 그어진 단어들이 정답이다. 영문학 시에서 가장 로맨틱하고 유혹적인 첫 행 중 하나인 이 구절은 앤드루 마벌Andrew Marvell이 쓴 「수줍은 연인에게To His Coy Mistress」에 나오는 **"Had we but world enough and time.**(우리에게 충분한 세상과 시간이 있다면.)"이다.

[그림 17-3]은 그런 일이 어떻게 일어날 수 있는지 보여준다.

다소 기묘한 이 예를 통해 우리 세포들이 RNA 분자들을 적절하게 스플라이싱할 때 맞닥뜨리는 기계론적 어려움을 어느 정도 이해할 수 있다. 만약 우리가 이것을 하나의 과정으로 설계한다면, [그림 17-4]와 같은 구성 요소들이 필요할 것이다.[3] 이 다이어그램에 나오는 구성 요소들 외에 동일한 유전자라도 세포의 종류에 따라, 그리고 어느 순간에 세포에 일어나는 일에 따라 세포마다 제각각 다르게 처리한다는 사실을 이해하는 게 중요하다. 그 결과로 주어진 상황의 필요에 적합하도록 정확한 단백질을 만들려면, 모든 단계들이 적절하게 조절되고 통합되어야 한다.

생명의 스플라이싱

특정 단백질에 대한 정보를 담고 있는 더 작은 mRNA들을 만들기 위해 이렇게 긴 RNA를 잘라 잇는 과정(스플라이싱)은 정말로 아주 복잡한 과정이다. 이것은 아주 오래된 시스템이고, 그 구성 요소들과 단계들은 효모에서부터 시작해 전체 동물계에서 죽 유지되어왔다. 이 과정은 스플라이싱 기구를 구성하는 '스플라이시오솜spliceosome'이라는 거대한 분자 복합체가 수행한다. 스플라이시오솜은 수백 개의 단백질과 약간의 정크 RNA로 이루어져 있으며, 리보솜과 다소 비슷하게 단백질 생산 공장 역할을 한다.[4]

중요한 단계들 중 하나는 스플라이시오솜이 RNA 분자에서 제거해야 하는 개재 서열(즉, 인트론)들을 둘러싸는 것이다. 그러고는 개재 서열들을 잘라낸 다음, 아미노산 암호화 지역들을 이어 붙인다. 이것

lqrrtliruienvjbhg**had**bwnfqwrhvierhbtuehufjebjxmbmvnkbnvmnnlehaboiwhebrijjjoovburunvrmwwmwuhtyghdlsqppjfn
bjcbbvfxkmxmsfdhdhjfkmjmljllgnhj**we**kvfdh**but**fjvnytuututriobvbvmcncnmzxmciiwerbfnjcxegnxwcbeihfcnzihxbhnzxmx
kmjvbecgfvbchvgcbfdncmxkmazkjcfhcbnxzkxcfbv**world**fbcdnxszmxcjhgbvfcn*had*xxncvfcxszxchcahfgevbgbuhruhtieiyuo
yttirqrutiopqwieueoiwpvbkvbncmzxmxcbnvskdkjfhgfdgueriwruytreiwohfghjxncbnvnxcmzncbvjfhgfjdskafgeriowuryteri
owiurghjfkdnbvncmxncbvnxmcznbcnmxcnbfghjerguitaroeiwuytirohgfkdlsxmcdkemcknjbhbhuvdmkmxwokszlpazqaqlxp
dceofvingnkmokokokkokkonbvcxxcfvcxzcrxcyfvmgbmvncbxvbdcnmvbhmoibnuvevxbencmorvbmbnvcxbnmcvbnvucxnj
bvnjcdiwbcndiwbhnjfnbhvnjnnfdbhubhcudebhvbhncjnbnhjitokmkyojnbgovfnjchduxsvgtfcrfwvgdbuehrnbtkmbkvfmndi
uhvswfdvhugnhkhongefhdvydefghtnjhjkmkimjo**enough**khtgnjfdewbrkjum,imojhgijrfbdwsfraxeswwzexrdxsessxdxdxdrc
xdrcdcfcfcftgvbyhnmkmplkmjhyugthkyhljukhgfrdefrngmbhnmhbvdxbdn*to*cmvgbngvfdxsbnmfvgbhomgvfdbwnxfjghun
gvfijunjcefhubhnrgijthniewdhubhnfjrijbnjiehrbhntjigvfnjdewhfbnjfrunijbdehfurbgbugjnfeidjwncdkmwokxnicdefjgrubh
ubfrhdwsbhuxsncidfergijhgbufhewdy*drink*vsgdfbibhnbjvifdcbhndijf**and**vnjokcdsnqjuhdvfgyhudbcijwnmokmcdokfvmob
ghmnokjmknhkbgmrfdjwinshuwbgvtfcdxftcdbuvfjmkfmnvjdbcdfbgkfdnhcdv**time**fghrufncdsoibcvhufbdjnvjgbijvfbdchh
bchvjncdoxnoksmocnivifcndnicdnicdnvfnjvfncmxxmxmxnuyuyfjdnmoqwhufhyrgyehduhequmjpufruifrubdjbuhcnuher

[그림 17-3] 안 돼! 이러면 터무니없는 조합이 되고 말아! 올바른 단어들과 엉뚱한 단어들을 선택하여 문장을 만들면, 완전히 분위기가 다른 문장이 되고 만다. 예를 들면, "Had we but had enough to drink(우리에게 마실 게 충분히 있었더라면)"와 같은 문장이 나올 수 있다.

아미노산을 암호화하는 지역을 확인한다.

설사 아미노산을 암호화하는 지역처럼 보이더라도(가짜 지역), 정말로 아미노산을 암호화하지 않는 지역을 무시한다.

아미노산을 암호화하는 지역들을 선택한다.

올바른 지역들을 결합해 mRNA를 만든다.

[그림 17-4] 위에서 아래로 이어지는 이 순서는 스플라이싱 기구가 정확한 mRNA를 만들기 위해 적절한 아미노산 암호화 지역들을 결합할 때 수행해야 할 단계들을 보여준다.

은 엄청나게 복잡한 다단계 과정이지만, 우리는 스플라이시오솜이 개재 지역들을 인식하는 것이 초기의 핵심 단계 중 하나임을 알고 있다. 그래야 스플라이시오솜이 개재 서열에 들러붙어 그것을 제거할 수 있기 때문이다.

이러한 개재 서열들의 시작 부분과 끝 부분은 항상 특정 2염기 서열로 표시되어 있다. 스플라이시오솜의 정크 RNA 분자들은 이 2염기 서열에 들러붙을 수 있는데, 우리 유전자에서 DNA 두 가닥이 서로 짝을 짓는 것과 거의 같은 방법으로 그렇게 한다.

하지만 RNA에 있는 염기는 단 네 종류뿐인데, 이것은 2염기 서열이 단 16가지만 존재할 수 있음을 의미한다.(AC와 CA는 서로 다른 서열로 간주하며, 나머지도 마찬가지이다.) 개재 서열의 시작과 끝을 알리는 2염기 서열이 이 개재 서열들의 다른 곳에서도, 그리고 아미노산 암호화 지역들의 다른 곳에서도 발견되리라고 예상할 수 있다. 실제로도 그렇다. 따라서 이 2염기 서열들은 스플라이싱에 필요하지만, 그 자체만으로는 그 과정을 적절하게 이끌기에 충분하지 않다. [그림 17-5]가 시사하듯이, 다른 서열들도 필요하다.

스플라이싱이 일어나는 방식을 선택하는 데 관여하는 다른 서열들은 정크 개재 지역과 아미노산 암호화 지역에서 모두 발견된다. 그중 일부는 스플라이싱에 아주 큰 영향을 미치고, 일부는 미미한 영향을 미친다. 어떤 스플라이싱 사건이 일어날 확률을 높이는 것이 있는가 하면, 낮추는 것도 있다. 이들은 복잡한 동반자 관계로 작용하며, 최종 스플라이싱 패턴에 미치는 영향은 스플라이시오솜을 구성하는 정확한 단백질 성분처럼 세포 내의 다른 요인들에 영향을 받는다. 이러한 변화를 초래하는 서열들을 묘사하는 데 사용되는 표현들은 대개 '어지러운dizzying'이나 '당혹스러운bewildering' 같은 단어를 포함한다. 이

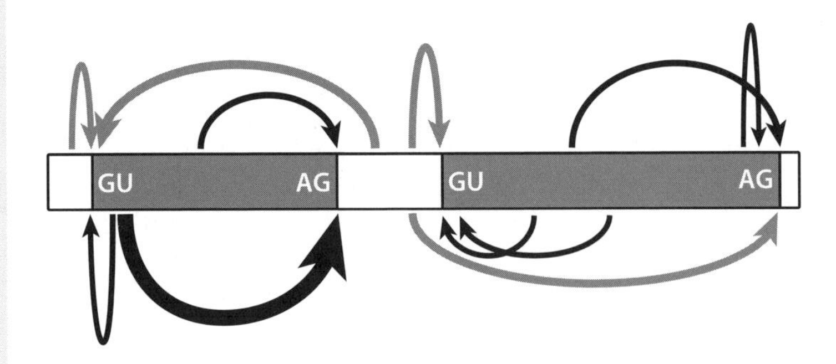

[그림 17-5] RNA 분자 내의 여러 서열들이 상호작용하여 스플라이싱 과정을 이끌어간다. 그림에 나타낸 2염기 모티프는 필요한 것이지만, 그 자체만으로는 이 과정의 모든 미세 조정을 조절하는 데 충분하지 않다. 다른 장소들도 이 과정에 관여하는데, 화살표의 크기 차이가 시사하듯이 그 영향력에는 다양한 차이가 있다.

단어들은 '믿을 수 없을 정도로 복잡하고, 우리가 이해할 수 있는 수준이나 심지어 현재 우리가 예측 컴퓨터 알고리듬을 설계할 수 있는 수준을 훨씬 넘어서는'이라는 뜻을 담고 있는 전문 속어이다.

스플라이싱과 질환

일단의 유전 질환을 살펴보면, 스플라이싱 과정이 얼마나 복잡한지 감을 잡을 수 있다. 그런 질환 중에 4000명당 한 명꼴로 발병하는 '망막색소변성retinitis pigmentosa'이라는 실명도 있다. 실명은 점진적으로 진행되는데, 흔히 십대 시절에 야간 시력 감퇴와 함께 시작되어 나이가 들면서 점점 악화된다. 시각 상실이 일어나는 이유는 눈에서 빛을 감지하는 세포들이 점차 죽어가기 때문이다.[5] 20명 중 한 명은 스플라이싱의 중요한 단계에 관여하는 다섯 단백질 중 하나에 생긴 돌연변이 때문에 일어난다.[6,7,8,9] 이 돌연변이는 망막세포의 감소만 초래할 뿐, 마찬가지로 스플라이싱에 의존하는 나머지 신체 세포들에는 아무 영향도 끼치지 않는다. 이것은 스플라이싱이 아직 우리가 이해할 수 없는 방식으로 복잡한 세포 특이적 제어와 유전자 특이적 제어를 받고 있음을 말해준다.

이와 대조적인 것으로 아주 심각한 형태의 왜소증이 있는데, 건조한 피부, 발작, 숱이 적은 머리카락, 학습 장애 같은 특이한 증상도 함께 나타난다. 이 병에 걸린 어린이는 거의 대부분 만 네 살 이전에 죽는다.[10] 이 질환은 전체 주민 중 8%가 보인자인 오하이오 주 아미시파 공동체 밖에서는 아주 희귀하게 나타난다. 이 공동체에서 많이 발병하는 이유는 그 원인이 되는 돌연변이가 이 공동체를 세운 소수의 가족들 사이에 존재하기 때문이다. 이 돌연변이는 다른 가족들이 세운 펜실베이니아 주의 아미시파 공동체를 비롯해 다른 아미시파 공동체에서는 발견되지 않는다. 이 질환을 일으키는 돌연변이가 확인되었을 때, 연구자들은 처음에는 이것이 스플라이싱 단백질을 암호화하는 유전자의 아미노산 서열을 변화시킨다고 생각했다. 하지만 지금은 그 변화가 그 스플라이시오솜의 일부를 이루는 정크 RNA의 3차원 구조를 망가뜨린다는 사실이 밝혀졌다.[11] 망막색소변성 상황과 달리 스플라이시오솜의 행동에 생긴 이 결함은 아주 광범위한 증상들의 원인이 되는데, 아마도 많은 유전자의 스플라이싱을 잘못 일어나게 함으로써 그럴 것이다.

사람의 유전 질환이 단지 스플라이싱 기구의 결함으로만 발생하는 것은 아니다. 단백질 암호화 유전자 자체가 RNA의 스플라이싱을 조절하는 데 중요한 장소에 돌연변이가 생겨서 일어날 수도 있다. 일부 저자들은 사람의 유전 질환 중 최대 10%는 스플라이싱 위치, 즉 [그림 17-5]에서 볼 수 있는 2염기 서열에 생긴 돌연변이 때문에 일어날 가능성이 있다고 주장했다.[12]

이 메커니즘을 보여주는 한 예는 출생 직후 며칠 만에 두 형제 아이에게 난치성 설사가 나타난 가족이다. 의료진은 간신히 아이들을 안정시켰지만, 설사는 수십 개월 동안 계속되었고, 두 아이 중 한 명은 태어난 지 17개월 만에 사망했다. 아이들의 유전자를 분석한 결과, 한 유전자의 스플라이싱 위치에서 돌연변이가 발견되었는데, [그림 17-5]에서 GU 서열 중 하나가 변해 있었다. 이것은 스플라이싱 기구가 한 아미노산 암호화 지역을 부적절하게 간과하는 결과를 낳았다. 그래서 한 아미노산 암호화 지역이 해당 단백질에서 제외되었고, 그 결과로 그 단백질은 더 이상 제 역할을 수행할 수 없었다.[13]

'카포시 육종'이라는 암이 처음으로 대중의 큰 관심을 끈 것은 에이즈 환자들 사이에서 높은 빈도로 발병하면서였다. 에이즈는 인간 면역 결핍 바이러스(HIV)에 감염되어 발병하는데, HIV에 감염되면 면역계가 억제된다. 카포시 육종은 HHV-8이라는 다른 바이러스가 원인이 되어 발병한다. 정상 상태에서는 우리 면역계는 이 바이러스를 제어하지만, 면역계가 제 기능을 하지 못하는 수준이 심각한 상황에 이르면, HHV-8이 번식하면서 카포시 육종을 유발할 수 있다.

HHV-8은 지중해 연안 지역 사람들에게서 높은 비율로 발견되지만, 이들 인구 집단에서 카포시 육종이 발병하는 경우는 드물며, 어린 아이들에게서는 거의 나타나지 않는다. 그래서 터키의 한 가족이 입술에 카포시 육종의 특징적인 병터가 생긴 두 살짜리 딸을 데려오자 의료진은 크게 놀랐다. 이 암은 급속하게 그리고 공격적으로 퍼져나갔고, 어린 소녀는 처음 진단을 받은 지 겨우 넉 달 만에 사망했다.

이 아이는 모든 HIV 검출 검사에서 음성이 나왔다. 부모는 사촌 사이였다. 연구자들은 이 아이가 HHV-8에 대한 면역 반응이 손상되었을 가능성이 있는 유전적 이유를 살펴보았다.

죽은 아이에게서 채취한 시료의 DNA 서열을 분석함으로써 과학자들은 특정 유전자의 한 스플라이싱 위치에서 돌연변이를 확인했다. 이 돌연변이 때문에 한 AG가 AA로 변했는데, 이것은 스플라이시오솜이 RNA 분자를 절단해야 할 장소를 더 이상 알 수 없다는 것을 의미했다. 그 결과로 mRNA 분자에서 제거되어야 할 한 정크 지역이 그대로 남게 되었다. 이것은 서열을 뒤죽박죽으로 만들면서 mRNA에서 정지 신호를 너무 일찍 만들었다. 그 결과, 리보솜이 완전한 길이의 단백질을 만들 수 없었다. 그 단백질은 HHV-8 같은 바이러스에 대항하는 면역 반응에 필요한 것이었기 때문에, 이 돌연변이를 가

진 아이는 카포시 육종에 매우 취약했다.[14]

스플라이싱 위치에 생기는 돌연변이가 비교적 흔하긴 하지만, 유전 질환은 유전자의 아미노산 암호화 지역에 생긴 돌연변이 때문에 발생하는 경우가 더 많다. 이 돌연변이들 중 일부가 문제를 일으키는 이유는 정지 신호를 삽입함으로써 리보솜이 mRNA 주형으로부터 완전한 길이의 단백질을 만들지 못하게 하기 때문이다. 한 아미노산을 만드는 암호를 다른 아미노산을 만드는 암호로 변화시키는 돌연변이도 있다. 예를 들면, CAC는 히시티딘이라는 아미노산을 암호화하는 반면, CAG는 종류가 다른 아미노산인 글루타민을 암호화한다. 그런데 연구자들은 아미노산을 이런 식으로 변화시키는 돌연변이 중 최대 25%는 mRNA에서 부근 지역의 스플라이싱에도 영향을 미친다고 추측한다. 일부 사례에서 질환의 발병 원인은 한 아미노산이 변한 것 자체에 있는 게 아니라, 뉴클레오티드 변화가 mRNA의 스플라이싱 방식에 만들어낸 변이에 있는지도 모른다.

문제는 대부분의 상황에서 실제로 이런 일이 일어난다는 것을 입증하기가 아주 어렵다는 데 있다. 설사 RNA의 변화가 스플라이싱 패턴 변화와 아미노산 변화를 모두 낳는다는 것을 입증한다 하더라도, 어떤 효과가 질환의 증상을 일으키는 근본 원인인지 어떻게 알 수 있겠는가? 이것들은 아미노산 하나가 바뀐 단백질 때문일까, 아니면 거기에 더해 그 단백질이 특이한 패턴으로 스플라이싱이 일어났기 때문일까?

실제로 자연은 때로는 암호화 지역의 돌연변이로 인한 아미노산의 변화 대신에 스플라이싱에 미친 영향 때문에 질환이 생길 수 있다는 증거를 제공한다. '허친슨-길퍼드 조로증Hutchinson-Gilford progeria'이라는 특이한 질환이 있다. 이 병명은 이 질환을 처음 확인한 두 과학자의 이름을 딴 것이다. 조로증早老症은 말 그대로 나이에 비해 일찍 늙는 것을 뜻하는데, 이 질환에 걸린 환자에게서는 그 증상이 아주 극적으로 나타난다. 이것은 아주 희귀한 질환이기도 한데, 신생아 400만 명당 한 명꼴로 나타난다.[15]

이 질환에 걸린 아기는 처음에는 아주 건강하지만, 1년이 지나기 전에 성장 속도가 극적으로 느려지며, 나머지 생애 동안 키와 체중이 평균보다 아주 작은 상태에 머물러 있게 된다. 또 머리숱 감소, 경직, 대머리 등 여러 가지 노화 증상이 나타나기 시작한다. 물론 알츠하이머병을 비롯해 나타나지 않는 노화 증상도 일부 있지만(그리고 학습 장애도 나타나지 않는다.), 심각한 심장혈관계 질환이 발달한다. 이것은 십대 초에 일찍 사망하는 주요 원인이기도 한데, 심장마비나 중증 뇌졸중으로 사망한다.

2003년에 연구자들은 허친슨-길퍼드 조로증의 원인이 되는 유전자 돌연변이를 발견했다. 그들이 검사한 환자들은 모두 새로운 돌연변이가 있었다. 즉, 부모의 난자나 정자에서 자연 발생적으로 생긴 돌연변이가 있었다. 놀랍게도 서로 친족이 아닌 환자 18명(검사한 20명 중에서)에게서 그 돌연변이는 모두 정확하게 동일한 것으로 밝혀졌다.[16]

특정 유전자에서 GGC로 나타나야 할 서열이 돌연변이가 일어나 GGT로 변해 있었다. 이 돌연변이는 그 유전자의 아미노산 암호화 부분에 일어났다. 이것은 단백질의 한 아미노산을 변화시키는 단순한 돌연변이 사례처럼 보일 수 있으며, 따라서 당연히 가장 먼저 해야 할 일은 유전 암호를 살펴보면서 이 두 서열이 무엇을 암호화하는지 알아내는 것이다. 정상 서열인 GGC는 글리신이라는 단순한 아미노산을 암호화한다. 반면에 돌연변이가 일어난 서열 GGT는 무엇을 암호화할까? 바로 글리신이다. 그렇다, 둘 다 동일한 아미노산을 암호화한다.

그 이유는 유전 암호에 중복이 많기 때문이다. 우리 유전체는 A, C, G, T(RNA에서는 U)라는 네 가지 문자로 이루어져 있다. 세 문자로 이루어진 단위는 한 아미노산을 암호화한다. 네 문자로 세 문자 단위를 만들 수 있는 조합의 가짓수는 모두 64가지이다. 이들 중 세 가지는 리보솜에 더 이상 단백질 사슬에 아미노산을 추가하지 말라고 지시하는 정지 신호이다. 그러면 아미노산을 암호화하는 조합은 61가지가 남는다. 하지만 우리 단백질을 이루는 아미노산의 종류는 20가지뿐이다. 따라서 일부 아미노산은 서로 다른 세 문자 조합들로부터 만들어질 수 있다. 극단적인 예로 글리신이 있는데, 글리신은 GGA, GGC, GGG, GGT(U)를 통해 만들어질 수 있다. 반면에 메싸이오닌(메티오닌)은 오직 AT(U)G만이 암호화한다.

그런데 허친슨-길퍼드 조로증 환자의 경우, 돌연변이 유전자가 암호화하는 아미노산 서열에 아무 변화가 없다면, 이 질환의 극적인 표현형이 나타나는 원인은 무엇일까? [그림 17-5]를 다시 보자. 한 유전자 안에서 각각의 개재 정크 지역 시작 부분에 있는 2염기 서열은 GT이다. 환자의 경우, 정상적인 GGC가 GGT로 변한 곳에서 아미노산 지역은 부적절한 여분의 스플라이싱 신호가 생긴다. 이 유전체 지역에서 나머지 모든 스플라이싱 신호들이 함께 존재하는 상황에서 부적절한 위치에 있는 이 GT는 아주 강하게 작용한다. 스플라이시오솜이 정크 지역이 아니라 아미노산 암호화 지역에 있는 mRNA를 절단한다. 그에 따라 아미노산 암호화 지역들은 부적절하게 결합되고, 최종 결과는 해당 단백질 끝 부분에서 약 50%의 아미노산이 상실되는 것으로 나타난다. 이것은 그 단백질 자체가 제대로 처리되지 않는다는 것을 의미하며, 이것은 세포 내에서 큰 문제를 일으키기 시작한다.

이것이 어린이 환자들에게서 어떻게 기묘한 노화 현상을 일으키는지 우리는 아직 정확히 모르지만, 현재 내놓을 수 있는 최선의 추측은 세포핵이 적절하게 유지되지 않는다는 것이다. 이것은 유전자 발현 변화와 세포핵 붕괴를 낳을 수 있다. 일부 유전자와 일부 종류의 세포는 다른 유전자나 세포보다 이 변화에 더 민감할지 모른다.

어린이에게 발병하는 또 다른 질환으로 '척수근육위축증spinal muscular atrophy'이 있다. 이 질환에 걸리면, 근육을 지지하는 신경세포들이 점차 죽어가 근육이 쇠약해지고 운동성을 상실하게 된다. 이 질환에는 여러 가지 형태가 있는데, 가장 심한 형태에서는 환자의 기대 수명이 18개월 미만으로 아주 낮다.[17] 척수근육위축증은 유전 질환 치고는 비교적 흔하게 나타난다. 영국에서는 40명당 한 명이 보인자인데, 바꿔 말하면 영국인 중 150만 명이 한 쌍의 연관 유전자 중 하나에 결함이 있다는 뜻이다. 다행히도 증상이 나타나려면, 한 쌍의 유전자 모두에 돌연변이가 일어나야 한다.[18]

척수근육위축증은 SMN1이라는 유전자가 결실되거나 기능을 상실할 때 일어난다. 인간 유전체를 감안할 때 이것이 그토록 큰 효과를 나타낸다는 사실이 의아할 수 있는데, 정확하게 동일한 단백질을 암호화하는 유전자가 또 있기 때문이다. 이 유전자는 SMN2라 부른다. 이것은 너무나도 당연한 의문을 제기한다. 이 두 유전자가 동일한 단백질을 암호화한다면, 손상되거나 결실된 SMN1 유전자를 SMN2 유전자가 왜 보완하지 못할까?

허친슨-길퍼드 조로증의 경우와 비슷하게 SMN2는 SMN1과 사소한 차이점이 하나 있는데, 바로 아미노산 암호화 지역에 있는 DNA 서열에 일어난 변화이다. 이것은 아미노산의 서열을 변화시키지는 않는데, 변화가 일어난 서열도 중복성을 지닌 3염기 서열들 중 하나여서 동일한 아미노산을 암호화하기 때문이다. 대신에 리보솜이 mRNA 분자에서 어디를 스플라이싱해야 할지 알아내는 데 도움을 주는 장소 중 하나를 변화시킨다.[19] 스플라이싱 위치를 변화시키는 것은 아니고, 스플라이싱이 일어나는 곳에 영향을 미치는 장소 중 하나를 변화시킨다. 그 결과로 한 아미노산 암호화 지역을 건너뛰는 일이 일어나고, 그렇게 해서 만들어진 단백질이 제 기능을 하지 못하게 된다. 이 때문에 SMN2 유전자는 SMN1 유전자의 기능 장애를 보완할 수 없다. 스플라이시오솜의 활동에는 정상적인 SMN1 유전자가 필요하다. 따라서 기본적으로 한 유전자에 일어난 돌연변이는 mRNA의 전반적인 스플라이싱에 문제를 초래하는데, 그것을 보완할 잠재력이 있는 유전자에 독립적인 스플라이싱 문제가 없는 한 이것은 극복할 수 있다.

치료 이득을 위한 스플라이싱 조작

7장에서 보았듯이, X 염색체를 통해 유전되는 심각한 근육 쇠약 질환인 뒤셴근육디스트로피는 디스트로핀 유전자에 돌연변이가 일어난다(127쪽 참고). 이 유전자는 예외적으로 큰데, 그 길이가 무려 염기쌍 약 250만 개에 이른다. 아미노산 암호화 지역도 약 80개나 포함하고 있는데, 이것들은 모두 적절하게 스플라이싱이 일어나고 처리되어야 한다. 이것이 특별히 중요한 이유는 디스트로핀 단백질의 수명이 길기 때문이다. 그래서 스플라이싱이 잘못 일어날 가능성을 높이는 변화는 어떤 것이건 세포에 아주 오랫동안 영향을 미치게 된다. 하지만 이 거대한 유전자에 인트론이 78개나 존재한다는 사실은 스플라이싱에 영향을 미칠 수 있는 자연 발생적 또는 유전된 돌연변이가 나타날 위험이 아주 크다는 것을 의미하는데, 단순히 그런 일이 일어날 기회가 그만큼 많기 때문에 그렇다. 이 상황을 아주 함축적으로 표현한 해설이 있다. "거대한(2.4Mb) 디스트로핀 유전자는, 78개의 인트론이 그 대부분을 차지하는데, 이것은 일어나기만 기다리고 있는 스플라이싱 사고나 다름없으며, 신생아 3000명당 한 명꼴로 그런 사고가 일어난다."[20]

따라서 뒤센근육디스트로피 발병 사례 중 일부는 스플라이싱 결함 때문에 일어난다. 하지만 다수의 사례는 해당 유전자의 중요한 지역들, 따라서 그에 해당하는 단백질이 없어서 일어난다. 최근에 치명적인 이 질환을 치료할 수 있다는 희망의 불꽃이 나타나기 시작했다. 이 방법은 직관과는 반대로 환자의 디스트로핀 유전자에서 비정상적인 스플라이싱을 '촉진'하는 것이다.

디스트로핀 단백질은 근육세포에서 일종의 완충 장치 역할을 한다. 디스트로핀 분자는 매트리스의 용수철과 비슷한 것으로 생각할 수 있다. 매트리스가 지지 능력을 계속 유지하려면, 용수철이 매트리스 윗면과 바닥에 들러붙어 있어야 한다. 그런데 제작 과정에서 결함이 발생해 용수철이 상단 10cm가 누락된 채 만들어졌다면, 이 용수철은 매트리스 윗면에 들러붙을 수 없다. 매트리스를 더 자주 사용할수록 매트리스의 지지 능력은 더욱 떨어져 점점 더 많이 내려앉을 것이다.

뒤센근육디스트로피는 디스트로핀 유전자의 내부 지역 결실 때문에 발생하는 경우가 아주 많다. 유전자가 복제되어 RNA가 만들어질 때, 남은 지역들은 함께 스플라이싱이 일어난다. 정상적인 디스트로핀 유전자와 비교할 때, 돌연변이 유전자는 단백질 내부에 일부 아미노산이 없다. 하지만 [그림 17-6]이 보여주듯이, 가장 큰 문제의 원인은 이것이 아니다.

앞에서 보았듯이, 아미노산 암호는 세 염기 단위로 판독된다. 정확한 아미노산 암호화 지역(엑손)들이 결합되면, 많은 아미노산을 암호화하는 긴 mRNA 분자가 만들어진다. 하지만 엉뚱한 엑손이 함께 결합되면, 조화가 깨져 세 염기 단위들이 제대로 조합되지 않는다. 아주 단순한 예를 들어보자.

YOU MAY NOT SEE THE END BUT TRY

여기서 한 문자가 탈락되면, 이 문장은 금방 의미를 잃고 만다.

YOU MAY OTS EET HEE NDB UTT RY

이것을 '틀 이동frame shift'이라고 부른다. mRNA의 경우, 이것이 미치는 첫 번째 영향은 성장하는 단백질 사슬에 엉뚱한 아미노산이 삽입되는 것이다. 하지만 곧 더 극적인 일이 일어난다. 정지 신호 역할을 하는 세 문자 조합이 나타난다. 이 시점에서 리보솜은 아미노산 추가를 멈추고, 돌연변이가 일어난 단백질은 불완전한 상태로 성장이 멈춘다.

디스트로핀 유전자의 특정 지역이 누락된 환자에게 바로 이런 일이 일어난다. [그림 17-6]에서 박스 아래에 표시된 숫자들은 세 염기 조합을 판독하는 틀을 나타낸다. 한 박스가 끝나고 다음 박스가 시작되는 부분에 표시된 숫자들을 합해서 3이 되는 한, 리보솜은 mRNA 판독을 계속할 수 있다. 하지만 가장 흔한 결실이 일어나는 장소에서는 틀 이동이 일어나고, 이것은 금방 정지 신호를 유발함으로써 아주 짧

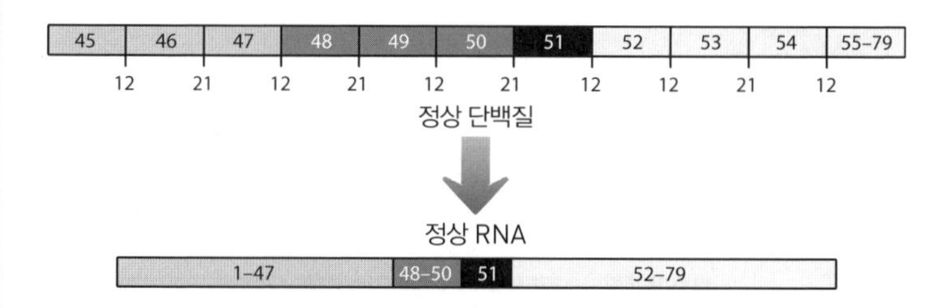

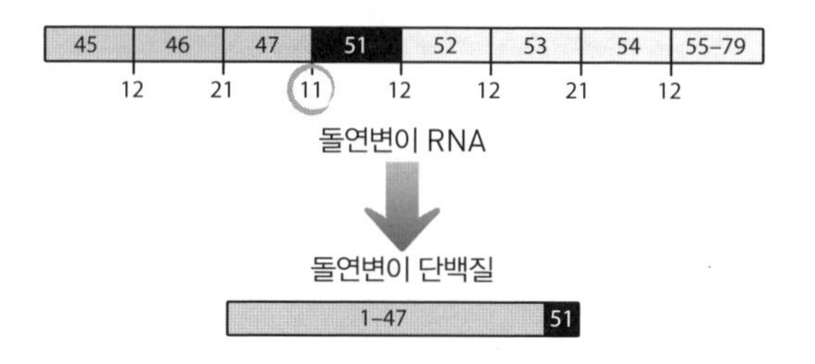

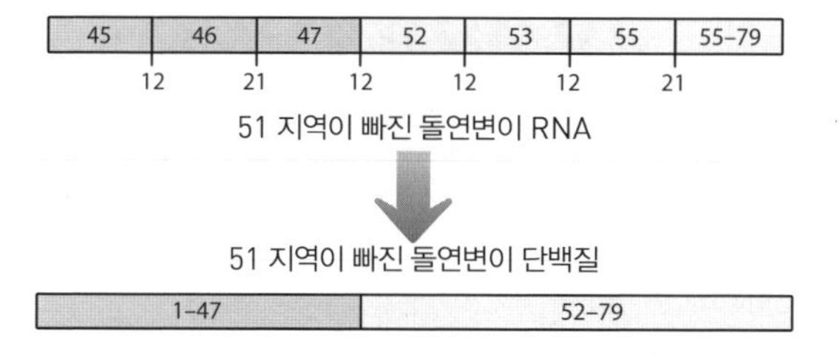

[그림 17-6] DNA에서 아미노산 암호화 지역 48~50이 결실되었을 때, 아미노산 판독 패턴에 일어난 이동 때문에 디스트로핀 유전자의 돌연변이가 아주 짧은 단백질 분자를 낳을 수 있는 핵심 지역을 나타낸 그림. 판독 패턴이 유지되려면, 각 경계선 아래에 표시된 숫자들을 더했을 때 3이 되어야 한다. 만약 돌연변이 유전자에서 51 지역을 건너뛴다면, 판독 서열이 회복될 수 있다. 그림에서는 단순화를 위해 모든 아미노산 암호화 지역을 동일한 크기로 나타냈지만, 실제로는 서로 크기가 아주 다르다.

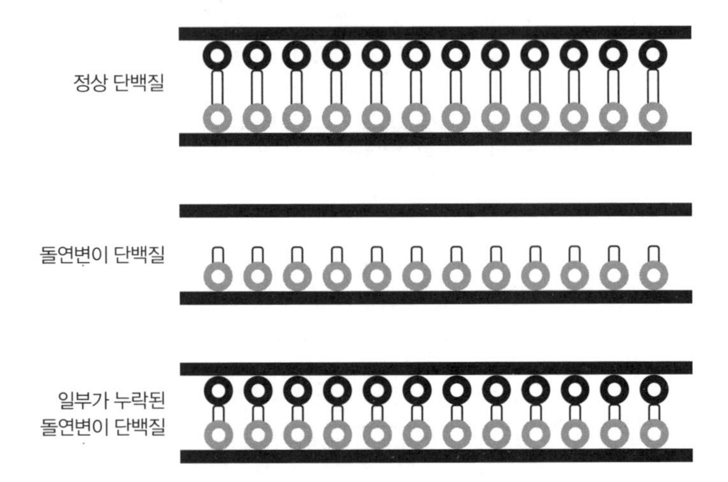

[그림 17-7] 돌연변이 디스트로핀 단백질이 세포막 양편에 왜 들러붙을 수 없는지 보여주는 그림. 일부 내부 서열이 누락된 돌연변이 단백질은 세포막 양편에 들러붙을 수 있다. 이것은 더 짧기 때문에, 정상 단백질만큼 훌륭한 완충 장치가 못 되지만, 원래의 돌연변이보다는 훨씬 낫다.

은 단백질 사슬이 만들어지는 결과를 초래한다.

이것을 피할 수 있는 한 가지 방법은 세포가 판독을 할 때 결실이 일어난 곳 다음에 오는 아미노산 암호화 지역들 중 하나를 건너뛰는 것이다. 그렇게 하면 모든 것이 정상적인 판독 틀로 회복된다. 최종 결과는 내부적으로는 상당 부분이 누락되었지만, 그래도 여전히 제 기능을 비교적 잘 수행하는 단백질로 나타난다. 이것은 증상의 진행을 늦출 수 있다. [그림 17-7]은 침대 용수철 비유를 사용해 이런 상황을 보여준다. 디스트로핀 분자는 필요한 단백질에 양 끝부분이 여전히 연결될 수 있다. 이것은 완전한 길이의 완충 장치만큼 아주 훌륭하진 않다. 하지만 필요한 세포 구조에 아예 들러붙을 수 없는 것에 비하면 훨씬 낫다.

이 가설을 뒷받침하는 증거는 훌륭해보였고, 생명공학 회사들은 이 지식을 활용할 방법을 찾기 위한 연구를 시작했다. 프로센사Prosensa라는 회사는 근육세포들이 아미노산 암호화 지역 51을 건너뛰는 데 도움을 주는 약을 개발했고, 결국 이 실험적 약의 특허 사용권을 글락소스미스스클라인GlaxoSmithKline이라는 거대 제약 회사에 주었다. 2013년 4월, 글락소스미스스클라인은 이와 관련된 형태의 뒤셴근육디스트로피에 걸린 소년들을 대상으로 소규모 임상 시험을 한 결과를 발표했다. 53명의 소년을 무작위로 두 집단으로 나눈 뒤, 한 집단에는 그 약을 투여했고, 다른 집단에는 정확하게 동일한 절차를 거치게 했지만 진짜 약을 투여하지 않았다. 이것은 플라세보placebo 절차라 부르는데, 임상 시험에서 환자의 낙관적 심리 상태나 약과 무관하게 상태가 개선되는 경우처럼 약 이외에 다른 영향이 작용할 가능성을 배제하기 위한 방법이다. 소년들은 24주와 48주 뒤에 검사를 받았다. 검사에서는 6분 동안 얼마나 멀리 걸을 수 있는지를 측정했다.

24주 뒤에 플라세보를 투여받은 소년들은 이 질환에 걸린 환자들에게 예상되는 결과처럼 상태가 나빠졌다. 그들은 임상 시험을 처음 시작할 때와 비슷하게 멀리 걷지 못했다. 하지만 진짜 약을 투여받은 소년들은 임상 시험을 처음 시작할 때보다 30m 이상 더 멀리 걸었다. 48주 뒤에 다시 검사를 했을 때, 플라세보 집단은 상태가 더욱 나빠졌다. 6분 동안 걷기 테스트에서 걸은 거리는 임상 시험을 처음 시작할 때보다 약 25m나 줄어들었다. 제대로 된 약을 투여받은 소년들은 임상 시험을 처음 시작할 때보다 11m 이상 더 멀리 걸었다.[21]

이 데이터는 진짜 약을 투여받은 소년들도 시간이 지나면서 상태가 나빠진다는 것을 보여주었지만(24주째와 48주째의 결과를 비교해보라.), 이러한 상태 악화는 정상적인 진행 상황보다 크게 느려진 것이었다.

이 임상 시험 결과는 큰 흥분을 불러일으켰다. 마침내 그때까지 치유 불가능했던 질환을 치료할 수 있다는 희망이 보이기 시작했다. 설사 이 방법이 환자를 완치하지는 못한다 하더라도, 돌이킬 수 없는 증상의 진행을 상당히 늦출 수 있었다. 이것은 이 분야에서 연구해온 모든 사람들과 환자 가족들이 수십 년 동안 달성하려고 노력해온 목표였다. 물론 이 방법이 모든 뒤셴근육디스트로피 환자에게 효과가 있는 것은 아니지만, 디스트로핀 유전자에 일어난 돌연변이의 종류를 바탕으로 판단할 때, 전체 환자 중 10~15%는 이 방법에서 도움을 받을 수 있을 것으로 예상되었다.

하지만 불과 6개월 뒤에 이러한 희망은 갈가리 찢기고 말았다. 글락소스미스스클라인은 규모가 좀 더 큰 임상 시험을 했는데, 이번에는 진짜 약을 투여한 집단과 그렇지 않은 집단 사이에 유의미한 차이가 발견되지 않았다.[22] 규모가 더 큰 임상 시험 결과는 작은 임상 시험 결과보다 신뢰도가 높은데, 어떤 반응이 나타난 것처럼 보이지만 실제로는 진짜 반응이 아닌 기묘한 패턴에 영향을 받을 가능성이 더 낮기 때문이다. 글락소스미스스클라인은 규모가 더 큰 임상 시험 결과를 의심하지 않았으며, 만약 그 약이 정말로 효과가 있다면 그 효과가 발견되지 않을 리 없다고 확신했다. 그들은 그 약의 특허 사용권을 프로센사에 돌려주고 이 일에서 손을 뗐다. 프로센사는 임상 시험을 계속하고 있지만, 글락소스미스스클라인이 손을 뗀 뒤 이 연구 계획은 성공 가능성이 낮다고 판단한 애널리스트들의 우려를 반영해 프로센사의 주가는 곤두박질쳤다.

동일한 환자 집단의 디스트로핀 유전자에서 문제 지역을 건너뛰는 스플라이싱 패턴을 이용하려고 시도하는 회사가 또 하나 있다. 사렙타Sarepta라는 회사는 비슷한 방법을 사용해 소년 환자들을 치료하려고 한다. 비록 이 회사는 자신의 연구 계획을 상당히 낙관하지만, FDA는 확실한 결과를 얻을 만큼 임상 시험의 규모가 충분히 큰지 의문을 제기했다. 예를 들면, 치료를 시도한 집단과 시도하지 않은 집단 사이에 극적인 차이가 나타난 한 임상 시험에 참여한 환자는 겨우 12명에 불과했다.

이 회사들에 투자한 사람들은 분명히 찬바람이 씽씽 부는 걸 느끼지만, 환자 가족들이 그동안 겪어왔고 지금도 매일 겪고 있는 고통에 비할 바는 아니다.

이 장에서 소개한 이야기를 보고 스플라이싱은 큰 가치가 있다기보다 오히려 문제가 더 많다고 생각하기 쉽다. 이것은 잘못될 가능성이 있는 일은 결국 잘못되고 만다는 소드의 법칙Sod's law을 보여주는 예처럼 보인다. 하지만 실제로는 거의 모든 생물학적 과정에서도 이와 똑같은 일이 일어난다. 수십억 개의 염기, 수만 개의 유전자, 수십조 개의 세포, 수십억 명의 사람. 이것은 정말로 숫자 게임이다. 매번 모든 것이 제대로 굴러갈 수는 없다. 하지만 쪼개진 유전자들을 결합하는 이 과정이 진화의 역사를 통해 아주 잘 보존된 시스템을 사용하면서 수억 년 동안 유지되어왔다는 사실은 그 복잡함과 추가 정보 내용과 유연성이 지닌 이점이 운이 나쁜 날들을 충분히 보상하고도 남는다는 것을 분명히 보여준다.

18장
작은 고추가 맵다

우리가 큰 동물에 깊은 인상을 받는 이유는 아마도 우리 자신이 상당히 큰 동물이기 때문일 것이다. 충분히 이해할 만하다. 사실 재규어 같은 큰 고양잇과 동물은 정말로 아주 인상적인 동물이니까. 우리는 또한 재규어가 최상위 육식 동물인 포식 동물이라는 사실 때문에 큰 인상을 받는 경향도 있다. 이에 반해 개미는 설사 그것이 중앙아메리카와 남아메리카에 사는 군대개미라 하더라도, 보잘것없는 동물처럼 보인다. 물론 벌어진 상처를 다물게 하는 데 사용할 만큼(외과 수술에서 상처를 봉합할 때 군대개미의 턱을 사용하기도 했음. ―옮긴이) 아주 크고 강한 턱을 갖고 있는 이 곤충에게는 잔혹한 매력도 있는 게 사실이다. 그렇다 하더라도, 발로 살짝 밟는 것만으로도 으깰 수 있는 작은 곤충에게 두려움을 느끼기는 어렵다.

하지만 군대개미를 한 마리가 아니라 집단 전체를 놓고 바라본다면 이야기가 달라진다. 군대개미 집단은 재규어 한 마리만큼 많은 고기를 먹어치울 수 있다. 만약 군대개미 집단이 줄지어 다가온다면, 필시 여러분은 개미를 쿵쿵 밟는 댄스를 즐겁게 추는 대신에 허겁지겁 신발을 신고 걸음아 나 살려라 하고 달아나려 할 것이다.

우리 유전체도 마찬가지이다. 특별한 종류의 아주 작은 정크 핵산이 수천 가지나 있다.[1] 각자 유전자 발현을 미세 조정하는 데 어떤 역할을 하지만, 개별적인 효과는 미미하다. 하지만 그 효과들이 합쳐지면 아주 인상적인 효과를 발휘할 수 있다.

자, 우리 유전체의 강력한 군대개미에 해당하는 '작은 RNAsmall RNA'의 세계에 온 것을 환영한다. 이름이 암시하듯이, 이 RNA 분자들은 그 길이가 대개 염기 20~23개에 불과할 정도로 아주 작다. 작은 RNA는 살짝 미는 작용을 하면서 유전자 발현 조절에 미세 조정 과정을 추가하는 분자들이라고 생각하면 된다.

[그림 18-1]은 이 작은 RNA가 어떻게 만들어지고 어떻게 작용하는지 보여준다. 작은 RNA는 이중 가닥 RNA 분자로부터 만들어진다. 그러고 나서 mRNA의 양 끝부분에 있는 비번역 지역에 들러붙어 새로운 이중 가닥 RNA를 만든다. 한 정크 서열과 다른 정크 서열의 상호작용에 따라 만들어지는 이 이중 가닥 구조는 mRNA에 다음 두 가지 중 한 가지 효과를 미친다. mRNA를 파괴를 위한 표적으로 삼을 수도 있고, 리보솜이 mRNA 서열을 단백질로 번역하는 것을 어렵게 만들 수도 있다. 최종 결과는 본질적으로 비슷한데, 특정 mRNA로부터 만들어지는 단백질의 양이 감소한다.[*,2]

* 파괴를 촉발하는 종류의 작은 RNA를 microRNA 또는 miRNA라 부른다. 부실한 번역을 촉발하는 종류는 작은 간섭 RNAsmall interfering RNA 또는 siRNA라 부른다. 이 책에서는 전문 용어 남발을 피하기 위해 이 두 종류를 엄밀하게 구분하지 않고 그냥 작은 RNA라고 부르기로 한다.

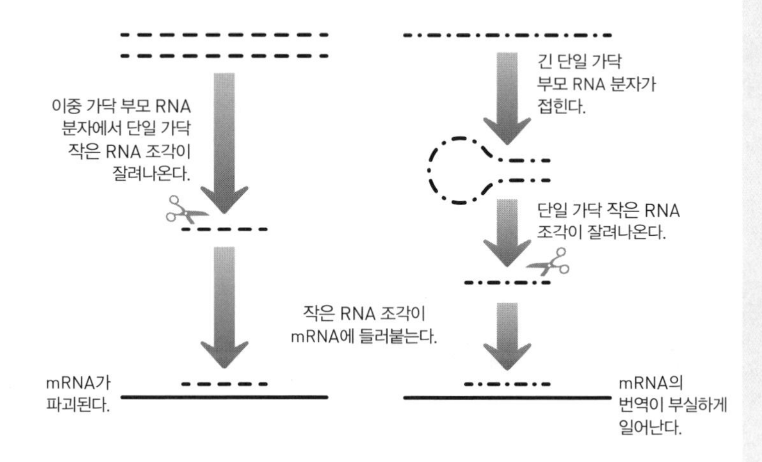

[그림 18-1] 세포가 긴 RNA 분자로부터 두 종류의 작은 RNA를 만드는 방법을 보여주는 그림. 그림 아랫부분에서 볼 수 있듯이, 두 종류의 작은 RNA는 유전자 발현을 억제하는 방법이 서로 다르다.

mRNA 분자의 파괴를 촉발하는 작은 RNA는 그 표적과 완벽하게 일치해야 한다. mRNA의 번역을 방해하는 작은 RNA는 이보다 훨씬 난잡하다. 연속적인 6~8개의 핵심 염기 서열seed sequence만 표적과 일치하더라도 mRNA에 들러붙을 수 있다. 이것이 초래하는 결과 중 하나는 단일 작은 RNA가 두 종류 이상의 mRNA에 들러붙어 그 번역을 방해하는 것이다. 또 한 가지 잠재적 결과는 세포 내에서 각각의 상대적 양에 따라 mRNA들이 특정 작은 RNA의 조절을 받는 정도에 차이가 난다는 것이다. 이것은 표적들 중 어떤 것이 세포 내에서 발현되느냐에 따라, 그리고 표적 분자들의 비율에 따라 특정 작은 RNA가 미치는 효과가 달라진다는 것을 의미한다.

작은 RNA — 좋은 점과 나쁜 점

면역계에서 한 특별한 종류의 세포를 조절하는 데 중요한 역할을 하는 작은 RNA 집단이 있다. 생쥐에게서 이 작은 RNA 집단이 과잉 발현되면, 면역계가 과잉 활성화되면서 치명적인 상태를 유발한다.[3,4] 반면에 이 작은 RNA 집단이 부족한 생쥐는 모두 태어날 무렵에 죽는다. 사람의 경우, 이 작은 RNA 집단의 한 복제본이 없으면, '파인골드 증후군Feingold syndrome'이라는 희귀 질환이 발병할 수 있다.[5] 파인골드 증후군 환자에게는 다양한 증상이 나타나는데, 골격 기형, 콩팥 문제, 창자막힘증(장폐색), 경미한 학습 장애 등의 증상이 나타날 때가 많다.[6]

단 6개의 작은 RNA로 이루어진 집단이 제대로 발현되지 않을 때 나타나는 결과 치고는 놀랍도록 다양해 보인다. 하지만 이것은 그렇게 놀라운 것이 아닐 수도 있는데, 연구자들이 계산한 바에 따르면, 이 집단 혼자서 1000개가 넘는 단백질 암호화 유전자를 표적으로 삼을 수 있기 때문이다.[7]

작은 RNA를 암호화하는 정크 서열들은 다른 정크 지역에 있는 경우가 많은데, 예컨대 긴 비암호화 RNA를 만드는 유전자에서 발견된다.[8] '연골털형성저하증cartilage-hair hypoplasia'이라는 질환이 있다. 이것은 한 아미시파 공동체에서 처음 확인되었는데, 공동체 주민 10명 중 한 명은 그 원인이 되는 돌연변이의 보인자였다. 이렇게 상당히 높은 수준의 보인자 빈도는 불과 몇몇 가족이 이 공동체를 창시했다는 사실에서 비롯된 게 거의 확실해 보인다.

이 질환에 걸린 어린이는 골격 형성에 결함이 있어 팔다리가 짧은 형태의 왜소증이 나타나며, 머리카락은 가늘면서 숱이 적다. 그 밖의 다른 장애들도 다양하게 나타난다.

이 질환의 원인이 되는 돌연변이는 한 긴 비암호화 RNA 유전자에 있다. 정크 안에 정크가 들어 있는 셈인데, 이 긴 유전자에는 작은 RNA 유전자가 2개 포함되어 있다. 많은 돌연변이는 2개의 작은 RNA 유전자 중에서 더 작은 쪽에 영향을 미친다. 이 변화 때문에 작은 RNA는 구조가 변해 [그림 18-1]에서 가위로 표시된 절단 효소가 적절히 처리하지 못한다. 그 결과로 작은 RNA는 정상 수준으로 발현되지 않는다. 이 두 작은 RNA는 900개 이상의 단백질 암호화 유전자를 조절한다. 그중에는 골격과 털의 발달에 관여하는 유전자들뿐만 아니라, 그 밖의 많은 계에 관여하는 유전자들도 있다. 이 작은 RNA들의 수준과 기능에 영향을 미치는 돌연변이가 어린이 환자들의 광범위한 기관계에 문제를 일으키는 이유는 아마도 이 때문일 것이다.[9]

작은 RNA가 유전자 발현의 미세 조정에 얼마나 중요한지 감안하면, 이 정크 분자들이 발달 동안에 중요한 역할을 한다는 사실은 놀라운 이야기가 아닐 수도 있다. 발달 시기는 유전자 발현의 미소한 요동이 큰 영향을 미칠 수 있는 단계이기 때문이다.(계단을 굴러내려오는 슬링키를 기억하는가?)

작은 RNA와 줄기세포

작은 RNA의 중요성을 보여주는 아름다운 예는 사람의 조직세포를 가지고 어떤 것이건 필요한 조직을 만드는 능력이 있는 다능성 줄기세포로 재프로그래밍하는 과정에서 나온다. 이 기술은 12장에서 처음 소개했는데, [그림 12-1](218쪽 참고)이 그것을 잘 보여준다. 아주 이른 시기에 노벨상을 받은 원래 연구는 놀라운 것이었지만, 약간의 한계가 있었다. 마스터 조절 단백질은 발달 단계의 슬링키를 한 계단 위로 밀어올릴 수 있었지만, 그것은 상당히 비효율적으로 일어났다. 전환된 세포 비율은 아주 작았고, 그 과정이 일어나는 데에는 수 주일이 걸렸다. 이 획기적인 발견이 나오고 나서 5년 뒤에 다른 연구자들이 이 연구를 더 확대했다. 그들은 어른 세포들을 원래 실험에 사용한 것과 동일한 마스터 조절 인자로 처리했다. 하지만 거기다가 다른 요소를 하나 첨가했는데, 정상 배아줄기세포에서 높은 빈도로 발현되는 것으로 밝혀진 한 작은 RNA 집단을 과잉 발현시켰다. 원래의 마스터 조절 인자와 함께 이 작은 RNA를 과잉 발현시키자, 예상대로 어른 세포들이 다능성 줄기세포로 되돌아갔다. 줄기세포로 전환된 세포들의 비율은 마스터 조절 인자만 사용했을 때보다 100배 이상 높았다. 이 과정은 또한 훨씬 더 빨리 일어났다. 반대로 마스터 조절 인자를 사용하면서 어른 세포들에서 내인성 작은 RNA 집단의 발현을 억제하자, 재프로그래밍 효율은 크게 떨어졌다. 이로써 이 특정 작은 RNA 집단이 세포의 정체성을 제어하는 신호 네트워크의 조절을 돕는 데 정말로 중요한 역할을 한다는 사실이 입증되었다.[10,11]

어른 조직에는 줄기세포들도 포함되어 있다. 이것들은 다양한 종류의 세포들 대신에 특정 조직에 필요한 세포들을 만들 수 있다. 이 세포들은 우리가 아기에서 어른으로 옮겨가는 성장에 중요하며, 또 마모되고 손상된 부위를 수리하는 데에도 중요하다. 일부 조직에는 생애 후반기까지 아주 활동적인 줄기세포 집단이 남아 있다. 전형적인 예는 감염에 대항해 싸우거나 잠재적 암성 세포들을 탐지하는 데 필요한 세포들을 만들어내는 골수이다. 노인이 감염과 암에 특별히 취약한 이유는 골수 줄기세포들이 마침내 바닥나 면역 바리케이드에 구멍이 뚫리기 때문이다.

사람의 조직에서 줄기세포들과 어른 세포들이 서로 다른 패턴의 작은 RNA를 발현한다는 것을 보여주는 데이터가 있다. 하지만 발현 데이터는 인과 관계 문제 때문에 늘 해석하기가 어렵다. 작은 RNA의 패턴 차이가 세포 활동과 기능에 차이를 빚어내는 것일까, 아니면 세포 변화의 방관자 효과로 그런 일이 일어나는 것일까? 개개의 작은 RNA 패턴과 모든 mRNA 분자 중 적어도 절반의 비번역 지역 사이에서 일어날 것으로 예상되는 서열 짝짓기가 진화를 통해 보존되어 왔다는 사실은 인과 관계를 시사한다.[12] 이 문제를 좀더 직접적으로 다루기 위해 과학자들은 우리의 가까운 사촌인 생쥐를 자주 연구한다.

연구자들은 어른 생쥐 조직에서만 유전자를 억제하는 방법을 발견했는데, 이것은 아주 강력한 조사 도구 세트를 제공했다. 이 편리한 기술 덕분에 생쥐를 평소와 다름없이 발달시킬 수 있으므로, 발달 동안에 잘못된 경로나 네트워크 때문에 발생하는 증상에 대해서는 염려할 필요가 없다. 이 방법은 어른 세포에서 작은 RNA를 만드는 데 필요한 효소([그림 18-1]에서 가위로 표시된)를 비활성화시키면 어떤 일이 일어나는지 알아내는 데 사용되었다. 이것은 모든 작은 RNA의 생산을 방해하여 그것들이 중요한 역할을 하는 곳이 어디인지 보여줄 수 있을 것으로 예상된다. 하지만 이것은 정확하게 어떤 작은 RNA가 관여하는지는 알려주지 않는다.

어른 생쥐의 모든 조직에서 가위 효소의 발현을 억제하자 골수에서 결함이 나타났지만, 지라와 가슴샘에서도 결함이 나타났다. 이 세 조직은 모두 감염에 맞서 싸우는 데 필요한 세포들을 만들며, 많은 줄기세포 집단이 있을 것으로 예상되었다. 이 발견은 작은 RNA 시스템이 줄기세포 제어에 어떤 역할을 한다는 가설과 일치했다. 생쥐들은 모두 죽었는데, 창자관이 대규모로 악화된 것이 그 원인이었다. 이것 역시 작은 RNA 시스템이 줄기세포 제어에 어떤 역할을 한다는 가설과 일치한다. 계속되는 소화계의 활동 때문에 세포들이 떨어져나가기 때문에 창자는 늘 세포들을 잃는다. 이 세포들을 매일 새것으로 대체해야 하기 때문에, 아주 활동적인 줄기세포 집단이 있으리라고 예상할 수 있다.[13] 하지만 가위 효소의 상실이 정확하게 어떻게 창자에 극적인 손상을 초래하는지는 분명하지 않다. 다만, 생쥐가 음식물 중의 지방을 처리하는 방식에 일어난 이상과 관계가 있을지도 모른다.

이 효과들은 아주 극적이지만, 작은 RNA가 중요한 역할을 하는 조직들이 단지 이것들뿐임을 의미하는 것은 아니다. 생쥐들이 비교적 일찍 죽었기 때문에, 다른 조직들의 더 미묘한 증상들이 가려졌을 가능성이 있다. 이것을 조사하기 위해, 더 차별적인 버전의 어른 발현 억제 기술을 사용할 수 있다. 이 수정된 기술을 사용하면, 특정 어른 조직에서 가위 유전자를 비활성화시킬 수 있다.

많은 결과는 작은 RNA가 줄기세포 집단에 영향을 미친다는 가설과 완전히 일치했다. 예를 들면, 어른 생쥐의 털집세포에서 가위 유전자를 비활성화시키자, 털을 뽑은 생쥐에게서 털이 제대로 자라나지 않았다.[14]

이 결과들로부터 작은 RNA 네트워크는 줄기세포들이 전문화된 세포들을 보충하는 일을 계속하게 하는 데 필요하다는 추측을 하고 싶은 유혹이 든다. 하지만 이것은 너무 단순한 생각이다. 우리 모두가 다음 달 월급을 받을 때까지 이번 달에 받은 월급으로 버텨나가려고 애쓰는 것처럼 우리 몸도 줄기세포를 너무 일찍 다 소모하지 않도록 신경 쓸 필요가 있다. 줄기세포는 소중하며, 바닥이 나면 영영 복구할 방법이 없다. 이 점을 감안한다면, 줄기세포들이 돌이킬 수 없게 성숙한 조직세포들로 전환되는 것을 막는 데 일부 작은 RNA 네트워크가 필요하다는 사실이 명백해 보인다. 실제로 꼭 유지할 필요가 있는 균형이 있는데, [그림 18-2]가 이를 보여준다.

골격근에는 줄기세포들*이 포함되어 있는데, 이 세포들은 너무 일찍 소모되지 않도록 대부분의 시간 동안 정지 상태로 유지할 필요가 있다. 뒤셴근육디스트로피 같은 질환에서 이미 보았던 근육 손실의 일부 원인은 바로 이 줄기세포 저수지의 고갈이다. 근육줄기세포에는 정상적으로는 성숙한 근육세포로 전환되지 못하도록 막는 단백질들이 있다. 하지만 건강한 개인이 심한 부상을 입거나 영양실조 상태에

* 이 줄기세포들을 위성세포 satellite cell 라 부른다.

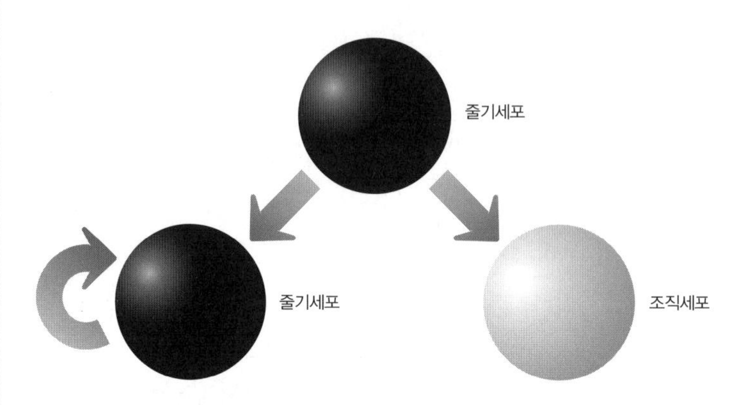

[그림 18-2] 줄기세포가 분열하면, 마찬가지로 계속 분열할 수 있는 또 다른 줄기세포가 만들어지거나 더 이상 줄기세포를 만들 수 없는 분화된 세포가 만들어진다.

서 근육세포들을 잃으면, 이 단백질들이 하향 조절된다. 이것은 적어도 부분적으로는 특정 작은 RNA의 발현 스위치를 켬으로써 일어난다. 작은 RNA는 이 단백질들의 암호를 전달하는 mRNA에 들러붙고, 단백질 생산이 줄어든다. 줄기세포들에서 제동 장치가 제거되고, 줄기세포들은 성숙한 근육세포들로 바뀐다.[15,16]

심장에서도 이와 비슷한 효과를 볼 수 있다. 어른의 심장 근육에는 비록 그 수는 많지 않고 성숙한 심장 조직으로 전환되기도 어렵지만, 약간의 줄기세포가 있다. 이것은 심장마비가 그토록 위험한 이유 중 하나이다. 심장마비가 일어나면 심장 근육이 죽는데, 우리 몸은 그것을 대체할 조직을 만들기가 아주 어렵다. 대신에 심장에 흉터가 생기게 되고, 심장은 기능이 떨어진다. 이 때문에 심장마비에서 살아남은 사람은 장기적으로 여러 가지 어려움을 겪게 되고, 건강을 완전히 회복하지 못하는 경우도 있다.

심장 줄기세포를 활성화시켜 새로운 근육을 만들게 하면 좋을 것 같지만, 생쥐를 대상으로 한 실험 결과는 상황이 그렇게 단순하지 않음을 보여준다. 심장에서 작은 RNA는 줄기세포가 심장 근육으로 변하지 못하도록 하는 것처럼 보인다. 만약 어른 심장에서 작은 RNA를 만드는 가위 효소의 스위치가 꺼지면, 심장이 성장하기 시작한다. 불행하게도 이것은 우리 몸에 손상을 입힐 수 있는 방식으로 일어나 심장 비대라는 결과를 낳는다. 심장 비대는 뛰어난 운동 선수의 아주 튼튼한 심장 근육과는 다르다. 오히려 고혈압 환자에게 나타나는 것처럼 심장벽이 비정상적으로 두꺼워지는 상황과 비슷하다. 가위 효소의 활동이 사라지면 줄기세포가 어른 세포처럼 행동하길 멈추고, 발달 동안에 나타나는 것에 가까운 유전자 발현 패턴을 촉진하기 때문에 이런 일이 일어나는 것으로 보인다.[17]

심장 줄기세포의 재활성화가 반드시 도움이 되는 것이 아니라, 부작용을 낳을 수 있다는 점이 이상해 보일 수 있다. 진화의 관점에서 볼 때, 동물에게 가장 중요한 것은 생식을 하여 자신의 유전 물질을 후대에 전해줄 만큼 충분히 오래 사는 것이다. 심장 발달 조절은 그런 시점에 이를 때까지 심장이 충분히 건강하도록 보장하는 것을 목표로 삼아 일어난다. 진화의 관점에서 볼 때, 이것은 우리가 늙어서 심장을 제대로 수리하지 못한다 하더라도 문제가 되지 않는다는 것을 의미한다. 물론 당사자인 우리에게는 분명히 문제가 되는데, 우리는 진화의 관점에서 필요하다고 여겨지는 것보다 더 오래 살길 원하기 때문이다.

작은 RNA와 뇌

우리는 어른이 되면 뇌가 완전히 발달한 상태에 이른다고 흔히 생각하지만, 최근의 데이터는 어른의 뇌에도 줄기세포가 일부 남아 있다는 것을 보여주었다. 고도로 발달한 후각에 의존하는 동물의 경우에는 이 줄기세포가 활성화되어 새로운 냄새에 반응하는 신경세포를 만들 수 있다. 그러면 그 동물은 그러한 냄새에 아주 잘 반응한다. 줄기세포 중의 한 단백질은 그 줄기세포를 특정 종류의 반응성 신경세포로 분화하게 만든다. 보통은 한 작은 RNA가 이 단백질의 발현을 억제한다. 연구자들이 생쥐에게서 이 작은 RNA의 발현을 억제하자, 그 단백질이 상향 조절되어 신경줄기세포들이 냄새 탐지와 관련이 있는 신경세포들로 분화했다.[18] 생쥐가 새로운 냄새를 맡을 때 이 작은 RNA가 자연적으로 하향 조절되는 것이 아닌가 의심되지만, 이러한 억제를 촉진하는 신호 경로는 아직 확인되지 않았다.

작은 RNA는 일상적인 세포 활동에 관여하면서 끊임없이 요동하는 환경에 대한 반응들을 미세 조정한다. 이러한 미세 조정 과정이 어떻게 작동하는지 밝혀내기는 어려울 수 있는데, 각각의 작은 RNA가 미치는 효과는 비교적 미소할 수 있기 때문이다. 미세 조정 과정은 방대하면서도 미묘한 네트워크를 이루어 작용하는 많은 작은 RNA의 효과가 합쳐진 결과로 일어나는데, 이것은 작은 RNA의 가장 중요한 특징이다. 충분히 흥미로운 데이터가 나오고 있는데, 이 데이터는 이렇게 미소한 정크들의 집단이 중요한 영향력을 행사한다는 사실에 확신을 심어준다.

뇌는 특히 작은 RNA 지형에 일어나는 교란에 민감한 것으로 보인다. 그런 변화의 영향력은 그 변화와 관련된 뇌 지역에 따라 다르지만, 교란 시기에 따라서도 달라진다. 이것은 아마도 모든 종류의 작은 RNA와 나머지 모든 종류의 mRNA, 그리고 그 발현이 뇌에서 엄격하게 통제되는 단백질 사이에서 일어나는 교차 대화의 중요성이 반영된 결과일 것이다.

이것을 보여주는 대표적인 예는 어른 생쥐의 앞뇌(전뇌)에서 가위 효소가 비활성화될 때 나타난다.[19] 그러면 작은 RNA의 발현이 사라지는데, 처음에는 생쥐에게 아주 좋은 일처럼 보인다. 한 석 달 동안은 생쥐는 평소보다 더 똑똑해진 것처럼 보인다. 두려움을 기반으로 한 것이건 보상을 기반으로 한 것이건, 과제 수행 능력이 훨씬 나아진다. 기억 능력도 크게 향상된다. 하지만 집에서 이것을 자신의 뇌에 써보려고 생각하는 사람이 있을까 봐(요즘은 누구나 시험에 큰 신경을 쓰면서 살아가니까) 말하는데, 여기에는 부작용이 있다. 이 똑똑한 생쥐에게 생겨난 지성의 별은 아주 밝게 빛나지만, 그 빛은 오래 가지 않는다. 가위 효소가 비활성화된 지 약 12주가 지나면, 영재의 재능을 보였던 생쥐의 뇌가 퇴화하기 시작한다.

이러한 지연 반응은 뇌에서 작은 RNA가 중요한 역할을 한다는 사실이 입증된 또 다른 상황에서도 발견되었다. 이것은 작은 RNA가 뇌세포에서 상당히 안정하며, 죽기까지 시간이 좀 걸린다는 것을 의미할 수 있다. 생후 2주일 된 생쥐에게서 운동 제어에 관여하는 지역의 뇌세포에서 가위 효소를 비활성화시켰더니, 예상대로 작은 RNA의 발현이 크게 감소하는 결과가 나타났다. 생쥐는 처음에는 아무 이상이 없었지만, 11주가 지나자 움직임에 문제가 나타나기 시작했다. 뇌를 분석한 결과, 작은 RNA를 만드는 능력이 결여된 신경세포들이 죽은 것으로 드러났다.[20]

작은 RNA는 온갖 종류의 예상치 못한 상황에서 나타날 수 있다. 우리 뇌에서 알코올이 표적으로 삼는 곳 중 하나는 신호가 세포막을 통과하는 방식을 조절하는 단백질이다.* 이 단백질의 mRNA는 아미노산 암호화 지역들이 어떻게 스플라이싱되느냐에 따라 많은 버전으로 나타날 수 있다. 알코올은 특정 작은 RNA의 발현을 유도하는데, 이것은 이러한 변형 mRNA들 중 일부의 끝부분에 있는 비번역 지역에 들러붙을 수 있다. 그러면 일부 변형 단백질을 암호화하는 mRNA들만 선별적으로 파괴되는 결과를 초래한다. 가능한 단백질들의 집단에 이러한 변화가 일어나면, 신경세포가 알코올에 반응하는 방식에 변화가 일어나는데, 이것은 중독의 한 가지 요소인 알코올 내성이 생기는 데 중요한 역할을 한다.[21] [그림 18-3]이 이 메커니즘을 잘 요약

* 이 단백질은 BK라 부르는데, potassium channel(칼륨 통로)이라는 뜻이다.

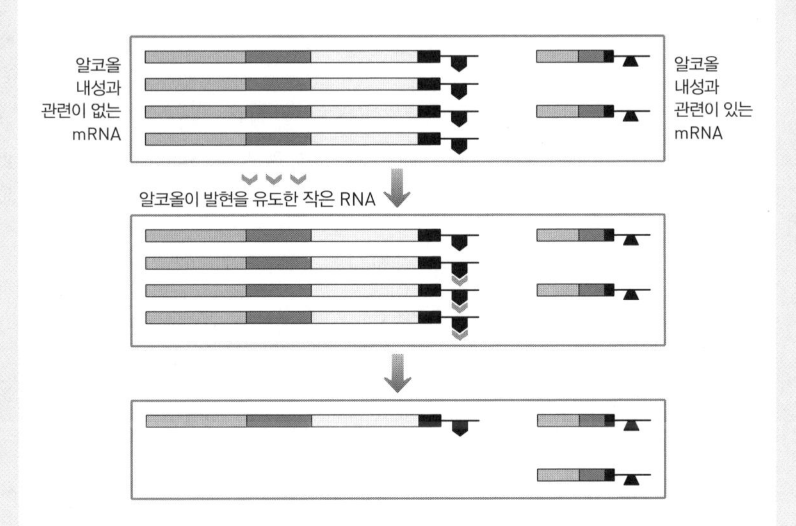

[그림 18-3] 알코올이 발현을 유도한 작은 RNA는 알코올 내성을 만들지 않는 mRNA에 들러붙는다. 이 작은 RNA 분자는 알코올 내성을 촉진하는 mRNA 분자에는 들러붙지 않는다. 그 결과로 알코올 내성과 관련이 있는 단백질을 암호화하는 mRNA 분자들이 상대적으로 많아지게 된다.

해 보여준다. 작은 RNA는 코카인 같은 다른 약물에 대한 중독성 반응에도 관여하는 것으로 밝혀졌다.[22]

작은 RNA와 암

전 세계적으로 인간의 건강에 큰 영향을 미치는 질환 중에는 작은 RNA의 오발현과 관련이 있는 게 많다. 심장혈관 질환[23]과 암[24]도 그 중에 포함된다. 암이 포함된 것은 그다지 놀랍지 않은데, 암은 세포의 운명과 발달 과정에서 나타나는 비정상적 상태이고, 작은 RNA가 그런 과정들에서 아주 중요한 역할을 하기 때문이다. 암에서 작은 RNA가 아주 중요한 역할을 한다는 것을 명백하게 보여주는 한 예는 출생 후가 아니라 발달 과정에서 유전자를 부적절하게 발현시키는 특징을 지닌 한 종류의 종양에서 볼 수 있다. 이것은 대개 만 두 살 이전에 나타나는 어린이 뇌종양의 한 아형이다. 슬프게도 이것은 아주 공격적인 형태의 암이어서 아주 강력한 치료법을 사용하더라도 예후가 아주 나쁘다.* 이 암은 뇌세포들에서 유전 물질의 부적절한 재배열이 일어날 때 발달한다. 이렇게 재배열된 지역 전체가 증폭되면서 유전체에서 많은 복제본이 만들어진다. 그 결과로 자리가 이동된 프로모터 아래쪽에 있는 작은 RNA들이 지나치게 강하게 발현된다. 이들 작은 RNA의 농도는 정상치의 150~1000배에 이른다.

이 유전자 무리는 40가지 이상의 작은 RNA를 암호화하는데, 사실

* 이 종양은 천막위신경외배엽종양supratentorial neuroectodermal tumor이라 부른다.

영장류에서는 가장 큰 무리이다. 이것은 대개 사람의 발달 초기, 즉 태아로 삶을 시작하고 나서 첫 8주 동안에만 발현된다. 아이의 뇌에서 이것이 너무 강하게 발현되면 유전자 발현에 파멸적인 효과를 미치게 된다. 이것이 그 아래쪽에 미치는 효과 중 하나는 DNA에 변형을 추가하는 한 후성유전 단백질의 발현을 촉진하는 것이다. 이것은 DNA 메틸화 패턴에 전반적인 변화를 초래하며, 그 결과로 광범위한 유전자의 발현에 이상을 가져오는데, 그중 많은 유전자는 발달 동안에 성숙하지 않은 뇌세포가 분열할 때에만 발현되어야 하는 것들이다. 이것은 유아에게서 암성 세포 프로그램을 만들어낸다.[25]

작은 RNA와 세포의 후성유전 메커니즘 사이에 일어나는 이 교차 대화는 세포가 암으로 변하기 쉬운 다른 상황들에서도 중요할 수 있다. 이 메커니즘은 딸세포에게 전달될 수 있는 후성유전적 변형을 변화시킴으로써 혼란에 빠진 작은 RNA의 발현이 미치는 영향을 증폭시킬 수 있다. 이것은 유전자 발현에 잠재적 위험을 초래할 변화를 일으킬 수 있다.

작은 RNA가 후성유전적 과정들과 어떻게 상호작용하는지 그 모든 단계들이 완전히 밝혀진 것은 아니지만, 그것을 밝혀줄 단서들이 나오고 있다. 예를 들면, 유방암에서 공격성 증가를 촉발하는 특별한 종류의 한 작은 RNA는 핵심 후성유전적 변형을 제거하는 특정 효소를 만드는 mRNA를 표적으로 삼는다. 이것은 암세포에서 후성유전적 변형 패턴을 변화시켜 유전자 발현을 추가로 방해한다.[26]

많은 암은 환자에게서 추적 관찰하기가 매우 어렵다. 심지어는 접근하기가 아예 불가능하여 시료를 채취하는 것조차 어려울 수 있다. 이것은 암이 어떻게 변하고 치료법에 정확하게 어떻게 반응하는지 추적 관찰하는 것을 어렵게 만든다. 그래서 임상의는 스캐너로 종양의 상을 촬영하는 것과 같은 간접적 방법에 의존해야 할 수도 있다. 일부 연구자들은 작은 RNA 분자가 종양의 자연 경과를 추적하는 데 새로운 기술을 제공할지 모른다고 주장했다. 암세포가 죽을 때, 세포가 분해되면서 작은 RNA가 세포를 떠나는 결과를 초래할 때가 많다. 이 작은 정크 분자들은 세포 단백질과 복합체를 이루거나 세포막 파편들에 둘러싸일 때가 많다. 그 덕분에 정크 분자들은 체액 속에서 상당히 안정한 상태로 머물 수 있어 이것들을 분리해 분석할 수 있다. 하지만 그 양이 아주 적기 때문에 연구자들은 매우 감도가 높은 분석 기술을 사용해야 한다. 이것은 불가능한 일은 아닌데, 핵산 서열 분석 감도가 날로 향상되고 있기 때문이다.[27] 여러 암 중에서도 유방암[28]과 난소암[29]에 이 방법이 효과가 있다는 주장을 뒷받침하는 데이터가 발표되었다. 폐암의 경우, 순환하는 작은 RNA의 분석이 양성(치료가 필요하지 않은) 고립 폐 결절이 있는 환자와 결절이 종양인(치료가 필요한) 환자를 구별하는 데 유용하다는 것이 입증되었다.[30]

죽은 말과 침묵에 빠진 유전자

온갖 종류의 예기치 못한 상황에서 작은 RNA가 나타나고 있다. 북아메리카동부말뇌염이라는 아주 무서운 바이러스 질환이 있다. 이 바이러스는 모기를 통해 감염된다. 이 바이러스에 감염된 말은 죽는다. 사람도 상황이 그다지 나은 편이 아닌데, 치사율이 30~70%에 이른다. 환자가 죽는 이유는 바이러스가 중추신경계에 침투하여 뇌 주변의 막들에 심한 염증을 일으키기 때문이다.[31] 감염을 일으키는 바이러스는 DNA가 아니라 RNA로 이루어진 유전체를 갖고 있다.

모기에 물리고 나서 이 바이러스가 사람의 혈액 속으로 처음 들어오면, 백혈구들이 바이러스를 막아선다. 이 백혈구들은 외부의 침입자들을 최전선에서 감시하는 파수꾼이다. 하지만 이때 아주 이상한 일이 벌어진다. 백혈구가 자연적으로 만드는 한 작은 RNA가 바이러스의 RNA 유전체 끝에 들러붙어 그것이 단백질을 암호화하지 못하게 한다.

이것은 좋은 일처럼 보이지만, 사실은 그렇지 않다. 백혈구는 정상적으로는 자신이 바이러스에 감염되었는지 인식한다. 그러면 체온을 올리고 다양한 항바이러스 물질을 만드는 것을 포함해 여러 가지 반응을 시작하게 한다. 이런 조처들이 합쳐져 작은 침입자들을 물리친다.

하지만 백혈구의 작은 RNA가 말뇌염 바이러스 유전체에 들러붙으면, 바이러스는 조용해진다. 그 결과로 면역계는 침입자가 들어왔다는 사실을 알아채지 못한다. 그러면 다른 바이러스 입자들이 몸속에서 자유롭게 돌아다니게 된다. 그중 일부가 중추신경계에 도달하면, 뇌 조직에서 치명적인 반응들을 촉발한다.[32]

연구자들은 이것을 바이러스가 작은 RNA 시스템을 장악한다고 묘사하는데, 이런 일은 북아메리카동부말뇌염 바이러스에서만 일어나는 게 아니다. C형 간염 바이러스도 RNA 유전체를 갖고 있다. 간세포가 이 바이러스에 감염되면, 바이러스의 RNA가 간세포들에서 자연적으로 발현되는 작은 RNA와 들러붙는다. 그렇게 되면, 바이러스의 유전체가 안정해져서 분해시키기가 더 어려워진다. 그 결과로 바이러스 단백질이 더 많이 만들어지고, 감염은 더 공격적으로 변하고 초래하는 손상도 더 커진다.[33]

감염에서부터 암에 이르기까지, 그리고 발달에서부터 신경 변성에 이르기까지 인간의 온갖 병상에 작은 RNA가 관여한다는 것은 아주 명백하다. 이것은 흥미로운 질문을 제기한다. 만약 정크 DNA가 질병의 원인이 되거나 질병의 발병을 돕는다면, 정크를 사용해 일반적인 질환을 퇴치할 수도 있지 않을까?

19장
약은 효과가 있다(때로는)

질병을 치료할 신약을 개발하느라 매년 많은 회사들이 수십억 달러를 쏟아붓는다. 그들은 충족되지 못한 의학적 필요에 대처할 방법을 찾으려고 하는데, 세계 인구가 점점 고령화되어감에 따라 점점 상황이 긴박해지고 있다. 정크 DNA가 유전자 발현과 질병의 진행에 미치는 영향을 이해하는 데 큰 진전이 일어나면서 많은 회사들이 이 분야의 발견을 활용하기 위해 뛰어들고 있다. 구체적으로 말하면, 새로운 노력들 중 대부분은 신약 자체의 개발 못지않게 단백질을 암호화하지 않는 RNA를 활용하려는 시도에도 집중되고 있다. 기본 전제는 정크 RNA—긴 비암호화 RNA lncRNA와 작은 RNA Small RNA, 그리고 안티센스 antisense라는 또 다른 종류의 RNA—를 환자에게 투입하여 유전자 발현과 제어에 영향을 미치거나 질병을 치료한다는 것이다.

이것은 현재 우리가 질병을 치료하는 방식과는 아주 다르다. 역사적으로 대부분의 약은 저분자small molecule라 부르는 종류의 물질이었다. 이 저분자 약은 화학적으로 만들어지고, 형태가 비교적 단순하다. [그림 19-1]은 일반적인 저분자 약의 예를 몇 가지 보여준다.

더 최근에 우리는 단백질을 약으로 사용하는 법을 발견했다. 아마도 가장 유명한 사례는 당뇨병 환자들이 혈당량을 조절하는 데 사용하는 호르몬인 인슐린일 것이다. 항체는 또 하나의 아주 성공적인 단백질 약이다. 이 약은 우리 몸이 감염에 맞서 싸우기 위해 만드는 분자를 설계해 만든 것이다. 제약 회사들은 이 분자들을 적절히 변형시킴으로써 과잉 발현된 단백질에 들러붙어 그 활동을 무력화시키는 방법을 찾아냈다. 아주 큰 성공을 거둔 항체로는 류마티스 관절염을 아주 효과적으로 치료하는 약을 들 수 있으며, 그 밖에도 유방암과 실명처럼 다양한 질환을 치료하는 데 쓰이는 것들도 있다.[1]

저분자와 항체는 나름의 장점과 단점이 있다. 저분자는 일반적으로 합성 비용이 비교적 싸고 투여하기도 쉽다.(대개는 그냥 삼키기만 하면 된다.) 단점은 몸속에서 아주 오래 머물지 않는다는 점인데, 그래서 일정한 시간 간격을 두고 계속 복용해야 한다. 항체는 몸속에서 몇 주 일 심지어는 몇 개월까지 머물 수 있지만, 전문 의료인이 직접 주사로 집어넣어야 하고, 제조 비용이 매우 비싸다.

그 밖에도 몇 가지 단점이 더 있다. 항체는 혈액 같은 체액 속에 있거나 세포 표면에 있는 분자에만 효과가 있다. 이 약은 세포 속으로 들어가 효과를 나타낼 수가 없다. 저분자는 구조에 따라 다르지만, 필요한 경우에는 세포 내부로 들어갈 수 있다. 하지만 제어할 수 있는 단백질의 종류에는 제한이 있을 수 있다.

저분자는 자물쇠를 여는 열쇠와 같은 원리로 작용한다. 만약 여러

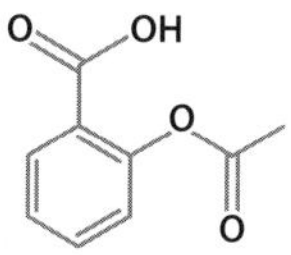

아스피린

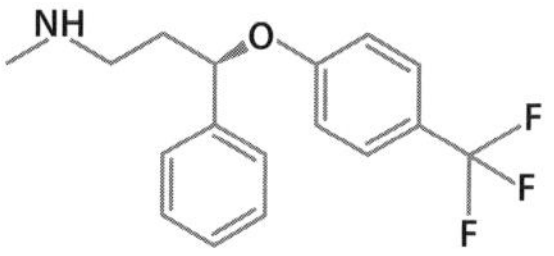

프로작

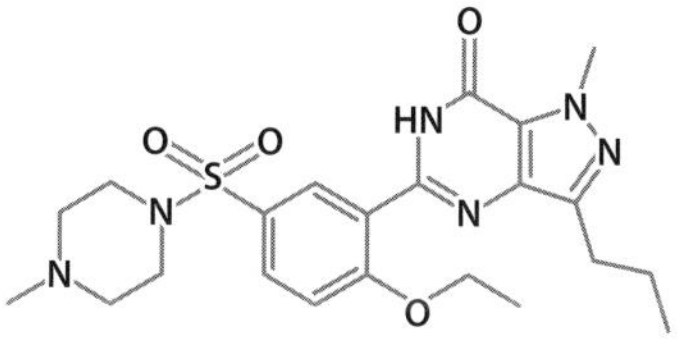

비아그라

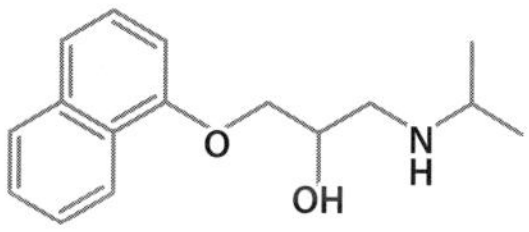

프로프라놀롤

[그림 19-1] 일반적으로 사용되는 몇몇 저분자 약의 구조

분이 집 안에 있을 때, 가장 간단하게 외부 사람이 침입하지 못하게 막는 방법은 문을 잠그고 그 열쇠를 집 안에 두는 것이다. 절대로 아무도 들어오지 못하게 하고 싶다면, 약간 결함이 있는 열쇠를 사용해 자물쇠의 작동을 영구적으로 멈추게 할 수도 있다.

이 방법이 효과가 있는 이유는 열쇠가 자물쇠에 쏙 들어가기 때문이다. 하지만 구식 슬라이딩 볼트 자물쇠에는 열쇠가 아무 효과가 없다. 슬라이딩 볼트 자물쇠에는 열쇠를 꽂아넣을 자리가 없으므로, 열쇠는 그저 그 표면 위로 이리저리 미끄러져 다니는 수밖에 없다. 우리 세포 내부에는 우리가 제어하고 싶지만 단백질의 구조 때문에 그 일을 해줄 저분자를 만들 방법이 없는 단백질이 많이 있다. 이런 단백질들은 약을 끼워넣기에 적절한 틈이나 구멍이 없다. 그 표면이 반반하여 저분자가 끼어들 틈이 없는 것이다.

더 큰 분자를 만들어 반반한 표면 전체를 뒤덮으려고 할 수는 있다. 문제는 약 분자가 일정 수준의 크기를 넘어서면, 몸속에서 순환하기가 어려워 표적세포에 도달해 효과를 발휘할 수 없다는 데 있다.

또 다른 문제도 있다. 세포 속으로 들어가 특정 단백질에 들러붙어 그 단백질의 작용을 멈추게 하는 약을 만드는 것만 해도 아주 어렵다. 하지만 세포 속으로 들어가 특정 단백질에 들러붙어 그 단백질을 더 열심히 혹은 더 빠르게 혹은 더 훌륭하게 일하게 하는 약을 만드는 것은 그보다 엄청나게 더 어렵다. 그리고 한 가지 특정 단백질의 발현을 크게 증가시키거나 한 유전자의 스위치만 켜게 하는 약을 전통적인 방식으로 만드는 것은 사실상 불가능하다.

정크 DNA가 우리를 구해줄까?

약물 요법의 새로운 접근 방법을 찾는 데 사람들이 그토록 많은 관심을 쏟는 이유와 점점 커져가는 정크 DNA의 지식이 그토록 중요한 이유는 이 때문이다. 긴 비암호화 RNA나 작은 RNA를 사용함으로써 전통적인 저분자 약이나 항체 약으로 다룰 수 없는 경로를 표적으로 삼는 것이 이론적으로 가능하다. 표적이 세포 내부에 있거나 넓은 표면이 반반하더라도 문제가 되지 않는다. 한 단백질이나 유전자의 발현이나 활동을 증가시키고자 하는 것도 문제가 되지 않는다. 우리는 이 새로운 방법을 사용해 어떤 종류의 표적이라도 다룰 수 있다.

이론적으로는 그렇다.

'이론적으로는'이라는 단어는 주의해야 할 단어이다. 아이디어는 흔하지만, 성공은 드물다. 따라서 연금을 다 긁어모아 이 분야를 파고드는 최신 바이오테크놀로지 회사에 투자하기 전에 현실을 자세히 살펴볼 필요가 있다. 이 분야에서는 아주 많은 활동이 일어나고 있기 때문에,[2] 몇몇 대표적인 예에 초점을 맞춰 살펴보기로 하자.

간에서 만들어지는 한 단백질은 다른 분자들을 몸속에서 운반하는 일을 담당한다. 이 단백질을 만드는 유전자에 일어난 돌연변이를 물려받은 사람은 전 세계에 약 5만 명이 있다. 돌연변이의 종류는 많지만, 그 효과는 모두 비슷해 보인다. 돌연변이들은 모두 이 단백질의 활동을 변화시켜 엉뚱한 분자들을 운반하게 만든다.[*,3]

이런 일이 일어나면, 정상 단백질과 돌연변이 단백질의 혼합물이

* 이 단백질의 이름은 트랜스티레틴transthyretin이다.

포함된 침착물이 조직들에 쌓이기 시작한다. 환자에게는 침착물이 쌓이는 조직에 따라 다양한 증상이 나타난다. 알려진 사례 중 약 80%에서는 증상이 나타나는 주요 기관은 심장인데, 이것은 치명적인 심장 장애로 이어질 위험이 있다. 나머지 20% 중 많은 환자에게서는 침착물이 신경과 척수에 쌓인다. 이 때문에 경미한 자극에 비정상적으로 고통스러운 감각 반응이 나타나는 것을 비롯해 다양한 조직이 쇠약해지는 문제가 나타날 수 있다.

알닐람Alnylam이라는 회사는 작은 RNA를 하나 만들었는데, 당 분자에 붙어 있는 이 작은 RNA는 환자에게 주사하여 집어넣을 수 있다. 이 작은 RNA는 이 질환에 걸린 환자에게서 돌연변이가 일어난 단백질을 암호화하는 mRNA 끝부분의 비번역 지역에 들러붙는다. 그러면 이 mRNA는 제거를 위한 표적이 된다.

2013년, 알닐람은 이 약의 2단계 임상 시험 결과 데이터를 발표했다. 이 약을 환자에게 주사하자, 몸속에서 순환하는 돌연변이 단백질과 정상 단백질의 수준이 급격히 그리고 지속적으로 감소했다.[4] 이것은 고무적인 결과이지만, 아직 제대로 된 치료법은 아니다. 순환하는 단백질의 양이 줄어들면 조직에 쌓이는 침착물도 줄어들 것으로 추정된다. 이것은 적어도 이 질환의 진행 속도를 늦추는 데 도움이 될 것이다. 하지만 더 큰 규모의 임상 시험을 통해 실제 증상과 질병의 진행 상황을 철저히 관찰한 결과가 나오기 전까지는 실제로도 그런지 알 수 없다. 실제로 이 약이 소기의 효과를 나타낸다는 게 입증되어야만 성공으로 간주할 수 있다.

미르나 세러퓨틱스Mirna Therapeutics라는 회사는 암에서 중요한 역할을 하는 것으로 알려진 작은 RNA를 모방한 작은 RNA를 만들었다. 이 내인성 작은 RNA는 종양 억제 인자인데, 전체적인 효과는 세포 증식을 저지하는 것으로 나타난다. 이 작은 RNA는 세포 분열을 촉진하는 유전자들의 발현을 하향 조절함으로써 이런 효과를 나타낸다. 암 환자에게서는 이 작은 RNA의 발현이 아예 일어나지 않거나 감소하는 경우가 많아 세포 분열의 브레이크를 제거하는 결과를 초래한다. 이 작은 RNA를 세포에 다시 집어넣음으로써 정상적인 유전자 조절 패턴을 회복시켜 급속한 세포 분열을 멈추게 할 수 있을 것으로 기대된다.

이 회사는 모방한 작은 RNA를 간암 환자들에게 시험했다. 지금까지 실시된 임상 시험은 환자가 어느 정도의 양까지 견딜 수 있는지 알아보는 목적으로만 설계되었다. 이 방법이 임상적으로 효과가 있는지 알려면 좀 더 시간이 필요하다.[5]

당장 명백하게 드러난 것은 아니지만, 알닐람과 미르나가 개발하는 약들에는 기발한 측면이 있다. 과거에 핵산을 기반으로 한 신약을 개발하려던 제약 회사들이 맞닥뜨렸던 큰 문제 중 하나는 신체의 해독 능력이었다. 이것은 전통적인 약 개발에서도 자주 문제가 된다. 몸속에 들어온 새로운 화학 물질은 어떤 종류의 것이건 간으로 갈 확률이 아주 높다. 매우 활동적인 이 기관이 하는 일 중 하나는 자신의 마음에 들지 않는 모양을 한 것은 어떤 것이건 해독하는 것이다. 우리의 전체 진화사를 통해 간의 이 활동은 음식에 든 독소로부터 우리를 보호함으로써 유익하게 작용했다. 하지만 문제는 우리가 피해야 할 독소와 사용해야 할 약을 구별할 방법을 간이 전혀 모른다는 데 있다. 간은 그저 그런 물질을 끌어들여 파괴하려고만 한다.

알닐람과 미르나는 어쩔 수 없이 해야 할 일을 하면서 좋은 기회를 만나고 있다. 알닐람은 간에서 만들어지는 한 단백질의 발현을 목표로 삼는다. 미르나는 간암 치료제를 개발하고 있다. 이들이 만드는 분자 물질은 그것이 도달하길 바르는 바로 그 기관에서 흡수될 것이다.

두 회사는 일단 간에 도착하면 세포 속에서 자신의 임무를 수행할 만큼 충분히 오래 살아남도록 하기 위해 분자의 구조나 포장을 바꾸었다. 작은 RNA를 사용하는 방법은 그 밖의 여러 가지 질환에 대해서도 시험되었고, 예비적인 세포 실험이나 동물 실험에서 좋은 결과가 자주 나온다. 하지만 핵산이 간을 피해 뇌에 흡수되어야 하는 근위축측삭경화증 같은 질환[6]의 경우에는 제약업계가 이 기술의 이용에서 얼마나 큰 성공을 거둘 수 있을지 아직 불분명하다.

17장에서 우리는 뒤셴근육디스트로피를 치료하려는 새로운 시도가 예상치 못한 후기 임상 시험의 실패로 희망의 불꽃이 꺼져가고 있는 상황을 보았다. 이 시도에 사용된 방법은 안티센스로 알려진 특별한 종류의 정크 DNA를 이용한 사례였다.

안티센스 정크 RNA는 우리 유전체에서 광범위하게 나타나는 특징인데, 그 이유는 두 가닥으로 이루어진 DNA의 속성 때문이다. 이것은 7장에서 간단히 언급했는데, 거기서 나온 실제 생물학적 예는 Xist였고, 그에 대응하는 안티센스는 Tsix였다. 우리는 또한 DEER라는 단어를 비유로 들었는데, 이것은 거꾸로 읽으면 REED가 된다. 어느 쪽이 되느냐는 DNA에서 RNA 복제를 만드는 효소가 한 가닥을 왼쪽에서 오른쪽으로 읽느냐, 아니면 반대쪽 가닥을 오른쪽에서 왼쪽으로 읽느냐에 따라 결정된다.

하지만 대부분의 단어들은 양 방향으로 읽을 수가 없다. 만약 BIOLOGY라는 단어를 거꾸로 읽으면 YGOLOIB라는 단어가 되는데, 이것은 무의미한 철자 배열에 지나지 않는다. 마찬가지로 유전체에서 한쪽 방향으로 복제한 mRNA는 단백질을 암호화하더라도, 같은 지역을 반대 방향으로 복제한 것은 단백질로 번역될 수 없는 정크 RNA를 암호화할 뿐이다. 이것은 가끔 우리 세포 내에서 특정 유전자

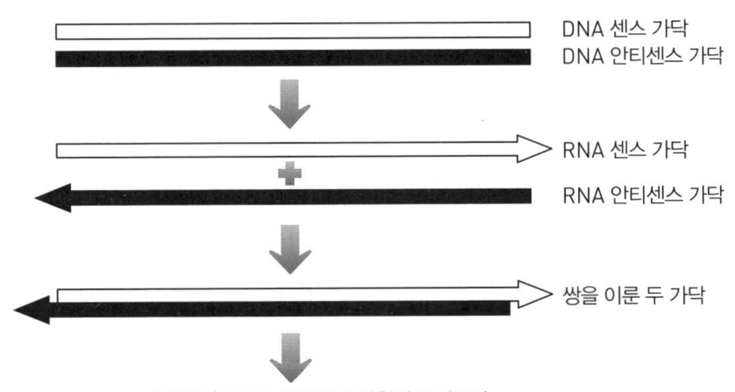

[그림 19-2] 유전체 일부에서는 DNA 두 가닥이 다 서로 반대 방향으로 복제되면서 RNA가 만들어질 수 있다. 이 두 가닥을 각각 센스sense (단백질 서열을 암호화하는 RNA를 만드는 가닥)와 안티센스antisense (단백질 서열을 암호화하지 않는 RNA를 만드는 가닥)라 부른다. 안티센스 RNA 분자는 센스 RNA 분자에 들러붙어 그 활동에 영향을 미칠 수 있는데, 이 예에서는 센스 mRNA 주형으로부터 만들어지는 단백질 생산을 억제하는 효과를 나타낸다.

의 발현을 제한하는 자가 조절 고리를 만들어낸다. [그림 19-2]가 한 예를 보여준다.

연구자들은 단백질 암호화 유전자들 중 약 3분의 1은 안티센스 가닥으로부터 정크 RNA도 만든다고 보고했다. 하지만 안티센스는 대개 적은 양만 만들어지는데, 10%를 넘지 못하는 경우가 많다.[7] 가끔 안티센스는 유전자에서 짧은 내부 부분에 불과하다. 또 센스와 안티센스가 서로 겹치긴 하지만 독특한 지역을 차지하는 방식으로 서로 다른 장소에서 시작하고 끝날 때도 있다. 가끔 센스 DNA 가닥을 센스 RNA로 복제하는 기구가 반대 방향으로 움직이면서 안티센스 RNA를 만드는 기구와 충돌할 때가 있다. 그러면 양쪽 단백질들이 모두 DNA에서 떨어져나가고, 양쪽 RNA 분자들의 생산이 중단된다. 또한 긴 비암호화 RNA를 만드는 안티센스 가닥도 있다.

안티센스 RNA가 자신의 짝인 센스 RNA에 들러붙을 때 나타나는 효과는 다양할 수 있다. [그림 19-2]는 이러한 결합이 센스 mRNA가 단백질로 번역되는 것을 막는 예를 보여준다. 하지만 반대로 이 결합이 mRNA를 안정시켜 결국에는 단백질 발현 증가를 낳는 상황도 일어날 수 있다.[8]

처음에 희망을 품게 했던 뒤센근육디스트로피 임상 시험에서는 환자들에게 디스트로핀을 만드는 mRNA를 인식하고 거기에 들러붙는 안티센스 분자를 투여했다. 이 안티센스 분자는 몸속에서 너무 빨리 분해되지 않도록 화학적으로 변형시킨 것이었다. 안티센스 분자가 디스트로핀 mRNA에 들러붙자, 그것은 스플라이싱 기구가 정상적으로 들러붙는 것을 방해했다. 이것은 mRNA가 스플라이싱되는 방식에 변화를 가져왔고, 돌연변이 단백질 생산에서 대부분의 문제들을 초래하는 지역을 제거했다.

행복한 결말도 일부 있다

뒤센근육디스트로피 임상 시험은 결국 실패로 끝났지만, 그렇다고 안티센스 분야 전체가 실패한 것으로 해석해서는 안 된다. 사실은 성공한 사례도 있다. 1998년에 면역 손상 때문에 망막이 바이러스*에 감염되어 실명 위험에 처한 환자들에게 사용할 안티센스 약이 허가가 난 적이 있다. 그 안티센스 분자는 바이러스 유전자에 들러붙어 바이러스의 번식을 방해했다.[9] 이것은 효과적인 약이었는데, 여기서 두 가지 질문을 제기할 수 있다. 이 약은 왜 그토록 효과가 있었을까? 효과가 그렇게 좋았는데, 왜 해당 제약회사는 2004년에 이 약의 판매를 중단했을까?

그 답은 둘 다 아주 간단하다. 이 약의 효과가 아주 좋았던 이유는 약을 눈에다 직접 집어넣었기 때문이다. 그래서 간을 거칠 때 발생하는 문제가 없었는데, 간을 거쳐 눈으로 갈 필요가 없었기 때문이다. 이 약은 또한 바이러스를 표적으로 삼았고, 그것도 몸에서 독립적인 한 부분에서만 그렇게 했기 때문에, 사람 유전자에 광범위하게 간섭할 위험이 적었다.

이처럼 이 약의 효과와 전망은 모두 좋은 이야기들뿐인데, 제약회사는 왜 2004년에 이 약의 판매를 중단했을까? 이 약은 면역력이 심각하게 손상된 환자를 위해 개발되었는데, 그들 중 대다수는 에이즈 환자였다. 그런데 2004년에 에이즈를 일으키는 바이러스인 HIV를 억제하는 데 탁월한 효능이 있는 약이 나왔다. 그러자 환자들은 면역

* 이 바이러스의 이름은 거대세포 바이러스cytomegalovirus(CMV)이다.

계를 비교적 건강한 상태로 유지할 수 있게 되었고, 망막이 바이러스에 감염되는 일이 더 이상 일어나지 않게 되었다.

더 최근에 일어난 발전들도 안티센스 정크 DNA를 치료 목적으로 사용할 희망이 남아 있음을 보여준다. '가족성 고콜레스테롤혈증 familial hypercholesterolemia'이라는 심각한 질환이 있다. 영국의 가족성 고콜레스테롤혈증 환자는 약 12만 명으로 추정되는데, 이 중 상당수는 아직 진단을 받지 않은 상태이다. 이들에게는 세포가 나쁜 콜레스테롤을 적절히 처리하지 못하도록 방해하는 유전적 돌연변이가 있다. 그 결과로 이들 환자 중 3분의 1 내지 절반은 50대 중반에 심각한 심장동맥(관상동맥) 질환을 앓게 된다.[10]

일부 환자의 경우, 스타틴statin이라는 표준적인 지질 강하제가 효과가 아주 좋아 심장혈관 질환의 위험을 크게 낮춰준다. 이런 효과는 한 쌍의 특정 유전자 중 한쪽에만 돌연변이가 있고 나머지 한쪽은 정상인 사람들에게서 흔히 나타난다. 하지만 증상이 심각한 환자도 있는데, 한 쌍의 유전자 모두에 돌연변이가 있는 사람들이 특히 그렇다. 이들에게는 스타틴이 아무 효과가 없다. 이 환자들은 일주일에 한두 번 혈액을 기계에 통과시키면서 위험한 콜레스테롤을 제거하는 혈장분리 교환술을 받아야 하는 경우가 많다.

욕조가 흘러넘치는 것을 막으려면 두 가지 방법이 있다. 하나는 배수구를 통해 물이 빠지도록 하는 것이고, 또 하나는 수도꼭지를 잠가 물이 더 공급되지 않도록 하는 것이다.

아이시스Isis라는 회사는 소위 '나쁜 콜레스테롤'이라는 저밀도 지질단백질 중에서 주요 단백질*을 표적으로 삼는 안티센스 분자를 개발했다. 가족성 고콜레스테롤혈증을 위한 이 안티센스 요법은 수도꼭지를 잠그는 방식으로 효과를 나타낸다. 이 안티센스 약은 나쁜 콜레스테롤 단백질을 만드는 mRNA에 들러붙어 그것을 억제함으로써 나쁜 콜레스테롤의 발현과 농도를 감소시킨다. 아이시스는 수억 달러에 이르는 거래를 통해 젠자임Genzyme이라는 더 큰 회사에 특허 사용권을 넘겼다.

이 안티센스 약**은 2013년에 미국 식품의약국으로부터 사용 허가를 받았다. 이 약은 오직 가장 심한 형태의 가족성 고콜레스테롤혈증 환자에게만 사용하도록 승인되었다. 이 약이 시장에 나올 정도로 성공을 거둔(비록 환자 1인당 연간 17만 달러 이상이 들 정도로 가격이 비싸긴 하지만[11]) 한 가지 이유는 표적으로 삼는 유전자가 바로 — 그렇다, 여러분이 제대로 추측한 대로 — 간에서 발현되기 때문이다. 하지만 단점도 있는데, 이 약을 사용한 환자들에게서 간 독성이 보고되었다. 식품의약국은 사노피Sanofi(젠자임을 인수한 회사)에 모든 환자의 간 기능을 면밀히 관찰하도록 요구했다.[12] 유럽의약청은 안전 문제를 내세워 이 약의 사용 허가를 거부했다.[13]

아이시스가 안티센스 치료제를 넘겨주고 젠자임으로부터 받은 수억 달러는 상당히 많은 돈이다. 하지만 이 점을 한번 생각해보라. 기본 연구를 시작하고부터 시장에 제품을 내놓기까지 20년 이상이 걸렸고, 그 전체 과정에 투입된 비용은 30억 달러가 넘는다.[14] 그것은 실로 어마어마한 투자액으로, 회수하기가 쉽지 않아 보인다.

물론 선구적인 약, 특히 이전에 시도해보지 않은 종류의 분자를 사용하는 약은 개발하는 데 많은 시간과 돈이 들 수밖에 없다. 그래서

* 표적이 된 이 단백질은 아포지방단백질 B100 apolipoprotein B100 이다.
** 이 약의 이름은 미포머슨Mipomersen 인데, 카이남로Kynamro 라고도 부른다.

늘 후기 단계의 개발 계획이 더 빨라지고 더 순탄하게 일어나길 기대한다. 정크 DNA를 바탕으로 한 치료제의 임상 시험은 분명히 늘어나고 있다. 세포를 감염시킬 때 바이러스가 끌어들여 사용하는 인간의 작은 RNA가 있다. 정크를 사용해 정크에 대항하는 한 예로 바로 이 작은 RNA를 표적으로 하는 안티센스 약이 2단계 임상 시험 중에 있다.[15]

그런데 염두에 두어야 할 일이 하나 있다. 2006년에 거대 제약 회사인 메르크Merck는 작은 RNA를 치료제로 개발하던 한 회사를 10억 달러가 넘는 돈을 지불하고 인수했다. 그리고 2014년에 그 회사를 인수가의 몇분의 1도 안 되는 가격에 팔았다.[16] 또 다른 회사인 로슈Roche는 2010년에 이 분야의 연구를 중단했다.

작은 RNA를 연구하는 바이오테크놀로지 회사들에 대한 투자는 최근에 꾸준히 급증하는 추세였다. 긴 비암호화 RNA가 후성유전 기구와 상호작용하지 못하도록 막는 RNA를 기반으로 한 약을 개발하는 것으로 알려진 라나 세러퓨틱스RaNa Therapeutics는 2012년에 2000만 달러 이상의 투자 자금을 유치했다.[17] 일부 희귀 질환과 종양의 징조에 대처하는 작은 RNA 개발에 뛰어든 디서나Dicerna는 2014년에 9000만 달러의 투자 자금을 유치했다.[18] 이것은 아직 임상 시험 단계에 이른 연구 계획이 하나도 없는데도 불구하고, 이 회사가 받은 세 번째 투자 자금이다.[19]

그리고 나서 기묘한 일이 일어났다. 내가 지금 이 장을 쓰고 있는 2014년 봄에 내 이메일 계정에 경계 경보가 뜨더니, 노바티스가 이 분야의 연구 진행 속도를 대폭 늦추기로 결정했다고 알려주었다.[20] 제약업계의 이 거대 기업은 주로 작은 RNA를 표적 조직에 정확하게 보내는 방법을 개발하는 데 따르는 문제들을 언급했다. 사실 이것은 제약 회사들이 그런 약을 처음에 개발하려고 시도했을 때부터 줄곧 가장 큰 문제로 남아 있었다. 정크 RNA 연구 분야에 뛰어든 회사들 중 많은 회사는 뛰어난 과학자들이 세웠지만, 그렇다고 약을 정확한 표적으로 보내는 기본적인 문제가 하룻밤 사이에 사라지는 것은 아니다. 모든 회사가 다 실패하지는 않을 것이다. 하지만 그중 상당수는 아마도 실패할 것이다. 그동안 이 문제를 해결하는 데에서 큰 진전은 전혀 일어나지 않았으며, 왜 투자자들이 이 분야의 새로운 바이오테크놀로지 회사들에 큰돈을 투자하는지 설명해줄 수 있는 이유도 뚜렷하게 드러난 적이 없다.

언젠가 과학은 아마도 유전체에서 발견되는 후성유전적 변형을 모두 해석하고, 그 결과가 유전자 발현에 어떤 영향을 미칠지 정확하게 예측할 수 있을 것이다. 우리는 대기 중의 탄소를 붙잡는 방법과 화성에 식민지를 건설하는 방법을 발견할 것이다. 결핵은 먼 옛날의 기억이 될 것이고, 우리는 힉스 입자를 잘 이해하게 될 것이다. 하지만 투자업계에서 경험보다 희망에 도박을 거는 이유를 알 수 있을까? 현실을 직시하는 태도를 잃지 마라.

20장
어둠 속에서 반짝이는 한 줄기 불빛

우리 유전체의 어두운 지역들을 배회하는 여정도 이제 거의 종착역에 이르렀는데, 일부 예리한 독자들은 이 책의 시작 부분에서 만났던 한 인간 질환의 수수께끼를 아직 제대로 다루지 않았다는 사실을 기억할지 모르겠다. 그것은 바로 얼굴어깨위팔근육디스트로피, 줄여서 FSHD라고 부르는 질환이다. 이 질환이 있는 환자에게는 얼굴과 어깨와 위팔 근육이 위축되는 증상이 나타난다.

이 질환은 4번 염색체 쌍 중 하나에 소수의 특별한 유전자 반복 서열을 물려받기 때문에 나타난다. 그 돌연변이가 확인되고 나서 상당히 많은 세월이 지났지만, 이것이 왜 FSHD를 일으키는지는 수수께끼로 남아 있었는데, 그 유전자 결함 근처에서 단백질 암호화 유전자가 전혀 발견되지 않았기 때문이다.

우리는 마침내 이 질환의 증상이 왜 나타나는지 이해하게 되었는데, 그 이야기는 실로 놀라운 것이었다. 그것은 우리가 이미 접했던 많은 주제들을 종합하는 이야기로, 정크 DNA와 후성유전학, 유전자 화석, 비정상적인 RNA 처리 등이 어떻게 합쳐져 기묘한 병리학적 음모 이야기를 만들어내는지 보여준다.[1]

그 개요를 살펴보자. 4번 염색체의 정상 복제본에서는 한 지역이 11~100번 반복된다. 이 지역의 길이는 염기쌍 3000개를 조금 넘는다. FSHD 환자의 경우, 4번 염색체 쌍 중 하나에서 이 지역의 반복 횟수가 1~10번으로 훨씬 적다.

첫 번째 문제는 바로 여기서 일어난다. 이 반복 단위의 복제본이 10개 또는 그보다 적으면서도 FSHD가 나타나지 않는 사람들이 있다. 이들의 근육은 완전히 건강하다. 반복 단위의 수가 적은 것이 문제가 되는 경우는 4번 염색체 쌍 중 하나가 또 다른 특징을 지닐 때이다.

다른 특징이 얼마나 중요한지 이해하려면, 반복 단위에서 발견된 것을 좀 더 자세히 살펴볼 필요가 있다. 반복 단위는 모두 레트로진 retrogene(레트로유전자)을 포함하고 있다.* 레트로진은 정크 DNA의 한 형태이다. 이것은 정상적인 세포 유전자로부터 만들어진 mRNA가 다시 DNA로 복제되어 유전체로 재삽입될 때 만들어진다. 그 과정은 [그림 4-1]에서 본 과정과 아주 유사하며, 인류의 진화에서 아주 오래전에 일어났다.

레트로진은 원래 mRNA 주형으로부터 만들어지기 때문에, 정상

* 이 특정 레트로진의 이름은 DUX4이다.

유전자의 적절한 조절 서열을 포함하지 않는 경우가 많다. 레트로진은 스플라이싱 신호를 포함하지 않으며(mRNA 주형이 DNA로 복제되기 전에 이미 스플라이싱이 일어났기 때문에), 적절한 프로모터와 인핸서 지역도 없다. 하지만 일부는 여전히 mRNA를 만드는 데 쓰일 수 있다. FSHD 레트로진이 바로 그런 경우이다. 이것은 대개 문제가 되지 않는데, 그 RNA가 세포에서 제대로 기능을 하지 않기 때문이다. 이 mRNA는 [그림 16-5]에서 설명한 과정처럼 mRNA 끝 부분에 일련의 염기 A를 첨가하는 데 필요한 신호를 포함하고 있지 않다. 이 때문에 이 mRNA는 불안정하여 단백질 생산을 위한 주형으로 사용되지 않는다.

하지만 FSHD 반복 단위의 수가 적고 4번 염색체에 다른 서열들이 있으면, FSHD 레트로진의 최종 복제본은 스플라이싱이 일어나 추가 서열이 생길 수 있다. 이것은 mRNA 끝부분에 신호를 만들어내 세포 기구가 염기 A를 첨가하게 만든다. 이것은 다시 mRNA를 안정시켜 리보솜으로 가서 단백질 — 성숙한 근육세포에서는 절대로 스위치가 켜지지 말아야 할 단백질 — 생산을 위한 주형으로 작용하게 한다.

FSHD 단백질은 특정 DNA 서열에 들러붙음으로써 다른 유전자들의 발현을 조절하는 단백질이다. 이것은 보통은 난자와 정자를 만드는 생식세포 계열에서만 발현된다. 왜 이 단백질의 발현이 근육 위축을 초래하는지 아직까지 확실한 설명은 나오지 않았는데, 아마도 여러 가지 메커니즘이 관여할 것이다. 그것이 근육세포의 죽음을 촉발하는 유전자를 활성화시키는지도 모른다. 침묵을 지키게 해야 할 다른 레트로진과 유전체 침입자들을 활성화시킴으로써 근육줄기세포의 상실을 초래하는지도 모른다. 한 가지 흥미로운 가능성은 FSHD 단백질을 발현하는 근육세포들을 환자 자신의 면역계가 파괴하는 것이다.

생식세포 계열은 면역학적으로 특권적 지위를 누리는 것으로 알려진 조직인데, 정상적으로는 면역계 세포들과 분리된 상태로 존재하기 때문이다. 그래서 우리 면역계는 면역학적으로 특권적 위치에 있는 세포들을 우리 몸의 정상적인 일부라는 사실을 절대로 알아채지 못한다. 만약 어른 근육세포에서 생식세포 계열의 단백질이 발현된다면, 면역계는 그것이 마치 외부에서 침입한 생명체인 것처럼 반응하면서 이전에 접한 적이 없는 요소들을 발현하는 세포들을 공격할 수 있다.

따라서 FSHD는 정크 DNA가 질환의 발병에 중요한 역할을 한다는 사례를 제공한다. 유전적 결함은 정크 DNA의 양을 변화시킨다. 그 결과로 한 정크 서열이 추가됨으로써 한 정크 요소가 발현되고 변경된다. 하지만 이 그림에는 아직도 빠진 요소가 있다. FSHD 레트로진은 특정 후성유전적 변형 패턴이 존재할 때에만 안정적으로 발현된다.

정상 세포에서 FSHD 반복 서열은 대개 세포가 배아줄기세포처럼 다능성 상태에 있을 때 발현된다. 이 단계에서 FSHD 반복 서열은 활성화 작용을 하는 후성유전적 변형으로 뒤덮여 있다. 하지만 세포들이 분화함에 따라 활성화 작용을 하는 후성유전적 변형은 억제 작용을 하는 것으로 대체되고, 그 지역은 침묵 상태에 빠진다. 하지만 만약 FSHD 환자로부터 다능성 세포를 만들면, 활성화 작용을 하는 변형은 세포가 분화하더라도 교체되지 않으며, 반복 서열들은 스위치가 켜진 상태가 유지된다.

이 그림에서 고려해야 할 또 한 가지 측면은 FSHD 유전자 영역의 전체적인 제어이다. 4번 염색체의 반복 서열 지역과 나머지 지역 사이에는 절연체 지역이 있다. 단백질 11-FINGERS(232쪽 참고)는 이 지역에 들러붙음으로써 4번 염색체의 인접 지역들에 비해 FSHD 영역에서 서로 다른 후성유전적 변형 패턴이 유지되도록 보장한다.

이 모든 특징들 외에 4번 염색체에서 관련 지역들의 3차원 구조도 FSHD 레트로진의 발현에 어떤 역할을 한다. 이 모든 요인들이 합쳐져 FSHD 환자에게서 나타나는 제한적인 근육 위축 패턴을 낳는 것이 거의 확실하다. 증상이 발달하려면, 이 모든 측면의 조건들이 정확하게 맞아떨어져야 한다.

정크 지역의 변화가 FSHD 질환을 초래하는 이 메커니즘은 우리 유전체의 여러 요소들이 복잡하고 다층적으로 결합해 작용하는 방식을 보여주는 놀라운 예이다. 이것은 또한 우리 세포에서 일어나는 일을 고려할 때 직선적 경로로만 볼 게 아니라 복잡하게 서로 얽힌 과정으로 보아야 할 필요성도 보여준다. [그림 20-1]이 이것을 보여준다. 이 그림은 우리 유전체에서 가장 중요한 특징이 무엇인가에 대한 논의가 결국은 왜 무의미한지 그 이유를 잘 보여준다. 만약 어느 한 측면에라도 문제가 생기면, 그로 인한 결과가 나타난다. 개중에는 다른 것들보다 더 큰 효과를 초래하는 것도 있겠지만, 모두가 함께 합쳐져 작용한다.

물론 그렇다고 해서 수십억 개의 염기쌍 하나하나가 어떤 기능을 발휘한다는 말은 아니다. 어떤 것은 정말로 아무 효용도 없는 유전체의 쓰레기에 불과한 반면, 어떤 지역은 폐기될 수도 있었지만 대신에 뭔가 유익한 것으로 변했다는 의미에서 정크일 수도 있다.[2]

우리 생각에는 아주 단순해 보이는 일부 질문을 포함해 우리가 잘 모르는 것이 아직도 많이 남아 있다. 우리는 세포 안에 정크 DNA의 기능성 지역이 얼마나 많이 있는지 확실한 답을 아직 얻지 못했다. 언뜻 생각하면 그 답은 쉬울 것 같지만, [그림 20-2]를 재빨리 쳐다보고 나서 다음 질문에 대한 답을 생각해보라. 이 체스판에 있는 정사각

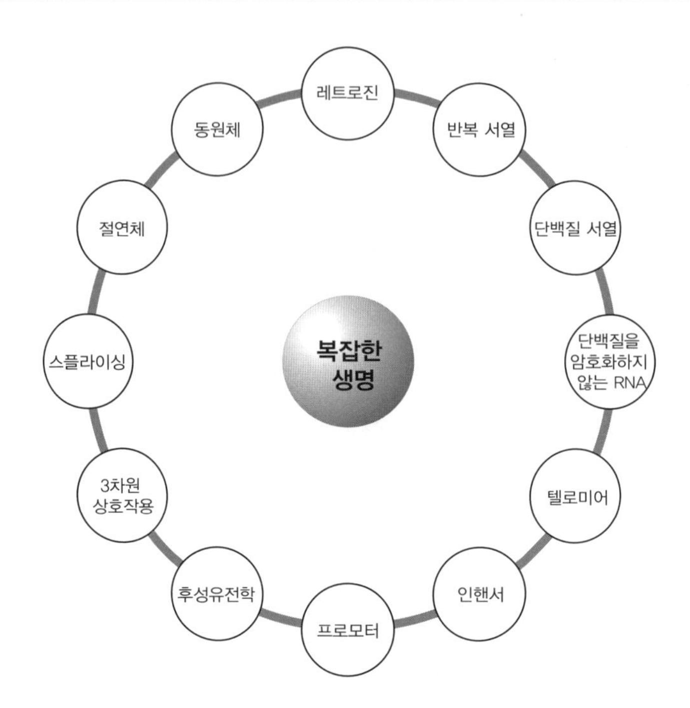

[그림 20-1] 우리라는 위대한 생명체를 만들려면, 상호작용하는 요소들이 서로 협력해야 하는데, 이 그림에는 그중 몇 가지만 나타냈다.

[그림 20-2] 이 체스판에 있는 정사각형은 모두 몇 개인가?

형은 모두 몇 개인가?

아마도 즉각적으로 튀어나오는 답은 64개일 것이다. 하지만 정답은 204개인데, 명백해 보이는 흰색과 검은색의 정사각형 주위에 다양한 크기의 정사각형을 많이 그릴 수 있기 때문이다. 우리의 유전체도 이와 비슷하다. DNA의 한 부분에는 단백질 암호화 유전자와 긴 비암호화 RNA, 작은 RNA, 안티센스 RNA, 스플라이싱 신호 장소, 비번역 지역, 프로모터, 인핸서 등이 포함되어 있다. 여기에다가 개인들 사이의 DNA 서열 차이가 빚어내는 효과, 유도되거나 무작위적인 후성유전적 변형의 효과, 가변적인 3차원적 상호작용의 효과, 다른 RNA와 단백질에 들러붙는 것의 효과까지 있고, 게다가 늘 변하는 환경의 효과까지 감안해야 한다.

우리 유전체의 복잡성에 대해 진지하게 생각할 때, 우리가 아직 모든 것을 제대로 이해하지 못했다는 것은 전혀 놀라운 일이 아니다. 우리가 그중 어느 것이라도 이해한다는 사실이 오히려 놀라운 성과라고 할 수 있다. 저곳 어둠 속에는 늘 새로 배울 것들이 숨어 있다.

이번 두 번째 책 역시 훌륭한 에이전트 앤드루 로니Andrew Lownie와 훌륭한 출판사들의 도움을 받는 행운이 따랐다. 아이콘북스의 덩컨 히스Duncan Heath, 앤드루 펄로Andrew Furlow, 로버트 샤먼Robert Sharman에게 감사드린다. 하지만 이들의 이전 동료인 사이먼 플린Simon Flynn과 헨리 로드Henry Lord의 도움도 잊을 수 없다. 컬럼비아 대학 출판부의 패트릭 피츠제럴드Patrick Fitzgerald와 브리짓 플래너리 매코이Bridget Flannery-McCoy, 데릭 워커Derek Warker에게도 큰 고마움을 표시하고 싶다.

언제나처럼 예상 밖의 사람들이 즐거움과 깨달음을 주었다. 코너 캐리Conor Carey와 핀 캐리Finn Carey, 게이브리얼 캐리Gabriel Carey가 그런 역할을 담당했으며, 유전적 혈족이 아닌 사람으로는 아이오나 토머스 라이트Iona Thomas-Wright에게 감사의 마음을 전한다. 인내심이 많고 쾌활한 시어머니 리자 도런Lisa Doran은 무한한 후원과 많은 비스킷을 제공했다.

나는 첫 번째 책을 내고 나서 비전문가들을 대상으로 과학 강연을 많이 하면서 즐거운 시간을 보냈다. 나를 강연에 초청한 단체들은 너무 많아서 일일이 거명할 수 없지만, 해당 단체들은 그 사실을 잘 알고 있을 것이다. 나는 그들이 제공한 특권을 즐겼다. 그것은 의욕을 북돋워주는 경험이었다. 모두에게 감사드린다.

그리고 마지막으로 아비 레이놀즈Abi Reynolds에게 고마움을 전한다. 전에 한 약속에도 불구하고, 나는 아직 사교춤 레슨을 받으러 다니지 않지만, 아비는 이를 너그럽게 용서해주었다.

노트

1장

1. 이 장애와 그 유전학에 관한 정보는 www.omim.org record#160900을 참고하라.
2. 더 자세한 정보는 http://ghr.nlm.nih.gov/condition/myotonic-dystrophy를 참고하라.
3. 더 자세한 정보는 http://ghr.ninds.nih.gov/disorders/friedreichs_ataxia/detail_friedreichs_ataxia.htm을 참고하라.
4. 더 자세한 정보는 http://ghr.nlm.nih.gov/condition/facioscapulohumeral-muscular-dystropy를 참고하라.

2장

1. http://www.escapistmagazine.com/news/view/113307-Virtual-Typewriter-Monkeys-Pen-Complete-Works-of-Shakespeare-Almost
2. Campuzano V, Montermini L, Moltò MD, Pianese L, Cossée M, Cavalcanti F, Monros E, Rodius F, Duclos F, Monticelli A, Zara F, Cañizares J, Koutnikova H, Bidichandani SI, Gellera C, Brice A, Trouillas P, De Michele G, Filla A, De Frutos R, Palau F, Pater PI, Di Donato S, Mandel JL, Cocozza S, Koenig M, Pandolfo M. Friedreich's ataxia: autosomal recessive disease caused by an intronic GAA triplet repeat expansion. *Science*. 1996 Mar 8;271(5254):1423-1427

3. Bidichandani SI, Ashizawa T, Patel PI. The GAA triplet-repeat expansion in Friedreich ataxia interferes with transcription and may be associated with an unusual DNA structure. *Am J Hum Genet*. 1998 Jan;62(1):111-121
4. Babcock M, de Silva D, Oaks R, Davis-Kaplan S, Jiralerspong S, Montermini L, Pandolfo M, Kaplan J. Regulation of mitochondrial iron accumulation by Yfh1p, a putative homolog of frataxin. *Science*. 1997 Jun 13;276(5319)1709-1712
5. Kremer EJ, Pritchard M, Lynch M, Yu S, Holman K, Baker E, Warren ST, Schlessinger D, Sutherland GR, Richards RI. Mapping of DNA instability at the fragile X to a trinucleotide repeat sequence p(CCG)n. *Science*. 1991 Jun 21;252(5013):1711-1714
6. Verkerk AJ, Pieretti M, Sutcliffe JS, Fu YH, Kuhl DP, Pizzuti A, Reiner O, Richards S, Victoria MF, Zhang FP, et al. Identification of a gene(FMR-1) containing a CGG repeat coincident with a breakpoint cluster region exhibiting length variation in fragile X syndrome. *Cell*. 1991 May 31;65(5):905-914
7. Pieretti M, Zhang FP, Fu YH, Warren ST, Oostra BA, Caskey CT, Nelson DL. Absence of expression of the FMR-1 gene in fragile X syndrome. *Cell*. 1991 Aug 23;66(4);817-822
8. Qin M, Kang J, Burlin TV, Jiang C, Smith CB. Postadolescent changes in regional cerebral protein synthesis: an in vivo study in the FMR1 null mouse. *J Neurosci*. 2005 May 18;25(20):5087-5095
9. Reviewed in Echeverria GV, Cooper TA. RNA-binding proteins in microsatellite expansion disorders: mediators of RNA toxicity. *Brain Res*. 2012 Jun 26;1462:100-111

3장

1. http://www.genome.gov/11006943
2. 별도로 표시하지 않은 한, 이 장에 소개된 정보 중 대부분은 2001년 2월 15일에 발행된 『네이처』에서 인용했는데, 거기에는 국제 컨소시엄이 제공한 데이터와 분석 결과가 포함되어 있었다. 주된 참고 문헌은 국제인간게놈서열분석컨소시엄이 저자로 실린 *Initial sequencing and analysis of the human genome*이다. 같

은 호의『네이처』에는 이에 따른 해설들도 실려 있으니, 관심 있는 독자는 참고하기 바란다.

3. http://partners.nytimes.com/library/national/science/062700sci-genome-text.html
4. http://news.bbc.co.uk/1/hi/sci/tech/807126.stm
5. http://news.bbc.co.uk/1/hi/sci/tech/807126.stm
6. http://www.genome.gov/sequencingcosts/
7. http://www.wired.co.uk/news/archive/2014-01/15/1000-dollar-genome
8. 흥미로운 사례 연구는 Gura, *Nature*, 2012, Volume 483, 20-22를 참고하라.
9. http://www.cancerresearchuk.org/cancer-help/about-cancer/treatment/cancer-drugs/Crizotinib/crizotinib
10. https://genographic.nationalgeographic.com/human-journey/
11. http://publications.nigms.nih.gov/insidelifescience/genetics-numbers.html
12. Aparicio et al. Whole-genome shotgun assembly and analysis of the genome of Fugu rubripes. *Science*. 2002 Aug 23;297(5585):1301-1310
13. Baltimore D. Our genome unveiled. *Nature*. 2001 Feb 15; 409(6822): 814-816
14. American Cancer Society http://www.cancer.org/cancer/skincancer-melanoma/detailedguide/melanoma-skin-cnacer-key-statistics에서 얻은 데이터.

4장

1. 별도로 표시하지 않은 한, 이 장에 소개된 정보 중 대부분은 2001년 2월 15일에 발행된『네이처』에서 인용했는데, 여기에는 국제 컨소시엄이 제공한 데이터와 분석 결과가 포함되어 있었다. 주된 참고 문헌은 국제인간게놈서열분석컨소시엄이 저자로 실린 *Initial sequencing and analysis of the human genome*이다. 같은 호의『네이처』에 실린 데이비드 볼티모어David Baltimore와 리Li 외 여러 사람이 쓴 해설도 흥미롭고 문체나 내용 면에서 읽기가 더 쉬우니 참고하기 바란다.
2. Vlangos CN, Siuniak AN, Robinson D, Chinnaiyan AM, Lyons RH Jr, Cavalcoli JD, Keegan CE. Next-generation sequencing indentifies the Danforth's short tail mouse mutation as a retrotransposon insertion affecting Ptf1a

expression. *PLoS Genet.* 2013;9(2):e1003205

3. Bogdanik LP, Chapman HD, Miers KE, Serreze DV, Burgess RW. A MusD retrotransposon insertion in the mouse Slc6a5 gene causes alterations in neuromuscular junction maturation and behavioral phenotypes. *PLoS One.* 2012;7(1):e30217
4. Schneuwly S, Klemenz R, Gehring WJ. Redesigning the body plan of Drosophila by ectopic expression of the homoeotic gene Antennapedia. *Nature.* 1987 Feb 26–Mar 4;325(6107):816-818
5. Mortlock DP, Post LC, Innis JW. The Molecular basis of hypodactyly(Hd): a deletion in Hoxa 13 leads to arrest of digital arch formation. *Nat Genet.* 1996 Jul;13(3):284-289
6. Rowe HM, Jakobsson J, Mesnard D, Rougemont J, Reynard S, Aktas T, Maillard PV, Layard–Liesching H, Verp S, Marquis J, Spitz F, Constam DB, Trono D. KAP1 controls endogeneous retroviruses in embryonic stem cells. *Nature.* 2010 Jan 14;463(7278):237-240
7. Young GR, Eksmond U, Salcedo R, Alexopoulou L, Stoye JP, Kassiotis G. Resurrection of endogenous retroviruses in antibody–deficient mice. *Nature.* 2012 Nov 29;491(7426):774-778
8. http://www.emedicinehealth.com/heart_and_lung_transplant/article_em.htm
9. 이종 이식 분야에 관한 최근의 흥미로운 비평을 보고 싶으면, Cooper DK. A brief history of cross–species organ transplantation. *Proc(Bayl Univ Med Cent).* 2012 Jan; 25(1): 49-57을 참고하라.
10. Patience C, Takeuchi Y, Weiss RA. Infection of human cells by an endogenous retrovirus of pigs. *Nat Med.* 1997 Mar;3(3):282-286
11. Di Nicuolo G, D'Alessandro A, Andria B, Scuderi V, Scognamiglio M, Tammaro A, Mancini A, Cozzolino S, Di Florio E, Bracco A, Calise F, Chamuleau RA. Long–term absence of porcine endogenous retrovirus infection in chronically immunosuppressed patients after treatment with the porcine cell–based Academic Medical Center bioartificial liver. *Xenotransplantation.* 2010 Nov–Dec;17(6):431-439
12. 비정상 교차를 포함해 부분 복제의 효과에 관한 최근의 흥미로운 비평을 보

고 싶으면, Rudd MK, Keene J, Bunke B, Kaminsky EB, Adam MP, Mulle JG, Ledbetter DH, Martin CL. Segmental duplication mediate novel, clinically relevant chromosome rearrangements. *Hum Mol Genet.* 2009 Aug 15; 18(16): 2957-2962를 참고하라.

13. 이 상태와 그 원인에 관해 더 자세한 정보는 http://www.ninds.nih.gov/disorders/charcot_marie_tooth/detail_charcot_marie_tooth.htm을 참고하라.
14. 이 상태와 그 원인에 관해 더 자세한 정보는 http://www.nlm.nih.gov/medlineplus/ency/article/001116.htm을 참고하라.
15. Mombaerts P. The human repertoire of odorant receptor genes and pseudogenes. *Annu Rev Genomics Hum Genet.* 2001;2:493-510
16. http://www.innocenceproject.org/know/ retrieved 1 January 2014

5장

1. 총수입에 관한 자료는 http://www.imdb.com에서 인용했다.
2. Boxer LM, Dang CV. Translocations involving c-myc and c-myc funciton. *Oncogene.* 2001 Sep 20(40): 5595-5610에서 개략적으로 검토함.
3. Moyzis RK, Buckingham JM, Cram LS, Dani M, Deaven LL, Jones MD, Meyne J, Ratliff RL, Wu JR. A highly conserved repetitive DNA sequence, (TTAGGG)n, present at the telomeres of human chromosomes. *Proc Natl Acad Sci U S A.* 1988 Sep;85(18):6622-6626
4. Vaziri H, Schächter F, Uchida I, Wei L, Zhu X, Effros R, Cohen D, Harley CB. Loss of telomeric DNA during aging of normal and trisomy 21 human lymphocytes. *Am J Hum Genet.* 1993 Apr;52(4):661-667
5. Hayflick L, Moorhead PS. The serial cultivation of human diploid cell strains. *Exp Cell Res.* 1961 Dec;25:585-621
6. Harley CB, Futcher AB, Greider CW. Telomeres shorten during ageing of human fibroblasts. *Nature.* 1990 May 31;345(6274):458-460
7. Bodnar AG, Ouellette M, Frolkis M, Holt SE, Chiu CP, Morin GB, Harley CB, Shay JW, Lichtsteiner S, Wright WE. Extension of life-span by introduction of telomerase into normal human cells. *Science.* 1998 Jan 16;279(5349):349-352

8. Armanios M, Blackburn EH. The telomere syndromes. *Nat Rev Genet.* 2012 Oct; 13(10): 693-704에서 이 문제에 관해 유익한 논의를 볼 수 있다.
9. Armanios M, Blackburn EH. The telomere syndromes. *Nat Rev Genet.* 2012 Oct;13(10):693-704가 유용한 개요를 제공한다.
10. Wright WE, Piatyszek MA, Rainey WE, Byrd W, Shay JW. Telomerase activity in human germline and embryonic tissues and cells. *Dev Genet.* 1996;18(2):173-179
11. Kim NW, Piatyszek MA, Prowse KR, Harley CB, West MD, Ho PL, Coviello GM, Wright WE, Weinrich SL, Shay JW. Specific association of human telomerase activity with immortal cells and cancer. *Science.* 1994 Dec 23;266(5193):2011-2015
12. http://www.nlm.nih.gov/medlineplus/ency/anatomyvideos/000104.htm
13. Chiu CP, Dragowska W, Kim NW, Vaziri H, Yui J, Thomas TE, Harley CB, Lansdorp PM. Differential expression of telomerase activity in hematopoietic progenitors from adult human bone marrow. *Stem Cells.* 1996 Mar;14(2):239-248
14. Vaziri H, Dragowska W, Allsopp RC, Thomas TE, Harley CB, Lansdorp PM. Evidence for a mitotic clock in human hematopoietic stem cells: loss of telomeric DNA with age. *Proc Natl Acad Sci U S A.* 1994 Oct 11;91(21):9857-9860
15. Armanios M, Blackburn EH. The telomere syndromes. *Nat Rev Genet.* 2012 Oct;13(10):693-704
16. Armanios M, Blackburn EH. The telomere syndromes. *Nat Rev Genet.* 2012 Oct;13(10):693-704
17. Calado RT, Young NS. Telomere diseases. *N Engl J Med.* 2009 Dec 10; 361(24): 2353-2365에서 훌륭한 임상학적 기술과 유익한 그림들을 볼 수 있다.
18. Alder JK, Chen JJ, Lancaster L, Danoff S, Su SC, Cogan JD, Vulto I, Xie M, Qi X, Tuder RM, Phillips JA 3rd, Lansdorp PM, Loyd JE, Armanios MY. Short telomeres are a risk factor for idiopathic pulmonary fibrosis. *Proc Natl Acad Sci U S A.* 2008 Sep 2;105(35):13051-13056

19. Armanios MY, Chen JJ, Cogan JD, Alder JK, Ingersoll RG, Markin C, Lawson WE, Xie M, Vulto I, Phillips JA 3rd, Lansdorp PM, Greider CW, Loyd JE. Telomerase mutations in families with idiopathic pulmonary fibrosis. *N Engl J Med*. 2007 Mar 29;356(13):1317-1326
20. Tsakiri KD, Cronkhite JT, Kuan PJ, Xing C, Raghu G, Weissler JC, Rosenblatt RL, Shay JW, Garcia CK. Adult-onset pulmonary fibrosis caused by mutations in telomerase. *Proc Natl Acad Sci U S A*. 2007 May 1 ;104(18):7552-7557
21. Cronkhite JT, Xing C, Raghu G, Chin KM, Torres F, Rosenblatt RL, Garcia CK. Telomere shortening in familial and sporadic pulmonary fibrosis. *Am J Respir Crit Care Med*. 2008 Oct 1;178(7):729 -737
22. http://www.patient.co.uk/doctor/aplastic-anaemia에서 유익한 설명을 볼 수 있다.
23. de la Fuente J, Dokal I. Dyskeratosis congenita: advances in the understanding of the telomerase defect and the role of stem cell transplantation. *Pediatr Transplant*. 2007 Sep;11(6):584-594
24. Armanios M, Chen JL, Chang YP, Brodsky RA, Hawkins A, Griffin CA, Eshleman JR, Cohen AR, Chakravarti A, Hamosh A, Greider CW. Haploinsufficiency of telomerase reverse transcriptase leads to anticipation in autosomal dominant dyskeratosis congenita. *Proc Natl Acad Sci U S* A. 2005 Nov 1;102(44):15960-15964
25. http://www.who.int/mediacentre/factsheets/fs339/en/
26. Alder JK, Guo N, Kembou F, Parry EM, Anderson CJ, Gorgy AI, Walsh MF, Sussan T, Biswal S, Mitzner W, Tuder RM, Armanios M. Telomere length is a determinant of emphysema susceptibility. *Am J Respir Crit Care Med*. 2011 Oct 15;184(8):904-912
27. Sahin E, Depinho RA. Linking functional decline of telomeres, mitochondria and stem cells during ageing. *Nature*. 2010 Mar 25; 464(7288): 520-528에서 인용.
28. Statistical factsheet from the American Heart Association on Older Americans & Cardiovascular Diseases, 2013 update

29. http://www.rcpsych.ac.uk/healthadvice/problemsdisorders/depressioninolderadults.aspx
30. Valdes AM, Andrew T, Gardner JP, Kimura M, Oelsner E, Cherkas LF, Aviv A, Spector TD. Obesity, cigarette smoking, and telomere length in women. *Lancet*. 2005 Aug 20–26;366(9486):662-664
31. Cawthon RM, Smith KR, O'Brien E, Sivatchenko A, Kerber RA. Association between telomere length in blood and mortality in people aged 60 years or older. *Lancet*. 2003 Feb 1;361(9355):393-395
32. Fitzpatrick AL, Kronmal RA, Kimura M, Gardner JP, Psaty BM, Jenny NS, Tracy RP, Hardikar S, Aviv A. Leukocyte telomere length and mortality in the Cardiovascular Health Study. *J Gerontol A Biol Sci Med Sci*. 2011 Apr;66(4):421-429
33. Atzmon G, Cho M, Cawthon RM, Budagov T, Katz M, Yang X, Siegel G, Bergman A, Huffman DM, Schechter CB, Wright WE, Shay JW, Barzilai N, Govindaraju DR, Suh Y. Evolution in health and medicine Sackler colloquium: Genetic variation in human telomerase is associated with telomere length in Ashkenazi centenarians. *Proc Natl Acad Sci U S A*. 2010 Jan 26;107 Suppl 1:1710-1717
34. Segerstrom SC, Miller GE. Psychological stress and the human immune system: a meta-analytic study of 30 years of inquiry. *Psychol Bull*. 2004 Jul;130(4):601-630
35. Epel ES, Blackburn EH, Lin J, Dhabhar FS, Adler NE, Morrow JD, Cawthon RM. Accelerated telomere shortening in response to life stress. *Proc Natl Acad Sci U S A*. 2004 Dec 7;101(49):17312-17315
36. http://www.who.int/mediacentre/factsheets/fs311/en/index.html
37. 이 분야를 소개하는 유익한 글을 원한다면, Tennen RI, Chua KF. Chromatin regulation and genome maintenance by mammalian SIRT6. *Trends Biochem Sci*. 2011 Jan; 36(1): 39-46을 보라.
38. Valdes AM, Andrew T, Gardner JP, Kimura M, Oelsner E, Cherkas LF, Aviv A, Spector TD. Obesity, cigarette smoking, and telomere length in women. *Lancet*. 2005 Aug 20–26;366(9486):662-624

39. UNFPA report on Ageing in The Twenty-First Century, 2012

40. Jennings BJ, Ozanne SE, Dorling MW, Hales CN. Early growth determines longevity in male rats and may be related to telomere shortening in the kidney. *FEBS Lett*. 1999 Apr 1;448(1):4-8

6장

1. 어니스터 리먼Ernest Lehman이 쓴 대본으로 20세기 폭스가 1956년에 제작한 〈왕과 나〉에서 인용.

2. 진화의 나무에서 서로 다른 가지들에 나타나는 동원체의 종류를 훌륭하게 개관한 글은 Ogiyama Y, Ishii K. The smooth and stable operation of centromeres. *Genes Genet Syst*. 2012; 87(2): 63-73에서 볼 수 있다.

3. 훌륭한 비평을 보고 싶으면, Verdaasdonk JS, Bloom K. Centromeres: unique chromatin structures that drive chromosome segregation. *Nat Rev Mol Cell Biol*. 2011 May; 12(5): 320-332를 참고하라.

4. Palmer DK, O'Day K, Wener MH, Andrews BS, Margolis RL. A 17-kD centromere protein (CENP-A) copurifies with nucleosome core particles and with histones. *J Cell Biol*. 1987 Apr;104(4):805-815

5. Takahashi K, Chen ES, Yanagida M. Requirement of Mis6 centromere connector for localizing a CENP-A-like protein in fission yeast. *Science*. 2000 Jun 23;288(5474):2215-2219

6. Blower MD, Karpen GH. The role of Drosophila CID in kinetochore formation, cell-cycle progression and heterochromatin interactions. *Nat Cell Biol*. 2001 Aug;3(8):730-739

7. Hori T, Amano M, Suzuki A, Backer CB, Welburn JP, Dong Y, McEwen BF, Shang WH, Suzuki E, Okawa K, Cheeseman IM, Fukagawa T. CCAN makes multiple contacts with centromeric DNA to provide distinct pathways to the outer kinetochore. *Cell*. 2008 Dec 12;135(6):1039-1052

8. Heun P, Erhardt S, Blower MD, Weiss S, Skora AD, Karpen GH. Mislocalization of the Drosophila centromere-specific histone CID promotes formation of functional ectopic kinetochores. *Dev Cell*. 2006 Mar;10(3):303-315

9. Van Hooser AA, Ouspenski II, Gregson HC, Starr DA, Yen TJ, Goldberg ML, Yokomori K, Earnshaw WC, Sullivan KF, Brinkley BR. Specification of kinetochore-forming chromatin by the histone H3 variant CENP-A. *J Cell Sci*. 2001 Oct;114(Pt 19):3529-3542
10. Zuccolo M, Alves A, Galy V, Bolhy S, Formstecher E, Racine V, Sibarita JB, Fukagawa T, Shiekhattar R, Yen T, Doye V. The human Nup107-160 nuclear pore subcomplex contributes to proper kinetochore functions. *EMBO J*. 2007 Apr 4;26(7):1853-1864
11. Palmer DK, O'Day K, Wener MH, Andrews BS, Margolis RL. A 17-kD centromere protein (CENP-A) copurifies with nucleosome core particles and with histones. *J Cell Biol*. 1987 Apr;104(4):805-815
12. Sekulic N, Bassett EA, Rogers DJ, Black BE. The structure of (CENP-A-H4)(2) reveals physical features that mark centromeres. *Nature*. 2010 Sep 16;467(7313):347-351
13. Warburton PE, Cooke CA, Bourassa S, Vafa O, Sullivan BA, Stetten G, Gimelli G, Warburton D, Tyler-Smith C, Sullivan KF, Poirier GG, Earnshaw WC. Immunolocalization of CENP-A suggests a distinct nucleosome structure at the inner kinetochore plate of active centromeres. *Curr Biol*. 1997 Nov 1;7(11):901-904
14. 이 모형을 아주 훌륭하게 분석한 논문은 Sekulic N. Black BE. Molecular underpinnings of centromere identity and maintenance. *Trends Biochem Sci*. 2012 Jun; 37(6): 220-229를 보라.
15. 이 과정과 이에 관련된 후성유전적 변형을 더 자세히 알고 싶다면, González-Barrios R, Soto-Reyes E, Herrera LA. Assembling pieces of the centromere epigenetics puzzle. *Epigenetics*. 2012 Jan 1; 7(1): 3-13을 보라.
16. 20세기 폭스가 1965년에 영화로 만든 〈사운드 오브 뮤직〉에 나오는 노래 〈섬씽 굿Something Good〉에서 인용.
17. 이 점에서 특별히 중요한 단백질은 HJURP인데, 더 자세한 정보는 Sekulic N. Black BE. Molecular underpinnings of centromere identity and maintenance. *Trends Biochem Sci*. 2012 Jun; 37(6): 220-229에서 볼 수 있다.
18. Palmer DK, O'Day K, Margolis RL. The centromere specific histone CENP-A

is selectively retained in discrete foci in mammalian sperm nuclei. *Chromosoma.* 1990 Dec;100(1):32-36

19. Schiff PB, Fant J, Horwitz SB. Promotion of microtubule assembly in vitro by taxol. *Nature.* 1979 Feb 22;277(5698):665-667
20. http://www.cancerresearchuk.org/cancer-help/about-cancer/treatment/cancer-drugs/paclitaxel
21. 수치는 Rajagopalan H, Lengauer C. Aneuploidy and cancer. *Nature.* 2004 Nov 18; 432(7015): 338-341에서 인용했다.
22. 이 문제에 대한 비평은 Pfau SJ, Amon A. Chromosomal instability and aneuploidy in cancer: from yeast to man. *EMBO Rep.* 2012 Jun 1; 13(6): 515-527을 참고하라.
23. Rehen SK, Yung YC, McCreight MP, Kaushal D, Yang AH, Almeida BS, Kingsbury MA, Cabral KM, McConnell MJ, Anliker B, Fontanoz M, Chun J. Constitutional aneuploidy in the normal human brain. *J Neurosci.* 2005 Mar 2;25(9):2176-2180
24. Rehen SK, McConnell MJ, Kaushal D, Kingsbury MA, Yang AH, Chun J. Chromosomal variation in neurons of the developing and adult mammalian nervous system. *Proc Natl Acad Sci U S A.* 2001 Nov 6;98(23):13361-13366
25. Kingsbury MA, Friedman B, McConnell MJ, Rehen SK, Yang AH, Kaushal D, Chun J. Aneuploid neurons are functionally active and integrated into brain circuitry. *Proc Natl Acad Sci U S A.* 2005 Apr 26;102(17):6143-6147
26. Melchiorri C, Chieco P, Zedda AI, Coni P, Ledda-Columbano GM, Columbano A. Ploidy and nuclearity of rat hepatocytes after compensatory regeneration or mitogen-induced liver growth. *Carcinogenesis.* 1993 Sep;14(9):1825-1830
27. 다운 증후군의 원인을 정확하게 확인한 사람이 누구인지를 둘러싸고 벌어진 격렬한 논란, 50년이 지난 지금도 계속되고 있는 이 논란을 훌륭하게 기술한 글을 보고 싶으면, http://www.nature.com/news/down-s-syndrome-discovery-dispute-resurfaces-in-france-1.14690을 참고하라.
28. For more information on the medical and social aspects of Down's Syndrome there are a large number of patient advocacy groups such as http://www.

downs-syndrome.org.uk/
29. http://www.nhs.uk/conditions/edwards-syndrome/Pages/Introduction.aspx
30. http://www.cafamily.org.uk/medical-information/conditions/p/patau-syndrome/
31. Toner JP, Grainger DA, Frazier LM. Clinical outcomes among recipients of donated eggs: an analysis of the U.S. national experience, 1996-1998. *Fertil Steril.* 2002 Nov;78(5):1038-1045

7장

1. Statistical Bulletin from the Office for National Statistics, 8 August 2013 Annual Mid-year Population Estimates, 2011 and 2012
2. 이 유전자의 중요성을 보여준 논문은 Berta P, Hawkins JR, Sinclair AH, Taylor A, Griffiths BL, Goodfellow PN, Fellous M. Genetic evidence equating SRY and the testis-determining factor. *Nature.* 1990 Nov 29; 348(6300): 448-450이다.
3. Yamauchi Y, Riel JM, Stoytcheva Z, Ward MA. Two Y genes can replace the entire Y chromosome for assisted reproduction in the mouse. *Science.* 2014 Jan 3;343(6166):69-72
4. Ross MT et al., The DNA sequence of the human X chromosome. *Nature.* 2005 Mar 17;434(7031):325-337
5. Brown CJ, Lafreniere RG, Powers VE, Sebastio G, Ballabio A, Pettigrew AL, Ledbetter DH, Levy E, Craig IW, Willard HF. Localization of the X inactivation centre on the human X chromosome in Xq13. *Nature.* 1991 Jan 3;349(6304):82-84
6. Brown CJ, Ballabio A, Rupert JL, Lafreniere RG, Grompe M, Tonlorenzi R, Willard HF. A gene from the region of the human X inactivation centre is expressed exclusively from the inactive X chromosome. *Nature.* 1991 Jan 3;349(6304):38-44
7. Brown CJ, Hendrich BD, Rupert JL, Lafrenière RG, Xing Y, Lawrence J, Willard HF. The human XIST gene: analysis of a 17 kb inactive X-specific RNA that contains conserved repeats and is highly localized within the nucleus. *Cell.* 1992 Oct 30;71(3):527-542

8. Brockdorff N, Ashworth A, Kay GF, McCabe VM, Norris DP, Cooper PJ, Swift S, Rastan S. The product of the mouse Xist gene is a 15 kb inactive X-specific transcript containing no conserved ORF and located in the nucleus. *Cell*. 1992 Oct 30;71(3):515-526
9. Lee JT, Strauss WM, Dausman JA, Jaenisch R. A 450 kb transgene displays properties of the mammalian X-inactivation center. *Cell*. 1996 Jul 12;86(1):83-94
10. 이 과정을 포괄적으로 검토한 비평은 Lee JT. The X as model for RNA's niche in epigenomic regulation. *Cold Spring Harb Perspect Biol*. 2010 Sep; 2(9): a003749를 참고하라.
11. Xu N, Tsai CL, Lee JT. Transient homologous chromosome pairing marks the onset of X inactivation. *Science*. 2006 Feb 24;311(5764):1149-1152
12. 유럽 왕족들 사이에 전파된 혈우병을 흥미롭게 요약한 글을 보고 싶으면, http://www.hemophilia.org/NHFWeb/MainPgs/MainNHF.aspx?menuid=178&contentid=6을 참고하라.
13. 이 질환에 대해 더 자세한 정보를 알고 싶으면, http://www.nhs.uk/conditions/Rett-syndrome/Pages/Introduction.aspx를 참고하라.
14. Amir RE, Van den Veyver IB, Wan M, Tran CQ, Francke U, Zoghbi HY. Rett syndrome is caused by mutations in X-linked MECP2, encoding methyl-CpG-binding protein 2. *Nat Genet*. 1999 Oct;23(2):185-188
15. 이 질환에 대해 더 자세한 정보를 알고 싶으면 http://www.nlm.nih.gov.medlineplus/ency/article/000705.htm을 참고하라.
16. Hoffman EP, Brown RH Jr, Kunkel LM. Dystrophin: the protein product of the Duchenne muscular dystrophy locus. *Cell*. 1987 Dec 24;51(6):919-928
17. Pena SD, Karpati G, Carpenter S, Fraser FC. The clinical consequences of X-chromosome inactivation: Duchenne muscular dystrophy in one of monozygotic twins. *J Neurol Sci*. 1987 Jul;79(3):337-344
18. Shin T, Kraemer D, Pryor J, Liu L, Rugila J, Howe L, Buck S, Murphy K, Lyons L, Westhusin M. A cat cloned by nuclear transplantation. *Nature*. 2002 Feb 21;415(6874):859

8장

1. Schmitt AM, Chang HY. Gene regulation: Long RNAs wire up cancer growth. *Nature*. 2013 Aug 29;500(7464):536-537
2. Volders PJ, Helsens K, Wang X, Menten B, Martens L, Gevaert K, Vandesompele J, Mestdagh P. LNCipedia: a database for annotated human long-noncoding RNA transcript sequences and structures. *Nucleic Acids Res*. 2013 Jan;41(Database issue):D246-251
3. ENCODE Project Consortium, Bernstein BE, Birney E, Dunham I, Green ED, Gunter C, Snyder M. An integrated encyclopedia of DNA elements in the human genome. *Nature*. 2012 Sep 6;489(7414):57-74
4. Tay Y, Rinn J, Pandolfi PP. The multilayered complexity of ceRNA crosstalk and competition. *Nature*. 2014 Jan 16;505(7483):344-352
5. Derrien T, Johnson R, Bussotti G, Tanzer A, Djebali S, Tilgner H, Guernec G, Martin D, Merkel A, Knowles DG, Lagarde J, Veeravalli L, Ruan X, Ruan Y, Lassmann T, Carninci P, Brown JB, Lipovich L, Gonzalez JM, Thomas M, Davis CA, Shiekhattar R, Gingeras TR, Hubbard TJ, Notredame C, Harrow J, Guigó R. The GENCODE v7 catalog of human long noncoding RNAs: analysis of their gene structure, evolution, and expression. *Genome Res*. 2012 Sep;22(9):1775-1789
6. Ulitsky I, Shkumatava A, Jan CH, Sive H, Bartel DP. Conserved function of lincRNAs in vertebrate embryonic development despite rapid sequence evolution. *Cell*. 2011 Dec 23;147(7):1537-1550
7. Cabili MN, Trapnell C, Goff L, Koziol M, Tazon-Vega B, Regev A, Rinn JL. Integrative annotation of human large intergenic noncoding RNAs reveals global properties and specific subclasses. *Genes Dev*. 2011 Sep 15;25(18):1915-1927
8. Church DM, Goodstadt L, Hillier LW, Zody MC, Goldstein S, She X, Bult CJ, Agarwala R, Cherry JL, DiCuccio M, Hlavina W, Kapustin Y, Meric P, Maglott D, Birtle Z, Marques AC, Graves T, Zhou S, Teague B, Potamousis K, Churas C, Place M, Herschleb J, Runnheim R, Forrest D, Amos-Landgraf J, Schwartz DC, Cheng Z, Lindblad-Toh K, Eichler EE, Ponting CP; Mouse Genome Sequencing Consortium. Lineage-specific biology revealed by a finished genome

assembly of the mouse. *PLoS Biol*. 2009 May 5;7(5):e1000112

9. Necsulea A, Soumillon M, Warnefors M, Liechti A, Daish T, Zeller U, Baker JC, Grützner F, Kaessmann H. The evolution of long-noncoding RNA repertoires and expression patterns in tetrapods. *Nature*. 2014 Jan 30;505(7485):635-640
10. Wahlestedt C. Targeting long non-coding RNA to therapeutically upregulate gene expression. *Nat Rev Drug Discov*. 2013 Jun;12(6):433-446
11. Mercer TR, Dinger ME, Sunkin SM, Mehler MF, Mattick JS. Specific expression of long noncoding RNAs in the mouse brain. *Proc Natl Acad Sci U S A*. 2008 Jan 15;105(2):716-721
12. 이 집단과 이것이 더 광범위한 긴 비암호화 RNA 풍경에서 어떤 위치를 차지하는지를 아주 유익하게 다룬 글은 Ulitsky I, Bartel DP. lincRNAs: genomics, evolution, and mechanisms. *Cell*. 2013 Jul 3; 154(1): 26-46을 보라.
13. Guttman M, Donaghey J, Carey BW, Garber M, Grenier JK, Munson G, Young G, Lucas AB, Ach R, Bruhn L, Yang X, Amit I, Meissner A, Regev A, Rinn JL, Root DE, Lander ES. lincRNAs act in the circuitry controlling pluripotency and differentiation. *Nature*. 2011 Aug 28;477(7364):295-300
14. Wang KC, Yang YW, Liu B, Sanyal A, Corces-Zimmerman R, Chen Y, Lajoie BR, Protacio A, Flynn RA, Gupta RA, Wysocka J, Lei M, Dekker J, Helms JA, Chang HY. A long noncoding RNA maintains active chromatin to coordinate homeotic gene expression. *Nature*. 2011 Apr 7;472(7341):120-124
15. Li L, Liu B, Wapinski OL, Tsai MC, Qu K, Zhang J, Carlson JC, Lin M, Fang F, Gupta RA, Helms JA, Chang HY. Targeted disruption of Hotair leads to homeotic transformation and gene derepression. *Cell Rep*. 2013 Oct 17;5(1):3-12
16. Du Z, Fei T, Verhaak RG, Su Z, Zhang Y, Brown M, Chen Y, Liu XS. Integrative genomic analyses reveal clinically relevant long noncoding RNAs in human cancer. *Nat Struct Mol Bio* l. 2013 Jul;20(7):908-913
17. 이 분야를 유익하게 검토한 글은 Cheetham SW, Gruhl F, Mattick JS, Dinger ME. Long noncoding RNAs and the genetics of cancer. *Br J Caner*. 2013 Jun 25; 108(12): 2419-2425를 참고하라.

18. Yap KL, Li S, Muñoz–Cabello AM, Raguz S, Zeng L, Mujtaba S, Gil J, Walsh MJ, Zhou MM. Molecular interplay of the noncoding RNA ANRIL and methylated histone H3 lysine 27 by polycomb CBX7 in transcriptional silencing of INK4a. *Mol Cell*. 2010 Jun 11;38(5):662–674

19. Kotake Y, Nakagawa T, Kitagawa K, Suzuki S, Liu N, Kitagawa M, Xiong Y. Long non–coding RNA ANRIL is required for the PRC2 recruitment to and silencing of p15(INK4B) tumor suppressor gene. *Oncogene*. 2011 Apr 21;30(16):1956–1962

20. Yang Z, Zhou L, Wu LM, Lai MC, Xie HY, Zhang F, Zheng SS. Overexpression of long non–coding RNA HOTAIR predicts tumor recurrence in hepatocellular carcinoma patients following liver transplantation. *Ann Surg Oncol*. 2011 May;18(5):1243–1250

21. Ishibashi M, Kogo R, Shibata K, Sawada G, Takahashi Y, Kurashige J, Akiyoshi S, Sasaki S, Iwaya T, Sudo T, Sugimachi K, Mimori K, Wakabayashi G, Mori M. Clinical significance of the expression of long non–coding RNA HOTAIR in primary hepatocellular carcinoma. *Oncol Rep*. 2013 Mar;29(3):946–950

22. Kim K, Jutooru I, Chadalapaka G, Johnson G, Frank J, Burghardt R, Kim S, Safe S. HOTAIR is a negative prognostic factor and exhibits pro–oncogenic activity in pancreatic cancer. *Oncogene*. 2013 Mar 8;32(13):1616–1625

23. Gupta RA, Shah N, Wang KC, Kim J, Horlings HM, Wong DJ, Tsai MC, Hung T, Argani P, Rinn JL, Wang Y, Brzoska P, Kong B, Li R, West RB, van de Vijver MJ, Sukumar S, Chang HY. Long non–coding RNA HOTAIR reprograms chromatin state to promote cancer metastasis. *Nature*. 2010 Apr 15;464(7291):1071–1076

24. Yang L, Lin C, Jin C, Yang JC, Tanasa B, Li W, Merkurjev D, Ohgi KA, Meng D, Zhang J, Evans CP, Rosenfeld MG. Long–noncoding RNA–dependent mechanisms of androgen–receptor–regulated gene activation programs. *Nature*. 2013 Aug 29;500(7464):598–602

25. Prensner JR, Iyer MK, Sahu A, Asangani IA, Cao Q, Patel L, Vergara IA, Davicioni E, Erho N, Ghadessi M, Jenkins RB, Triche TJ, Malik R, Bedenis R, McGregor N, Ma T, Chen W, Han S, Jing X, Cao X, Wang X, Chandler

B, Yan W, Siddiqui J, Kunju LP, Dhanasekaran SM, Pienta KJ, Feng FY, Chinnaiyan AM. The long noncoding RNA SChLAP1 promotes aggressive prostate cancer and antagonizes the SWI/SNF complex. *Nat Genet.* 2013 Nov;45(11):1392-1398

26. Necsulea A, Soumillon M, Warnefors M, Liechti A, Daish T, Zeller U, Baker JC, Grützner F, Kaessmann H. The evolution of long-noncoding RNA repertoires and expression patterns in tetrapods. *Nature.* 2014 Jan 30;505(7485):635-640
27. 이 문제를 흥미롭게 비평한 글은 Fatica A, Bozzoni I. Long non-coding RNAs: new players in cell differentiation and development, *Nat Rev Genet.* 2014 Jan; 15(1): 7-21을 보라.
28. Bernard D, Prasanth KV, Tripathi V, Colasse S, Nakamura T, Xuan Z, Zhang MQ, Sedel F, Jourdren L, Coulpier F, Triller A, Spector DL, Bessis A. A long nuclear-retained non-coding RNA regulates synaptogenesis by modulating gene expression. *EMBO J.* 2010 Sep 15;29(18):3082-3093
29. Pollard KS, Salama SR, Lambert N, Lambot MA, Coppens S, Pedersen JS, Katzman S, King B, Onodera C, Siepel A, Kern AD, Dehay C, Igel H, Ares M Jr, Vanderhaeghen P, Haussler D. An RNA gene expressed during cortical development evolved rapidly in humans. *Nature.* 2006 Sep 14;443(7108):167-172
30. http://www.who.int/mental_health/publications/dementia_report_2012/en/
31. Faghihi MA, Modarresi F, Khalil AM, Wood DE, Sahagan BG, Morgan TE, Finch CE, St Laurent G 3rd, Kenny PJ, Wahlestedt C. Expression of a noncoding RNA is elevated in Alzheimer's disease and drives rapid feed-forward regulation of beta-secretase. *Nat Med.* 2008 Jul;14(7):723-730
32. Modarresi F, Faghihi MA, Patel NS, Sahagan BG, Wahlestedt C, Lopez-Toledano MA. Knockdown of BACE1-AS Nonprotein-Coding Transcript Modulates Beta-Amyloid-Related Hippocampal Neurogenesis. *Int J Alzheimers Dis.* 2011;2011:929042
33. Zhao X, Tang Z, Zhang H, Atianjoh FE, Zhao JY, Liang L, Wang W, Guan X, Kao SC, Tiwari V, Gao YJ, Hoffman PN, Cui H, Li M, Dong X, Tao YX.

A long noncoding RNA contributes to neuropathic pain by silencing Kcna2 in primary afferent neurons. *Nat Neurosci*. 2013 Aug;16(8):1024-1031

34. 유익한 비평을 원한다면, 예컨대 Wahlestedt C. Targeting long non-coding RNA to therapeutically upregulate gene expression. *Nat Rev Drug Discov*. 2013 Jun; 12(6): 433-446을 보라.
35. Bird A. Genome biology: not drowning but waving. *Cell*. 2013 Aug 29;154(5):951-952

9장

1. 이 주제에 관한 내용을 더 많이 알고 싶다면, 내가 쓴 첫 번째 책『유전자는 네가 한 일을 알고 있다 *The Epigenetics Revolution*』를 읽어보라.
2. Guttman M, Donaghey J, Carey BW, Garber M, Grenier JK, Munson G, Young G, Lucas AB, Ach R, Bruhn L, Yang X, Amit I, Meissner A, Regev A, Rinn JL, Root DE, Lander ES. lincRNAs act in the circuitry controlling pluripotency and differentiation. *Nature*. 2011 Aug 28;477(7364):295-300
3. Guil S, Soler M, Portela A, Carrère J, Fonalleras E, Gómez A, Villanueva A, Esteller M. Intronic RNAs mediate EZH2 regulation of epigenetic targets. *Nat Struct Mol Biol*. 2012 Jun 3;19(7):664-670
4. Varambally S, Dhanasekaran SM, Zhou M, Barrette TR, Kumar-Sinha C, Sanda MG, Ghosh D, Pienta KJ, Sewalt RG, Otte AP, Rubin MA, Chinnaiyan AM. The polycomb group protein EZH2 is involved in progression of prostate cancer. *Nature*. 2002 Oct 10;419(6907):624-629
5. Kleer CG, Cao Q, Varambally S, Shen R, Ota I, Tomlins SA, Ghosh D, Sewalt RG, Otte AP, Hayes DF, Sabel MS, Livant D, Weiss SJ, Rubin MA, Chinnaiyan AM. EZH2 is a marker of aggressive breast cancer and promotes neoplastic transformation of breast epithelial cells. *Proc Natl Acad Sci U S A*. 2003 Sep 30;100(20):11606-11611
6. Sneeringer CJ, Scott MP, Kuntz KW, Knutson SK, Pollock RM, Richon VM, Copeland RA. Coordinated activities of wild-type plus mutant EZH2 drive tumor-associated hypertrimethylation of lysine 27 on histone H3 (H3K27) in human B-cell lymphomas. *Proc Natl Acad Sci U S A*. 2010 Dec

7;107(49):20980-20985

7. http://clinicaltrials.gov/ct2/show/NCT01897571?term=7438&rank=1
8. Kotake Y, Nakagawa T, Kitagawa K, Suzuki S, Liu N, Kitagawa M, Xiong Y. Long non-coding RNA ANRIL is required for the PRC2 recruitment to and silencing of p15(INK4B) tumor suppressor gene. *Oncogene*. 2011 Apr 21;30(16):1956-1962
9. Tsai MC, Manor O, Wan Y, Mosammaparast N, Wang JK, Lan F, Shi Y, Segal E, Chang HY. Long noncoding RNA as modular scaffold of histone modification complexes. *Science*. 2010 Aug 6;329(5992):689-693
10. 이 주제에 관해 최근에 나온 주요 논문은 Davidovich C, Zheng L, Goodrich KJ, Cech TR. Promiscuous RNA binding by Polycomb repressive complex 2. *Nat Struct Mol Biol*. 2013 Nov; 20(11): 1250-1257을 참고하라.
11. 위의 논문을 좀 더 읽기 쉽게 요약한 글은 Goff LA, Rinn JL. Poly-combing the genome for RNA. *Nat Struct Mol Biol*. 2013 Dec; 20(12): 1344-1346을 참고하라.
12. Di Ruscio A, Ebralidze AK, Benoukraf T, Amabile G, Goff LA, Terragni J, Figueroa ME, De Figueiredo Pontes LL, Alberich-Jorda M, Zhang P, Wu M, D'Alò F, Melnick A, Leone G, Ebralidze KK, Pradhan S, Rinn JL, Tenen DG. DNMT1-interacting RNAs block gene-specific DNA methylation. *Nature*. 2013 Nov 21;503(7476):371-376
13. 이 과정의 복잡한 단계들을 전체적으로 개관한 논문은 Froberg JE, Yang L, Lee JT. Guided by RNAs: X-inactivation as a model for long non-coding RNA function. *J Mol Biol*. 2013 Oct 9; 425(19): 3698-3706을 보라.
14. Froberg JE, Yang L, Lee JT. Guided by RNAs: X-inactivation as a model for long non-coding RNA function. *J Mol Biol*. 2013 Oct 9;425(19):3698-3706
15. Michaud EJ, van Vugt MJ, Bultman SJ, Sweet HO, Davisson MT, Woychik RP. Differential expression of a new dominant agouti allele (Aiapy) is correlated with methylation state and is influenced by parental lineage. *Genes Dev*. 1994 Jun 15;8(12):1463-1472

10장

1. 그 시대에 이 연구를 검토하여 비평한 글은 Surani MA, Barton SC, Norris ML. Experimental reconstruction of mouse eggs and embryos: an analysis of mammalian development. *Biol Reprod*. 1987 Feb; 36(1): 1-16을 참고하라.
2. 각인된 생쥐의 서열에 대한 온라인 자료를 모아놓은 장소는 http://www.mousebook.org/catalog.php?catalog=imprinting에서 볼 수 있다.
3. 유용한 비평은 Guenzl PM, Barlow DP. Macro long non-coding RNAs: a new layer of cis-regulatory information in the mammalian genome. *RNA Biol*. 2012 Jun; 9(6): 731-741을 참고하라.
4. 최근에 유대류의 각인에 대해 검토한 보고서는 Graves JA, Renfree MB. Marsupials in the age of genomics. *Annu Rve Genomics Hum Genet*. 2013; 14: 393-420을 보라.
5. Landers M, Bancescu DL, Le Meur E, Rougeulle C, Glatt-Deeley H, Brannan C, Muscatelli F, Lalande M. Regulation of the large (approximately 1000 kb) imprinted murine Ube3a antisense transcript by alternative exons upstream of Snurf/Snrpn. *Nucleic Acids Res*. 2004 Jun 29;32(11):3480-3492
6. Terranova R, Yokobayashi S, Stadler MB, Otte AP, van Lohuizen M, Orkin SH, Peters AH. Polycomb group proteins Ezh2 and Rnf2 direct genomic contraction and imprinted repression in early mouse embryos. *Dev Cell*. 2008 Nov;15(5):668-679
7. Wagschal A, Sutherland HG, Woodfine K, Henckel A, Chebli K, Schulz R, Oakey RJ, Bickmore WA, Feil R. G9a histone methyltransferase contributes to imprinting in the mouse placenta. *Mol Cell Biol*. 2008 Feb;28(3):1104-1113
8. Nagano T, Mitchell JA, Sanz LA, Pauler FM, Ferguson-Smith AC, Feil R, Fraser P. The Air noncoding RNA epigenetically silences transcription by targeting G9a to chromatin. *Science*. 2008 Dec 12;322(5908):1717-1720
9. Koerner MV, Pauler FM, Huang R. Barlow DP. The function of non-coding RNAs in genomic imprinting. *Development*. 2009 Jun; 136(11): 1771-1783에서 비평함.
10. Barlow DP. Methylation and imprinting: from host defense to gene regulation? *Science*. 1993 Apr 16;260(5106):309-310

11. Skaar DA, Li Y, Bernal AJ, Hoyo C, Murphy SK, Jirtle RL. The human imprintome: regulatory mechanisms, methods of ascertainment, and roles in disease susceptibility. *ILAR J*. 2012 Dec; 53(3-4): 341-358에서 비평함.
12. 모계 ICE의 메틸화에서 이 단백질들의 작용에 대한 기술은 Boure'his D, Proudhon C. Sexual dimorphism in parental imprint ontogeny and contribution to embryonic development. *Mol Cell Endocrinol*. 2008 Jan 30; 282(1-2): 87-94에서 볼 수 있다.
13. 모계의 각인을 유지하는 데 이 단백질의 중요성을 보여준 논문은 Hirasawa R, Chiba H, Kaneda M, Tajima S, Li E, Jaenisch R, Sasaki H. Maternal and zygotic Dnmt1 are necessary and sufficient for the maintenance of DNA methylation imprints during preimplantation development. *Genes Dev*. 2008 Jun 15; 22(12): 1607-1616을 보라.
14. Reinhart B, Paoloni-Giacobino A, Chaillet JR. Specific differentially methylated domain sequences direct the maintenance of methylation at imprinted genes. *Mol Cell Biol*. 2006 Nov;26(22):8347-8356
15. Skaar DA, Li Y, Bernal AJ, Hoyo C, Murphy SK, Jirtle RL. The human imprintome: regulatory mechanisms, methods of ascertainment, and roles in disease susceptibility. *ILAR J*. 2012 Dec;53(3-4):341-358
16. Kawahara M, Wu Q, Takahashi N, Morita S, Yamada K, Ito M, Ferguson-Smith AC, Kono T. High-frequency generation of viable mice from engineered bi-maternal embryos. *Nat Biotechnol*. 2007 Sep;25(9):1045-1050
17. Fatica A, Bozzoni I. Long non-coding RNAs: new players in cell differentiation and development. *Nat Rev Genet*. 2014 Jan; 15(1): 7-21에서 비평함.
18. 이 측면을 검토한 견해는 Frost JM, Moore GE. The importance of imprinting in the human placenta. *PloS Genet*. 2010 Jul 1; 6(7): e1001015를 참고하라.
19. 완전한 기술은 http://omim.org/entry/176270을 보라.
20. 완전한 기술은 http://omim.org/entry/105830을 보라.
21. de Smith AJ, Purmann C, Walters RG, Ellis RJ, Holder SE, Van Haelst MM, Brady AF, Fairbrother UL, Dattani M, Keogh JM, Henning E, Yeo GS, O'Rahilly S, Froguel P, Farooqi IS, Blakemore AI. A deletion of the HBII-85 class of small nucleolar RNAs (snoRNAs) is associated with hyperphagia, obesity

and hypogonadism. *Hum Mol Genet.* 2009 Sep 1;18(17):3257-3265

22. Duker AL, Ballif BC, Bawle EV, Person RE, Mahadevan S, Alliman S, Thompson R, Traylor R, Bejjani BA, Shaffer LG, Rosenfeld JA, Lamb AN, Sahoo T. Paternally inherited microdeletion at 15q11.2 confirms a significant role for the SNORD116 C/D box snoRNA cluster in Prader-Willi syndrome. *Eur J Hum Genet.* 2010 Nov;18(11):1196-1201
23. Sahoo T, del Gaudio D, German JR, Shinawi M, Peters SU, Person RE, Garnica A, Cheung SW, Beaudet AL. Prader-Willi phenotype caused by paternal deficiency for the HBII-85 C/D box small nucleolar RNA cluster. *Nat Genet.* 2008 Jun;40(6):719-721
24. 완전한 기술은 http://omim.org/entry/180860을 보라.
25. 완전한 기술은 http://omim.org/entry/130650을 보라.
26. Kotzot D. Maternal uniparental disomy 14 dissection of the phenotype with respect to rare autosomal recessively inherited traits, trisomy mosaicism, and genomic imprinting. *Ann Genet.* 2004 Jul-Sep; 47(3): 251-260에 수집된 데이터.
27. Kagami M, Sekita Y, Nishimura G, Irie M, Kato F, Okada M, Yamamori S, Kishimoto H, Nakayama M, Tanaka Y, Matsuoka K, Takahashi T, Noguchi M, Tanaka Y, Masumoto K, Utsunomiya T, Kouzan H, Komatsu Y, Ohashi H, Kurosawa K, Kosaki K, Ferguson-smith AC, Ishino F, Ogata T, Deletions and epimutations affecting the human 14q32.2 imprinted region in individuals with paternal and maternal upd(14)-like phenotypes. *Nat Genet.* 2008 Feb;40(2)237-242.
28. 다양한 인간 각인 장애의 유전과 임상적 특징을 자세히 검토한 글은 Ishida M, Moore GE. The role of imprinted genes in humans. *Mol Aspects Med.* 2013 Jul-Aug; 34(4): 826-840을 보라.
29. Americna Society for Reproductive Medicine이 2013년 10월 14일에 언론에 배포한 보도 자료. http://www.asrm.ogr/Five_Million_Babies_Born_with_Help_of_Assisted_Reproductive_Technologies/
30. 이 문제는 Ishida M, Moore GE. The role of imprinted genes in humans. *Mol Aspects Med.* 2013 Jul-Aug; 34(4): 826-840에서 자세히 다룬다.

11장

1. Moss T, Langlois F, Gagnon-Kugler T, Stefanovsky V. A housekeeper with power of attorney: the rRNA genes in ribosome biogenesis. *Cell Mol Life Sci*. 2007 Jan; 64(1): 29-49에서 검토함.
2. 리보솜과 rRNA에 대해 더 많은 정보는 *Molecular Biology of the Cell, 5th Edition* by Alberts, Johnson, Lewis, Raff, Roberts and Walter, 2012 같은 훌륭한 분자생물학 교과서를 참고하는 게 좋다.
3. http://www.nobelprize.org/educational/medicine/dna/a/translation/trna.html
4. http://www.bscb.org/?url=softcell/ribo
5. Zentner GE, Saiakhova A, Manaenkov P, Adams MD, Scacheri PC. Integrative genomic analysis of human ribosomal DNA. *Nucleic Acids Res*. 2011 Jul; 39(12): 4949-4960에서 검토함.
6. 리보솜 단백질의 결함 때문에 생기는 온갖 질환은 Narla A, Ebert BL. Ribosomopathies: human disorders of ribosome dysfunction. *Blood*. 2010 Apr 22; 115(16): 3196-3205에서 가끔은 도발적이지만 흥미롭게 검토한다.
7. International Human Genome Sequencing Consortium. Initial sequencing and analysis of the human genome. *Nature*. 2001 Feb 15;409(6822):860-921
8. 예컨대 Hedges SB, Blair JE, Venturi ML, Shoe JL. A molecular timescale of eukaryote evolution and the rise of complex multicellular life. *BMC Evol Biol*. 2004 Jan 28; 4: 2를 참고하라.
9. Wilson DN. Robosome-targeting antibiotics and mechanisms of bacerial resistance. *Nat Rev Microbiol*. 2014 Jan; 12(1): 35-48에서 검토함.
10. http://www.genenames.org/rna/TRNA#MTTRNA
11. 더 많은 것을 알고 싶다면, 또 다시 *Molecular Biology of the Cell, 5th Edition* by Alberts, Johnson, Lewis, Raff, Roberts and Walter, 2012 같은 훌륭한 분자생물학 교과서를 추천하고 싶다.
12. McFarland R, Schaefer AM, Gardner JL, Lynn S, Hayes CM, Barron MJ, Walker M, Chinnery PF, Taylor RW, Turnbull DM. Familial myopathy: new insights into the T14709C mitochondrial tRNA mutation. *Ann Neurol*. 2004 Apr;55(4):478-484
13. Zheng J, Ji Y, Guan MX. Mitochondrial tRNA mutations associated with

deafness. *Mitochondrion*. 2012 May;12(3):406-413

14. Qiu Q, Li R, Jiang P, Xue L, Lu Y, Song Y, Han J, Lu Z, Zhi S, Mo JQ, Guan MX. Mitochondrial tRNA mutations are associated with maternally inherited hypertension in two Han Chinese pedigrees. *Hum Mutat*. 2012 Aug;33(8):1285-1293
15. Giordano C, Perli E, Orlandi M, Pisano A, Tuppen HA, He L, Ierinò R, Petruzziello L, Terzi A, Autore C, Petrozza V, Gallo P, Taylor RW, d'Amati G. Cardiomyopathies due to homoplasmic mitochondrial tRNA mutations: morphologic and molecular features. *Hum Pathol*. 2013 Jul;44(7):1262-1270
16. Lincoln TA, Joyce GF. Self-sustained replication of an RNA enzyme. *Science*. 2009 Feb 27;323(5918):1229-1232
17. Sczepanski JT, Joyce GF. A cross-chiral RNA polymerase ribozyme. *Nature*. Published online 29 October 2014

12장

1. MYC의 역할과 염색체 재배열의 중요성을 개관한 논문은 Ott G, Rosenwald A, Campo E. Understanding MYC-driven aggressive B-cell lymphomas: pathogenesis and classification. *Blood*. 2013 Dec 5; 122(24): 3883-3891을 보라.
2. http://www.nlm.nih.gov/medlineplus/ency/article/001308.htm
3. Whyte WA, Orlando DA, Hnisz D, Abraham BJ, Lin CY, Kagey MH, Rahl PB, Lee TI, Young RA. Master transcription factors and mediator establish super-enhancers at key cell identity genes. *Cell*. 2013 Apr 11;153(2):307-319
4. Ostuni R, Piccolo V, Barozzi I, Polletti S, Termanini A, Bonifacio S, Curina A, Prosperini E, Ghisletti S, Natoli G. Latent enhancers activated by stimulation in differentiated cells. *Cell*. 2013 Jan 17;152(1-2):157-171
5. Akhtar-Zaidi B, Cowper-Sal-lari R, Corradin O, Saiakhova A, Bartels CF, Balasubramanian D, Myeroff L, Lutterbaugh J, Jarrar A, Kalady MF, Willis J, Moore JH, Tesar PJ, Laframboise T, Markowitz S, Lupien M, Scacheri PC. Epigenomic enhancer profiling defines a signature of colon cancer. *Science*. 2012 May 11;336(6082):736-739

6. ENCODE Project Consortium, Bernstein BE, Birney E, Dunham I, Green ED, Gunter C, Snyder M. An integrated encyclopedia of DNA elements in the human genome. *Nature*. 2012 Sep 6;489(7414):57-74
7. 이런 종류의 긴 비암호화 RNA에 대한 설명은 Ørom UA, Shiekhattar R. Long noncoding RNAs usher in a new era in the biology of enhancers. *Cell*. 2013 Sep 12; 154(6): 1190-1193을 보라.
8. Ørom UA, Derrien T, Beringer M, Gumireddy K, Gardini A, Bussotti G, Lai F, Zytnicki M, Notredame C, Huang Q, Guigo R, Shiekhattar R. Long noncoding RNAs with enhancer-like function in human cells. *Cell*. 2010 Oct 1;143(1):46-58
9. De Santa F, Barozzi I, Mietton F, Ghisletti S, Polletti S, Tusi BK, Muller H, Ragoussis J, Wei CL, Natoli G. A large fraction of extragenic RNA pol II transcription sites overlap enhancers. *PLoS Biol*. 2010 May 11;8(5):e1000384
10. Hah N, Murakami S, Nagari A, Danko CG, Kraus WL. Enhancer transcripts mark active estrogen receptor binding sites. *Genome Res*. 2013 Aug;23(8):1210-1223
11. Lai F, Ørom UA, Cesaroni M, Beringer M, Taatjes DJ, Blobel GA, Shiekhattar R. Activating RNAs associate with Mediator to enhance chromatin architecture and transcription. *Nature*. 2013 Feb 28;494(7438):497-501
12. Risheg H, Graham JM Jr, Clark RD, Rogers RC, Opitz JM, Moeschler JB, Peiffer AP, May M, Joseph SM, Jones JR, Stevenson RE, Schwartz CE, Friez MJ. A recurrent mutation in MED12 leading to R961W causes Opitz-Kaveggia syndrome. *Nat Genet*. 2007 Apr;39(4):451-453
13. 다능성 세포에서 슈퍼인핸시가 담당하는 역할은 Whyte WA, Orlando DA, Hnisz D, Abraham BJ, Lin CY, Kagey MH, Rahl PB, Lee TI, Young RA. Master transcription factors and mediator establish super-enhancers at key cell identity genes. *Cell*. 2013 Apr 11; 153(2): 307-319에서 최초로 확인되었다.
14. Takahashi K, Yamanaka S. Induction of pluripotent stem cells from mouse embryonic and adult fibroblast cultures by defined factors. *Cell*. 2006 Aug 25;126(4):663-676
15. http://www.nobelprize.org/nobel_prizes/medicine/laureates/2012/

16. Lovén J, Hoke HA, Lin CY, Lau A, Orlando DA, Vakoc CR, Bradner JE, Lee TI, Young RA. Selective inhibition of tumor oncogenes by disruption of super-enhancers. *Cell*. 2013 Apr 11;153(2):320-334
17. 분자 차원의 다양한 이유를 개관한 논문은 Skibbens RV, Colquhoun JM, Green MJ, Molnar CA, Sin DN, Sullivan BJ, Tanzosh EE. Cohesinopathies of a feather flock together. *PLoS Genet*. 2013 Dec; 9(12): e1004036을 참고하라.
18. http://www.cdls.org.uk/information-centre/
19. Sanyal A, Lajoie BR, Jain G, Dekker J. The long-range interaction landscape of gene promoters. *Nature*. 2012 Sep 6;489(7414):109-113
20. Jackson DA, Hassan AB, Errington RJ, Cook PR. Visualization of focal sites of transcription within human nuclei. *EMBO J*. 1993 Mar;12(3):1059-1065
21. 이 주제를 훌륭하게 검토한 논문은 Rieder D, Trajanoski Z, McNally JG. Transcription factories. *Front Genet*. 2012 Oct 23; 3: 221. doi: 10.3389/fgene.2012.00221. eCollection 2012를 참고하라.
22. Iborra FJ, Pombo A, Jackson DA, Cook PR. Active RNA polymerases are localized within discrete transcription 'factories' in human nuclei. *J Cell Sci*. 1996 Jun;109 (Pt 6):1427-1436
23. Jackson DA, Iborra FJ, Manders EM, Cook PR. Numbers and organization of RNA polymerases, nascent transcripts, and transcription units in HeLa nuclei. *Mol Biol Cell*. 1998 Jun;9(6):1523-1536
24. Papantonis A, Larkin JD, Wada Y, Ohta Y, Ihara S, Kodama T, Cook PR. Active RNA polymerases: mobile or immobile molecular machines? *PLoS Biol*. 2010 Jul 13;8(7):e1000419
25. Osborne CS, Chakalova L, Brown KE, Carter D, Horton A, Debrand E, Goyenechea B, Mitchell JA, Lopes S, Reik W, Fraser P. Active genes dynamically colocalize to shared sites of ongoing transcription. *Nat Genet*. 2004 Oct;36(10):1065-1071
26. Osborne CS, Chakalova L, Mitchell JA, Horton A, Wood AL, Bolland DJ, Corcoran AE, Fraser P. Myc dynamically and preferentially relocates to a transcription factory occupied by Igh. *PLoS Biol*. 2007 Aug;5(8):e192

13장

1 http://english.stackexchange.com/questions/103851/where-does-the-phrase-of-boredom-punctuated-by-moments-of-terror-come-from에서 논의한 것처럼 이 묘사가 맨 처음 사용된 곳이 정확하게 어디인지 찾기 어렵다.

2. 이것을 검토한 논문은 Moltó E, Fernández A, Montoliu L. Boundaires in vertebrate genomes: different solutions to adequately insulate gene expression domains. *Brief Funct Genomic Proteomic*. 2009 Jul; 8(4): 283-296을 보라.

3. Ishihara K, Oshimura M, Nakao M. CTCF-dependent chromatin insulator is linked to epigenetic remodeling. *Mol Cell*. 2006 Sep 1;23(5):733-742

4. Lutz M, Burke LJ, Barreto G, Goeman F, Greb H, Arnold R, Schultheiss H, Brehm A, Kouzarides T, Lobanenkov V, Renkawitz R. Transcriptional repression by the insulator protein CTCF involves histone deacetylases. *Nucleic Acids Res*. 2000 Apr 15;28(8):1707-1713

5. Lunyak VV, Prefontaine GG, Núñez E, Cramer T, Ju BG, Ohgi KA, Hutt K, Roy R, García-Díaz A, Zhu X, Yung Y, Montoliu L, Glass CK, Rosenfeld MG. Developmentally regulated activation of a SINE B2 repeat as a domain boundary in organogenesis. *Science*. 2007 Jul 13;317(5835):248-251

6. Kirkland JG, Raab JR, Kamakaka RT. TFIIC bound DNA elements in nuclear organization and insulation. *Biochim Biophys Acta*. 2013 Mar-Apr; 1829(3-4): 418-424에서 검토함.

7. 이것은 터너 증후군 Turner's syndrome이라 부르는데, 더 자세한 정보는 http://www.nhs.uk/Conditions/Turners-syndrome/Pages/Introduction.aspx에서 볼 수 있다.

8. 더 자세한 정보는 http://ghr.nlm.nih.gov/condition/triple-x-syndrome을 참고하라.

9. 이 질환은 클라인펠터 증후군 Klinefelter's syndrome이라 부르는데, 더 자세한 정보는 http://ghr.nlm.nih.gov/condition/klinefelter-syndrome을 참고하라.

10. *Star Trek: First Contact*(1996). By far the best of all the Star Trek movies, at least until the JJ Abrams franchise reboot.

11. https://ghr.nlm.nih.gov/gene/SHOX 참고.

12. Hemani G, Yang J, Vinkhuyen A, Powell JE, Willemsen G, Hottenga JJ,

Abdellaoui A, Mangino M, Valdes AM, Medland SE, Madden PA, Heath AC, Henders AK, Nyholt DR, de Geus EJ, Magnusson PK, Ingelsson E, Montgomery GW, Spector TD, Boomsma DI, Dedersen NL, Martin NG, Visscher PM. Inference of the genetic architecture underlying BMI and height with the use of 20240 sibling pairs. *Am J Hum Genet*. 2013 Nov 7;93(5):865-875

14장

1. 주도한 일부 과학자들의 인터뷰와 함께 ENCODE에 관한 풍부한 정보를 http://www.nature.com/encode/에서 볼 수 있다.
2. http://www.theguardian.com/science/2012/sep/05/genes-genome-junk-dna-encode
3. http://edition.cnn.com/2012/09/05/health/encode-human-genome/index.html?hpt=hp_bn12
4. http://www.telegraph.co.UK/science/science-news/9524165/Worldwide-army-of-scientists-cracks-the-junk-DNA-code.html
5. ENCODE Project Consortium, Bernstein BE, Birney E, Dunham I, Green ED, Gunter C, Snyder M. An integrated encyclopedia of DNA elements in the human genome. *Nature*. 2012 Sep 6;489(7414):57-74
6. Mattick JS. A new paradigm for developmental biology. *J Exp Biol*. 2007 May;210(Pt 9):1526-1547
7. Sanyal A, Lajoie BR, Jain G, Dekker J. The long-range interaction landscape of gene promoters. *Nature*. 2012 Sep 6;489(7414):109-113
8. Thurman RE, Rynes E, Humbert R, Vierstra J, Maurano MT, Haugen E, Sheffield NC, Stergachis AB, Wang H, Vernot B, Garg K, John S, Sandstrom R, Bates D, Boatman L, Canfield TK, Diegel M, Dunn D, Ebersol AK, Frum T, Giste E, Johnson AK, Johnson EM, Kutyavin T, Lajoie B, Lee BK, Lee K, London D, Lotakis D, Neph S, Neri F, Nguyen ED, Qu H, Reynolds AP, Roach V, Safi A, Sanchez ME, Sanyal A, Shafer A, Simon JM, Song L, Vong S, Weaver M, Yan Y, Zhang Z, Zhang Z, Lenhard B, Tewari M, Dorschner MO, Hansen RS, Navas PA, Stamatoyannopoulos G, Iyer VR, Lieb JD,

Sunyaev SR, Akey JM, Sabo PJ, Kaul R, Furey TS, Dekker J, Crawford GE, Stamatoyannopoulos JA. The accessible chromatin landscape of the human genome. *Nature*. 2012 Sep 6;489(7414):75-82
9. Djebali S, Davis CA, Merkel A, Dobin A, Lassmann T, Mortazavi A, Tanzer A, Lagarde J, Lin W, Schlesinger F, Xue C, Marinov GK, Khatun J, Williams BA, Zaleski C, Rozowsky J, Röder M, Kokocinski F, Abdelhamid RF, Alioto T, Antoshechkin I, Baer MT, Bar NS, Batut P, Bell K, Bell I, Chakrabortty S, Chen X, Chrast J, Curado J, Derrien T, Drenkow J, Dumais E, Dumais J, Duttagupta R, Falconnet E, Fastuca M, Fejes-Toth K, Ferreira P, Foissac S, Fullwood MJ, Gao H, Gonzalez D, Gordon A, Gunawardena H, Howald C, Jha S, Johnson R, Kapranov P, King B, Kingswood C, Luo OJ, Park E, Persaud K, Preall JB, Ribeca P, Risk B, Robyr D, Sammeth M, Schaffer L, See LH, Shahab A, Skancke J, Suzuki AM, Takahashi H, Tilgner H, Trout D, Walters N, Wang H, Wrobel J, Yu Y, Ruan X, Hayashizaki Y, Harrow J, Gerstein M, Hubbard T, Reymond A, Antonarakis SE, Hannon G, Giddings MC, Ruan Y, Wold B, Carninci P, Guigó R, Gingeras TR. Landscape of transcription in human cells. *Nature*. 2012 Sep 6;489(7414):101-108
10. 나는 이 표현을 ENCODE 프로젝트에 관한 허핑턴 포스트Huffington Post 블로그에서 처음 사용했다. 그리고 이것이 너무나도 마음에 든 나머지 여기서 다시 사용하기로 했다! 이 표현을 처음 사용한 블로그는 http://www.huffingtonpost.com/nessa-carey/the-value-of-encode_b_1909153.html을 보라.
11. 좋은 예는 http://blog.art21.org/2009/03/06/on-representations-of-the-artist-at-work-part-2/#.UyDZjZZFDIU에서 볼 수 있다.
12. Ward LD, Kellis M. Evidence of abundant purifying selection in humans for recently acquired regulatory functions. *Science*. 2012 Sep 28;337(6102):1675-1678
13. Ecker JR, Bickmore WA, Barroso I, Pritchard JK, Gilad Y, Segal E. Genomics: ENCODE explained. *Nature*. 2012 Sep 6;489(7414)
14. 후성유전적 세대간 유전의 흥미로운 예는 두려움 반응이 부모로부터 자식에게 전달되는 사례를 다룬 다음 논문을 참고하라. Dias BG, Ressler

KJ. Parental olfactory experience influences behavior and neural structure in subsequent generations. *Nat Neurosci*. 2014 Jan; 17(1): 89-96

15. Graur D, Zheng Y, Price N, Azevedo RB, Zufall RA, Elhaik E. On the immortality of television sets: 'function' in the human genome according to the evolution-free gospel of ENCODE. *Genome Biol Evol*. 2013;5(3):578-590

15장

1. http://womenshistory.about.com/od/mythsofwomenshistory/a/Did-Anne-Boleyn-Really-Have-Six-Fingers-On-One-Hand.htm
2. Lettice LA, Heaney SJ, Purdie LA, Li L, de Beer P, Oostra BA, Goode D, Elgar G, Hill RE, de Graaff E. A long-range Shh enhancer regulates expression in the developing limb and fin and is associated with preaxial polydactyly. *Hum Mol Genet*. 2003 Jul 15;12(14):1725-1735
3. www.hemingwayhome.com/cats/
4. Lettice LA, Hill AE, Devenney PS, Hill RE. Point mutations in a distant sonic hedgehog cis-regulator generate a variable regulatory output responsible for preaxial polydactyly. *Hum Mol Genet*. 2008 Apr 1;17(7):978-985
5. 더 완전한 설명은 http://www.genome.gov/12512735를 보라.
6. Jeong Y, Leskow FC, El-Jaick K, Roessler E, Muenke M, Yocum A, Dubourg C, Li X, Geng X, Oliver G, Epstein DJ. Regulation of a remote Shh forebrain enhancer by the Six3 homeoprotein. *Nat Genet*. 2008 Nov;40(11):1348-1353
7. 더 많은 정보는 http://rarediseases.info.nih.gov/gard/10874/pancreatic-agenesis/resources/1을 참고하라.
8. Lango Allen H, Flanagan SE, Shaw-Smith C, De Franco E, Akerman I, Caswell R; International Pancreatic Agenesis Consortium, Ferrer J, Hattersley AT, Ellard S. GATA6 haploinsufficiency causes pancreatic agenesis in humans. *Nat Genet*. 2011 Dec 11;44(1):20-22
9. Sellick GS, Barker KT, Stolte-Dijkstra I, Fleischmann C, Coleman RJ, Garrett C, Gloyn AL, Edghill EL, Hattersley AT, Wellauer PK, Goodwin G, Houlston RS. Mutations in PTF1A cause pancreatic and cerebellar agenesis. *Nat Genet*. 2004 Dec;36(12):1301-1305

10. Weedon MN, Cebola I, Patch AM, Flanagan SE, De Franco E, Caswell R, Rodríguez–Seguí SA, Shaw–Smith C, Cho CH, Lango Allen H, Houghton JA, Roth CL, Chen R, Hussain K, Marsh P, Vallier L, Murray A; International Pancreatic Agenesis Consortium, Ellard S, Ferrer J, Hattersley AT. Recessive mutations in a distal PTF1A enhancer cause isolated pancreatic agenesis. *Nat Genet*. 2014 Jan;46(1):61–64
11. 이것을 검토한 논문은 Sturm RA. Molecular genetics of human pigmentation diversity. *Hum Mol Genet*. 2009 Apr 15; 18(R1): R9–17을 보라.
12. Durham–Pierre D, Gardner JM, Nakatsu Y, King RA, Francke U, Ching A, Aquaron R, del Marmol V, Brilliant MH. African origin of an intragenic deletion of the human P gene in tyrosinase positive oculocutaneous albinism. *Nat Genet*. 1994 Jun;7(2):176–179
13. Visser M, Kayser M, Palstra RJ. HERC2 rs12913832 modulates human pigmentation by attenuating chromatin–loop formation between a long–range enhancer and the OCA2 promoter. *Genome Res*. 2012 Mar;22(3):446–455
14. 최신 목록은 www.genome.gov/gwastudies/를 참고하라.
15. Hindorff LA, Sethupathy P, Junkins HA, Ramos EM, Mehta JP, Collins FS, Manolio TA. Potential etiologic and functional implications of genome–wide association loci for human diseases and traits. *Proc Natl Acad Sci U S A*. 2009 Jun 9;106(23):9362–9367
16. Gorkin DU, Ren B. Genetics: Closing the distance on obesity culprits. *Nature*. 2014 Mar 20;507(7492):309–310
17. Frayling TM, Timpson NJ, Weedon MN, Zeggini E, Freathy RM, Lindgren CM, Perry JR, Elliott KS, Lango H, Rayner NW, Shields B, Harries LW, Barrett JC, Ellard S, Groves CJ, Knight B, Patch AM, Ness AR, Ebrahim S, Lawlor DA, Ring SM, Ben–Shlomo Y, Jarvelin MR, Sovio U, Bennett AJ, Melzer D, Ferrucci L, Loos RJ, Barroso I, Wareham NJ, Karpe F, Owen KR, Cardon LR, Walker M, Hitman GA, Palmer CN, Doney AS, Morris AD, Smith GD, Hattersley AT, McCarthy MI. A common variant in the FTO gene is associated with body mass index and predisposes to childhood and adult obesity. *Science*. 2007 May 11;316(5826):889–894

18. Scuteri A, Sanna S, Chen WM, Uda M, Albai G, Strait J, Najjar S, Nagaraja R,Orrú M, Usala G, Dei M, Lai S, Maschio A, Busonero F, Mulas A, Ehret GB, Fink AA,Weder AB, Cooper RS, Galan P, Chakravarti A, Schlessinger D, Cao A, Lakatta E, Abecasis GR. Genome-wide association scan shows genetic variants in the FTO gene are associated with obesity-related traits. *PLoS Genet.* 2007 Jul;3(7):e115
19. Church C, Moir L, McMurray F, Girard C, Banks GT, Teboul L, Wells S, Brüning JC, Nolan PM, Ashcroft FM, Cox RD. Overexpression of Fto leads to increased food intake and results in obesity. *Nat Genet.* 2010 Dec;42(12):1086-1092
20. Fischer J, Koch L, Emmerling C, Vierkotten J, Peters T, Brüning JC, Rüther U. Inactivation of the Fto gene protects from obesity. *Nature.* 2009 Apr 16;458(7240):894-898
21. Smemo S, Tena JJ, Kim KH, Gamazon ER, Sakabe NJ, Gómez-Marín C, Aneas I, Credidio FL, Sobreira DR, Wasserman NF, Lee JH, Puviindran V, Tam D, Shen M, Son JE, Vakili NA, Sung HK, Naranjo S, Acemel RD, Manzanares M, Nagy A, Cox NJ, Hui CC, Gomez-Skarmeta JL, Nóbrega MA. Obesity-associated variants within FTO form long-range functional connections with IRX3. *Nature.* 2014 Mar 20;507(7492):371-375
22. 이 분야를 최근에 검토한 논문은 Trent RJ, Cheong PL, Chua EW, Kennedy MA. Progressing the utilisation of pharmacogenetics and pharmacogenomics into clinical care. *Pathology.* 2013 June; 45(4): 357-370을 보라.
23. http://www.nhs.uk/Conditions/Herceptin/Pages/Introduction.aspx
24. http://www.nature.com/scitable/topicpage/gleevec-the-breakthrough-in-cancer-treatment-565
25. http://www.cancer.gov/cancertopics/druginfo/fda-crizotinib

16장

1. 이런 사례들의 예는 http://medicalmisdiagnosisresearch.wordpress.com/category/osteogenesis-imperfecta-misdiagnosed-as-child-abuse/에서 볼 수 있다.

2. 증상과 유전학에 대한 자세한 설명은 http://ghr.nlm.nih.gov/condition/osteogenesis-imperfecta를 보라.
3. Cho TJ, Lee KE, Lee SK, Song SJ, Kim KJ, Jeon D, Lee G, Kim HN, Lee HR, Eom HH, Lee ZH, Kim OH, Park WY, Park SS, Ikegawa S, Yoo WJ, Choi IH, Kim JW. A single recurrent mutation in the 5'-UTR of IFITM5 causes osteogenesis imperfecta type V. *Am J Hum Genet*. 2012 Aug 10;91(2):343-348
4. Semler O, Garbes L, Keupp K, Swan D, Zimmermann K, Becker J, Iden S, Wirth B, Eysel P, Koerber F, Schoenau E, Bohlander SK, Wollnik B, Netzer C. A mutation in the 5'-UTR of IFITM5 creates an in-frame start codon and causes autosomal-dominant osteogenesis imperfecta type V with hyperplastic callus. *Am J Hum Genet*. 2012 Aug 10;91(2):349-357
5. Moffatt P, Gaumond MH, Salois P, Sellin K, Bessette MC, Godin E, de Oliveira PT, Atkins GJ, Nanci A, Thomas G. Bril: a novel bone-specific modulator of mineralization. *J Bone Miner Res*. 2008 Sep;23(9):1497-1508
6. Liu L, Dilworth D, Gao L, Monzon J, Summers A, Lassam N, Hogg D. Mutation of the CDKN2A 5' UTR creates an aberrant initiation codon and predisposes to melanoma. *Nat Genet*. 1999 Jan;21(1):128-132
7. Tietze JK, Pfob M, Eggert M, von Preußen A, Mehraein Y, Ruzicka T, Herzinger T. A non-coding mutation in the 5' untranslated region of patched homologue 1 predisposes to basal cell carcinoma. *Exp Dermatol*. 2013 Dec;22(12):834-835
8. 완전한 기술은 http://omim.org/entry/309550을 참고하라.
9. Ashley CT Jr, Wilkinson KD, Reines D, Warren ST. FMR1 protein: conserved RNP family domains and selective RNA binding. *Science*. 1993 Oct 22;262(5133):563-566
10. Qin M, Kang J, Burlin TV, Jiang C, Smith CB. Postadolescent changes in regional cerebral protein synthesis: an in vivo study in the FMR1 null mouse. *J Neurosci*. 2005 May 18;25(20):5087-5095
11. Azevedo FA, Carvalho LR, Grinberg LT, Farfel JM, Ferretti RE, Leite RE, Jacob Filho W, Lent R, Herculano-Houzel S. Equal numbers of neuronal and nonneuronal cells make the human brain an isometrically scaled-up primate

brain. *J Comp Neurol.* 2009 Apr 10;513(5):532-541

12. Drachman DA. Do we have brain to spare? *Neurology.* 2005 Jun 28;64(12):2004-2005
13. Darnell JC, Van Driesche SJ, Zhang C, Hung KY, Mele A, Fraser CE, Stone EF, Chen C, Fak JJ, Chi SW, Licatalosi DD, Richter JD, Darnell RB. FMRP stalls ribosomal translocation on messenger RNAs linked to synaptic function and autism. *Cell.* 2011 Jul 22;146(2):247-261
14. Udagawa T, Farny NG, Jakovcevski M, Kaphzan H, Alarcon JM, Anilkumar S, Ivshina M, Hurt JA, Nagaoka K, Nalavadi VC, Lorenz LJ, Bassell GJ, Akbarian S, Chattarji S, Klann E, Richter JD. Genetic and acute CPEB1 depletion ameliorate fragile X pathophysiology. *Nat Med.* 2013 Nov;19(11):1473-1477
15. http://www.ncbi.nlm.nih.gov/books/NBK1165/에 잘 요약되어 있다.
16. Jiang H, Mankodi A, Swanson MS, Moxley RT, Thornton CA. Myotonic dystrophy type 1 is associated with nuclear foci of mutant RNA, sequestration of muscleblind proteins and deregulated alternative splicing in neurons. *Hum Mol Genet.* 2004 Dec 15;13(24):3079-3088
17. Savkur RS, Philips AV, Cooper TA. Aberrant regulation of insulin receptor alternative splicing is associated with insulin resistance in myotonic dystrophy. *Nat Genet.* 2001 Sep;29(1):40-47
18. Ho TH, Charlet-B N, Poulos MG, Singh G, Swanson MS, Cooper TA. Muscleblind proteins regulate alternative splicing. *EMBO J.* 2004 Aug 4;23(15):3103-3112
19. Kino Y, Washizu C, Oma Y, Onishi H, Nezu Y, Sasagawa N, Nukina N, Ishiura S. MBNL and CELF proteins regulate alternative splicing of the skeletal muscle chloride channel CLCN1. *Nucleic Acids Res.* 2009 Oct;37(19):6477-6490
20. Hanson EL, Jakobs PM, Keegan H, Coates K, Bousman S, Dienel NH, Litt M, Hershberger RE. Cardiac troponin T lysine 210 deletion in a family with dilated cardiomyopathy. *J Card Fail.* 2002 Feb;8(1):28-32
21. Michalova E. Vojtesek B, Hrstka R. Impaired pre-messenger RNA processing

and altered architecture of 3′ untranslated regions contribute to the development of human disorders. *Int J Mol Sci*. 2013 Jul 26; 14(8): 15681–15694에서 검토함.

22. 이 증후군에 대한 완전한 기술은 http://ghr.nlm.nih.gov/condition/immune-dysregulation-polyendocrinopathy-enteropathy-x-linked-syndrome을 참고하라.
23. Bennett CL, Brunkow ME, Ramsdell F, O'Briant KC, Zhu Q, Fuleihan RL, Shigeoka AO, Ochs HD, Chance PF. A rare polyadenylation signal mutation of the FOXP3 gene (AAUAAA→AAUGAA) leads to the IPEX syndrome. *Immunogenetics*. 2001 Aug;53(6):435-439
24. 추가 정보를 원하면 http://www.alsa.org를 참고하라.
25. 근위축측삭경화증과 관련이 있는 것으로 생각되는 유전자들의 데이터베이스는 http://alsod.iop.kcl.ac.uk/에서 볼 수 있다.
26. Kwiatkowski TJ Jr, Bosco DA, Leclerc AL, Tamrazian E, Vanderburg CR, Russ C, Davis A, Gilchrist J, Kasarskis EJ, Munsat T, Valdmanis P, Rouleau GA, Hosler BA, Cortelli P, de Jong PJ, Yoshinaga Y, Haines JL, Pericak-Vance MA, Yan J, Ticozzi N, Siddique T, McKenna-Yasek D, Sapp PC, Horvitz HR, Landers JE, Brown RH Jr. Mutations in the FUS/TLS gene on chromosome 16 cause familial amyotrophic lateral sclerosis. *Science*. 2009 Feb 27;323(5918):1205-1208
27. Vance C, Rogelj B, Hortobágyi T, De Vos KJ, Nishimura AL, Sreedharan J, Hu X, Smith B, Ruddy D, Wright P, Ganesalingam J, Williams KL, Tripathi V, Al-Saraj S, Al-Chalabi A, Leigh PN, Blair IP, Nicholson G, de Belleroche J, Gallo JM, Miller CC, Shaw CE. Mutations in FUS, an RNA processing protein, cause familial amyotrophic lateral sclerosis type 6. *Science*. 2009 Feb 27;323(5918):1208-1211
28. Lai SL, Abramzon Y, Schymick JC, Stephan DA, Dunckley T, Dillman A, Cookson M, Calvo A, Battistini S, Giannini F, Caponnetto C, Mancardi GL, Spataro R, Monsurro MR, Tedeschi G, Marinou K, Sabatelli M, Conte A, Mandrioli J, Sola P, Salvi F, Bartolomei I, Lombardo F; ITALSGEN Consortium, Mora G, Restagno G, Chiò A, Traynor BJ. FUS mutations in

sporadic amyotrophic lateral sclerosis. *Neurobiol Aging*. 2011 Mar;32(3):550.e1-4

29. Sabatelli M, Moncada A, Conte A, Lattante S, Marangi G, Luigetti M, Lucchini M, Mirabella M, Romano A, Del Grande A, Bisogni G, Doronzio PN, Rossini PM, Zollino M. Mutations in the 3' untranslated region of FUS causing FUS overexpression are associated with amyotrophic lateral sclerosis. *Hum Mol Genet*. 2013 Dec 1;22(23):4748-4755

17장

1. Johnson JM, Castle J, Garrett-Engele P, Kan Z, Loerch PM, Armour CD, Santos R, Schadt EE, Stoughton R, Shoemaker DD. Genome-wide survey of human alternative pre-mRNA splicing with exon junction microarrays. *Science*. 2003 Dec 19;302(5653):2141-2144
2. Keren H, Lev-Maor G, Ast G. Alternative splicing and evolution: diversification, exon definition and function. *Nat Rev Genet*. 2010 May; 11(5): 345-355에서 검토함.
3. 이 단계들은 일부 비평에서 아주 명쾌하게 정리했다. 예컨대 Wang GS, Cooper TA. Splicing in disease: disruption of the splicing code and the decoding machinery. *Nat Rev Genet*. 2007 Oct; 8(10): 749-761을 참고하라.
4. 스플라이시오솜에 대해 더 많은 정보는 예컨대 Padgett RA. New connections between splicing and human disease. *Trends Genet*. 2012 Apr; 28(4): 147-154에서 볼 수 있다.
5. http://ghr.nlm.nih.gov/condition/retinitis-pigmentosa
6. Vithana EN, Abu-Safieh L, Allen MJ, Carey A, Papaioannou M, Chakarova C, Al-Maghtheh M, Ebenezer ND, Willis C, Moore AT, Bird AC, Hunt DM, Bhattacharya SS. A human homolog of yeast pre-mRNA splicing gene, PRP31, underlies autosomal dominant retinitis pigmentosa on chromosome 19q13.4 (RP11). *Mol Cell*. 2001 Aug;8(2):375-381
7. McKie AB, McHale JC, Keen TJ, Tarttelin EE, Goliath R, van Lith-Verhoeven JJ, Greenberg J, Ramesar RS, Hoyng CB, Cremers FP, Mackey DA, Bhattacharya SS, Bird AC, Markham AF, Inglehearn CF. Mutations in the pre-

mRNA splicing factor gene PRPC8 in autosomal dominant retinitis pigmentosa (RP13). *Hum Mol Genet*. 2001 Jul 15;10(15):1555-1562

8. Chakarova CF, Hims MM, Bolz H, Abu-Safieh L, Patel RJ, Papaioannou MG, Inglehearn CF, Keen TJ, Willis C, Moore AT, Rosenberg T, Webster AR, Bird AC, Gal A, Hunt D, Vithana EN, Bhattacharya SS. Mutations in HPRP3, a third member of pre-mRNA splicing factor genes, implicated in autosomal dominant retinitis pigmentosa. *Hum Mol Genet.* 2002 Jan 1;11(1):87-92
9. Maita H, Kitaura H, Keen TJ, Inglehearn CF, Ariga H, Iguchi-Ariga SM. PAP-1, the mutated gene underlying the RP9 form of dominant retinitis pigmentosa, is a splicing factor. *Exp Cell Res*. 2004 Nov 1;300(2):283-296
10. Microcephalic osteodysplastic primordial dwarfism type 1 also known as Taybi-Linder syndrome. http://rarediseases.info.nih.gov/gard/5120/microcephalic-osteodysplastic-primordial-dwarfism-type-1/resources/1
11. He H, Liyanarachchi S, Akagi K, Nagy R, Li J, Dietrich RC, Li W, Sebastian N, Wen B, Xin B, Singh J, Yan P, Alder H, Haan E, Wieczorek D, Albrecht B, Puffenberger E, Wang H, Westman JA, Padgett RA, Symer DE, de la Chapelle A. Mutations in U4atac snRNA, a component of the minor spliceosome, in the developmental disorder MOPD I. *Science*. 2011 Apr 8;332(6026):238-240
12. Padgett RA. New connections between splicing and human disease. *Trends Genet*. 2012 Apr;28(4):147-154
13. Haas JT, Winter HS, Lim E, Kirby A, Blumenstiel B, DeFelice M, Gabriel S, Jalas C, Branski D, Grueter CA, Toporovski MS, Walther TC, Daly MJ, Farese RV Jr. DGAT1 mutation is linked to a congenital diarrheal disorder. *J Clin Invest*. 2012 Dec 3;122(12):4680-4684
14. Byun M, Abhyankar A, Lelarge V, Plancoulaine S, Palanduz A, Telhan L, Boisson B, Picard C, Dewell S, Zhao C, Jouanguy E, Feske S, Abel L, Casanova JL. Whole-exome sequencing-based discovery of STIM1 deficiency in a child with fatal classic Kaposi sarcoma. *J Exp Med*. 2010 Oct 25;207(11):2307-2312
15. http://www.genome/gov/11007255를 참고하라.

16. Eriksson M, Brown WT, Gordon LB, Glynn MW, Singer J, Scott L, Erdos MR, Robbins CM, Moses TY, Berglund P, Dutra A, Pak E, Durkin S, Csoka AB, Boehnke M, Glover TW, Collins FS. Recurrent de novo point mutations in lamin A cause Hutchinson–Gilford progeria syndrome. *Nature*. 2003 May 15;423(6937):293-298
17. http://www.nhs.uk/conditions/spinal-muscular-atrophy/Pages/Introduction.aspx
18. http://www.smatrust.org/what-is-sma/what-causes-sma/
19. Monani UR, Lorson CL, Parsons DW, Prior TW, Androphy EJ, Burghes AH, McPherson JD. A single nucleotide difference that alters splicing patterns distinguishes the SMA gene SMN1 from the copy gene SMN2. *Hum Mol Genet*. 1999 Jul;8(7):1177-1183
20. Cooper TA, Wan L, Dreyfuss G. RNA and disease. *Cell*. 2009 Feb 20;136(4):777-793
21. http://quest.mda.org/news/dmd-drisapersen-outperforms-placebo-walking-test
22. http://www.fiercebiotech.com/story/glaxosmithklines-duchenne-md-drug-mirrors-placebo-effect-phiii/2013-10-07

18장

1. Ameres SL, Zamore PD. Diversifying microRNA sequence and function. *Nat Rev Mol Cell Biol*. 2013 Aug;14(8):475-488
2. 작은 RNA의 종류를 더 자세하게 기술한 것은 Castel SE, Martienssen RA. RNA interference in the nucleus: roles for smallRNAs in transcription, epigenetics and beyond. *Nat Rev Genet*. 2013 Feb; 14(2): 100-112를 보라.
3. Kang SG, Liu WH, Lu P, Jin HY, Lim HW, Shepherd J, Fremgen D, Verdin E, Oldstone MB, Qi H, Teijaro JR, Xiao C. MicroRNAs of the miR-17~92 family are critical regulators of T(FH) differentiation. *Nat Immunol*. 2013 Aug;14(8):849-857
4. Baumjohann D, Kageyama R, Clingan JM, Morar MM, Patel S, de Kouchkovsky D, Bannard O, Bluestone JA, Matloubian M, Ansel KM, Jeker

LT. The microRNA cluster miR-17-92 promotes TFH cell differentiation and represses subset-inappropriate gene expression. *Nat Immunol*. 2013 Aug;14(8):840-848

5. Tassano E, Di Rocco M, Signa S, Gimelli G. De novo 13q31.1-q32.1 interstitial deletion encompassing the miR-17-92 cluster in a patient with Feingold syndrome-2. *Am J Med Genet A*. 2013 Apr;161A(4):894-896
6. 더 많은 정보는 http://ghr.nlm.nih.gov/condition/feingold-syndrome을 참고하라.
7. Han YC, Ventura A. Control of T(FH) differentiation by a microRNA cluster. *Nat Immunol*. 2013 Aug;14(8):770-771
8. Koerner MV, Pauler FM, Huang R, Barlow DP. The function of non-coding RNAs in genomic imprinting. *Development*. 2009 Jun; 136(11): 1771-1783에서 검토함.
9. Rogler LE, Kosmyna B, Moskowitz D, Bebawee R, Rahimzadeh J, Kutchko K, Laederach A, Notarangelo LD, Giliani S, Bouhassira E, Frenette P, Roy-Chowdhury J, Rogler CE. Small RNAs derived from lncRNA RNase MRP have gene-silencing activity relevant to human cartilage-hair hypoplasia. *Hum Mol Genet*. 2014 Jan 15;23(2):368-382
10. Subramanyam D, Lamouille S, Judson RL, Liu JY, Bucay N, Derynck R, Blelloch R. Multiple targets of miR-302 and miR-372 promote reprogramming of human fibroblasts to induced pluripotent stem cells. *Nat Biotechnol*. 2011 May;29(5):443-448
11. Li Z, Yang CS, Nakashima K, Rana TM. Small RNA-mediated regulation of iPS cell generation. *EMBO J*. 2011 Mar 2;30(5):823-834
12. Ameres SL, Zamore PD. Diversifying microRNA sequence and function. *Nat Rev Mol Cell Biol*. 2013 Aug;14(8):475-488
13. Huang TC, Sahasrabuddhe NA, Kim MS, Getnet D, Yang Y, Peterson JM, Ghosh B, Chaerkady R, Leach SD, Marchionni L, Wong GW, Pandey A. Regulation of lipid metabolism by Dicer revealed through SILAC mice. *J Proteome Res*. 2012 Apr 6;11(4):2193-2205
14. Yi R, O'Carroll D, Pasolli HA, Zhang Z, Dietrich FS, Tarakhovsky A, Fuchs

E. Morphogenesis in skin is governed by discrete sets of differentially expressed microRNAs. *Nat Genet.* 2006 Mar;38(3):356-362

15. Crist CG, Montarras D, Pallafacchina G, Rocancourt D, Cumano A, Conway SJ, Buckingham M. Muscle stem cell behavior is modified by microRNA-27 regulation of Pax3 expression. *Proc Natl Acad Sci U S A.* 2009 Aug 11;106(32):13383-13387
16. Chen JF, Tao Y, Li J, Deng Z, Yan Z, Xiao X, Wang DZ. microRNA-1 and microRNA-206 regulate skeletal muscle satellite cell proliferation and differentiation by repressing Pax7. *J Cell Biol.* 2010 Sep 6;190(5):867-879
17. da Costa Martins PA, Bourajjaj M, Gladka M, Kortland M, van Oort RJ, Pinto YM, Molkentin JD, De Windt LJ. Conditional dicer gene deletion in the postnatal myocardium provokes spontaneous cardiac remodeling. *Circulation.* 2008 Oct 7;118(15):1567-1576
18. de Chevigny A, Coré N, Follert P, Gaudin M, Barbry P, Béclin C, Cremer H. miR-7a regulation of Pax6 controls spatial origin of forebrain dopaminergic neurons. *Nat Neurosci.* 2012 Jun 24;15(8):1120-1126
19. Konopka W, Kiryk A, Novak M, Herwerth M, Parkitna JR, Wawrzyniak M, Kowarsch A, Michaluk P, Dzwonek J, Arnsperger T, Wilczynski G, Merkenschlager M, Theis FJ, Köhr G, Kaczmarek L, Schütz G. MicroRNA loss enhances learning and memory in mice. *J Neurosci.* 2010 Nov 3;30(44):14835-14842
20. Schaefer A, O'Carroll D, Tan CL, Hillman D, Sugimori M, Llinas R, Greengard P. Cerebellar neurodegeneration in the absence of microRNAs. *J Exp Med.* 2007 Jul 9;204(7):1553-1558
21. Pietrzykowski AZ, Friesen RM, Martin GE, Puig SI, Nowak CL, Wynne PM, Siegelmann HT, Treistman SN. Posttranscriptional regulation of BK channel splice variant stability by miR-9 underlies neuroadaptation to alcohol. *Neuron.* 2008 Jul 31;59(2):274-287
22. Hollander JA, Im HI, Amelio AL, Kocerha J, Bali P, Lu Q, Willoughby D, Wahlestedt C, Conkright MD, Kenny PJ. Striatal microRNA controls cocaine intake through CREB signalling. *Nature.* 2010 Jul 8;466(7303):197-202

23. Fernández-Hernando C, Baldán A. MicroRNAs and Cardiovascular Disease. *Curr Genet Med Rep*. 2013 Mar;1(1):30-38
24. 이것을 검토한 논문으로는 예컨대 Suzuki H, Maruyama R, Yamamoto E, Kai M. Epigenetic alteration and microRNA dysregulation in cancer. *Front Genet*. 2013 Dec 3; 4: 258. eCollection 2013을 보라.
25. Kleinman CL, Gerges N, Papillon-Cavanagh S, Sin-Chan P, Pramatarova A, Quang DA, Adoue V, Busche S, Caron M, Djambazian H, Bemmo A, Fontebasso AM, Spence T, Schwartzentruber J, Albrecht S, Hauser P, Garami M, Klekner A, Bognar L, Montes L, Staffa A, Montpetit A, Berube P, Zakrzewska M, Zakrzewski K, Liberski PP, Dong Z, Siegel PM, Duchaine T, Perotti C, Fleming A, Faury D, Remke M, Gallo M, Dirks P, Taylor MD, Sladek R, Pastinen T, Chan JA, Huang A, Majewski J, Jabado N. Fusion of TTYH1 with the C19MC microRNA cluster drives expression of a brain-specific DNMT3B isoform in the embryonal brain tumor ETMR. *Nat Genet*. 2014 Jan;46(1):39-44
26. Song SJ, Poliseno L, Song MS, Ala U, Webster K, Ng C, Beringer G, Brikbak NJ, Yuan X, Cantley LC, Richardson AL, Pandolfi PP. MicroRNA-antagonism regulates breast cancer stemness and metastasis via TET-family-dependent chromatin remodeling. *Cell*. 2013 Jul 18;154(2):311-324
27. 이 접근 방법을 광범위하게 검토한 논문은 Schwarzenbach H, Nishida N, Calin GA, Pantel K. Clinical relevance of circulating cell-free microRNAs in cancer. *Nat Rev Clin Oncol*. 2014 Mar; 11(3): 145-156을 보라.
28. Chen W, Cai F, Zhang B, Barekati Z, Zhong XY. The level of circulating miRNA-10b and miRNA-373 in detecting lymph node metastasis of breast cancer: potential biomarkers. *Tumour Biol*. 2013 Feb;34(1):455-462
29. Hong F, Li Y, Xu Y, Zhu L. Prognostic significance of serum microRNA-221 expression in human epithelial ovarian cancer. *J Int Med Res*. 2013 Feb;41(1):64-71
30. Shen J, Liu Z, Todd NW, Zhang H, Liao J, Yu L, Guarnera MA, Li R, Cai L, Zhan M, Jiang F. Diagnosis of lung cancer in individuals with solitary pulmonary nodules by plasma microRNA biomarkers. *BMC Cancer*. 2011 Aug

24;11:374

31. 더 많은 정보는 http://emedicine.medscape.com/article/233442-overview를 참고하라.
32. Trobaugh DW, Gardner CL, Sun C, Haddow AD, Wang E, Chapnik E, Mildner A, Weaver SC, Ryman KD, Klimstra WB. RNA viruses can hijack vertebrate microRNAs to suppress innate immunity. *Nature*. 2014 Feb 13;506(7487):245-248
33. Jopling CL, Yi M, Lancaster AM, Lemon SM, Sarnow P. Modulation of hepatitis C virus RNA abundance by a liver-specific MicroRNA. *Science*. 2005 Sep 2;309(5740):1577-1581

19장

1. 최근에 가장 많이 팔린 약들을 요약 정리한 자료는 http://www.fiercepharma.com/special-reports/15-best-selling-drugs-2012를 보라.
2. 이 분야의 블로그는 많은데, 예컨대 http://biopharmconsortium.com/rnai-therapeutics-stage-a-comeback을 참고하라.
3. http://ghr.nlm.nih.gov/condition/transthyretin-amyloidosis에서 더 많은 정보를 볼 수 있다.
4. http://investors.alnylam.com/releasedetail.cfm?ReleaseID=805999
5. 이 연구 계획의 업데이트 자료는 http://mirnarx.com/pipeline/mirna-MRX34.html에서 볼 수 있다.
6. Koval ED, Shaner C, Zhang P, du Maine X, Fischer K, Tay J, Chau BN, Wu GF, Miller TM. Method for widespread microRNA-155 inhibition prolongs survival in ALS-model mice. *Hum Mol Genet*. 2013 Oct 15;22(20):4127-4135
7. Ozsolak F, Kapranov P, Foissac S, Kim SW, Fishilevich E, Monaghan AP, John B, Milos PM. Comprehensive polyadenylation site maps in yeast and human reveal pervasive alternative polyadenylation. *Cell*. 2010 Dec 10;143(6):1018-1029
8. 안티센스 발현이 어떻게 유전자를 조절하는지 아주 훌륭하게 검토한 글은 Pelechano V, Steinmetz LM. Gene regulation by antisense transcription. *Nat Rev Genet*. 2013 Dec; 14(12): 880-893을 참고하라.

9. http://www.drugs.com/cons/fomivirsen-intraocular.html
10. https://www.bhf.org.uk/heart-matters-online/august-september-2012/medical/familial-hypercholesterolaemia.aspx
11. http://www.medscape.com/viewarticle/804574_5
12. http://www.fda.gov/NewsEvents/Newsroom/PressAnnouncements/ucm337195.htm
13. http://www.medscape.com/viewarticle/781317
14. http://www.nature.com/nrd/journal/v12/n3/full/nrd3963.html
15. Lindow M, Kauppinen S. Discovering the first microRNA-targeted drug. *J Cell Biol*. 2012 Oct 29;199(3):407-412
16. http://www.fiercebiotech.com/story/merck-writes-rnai-punts-sirna-alnylam-175m/2014-01-13
17. http://www.fiercebiotech.com/press-releases/rana-therapeutics-raises-207-million-harness-potential-long-non-coding-rna
18. http://www.bostonglobe.com/business/2014/01/30/dicerna-shares-soar-first-day-trading-after-biotech-raises-million-initial-public-offering/mbwMnXBSPsVCUVkGQLc64I/story.html
19. http://www.dicerna.com/pipeline.php as of 14 April 2014
20. http://www.fiercebiotech.com/story/breaking-novartis-slams-brakes-rnai-development-efforts/2014-04-14

20장

1. 마지막 이야기는 많은 연구자가 발견한 여러 연구 결과를 모은 것이다. 나는 각각의 논문을 찾아보는 대신에 다음의 훌륭한 김도 논문을 읽어보실 권하고 싶다. van der Maarel SM, Miller DG, Tawil R, Filippova GN, Tapscott SJ. Facioscapulohumeral muscular dystrophy: consequences of chromatin relaxation. *Curr Opin Neurol*. 2012 Oct; 25(5): 614-620
2. 이것은 시드니 브레너Sidney Brenner가 처음 생각한 특징이자 용어이다.

부록

정크 DNA와 연관이 있는 인간의 질환 목록

근육긴장디스트로피 myotonic dystrophy 유전자 말단의 단백질 비암호화 지역에 있는 CTG 반복 서열의 확장이 원인이 되어 발생한다. 이 반복 서열은 RNA로 복제되어 RNA에 들러붙는 단백질을 제거함으로써 다른 많은 mRNA 분자들의 조절이 잘못 일어나는 결과를 초래한다.

기저세포암종 basal cell carcinoma 소수의 사례는 한 유전자가 시작되는 부분의 단백질 비암호화 지역에 일어난 돌연변이가 원인이다. 그 결과로 그 유전자로부터 발현되는 RNA가 감소한다.

다운 증후군 Down's syndrome 발달하는 배우자에서 21번 염색체가 불균일하게 분포한 것이 원인이 되어 발생하는 질환이다. 발달하는 배우자에서 염색체의 분포는 동원체라는 정크 지역에 의존해 일어난다.

뒤셴근육디스트로피 Duchenne muscular dystrophy 일부 사례는 디스트로핀 RNA 분자의 비정상적 스플라이싱을 일으키는 돌연변이가 원인이 되어 발생한다.

로버츠 증후군 Roberts syndrome 정크가 매개하는 더 높은 단계의 DNA 구조 형성에 필요한 단백질에 생긴 결함이 원인이 되어 일어난다.

망막색소변성 retinitis pigmentosa 일부 사례는 정상적인 스플라이싱이 일어나고 mRNA 분자에서 정크 DNA를 제거하는 데 필요한 단백질에 생긴 결함이 원인이 되어 일어난다.

버킷 림프종 Burkitt's lymphoma 8번 염색체에서 Myc 종양 유전자가 14번 염색체로 옮겨가 면역글로불린 프로모터의 통제를 받을 때 발생한다.

벡위스-비데만 증후군 Beckwith-Wiedemann syndrome 비정상적 각인이 원인이 되어 일어나는 질환. 각인에는 각인 조절 지역과 프로모터, 긴 비암호화 RNA, 후성유전 시스템과 교차 대화 등의 관여를 포함해 정크 DNA가 핵심 역할을 한다.

북아메리카동부말뇌염 바이러스 North American eastern equine encephalitis virus 인간 면역세포가 만든 한 작은 RNA가 바이러스의 유전체에 들러붙음으로써 면역계가 공격을 받았다는 사실을 알아채지 못하게 한다.

불완전뼈형성 osteogenesis imperfecta(**취약뼈 질환** brittle bone disease**이라고도 함**) 소수의 사례는 유전자 시작 부분에 있는 단백질 비암호화 지역에 생긴 돌연변이가 원인이 되어 발생할 수 있는데, 이 돌연변이는 여분의 아미노산을 단백질에 집어넣는 결과를 초래한다.

선천성 설사 장애 congenital diarrhoea disorder 한 유전자의 스플라이싱 신호에 일어난 돌연변이가 원인이 되어 발생한다.

선천성 이상각화증 dyskeratosis congenita 염색체 말단의 정크 지역인 텔로미어의 길이를 유지하는 데 관여하는 여러 유전자에 생긴 돌연변이가 원인이 되어 발생할 수 있다.

신경병증성 통증 neuropathic pain 핵심 이온 통로의 발현을 조절하는 긴 비암호화 RNA의 과잉 발현과 관련이 있을지 모른다.

실버-러셀 증후군 Silver-Russell syndrome 비정상적 각인이 원인이 되어 일어나는 질환. 각인에는 각인 조절 지역과 프로모터, 긴 비암호화 RNA, 후성유전 시스템과 교차 대화 등의 관여를 포함해 정크 DNA가 핵심 역할을 한다.

악성 흑색종 malignant melanoma 일부 사례는 유전자 시작 부분에 있는 단백질 비암호화 지역에 생긴 돌연변이가 원인이 되어 발생할 수 있는데, 이 돌연변이는 여분의 아미노산을 단백질에 집어넣는 결과를 초래한다.

안젤만 증후군 Angelman syndrome 비정상적 각인 때문에 나타나는 질환. 각인에는 각인 조절 지역과 프로모터, 긴 비암호화 RNA, 후성유전 시스템과 교차 대화 등의 관여를 포함해 정크 DNA가 핵심 역할을 한다.

알츠하이머병 Alzhemer's disease 중요한 BACE1 mRNA에 들러붙어 안정시키는 안티센스 RNA의 과잉 발현과 관련이 있을 수 있다.

암 cancer 특정 종류의 암에서 특정 긴 비암호화 RNA가 과잉 발현되는 것처럼 정크 DNA는 암의 많은 단계에 관여한다. 대부분의 경우에 이것이 인간의 병리에서 얼마나 중요한 역할을 하는지 결정할 수 있을 만큼 아직 많은 것이 밝혀지지는 않았다. 하지만 염색체 말단의 정크 지역인 텔로미어의 길이를 유지하는 단백질의 과잉 발현은 일부 종양의 진행에 인과적 역할을 한다고 일반적으로 받아들여지고 있다. 긴 비암호화 RNA의 비정상 발현 때문에 후성유전 효소가 엉뚱한 유전자를 표적으로 삼는 행동 역시 암이 비정상적으로 증식하는 또 하나의 방법으로 활발하게 연구되고 있다.

얼굴어깨위팔근육디스트로피 facioscapulohumeral muscular dystrophy 여러 가지 정크 DNA 요소들의 상호작용이 원인이 되어 발생하며, 한 레트로바이러스 서열이 비정상적으로 발현되는 결과를 낳는다.

에드워드 증후군 Edward's syndrome 발달하는 배우자에서 18번 염색체가 불균일하게 분포한 것이 원인이 되어 발생하는 질환이다. 발달하는 배우자에서 염색체의 분포는 동원체라는 정크 지역에 의존해 일어난다.

여분의 손가락 extra digits 형태 형성 물질을 만드는 인핸서에 염기 하나가 변한 것이 원인이 되어 발생한다.

연골털형성저하증 cartilage-hair hypoplasia 긴 비암호화 RNA 내부에 있는 작은 RNA에 영향을 미치는 돌연변이가 원인이 되어 발생한다.

오피츠-카베기아 증후군 Opitz-Kaveggia syndrome 매개 복합체에서 긴 비암호화 RNA와 상호작용하는 데 중요한 단백질에 생긴 결함이 원인이 되어 발생한다.

오하이오 아미시파 왜소증 Ohio Amish dwarfism 스플라이싱 기구가 제대로 기능하는 데 필요한 비암호화 RNA에 일어난 돌연변이가 원인이 되어 발생한다.

재생불량빈혈 aplastic anemia 전체 사례 중 약 5%는 염색체 말단의 정크 지역인 텔로미어의 길이를 유지하는 일부 핵심 유전자에 생긴 돌연변이가 원인이 되어 일어난다.

전전뇌증 全前腦症, holoprosencephaly 일부 사례는 형태 형성 물질을 암호화하는 유전자의 인핸서 지역에 일어난 돌연변이가 원인이 되어 발생하는 것으로 드러났다.

척수근육위축증 spinal muscular atrophy SMN2 유전자가 밀접한 관계가 있는 SMN1 유전자에 일어난 돌연변이를 보완하지 못해 발생하는 질환. 변형 염기쌍이 SMN2 mRNA의 정상적인 스플라이싱을 방해해 기능성 단백질로 변하지 못하게 하기 때문이다.

췌장 무발생 pancreatic agenesis 일부 사례는 인핸서 서열에 일어난 돌연변이가 원인이 되어 발생하는 것으로 밝혀졌다.

취약 X 증후군 fragile X syndrome 유전자 시작 부분에 있는 단백질 비암호화 지역의 CCG 반복 서열의 확장이 원인이 되어 발생한다. 이 반복 서열은 세포가 DNA를 RNA로 복제하는 것을 어렵게 만듦으로써 유전자의 발현을 방해한다.

코르넬리아 더 랑어 증후군 Cornelia de Lange syndrome 정크의 매개로 일어나는 높은 수준의 DNA 구조 형성에 필요한 단백질의 결함이 원인이 되어 발생한다.

특발성 폐섬유증 idiopathic pulmonary fibrosis 염색체 말단의 정크 지역인 텔로미어의 길이를 유지하는 데 관여하는 여러 유전자에 생긴 돌연변이가 원인이 되어 발생할 수 있다.

파인골드 증후군 Feingold syndrome 일부 사례는 한 작은 RNA 집단의 상실이 원인이 되어 발생한다.

파타우 증후군 Patau's syndrome 발달하는 배우자에서 13번 염색체가 불균일하게 분포한 것이 원인이 되어 발생하는 질환이다. 발달하는 배우자에서 염색체의 분포는 동원체라는 정크 지역에 의존해 일어난다.

프래더-윌리 증후군 Prader-Willi syndrome 비정상적 각인이 원인이 되어 일어나는 질환. 각인에는 각인 조절 지역과 프로모터, 긴 비암호화 RNA, 후성유전 시스템과 교차 대화 등의 관여를 포함해 정크 DNA가 핵심 역할을 한다.

프리드라이히 운동실조 Friedreich's ataxia 유전자 내부의 한 단백질 비암호화 지역에서 GAA 반복 서열의 확장이 원인이 되어 발생한다. 이 반복 서열은 세포가 DNA를 RNA로 복제하는 것을 어렵게 만듦으로써 유전자의 발현을 방해한다.

허친슨-길퍼드 조로증 Hutchinson-Gilford progeria 유전자에 여분의 스플라이싱 신호를 만드는 돌연변이가 원인이 되어 발생한다.

C형 간염 바이러스 hepatitis C virus 간세포에서 만들어진 한 작은 RNA가 바이러스 RNA에 들러붙어 그것을 안정시킴으로써 바이러스의 생산성을 촉진한다.

ETMR 어린이 뇌종양 ETMR paediatric brain tumor 한 작은 RNA 집단의 재배열과 증폭이 원인이 되어 발생하는 질환.

HHV-8 감수성 HHV-8 susceptibility 유전자의 스플라이싱 신호에 일어난 돌연변이가 원인이 되어 발생할 수 있다.

IPEX 증후군 IPEX syndrome 유전자 말단에 위치한 단백질 비암호화 지역에 생긴 돌연변이가 원인이 되어 발생할 수 있는데, 이 돌연변이는 mRNA의 적절한 처리를 방해한다.

X0 증후군 X0 syndrome(**터너 증후군** Turner's syndrome**이라고도 함**) X 염색체를 하나만 가진 여성에게 나타나는 질환. 발달하는 배우자에서 X 염색체가 불균일하게 분포한 것이 원인이 되어 발생하는 질환이다. 발달하는 배우자에서 염색체의 분포는 동원체라는 정크 지역에 의존해 일어난다.

XXX 증후군 XXX syndrome X 염색체를 3개 가진 여성에게 나타나는 질환. 발달하는 배우자에서 X 염색체가 불균일하게 분포한 것이 원인이 되어 발생하는 질환이다. 발달하는 배우자에서 염색체의 분포는 동원체라는 정크 지역에 의존해 일어난다.

XXY 증후군XXY syndrome(**클라인펠터 증후군**Klinefelter's syndrome**이라고도 함**) X 염색체를 2개 가진 남성에게 나타나는 질환. 발달하는 배우자에서 X 염색체가 불균일하게 분포한 것이 원인이 되어 발생하는 질환이다. 발달하는 배우자에서 염색체의 분포는 동원체라는 정크 지역에 의존해 일어난다.

찾아보기

ㅈ

ㅎ

숫자, A~Z

옮긴이 이충호
서울대학교 사범대학 화학과를 졸업하고, 교양 과학과 인문학 분야의 번역가로 활동하고 있다. 2001년 『신은 왜 우리 곁을 떠나지 않았는가』로 제20회 한국과학기술도서(대한출판문화협회) 번역상을 수상했다. 옮긴 책으로는 『진화심리학』『사라진 스푼』『바이올리니스트의 엄지』『뇌과학자들』『잠의 사생활』『우주의 비밀』『유전자는 네가 한 일을 알고 있다』『도도의 노래』『루시, 최초의 인류』『건축을 위한 철학』『수학 괴물을 죽이는 법』『돈의 물리학』『경영의 모험』『스티븐 호킹』 등이 있다.

정크 DNA

1판 1쇄 2018년 1월 10일
1판 2쇄 2020년 10월 8일

지은이 네사 캐리
옮긴이 이충호
펴낸이 김정순
편집 허영수 이보영
디자인 김진영 모희정
마케팅 양혜림 이지혜

펴낸곳 (주)북하우스 퍼블리셔스
출판등록 1997년 9월 23일 제406-2003-055호
주소 04043 서울시 마포구 양화로 12길 16-9(서교동 북앤빌딩)
전자우편 henamu@hotmail.com
홈페이지 www.bookhouse.co.kr
전화번호 02-3144-3123
팩스 02-3144-3121

ISBN 978-89-5605-398-1 03470

해나무는 (주)북하우스 퍼블리셔스의 과학 브랜드입니다.

이 도서의 국립중앙도서관 출판시도서목록(CIP)은 서지정보유통지원시스템 홈페이지(http://seoji.nl.go.kr)와
국가자료공동목록시스템(http://www.nl.go.kr/kolisnet)에서 이용하실 수 있습니다.
(CIP제어번호: CIP2017033484)